中国水产学会　主编

专家图说水产养殖关键技术丛书

海水工厂化高效养殖体系构建工程技术

（修订版）

曲克明　杜守恩　崔正国　编著

海洋出版社

2018年·北京

图书在版编目(CIP)数据

海水工厂化高效养殖体系构建工程技术 / 曲克明, 杜守恩, 崔正国编著.
—修订本.—北京：海洋出版社, 2018.11
(专家图说水产养殖关键技术丛书)
ISBN 978-7-5210-0235-5

Ⅰ.①海… Ⅱ.①曲… ②杜… ③崔… Ⅲ.①海水养殖-无污染技术
Ⅳ.①S967

中国版本图书馆 CIP 数据核字(2018)第 254240 号

责任编辑：杨 明
责任印制：赵麟苏

海洋出版社 出版发行

http://www.oceanpress.com.cn
北京市海淀区大慧寺路 8 号 邮编：100081
北京朝阳印刷厂有限责任公司印刷 新华书店发行所经销
2018 年 11 月第 1 版 2018 年 11 月第 1 次印刷
开本：787 mm×1092 mm 1/16 印张：29.25
字数：573 千字 定价：90.00 元
发行部：62132549 邮购部：68038093 总编室：62114335

前　言

海水工厂化高效养殖体系主要包括海水鱼类、对虾、鲍、海参及藻类的工厂化养殖，其主要特征是利用水处理技术将工厂化养殖排出的水经处理后循环使用，并通过外排废水的综合处理达到污染物“零排放”要求，是一种节能、环保、高效的工厂化生产方式。其中海水工厂化养鱼是当今比较成熟的生产方式，而循环水养鱼生产则集中体现了海水工厂化高效养殖体系的先进技术水平，并可为其他养殖品种的工厂化高效养殖生产体系构建工程技术提供借鉴。

循环水养鱼的主要特点表现在生产的连续性、无季节性和主动控制性，而主动控制养殖环境质量和营养供给是循环水养殖的核心。循环水养鱼系统由于采用先进的水处理技术和消毒杀菌技术，能有效防止养鱼过程中疾病的发生和传播，提高养殖品种的成活率和产品的品质，实现健康养殖和无公害产品生产。采用循环水养鱼模式利于养殖企业根据市场需求的变化，及时调整生产销售计划，进行反季节生产和销售，获得较高的经济效益。与传统的开放式流水养鱼相比，循环水养鱼可节约大量水资源和能源，并且能够保护环境，符合节能减排的原则。海水循环水养殖模式从节能减排和可持续发展的要求来看，是未来中国发展海水工厂化养殖的根本方向，发展和推广应用海水循环水养殖模式势在必行。

《海水工厂化高效养殖体系构建工程技术》（第 1 版）一书以国家“十一五”科技支撑计划项目课题“工程化养殖高效生产体系构建技术研究与开发”、国家“863”计划项目课题“工厂化海水养殖成套设备与无公害养殖技术”以及国家“十五”期间“863”计划项目课题“工厂化鱼类高密度养殖设施的工程优化技术”的研究成果为基础，结合课题基地设计建设实践编写而成，旨在总结最新科研成果，并向社会介绍海水工厂化高效养殖体系构建工程的基本理念和技术，加快海水循环水养殖模式的发展与推广应用，逐渐使海水工厂化养殖走向节能、环保、高效可持续发展的生产方式。《海水工厂化高效养殖体系构建工程技术》（第2版）是在第1版的基础上，结合“十二五”科技支撑计划项目课题“节能环保型循环水养殖工程装备与关键技术研究”及国内外最新研究成果编著而成。

本书可供大专院校海水养殖专业师生和海洋水产研究所研究人员学习参考，也可为海水养殖工程领域的设计人员、建设人员、管理人员及养殖人员提供借鉴，以增加海水循环水养殖的基本知识和提高海水工厂化高效养殖体系构建工程技术水平，进一步促进海水循环水养殖模式的发展。

由于作者水平所限，书中不妥和纰漏之处在所难免，殷切希望读者予以指正，深为感谢。

目　次

第一章
海水工厂化养殖概述

海水工厂化养殖就养殖品种而言，可分为工厂化养鱼、养鲍、养虾、养参和养藻等，依据养殖形式可分为流水养殖、温流水养殖以及循环水养殖。工厂化养鱼系统是目前较为普遍采用和比较成熟的生产方式，本章主要介绍工厂化养鱼情况，并可供其他养殖品种的工厂化养殖借鉴。

第一节　国外工厂化养鱼简介

一、工厂化养鱼的科学内涵

工厂化养鱼（industrial fish farming）是采用工程技术、生物技术、机械设备、控制仪表等现代工业手段，对养鱼过程进行全面控制，营造鱼类生长的最佳环境条件，实现全年高密度、高效益的健康养殖模式。工厂化养鱼的形式一般分为流水养鱼（fish culture in running water）、温流水养鱼（thermal floating water fish culture）和循环水养鱼（fish culture in circulating water system）三种形式。

（一）流水养鱼

流水养鱼相对近海开放式养殖又称为半封闭系统养鱼。从发展历史看，淡水养殖早于海水养殖。淡水流水养鱼主要特点为：利用河水、泉水、水库水、地下水等自然水源，根据地形修建鱼池；采用自流方式将养殖用水从水源引入养鱼池，不需额外动力，实现鱼池水体不断交换；养鱼用水量较大，源水一般不进行处理，鱼池流出的水也不再回收处理重复利用；鱼池水体的溶解氧主要来自流动的源水。如法国流水高密度养殖虹鳟有 100 多年的历史，虹鳟产量在 20 世纪 80 年代初就达 2. 15 万 t，占全国淡水鱼总产量的 81%。日本、美国、丹麦等国流水养鱼非常盛行，日本主要养殖鲤鱼，年产鲤鱼达 12 万～14 万 kg，美国主要养殖鳟鱼和鲑鱼，鳟鱼单位面积产量达

40～50kg/m^2，鲑鱼单位面积产量达100kg/m^2。

（二）温流水养鱼

温流水养鱼的水源一般来自厂矿企业的废温水、海边地下温水井等。这些水源经过简单的增氧、调温处理后用于养鱼，鱼池排出的水一般不再回收处理利用。这种养鱼方式最大的特点是打破了行业界限，凡是有温流水条件的单位，都可以开展养鱼事业。如日本仙台火力发电厂在1963年成功地利用温流水批量培育稚鲍，引起水产界的重视，专门成立了温流水养鱼协会，进一步促进了温流水养鱼的发展。日本除了利用沿海地区发电厂的温排水从事陆基鱼、贝、虾、蟹养殖外，还利用温排水进行小海湾的鱼、虾养殖，实现一年四季温水性鱼、虾养殖生产，经济效益显著。美国温排水养鱼的品种主要有鲳、鲻、大麻哈鱼、大鳌虾和牡蛎等。美国的温排水鲑鱼养殖周期由原来的4～6年缩短至2.5～3.5年，牡蛎温排水养殖的生长期缩短为2.5年，大鳌虾达到上市规格一般需8年，而用温排水养殖只需3年。英国在20世纪60年代利用原子能发电站的温排海水，养殖从海区捕捞的大菱鲆鱼苗，在温排水鱼池中养殖不足一年，个体重量可达600～800g，取得了很好的养殖效果。丹麦、法国等都利用温排海水从事鲆鲽鱼类养殖。

（三）循环水养鱼

循环水养鱼又称封闭系统养鱼，其主要特征是鱼池排出的水经回收处理再循环利用。其循环水处理工艺一般为：沉淀（sedimentation）、过滤（filtration）、生物净化（biological purification）、增氧（oxygenation）、调温（temperature regulation）、杀菌消毒（sterilization）等，再输入鱼池水循环使用，养鱼场其他排出的废水经处理后，达标排放。循环水养鱼模式占地少，养鱼密度高，节水、节能、高效；能够对养殖生产各个环节进行调控，可实现无药物生产，是可持续健康养殖模式；按照外排水综合利用及达标排放的标准，能极大地减少养鱼对海洋环境的污染；封闭式循环水养殖集成工程技术、生物技术、水处理设备等多种现代化工业技术，可以实现水产养殖从农业生产转为工业生产，是我国渔业现代化的必由之路。同时，循环水养鱼模式具有建场投资大、运行费用较高、养殖技术与生产管理要求严格等特点。

日本是世界上采用循环水养鱼最早的国家之一，起先用于淡水养殖鲤鱼，以后用于海水养殖鳗鲡、黑鲷、鲆鲽类等。早在20世纪70年代中期，三重县水产试验场采用循环水过滤技术养殖鳗鱼获得成功；80年代中期，日本水产厅养殖研究所采用过滤、升温、循环水养殖真鲷、鳗鱼都取得了很好的养殖效果，促进了循环水养鱼的快速发展，并取得了很多有价值的技术数据。

1983 年，苏联太平洋海洋渔业与海洋学研究所成功设计了封闭式循环水养鱼系统，主要包括鱼池、供水装置、沉淀、生物过滤、调温装置、充氧装置等设施，用于养殖鲻鱼。莫斯科养鱼场设计建造的循环水养鱼系统主要设施包括鱼池、沉淀池、循环泵、机械过滤、生物过滤、曝气及水体充氧装置等，其一昼夜消耗的水量为总水量的 10%左右。

（四）循环水养鱼模式的优点

循环水养鱼模式可实现养殖过程的人工控制和水的循环利用，其人工控制部分主要包括水环境控制和生产过程自动化控制。水环境控制指标主要包括溶解氧、悬浮物、pH 值、可溶性有机物、水温、有害细菌等；生产过程自动化控制主要包括水质在线自动监测、显示与报警、自动投饵等。循环水养鱼模式主要优点有以下几方面。

1. 消耗水量少，水体养殖密度高

循环水养鱼每天需要补充的水量仅为养殖系统水体的 10%左右。与其他养殖模式相比，单位产量的用水量分别为：循环水养殖 0. 2～0. 3m^3/kg；流水养殖 180～270m^3/kg；池塘养殖 10～15m^3/kg。鲆鲽鱼类的养殖密度分别为：循环水养殖 30～40kg/m^2；池塘养鱼为2～6kg/m^2。

2. 养殖周期短

我国池塘养鱼生产周期一般为 2～3 年，循环水养鱼由于采用控温、增氧及水处理技术可缩短到 8 个月至一年。更重要的是，循环水养鱼不受气候和地理条件的影响，能够全年进行苗种繁育和养成。

3. 饵料系数低

循环水养鱼一般采用优质配合饲料，其营养全面并能在圆形鱼池内均匀分布，饵料利用率大为提高。循环水养鱼逐渐采用智能化需求式喂养方式，可大幅度降低饵料系数。另外，养殖密度大导致鱼的活动量减少，也是鱼体增重较快的重要因素。

4. 资源得到高效利用

循环水养鱼的水和土地等资源的利用率远高于其他养殖模式，养鱼可实现水系统 90%以上的水量循环利用，循环水养鱼系统单位面积产出率为 30～50kg/m^2，而一般池塘养殖的单位面积产出率仅为0. 56kg/m^2，因此在获得相同养殖产量的条件下，循环水养鱼系统所占的土地面积极大减少。

5. 可实现节能减排

现代化循环水养鱼车间一般设计成节能型，车间能量损失较少，鱼池排出的温水处理后循环利用，能大幅度节约热能。另一方面，养殖系统外排废水量较少，易于处理，可实现达标排放，或采用建造大型氧化池、综合利用池等方式对外排水进行无害化处理，实现废水“零排放”。

6. 循环水养鱼是我国工厂化养殖业发展的根本方向

循环水养鱼模式从工厂化程度、水利用度、节能减排、土地利用率、健康养殖、生产无公害水产品等主要指标分析，比池塘养鱼、网箱养鱼、流水养鱼、温流水养鱼模式更具有先进性和科学性，符合可持续发展的原则，是现代化和规模化生产方式的需要。循环水养鱼技术重视各养殖设施系统的集成创新，能创造更大的经济效益和生态效益，是我国工厂化养殖业发展的根本方向。

随着科技的迅速发展，循环水养鱼必将走向大型化、专业化和集团化的模式，生产绿色无公害产品，对市场稳定供应及稳定鱼价起到重要的作用。今后循环水养鱼业将与奶业、禽畜养殖业等大型生产企业一样，建设科学化、规模化和标准化的大型养殖基地，按国内外市场需求生产，确保全年稳定供应市场。根据我国的国情，应开展适合不同类型养殖企业应用的循环水养殖模式研究，并通过建设高效养殖示范基地进行大力推广应用。

二、国外工厂化养鱼的发展

国外工厂化养鱼起源于20世纪60年代初期，比较发达的国家主要有丹麦、日本、美国、德国、英国、法国、俄罗斯等，根据其发展进程可分为三个阶段。

第一阶段为准工厂化养鱼，该阶段始于20世纪60年代，养鱼生产开始应用工业化手段有计划地批量生产，主要采用了控制温度和水流进行集约化高密度养殖，采用充气增氧技术使单位水体产量显著提高。虽然准工厂化养鱼节省了土地和人力，但耗水量仍然较大。与此同时，德国、英国、法国、丹麦、日本等国利用发电厂温排水养鱼，取得了较好的经济效益。

第二阶段为工厂化养鱼，该阶段始于20世纪70年代，养鱼系统主要采用了机械过滤、生物净水、纯氧增氧、臭氧消毒、热泵控温、自动排污、自动投饵等设备和手段进行高密度养鱼，已属于低排放的“循环经济”范畴。从事研究开发和生产的单位主要有德国的斯特勒马蒂克公司和曼茨姆公司、法国的阿德昂集团和桑尼斯养鱼场、丹麦的养殖建筑承包公司、富雅工程公司和丹麦水产研究所等。丹麦是西欧工厂化养鱼最发达的国家，全国有50多家循环水养鱼场，其循环水养鳗商业化生产的单位水体产量已达100~200kg/m^3。

美国工厂化冷流水养殖和温流水养殖业都比较发达，如可口可乐公司投资2 500万美元，在夏威夷建设了一座对虾养殖场，其年产南美白对虾达227t。美国利用生物水处理技术和智能化投喂养技术，进行南美白对虾高密度养殖试验，单位水体产量高达8kg/m^{3}以上，并能保证南美白对虾的品质。在美国，工厂化养鱼已被列为“十大最佳投资项目”。法国、英国等国家利用工厂化循环水养殖大菱鲆，单位水体产量达50kg/m^3。日本和韩国工厂化循环水养殖牙鲆已有20多年的历史，单位水体产量为30~50kg/m^3。

第三阶段为现代化循环水养鱼，该阶段始于20世纪90年代，工厂化循环水养殖已成为水产养殖业的主流，养殖过程中引入了生物工程技术、纳米技术、微生物技术、膜技术、自动化技术、计算机控制技术等世界前沿高新技术成果，完善了水生生物生命维持系统及生命警卫系统，设计了一系列养殖水质控制软件，自动化程度进一步提高，试验单位水体产量达200~500kg/m^3，生产1kg鱼耗水200L，养殖用水循环利用率高达90%~95%，饵料系数不大于1，基本上达到了无废物生产和“零排放”标准，实现了机械化、自动化、电子化、信息化和经营管理现代化，进入了“知识经济”范畴。其中，丹麦一养鱼场的2 100m^{2}养殖水面可年产商品鱼250t，只需1人承担全部操作与管理，达到高度的自动化程度。该种养殖方式完全摆脱了传统的养殖模式，不受环境、气候和季节的影响，而只受市场需求的约束。

第二节　我国海水工厂化养殖的发展与展望

一、我国海水工厂化养殖的发展概况

我国工厂化养殖是从淡水鱼类养殖开始起步的，按养殖方式可分为流水养殖、温流水养殖和循环水养殖三种类型。我国淡水流水养鱼始于20世纪70年代，如中国水产科学研究院长江水产研究所于1977年进行流水高密度养殖草鱼试验，单位面积产量达28. 5kg/m^2；贵阳市流水高密度草鱼养殖的单位面积产量达20. 5kg/m^2，山西省晋源养鱼场流水养殖鳟鱼的单位面积产量达50kg/m^2。

我国海水流水养鱼始于20世纪80年代，包括台湾省在内的东南沿海盛行海水流

水养鱼，其主要特点为：在海边潮上带修建低拱形养鱼车间和水泥池，或在潮间带修建土质养鱼池；利用天然海水或海边井水等作为水源，通过水泵提水或高潮纳水，实现鱼池水体的不断交换；从水源引用的海水一般不进行处理，鱼池流出的水也不再回收处理重复利用，直接流回海区。主要养殖品种为鲆鲽类、真鲷、石斑鱼、鳗鱼等。该养殖方式工程化水平低，养殖密度不高，消耗水量很大，对海区环境污染严重。但因其生产成本和管理要求较低，效益较高，现在仍有很多企业继续采用这种模式从事养殖生产。我国从 20 世纪 70 年代开始利用温流水养殖淡水鱼。中国水产科学研究院黑龙江水产研究所利用电厂温流水繁育草鱼获得成功，成为该省生产苗种的一种先进方式；广东省农业科学水产研究所利用温流水养殖罗非鱼的单位面积产量达 $56kg/m^2$。20 世纪 80 年代开始利用海水温流水养鱼，浙江省淡水水产研究所利用梅溪发电厂温流水养鳗的单位面积产量达 $11kg/m^2$。由于温流水养鱼具有节能高效的特点，国内在新建火力发电厂或核电站时，部分项目采用电厂设计与温流水养鱼场设计同时进行的方法，如山东省威海华能电厂、青岛市黄岛电厂等都采用了这种设计。我国海水循环水养殖始于 20 世纪 80 年代，如中国水产科学研究院南海水产研究所设计了循环水养鱼系统，对多种海珍品进行养殖试验，都取得了一定成果。从“九五”开始，我国非常重视海水循环水养鱼的研究，国家“863”计划和国家科技攻关计划（现国家科技支撑计划）等国家科技计划项目都专门立项对海水循环水养鱼进行联合攻关研究，使我国循环水养鱼进入快速发展阶段。其中中国水产科学研究院黄海水产研究所从“九五”开始主持海水工厂化养殖关键技术研究，解决了工厂化养殖设施设备的三项关键技术（微滤机、快速过滤、高效增氧），为工厂化养殖奠定基础。“十五”期间，黄海水产研究所主持了国家“863”计划和国家科技攻关计划课题，主要解决了工厂化养殖的工程优化技术，全面提升了工厂化养殖技术水平；“十一五”期间，主持全面研发海水工厂化养殖成套设备和高效养殖生产体系构建技术，“十二五”期间，完成了节能环保型循环水养殖工程装备与关键技术研发，目前已经建立海水工厂化养殖高效生产体系。20 世纪 70 年代，海水流水养殖开始兴起，到 80 年代完成了梭鱼、真鲷、黑鲷、河鲀、大黄鱼等鱼类繁育与养殖技术，由于其养成技术及设施不够完善，养殖成本较高，短时间内未能形成产业化。90 年代初，在日本、韩国工厂化养殖牙鲆的影响下，国内北方沿海相继建成了一批牙鲆工厂化养殖场。通过技术引进与消化，在育苗技术方面，不仅掌握了常温育苗，而且发展到控温控光育苗，并且从一年只能育一茬苗种发展为一年多茬。在养成技术方面，山东省荣成、上海市青浦等地分别从韩国引进鲆鲽鱼类的工厂化养殖新技术，特别是大菱鲆新品种的引进和温室养殖车间加深井海水的流水养殖模式的推广应用，使我国的海水工厂化养殖开始了快速发展历程。

海水流水养殖模式虽然对我国海水水产品产量的快速增长起了很大作用，但随着改革开放的发展，人们消费水平和环保意识的增强，并且饮食习惯和结构已发生了很大变化，绿色水产品越来越受到消费者的青睐。近年来，国家实施节能减排和循环经济等重大举措，行业和市场要求生产绿色水产品，传统流水养殖模式在生产过程中存在的种种弊端逐渐显露出来，因此，循环水养殖模式将逐步成为工厂化养殖的主导方向。

（一）海水流水养殖模式存在的问题

1. 设施化程度低，生产规模小

海水流水养殖对设施要求低，并且养殖户为节约投资基本上采用最简易设施从事流水养殖，其主要设施为简易大棚、鱼池和水泵等。其生产规模一般较小、养鱼设施简陋、经济基础脆弱、企业缺乏技术储备、无技术改造和扩大再生产资金，因此只能维持现状，不能形成规模化生产，在市场竞争中处于劣势。

2. 资源利用率低，无法可持续发展

以温室养殖车间加深井海水为代表的鲆鲽类流水养殖模式依赖的主要资源是沿岸地下水，养殖企业基本采用掠夺式开发地下水资源的方式从事流水养殖，由于无序、无度和无偿开发地下水资源，造成水资源的大量流失，曾经大量养殖鲆鲽类的流水养殖场周边地下水资源枯竭已是不争的事实，陆基工厂化养殖鲆鲽类行业难以为继，无法实现行业的可持续发展。

3. 养殖水域环境恶化，二次污染严重

随着我国工业化进程，近岸养殖水域富营养化程度日益加剧，特别是近年来我国海域多次发生了大规模毒性极强的赤潮，这对于无水处理设备及消毒设施的流水养殖业造成了很大的威胁。同时，陆上工厂化流水养殖、潮间带池塘养殖、近海网箱和筏式高密度养殖等养殖生产造成了水域的二次污染，使海域污染程度加剧，反过来严重影响海水流水养殖业。

4. 养殖技术研发滞后，病害频发

流水养殖基本沿用池塘养殖技术，对养殖品种种质、饵料营养、病害防治、投饵方式、高密度养殖鱼类的生理生长等技术研究严重落后。同时，其苗种繁育基地良莠不齐，繁殖亲体小型化，种质退化严重，养殖病害频发已经成为制约流水养殖的重要瓶颈。

5. 技术力量薄弱，管理不到位

养殖场技术人员较少，技术更新速度缓慢，新技术无法采用，多年依靠传统养殖方式生产，无法抵抗外来病害和自然灾害。流水养殖采用粗放式管理，管理造成的损失也占整个养殖损失相当大的比例。

从总体上看，我国海水工厂化养殖的研究起步较晚，早期投入较少，基础较差，比发达国家落后至少十几年。目前虽然很多海水工厂化养殖场的取水采用了一定的初级处理措施，如沉淀、砂滤和海水深井过滤等，但很少对养殖废水进行处理实施达标后排入海区，因此仍然对海区造成污染。所以从节能减排和可持续发展角度考虑，海水工厂化养殖发展的根本方向是循环水养殖模式。

（二）海水循环水养鱼的发展

20 世纪 90 年代末，我国对海水工厂化循环水养鱼的研究开始重视，“九五”、“十五”和“十一五”期间，国家“863”计划、国家科技攻关计划等国家科技计划项目对海水循环水养鱼的研究与开发给予了专项支持。其中，中国水产科学研究院黄海水产研究所自“九五”开始主持海水工厂化养殖关键技术研究，解决了工厂化养殖设施设备的三项关键技术（微滤机、快速过滤、高效增氧），为工厂化养殖奠定基础。“十五”期间，黄海所主持了国家“863”计划和科技公关计划课题，主要解决了工厂化养殖的工程优化技术，全面提升了工厂化养殖技术水平；“十一五”期间，黄海所主持全面研发海水工厂化养殖成套设备和高效养殖生产体系构建技术，“十二五”期间，完成了节能环保型循环水养殖工程装备与关键技术研发，目前已经建立海水工厂化养殖高效生产体系。通过深入研究开发和试验基地的建设，大力推动了我国工厂化流水养殖向循环水养殖的发展。

“九五”和“十五”期间，首先在山东省荣成市寻山水产集团公司养鱼场建成了“863”课题工厂化循环水养鱼试验基地，并将研究成果在山东省莱州市明波水产养殖有限公司建场推广，进一步进行海水循环水养鱼技术的试验研究。循环水系统中采用了高效过滤、泡沫分离、生物净化、臭氧消毒、水温调控等先进技术。建成的养鱼车间循环水养鱼水面达 1 700m^2，水循环频率为每 2~4h 循环一次，养鱼密度达到 30kg/m^2。此后，工厂化养殖的工程优化技术在我国北方地区如辽宁、山东、河北、天津等得到了大量推广应用。

山东省海阳市黄海水产有限公司拥有工厂化苗种车间 16 000m^2，工厂化养殖车间 30 000m^2，主要养殖品种有大菱鲆、牙鲆、半滑舌鳎、星鲽、红鳍东方鲀等。2002 年国家农业部批准“海阳鲆鲽鱼类良种引育种基地”及“863”课题工厂化循环水养鱼试验基地，循环水养鱼水面达 1 000m^2。2003 年被国家科技部批准建立国家“863”课题“海水养殖种子工程北方基地”。

辽宁省调整工作思路和目标，打破传统观念，通过典型示范、政策引导和科技推动等措施大力推广工厂化养殖技术，全省工厂化养殖规模每年以 20 万 m^{2}的速度增加，到 2006 年已达到 200 万 m^2，主要养殖品种有牙鲆、河豚、大菱鲆、半滑舌鳎、星鲽、海参、鲍鱼等。大连德洋水产有限公司 2005 年被列为国家“863”课题推广基地，公司拥有工厂化育苗和养成车间 5 000m^2，主要养殖品种有大菱鲆、牙鲆、漠斑牙鲆、半滑舌鳎、欧鳎、星鲽、海参等，公司拥有国内一流的海水循环水养鱼水处理车间，水处理工艺采用物理过滤、蛋白质分离、综合生物净化、紫外线消毒、水温调节、纯氧增氧等，特别是综合生物净化技术是课题主要研究成果之一，也是国内海水循环水养鱼水处理技术的首创。

“十一五”期间，海水循环水养殖得到长足发展。山东省海阳市黄海水产有限公司建立了节约型循环水养殖基地，青岛市宝荣水产科技发展公司建立了循环水工厂化对虾养殖示范基地，青岛市通用水产公司和青岛市森淼水产公司分别建立了循环水高密度海水鱼类示范和养殖基地，河北省秦皇岛市分别建立了高、中、低三种不同模式的循环水养殖示范基地，天津市随着滨海新区的重新规划和快速发展，先后建起“863”课题基地——天津市海发珍品实业发展有限公司和科技支撑计划课题基地——天津立达水产公司。天津市海发珍品实业发展有限公司拥有循环水养鱼水面 2 万 m^{2}以上，采用先进的生物水处理技术和纯氧增氧技术，应用地下深井热水调温，一年四季养鱼，使养鱼成本大幅度下降，其主要养殖品种有半滑舌鳎、石斑鱼等。天津立达水产公司拥有荒滩土地 90hm^{2}以上，除原有育苗车间和对虾养殖车间外，2008 年新建现代化节能型循环水养鱼车间 3 000m^2，循环水养虾车间 1 500m^2，并规划建设大型人工湖、度假休闲观光园。

“十二五”期间，利用现代工程技术与现代生物技术相融合的技术手段，采用产、学、研有机结合方式，以节能减排与环境质量安全控制技术为核心，通过自主创新和集成创新，建立节能环保型海水鱼类工厂化高效养殖生产技术，形成工厂化养殖标准体系雏形，并通过示范带动与技术辐射，大面积推广应用，从而提升我国海水工厂化养殖生产技术水平与现代化进程，保障养殖水产品质量安全。构建的节能环保型循环水养殖技术工艺是使循环水养殖系统的水循环频次 1 次/h 以上，水循环利用率达到 95%，日新水补充量小于 5%，鲆鲽鱼养殖产量达到 40kg/m^2，游泳性鱼类养殖产量

$40kg/m^3$，运行能耗为国内同类产品 1/2，国外同类产品 2/5，并形成工厂化养殖标准体系雏形，目前已在辽宁、河北、天津、山东、江苏、浙江、广东、海南等沿海省市及新疆进行了技术推广，在全国建立示范推广基地 23 家，示范推广面积 33.2 万 m^2，有力推动了我国的海水工厂化养殖水平。

（三）海水循环水养虾的发展

随着海水工厂养鱼的快速发展，养殖品种也在不断扩大，除养殖鱼类外，对虾、贝类和海参等品种的养殖也获得成功。我国对虾养殖业曾创造过辉煌的业绩，早在 1960 年黄海水产研究所即首次在实验室内培育出第一批中国对虾苗，20 世纪 70 年代后期突破了中国对虾的工厂化育苗和养成技术，80 年代对虾养殖转入快速发展阶段，90 年代初对虾传统池塘养殖模式进入高潮，养殖面积达 16 万 hm^2，育苗能力1 000亿尾，产量在 22 万 t 以上，占当时世界养殖虾总量的 1/3，称之为第二次海水养殖浪潮。从 1993 年开始，由于对虾病毒性疾病暴发，我国对虾养殖出现了大幅度滑坡，从此对虾养殖业步入低谷。目前如何加大对虾养殖设施的改造和投入，减轻对虾养殖对环境的污染，预防虾病，是对虾池塘养殖重点需要解决的问题。

1988 年，我国引进南美白对虾进行工厂化养殖获得成功，通过近年来大量的对虾工厂化循环水养殖研究与实践，其工厂化养殖在我国南北方已颇具产业化规模。南美白对虾工厂化循环水养殖，能有效防止对虾暴发性流行病，可进行周年多茬养殖，其养殖排放的废水处理后可循环利用，并修建了大型氧化池或综合生态池处理外排废水，基本上对海区环境不产生污染。通过营养强化技术、环境优化技术、清洁养殖技术、病害综合防治技术等，对虾养殖产量大幅度提高，传统养虾方式更新换代，工厂化养虾业已初步建立了现代化的养殖工艺和养殖模式，具有广泛推广应用的价值。以青岛地区为例，2002 年工厂化对虾养殖面积达到 10 万 m^2，平均单位面积产量达 $3.9kg/m^2$，有力地推动了对虾养殖业的发展。如青岛市宝荣水产科技发展有限公司，从 2002 年开始研究工厂化循环水温室车间高密度对虾养殖技术，取得了很好的成果，单位面积产量达 $4.2kg/m^2$，一年可养殖两茬，养殖废水达到“零排放”。南美白对虾温室循环水养殖技术达到国内领先水平。

工厂化循环水养虾的优点是产量高，能周年多茬养殖和拓宽上市时间，疾病容易控制。采用微藻和有益菌剂净化池水，废水多级处理及循环利用等措施，达到对海区环境不产生污染的目的。

（四）海水循环水养鲍养参的发展

20世纪80年代后期，我国还进行了养鲍技术研究，包括海上筏式养殖、陆上工厂化养殖。陆上工厂化养鲍现已走向产业化，辽宁省的大连、山东省的长岛、荣成以及福建省、广东省沿海等地发展较快。陆上工厂化循环水养鲍技术在发达国家已达到产业化水平，我国北方沿海已采用该项技术。近年来，陆上工厂化养鲍在福建省和广东省沿海已有一定的养殖规模，养殖品种主要有杂色鲍、皱纹盘鲍等，而且在养殖的过程中未出现环境污染问题。

陆上工厂化养鲍是在养殖车间的水泥池或玻璃钢水槽内进行循环水养殖，循环水系统采用先进的水处理工艺与设备，水质容易控制。室内养鲍可以避免自然海区出现的赤潮、台风、暴雨等影响，使生产的安全性极大提高。鲍鱼一般在夜间摄食，由于室内可以调节光线，相应地延长了鲍鱼的摄食时间，增加了摄食量，所以生长速度比自然海区要快。

鲍鱼工厂化循环水养殖分单层水池、多层水池及深水池立体养殖等多种形式。深水池立体养殖方式在我国的台湾地区首先兴起，20世纪90年代引入内地，在福建、广东一带盛行，很快传入北方部分地区。其优点是养殖密度大，设施设备投资相对较少，可控性强，生产效益高。但因养殖密度较大，其循环水处理和水质控制更为严格。

海参由于对人体具有较高的营养和滋补功效，社会需求量较大，市场价格居高不下。近年来，科研人员加大了对海参增养殖的研究，促进了海参养殖的快速发展。海参人工养殖方法很多，主要有海上网笼养殖、池塘养殖、潜堤拦网养殖及陆上工厂化循环水养殖等。

北方的刺参在自然海区生长，水温高于20℃时，具有夏眠习性，冬天水温很低时，生长非常缓慢，接近冬眠。为了达到海参全年快速生长，在陆上修建循环水养殖车间，控制水温、水质及光照，创造适宜海参生长的水环境，全年室内养殖。

海参海上养殖与陆上工厂化养殖两种方式都可以独立养殖，但若两者相结合可发挥各自的优势，获得海参养殖最大的经济效益。海上养殖方式投资较少，成本低，养成商品规格时间长。陆上循环水养殖投资较多，生产成本高，但无夏眠和半冬眠状态，养成商品规格时间短。目前海参价格高，销路好，采用海陆轮养是一种科学、可行、高效的养殖方式，发展速度很快。

二、我国海水工厂化养殖的发展方向

（一）海水循环水养殖是工厂化养殖的根本发展方向

在我国工厂化养殖的发展过程中，传统流水养鱼模式对水产品产量的快速增长起了很大的作用，而且是高价值水产品的主要生产方式，如海参、鲍鱼、鲆鲽类、石斑鱼、鲷类、对虾、蟹类等。但随着改革开放的发展，节能减排和循环经济的实施，传统流水养殖模式在科技水平、产业结构、经营管理方式、节能减排等方面存在的种种弊端日益显现，影响着工厂化养殖的快速发展。

我国海水工厂化养殖已初具规模，养殖设施水平不断提高，养殖面积逐渐扩大，发展势头很好，全国各地出现了各具特色的工厂化养殖场。全国各地充分发挥自己的资源优势，利用深井海水、地下热水、电厂温流水等开展各种类型的工厂化养殖，工厂化养殖已经成为我国大农业中的重要组成部分。鉴于我国人口众多、耕地较少、水资源缺乏、海洋捕捞量减少、国家节能减排举措的实施，同时社会对水产品需求量和质量安全的要求在不断增加和提高，因此开发占地面积少、用水量少、无污染、不受地域、环境和气候影响的新型高效循环水养殖模式，代替传统的粗放型流水养殖方式势在必行。发展循环水养殖将有利于促进我国海水养殖业的结构调整、科技进步和产业化升级，是在节能减排实现可持续发展新形势下的必然趋势，是我国海水工厂化养殖业发展的根本方向。

目前水产养殖业现已出现了“五化”发展趋势，即水产养殖机械化、养殖品种良种化、养殖管理自动化、养殖经营专业化、养殖产品服务社会化。现代生物工程、信息工程等高新技术将促进循环水养殖的发展，以知识和资本密集型为特征的新型养殖业也是发展的必然趋势。随着现代化水平的不断提高，新技术新材料不断出现，循环水养殖模式将进入崭新的局面和快速发展时期。

（二）构建循环水养殖模式的机制

1. 加强科技创新和高新技术产业化开发

海水循环水高效养殖体系是一项多学科、综合性的系统工程，需要多学科的技术支持。因此，要实行科技体制创新，需集中有关海洋、环境、养殖、良种繁育、饵料、病害防治、工程、机械、计算机、管理等多方面的科研人员，进行联合攻关，探索服务于我国循环水养殖发展的技术体系。应加快计算机、生物工程等相关技术在循环水养殖中的应用，并建设国家级、省级名优品种良种场和工厂化循环水养殖示范基地。

2. 构建高效循环水养殖生产体系

循环水养殖是新兴产业，技术含量高。要达到高效生产，需构建先进科学的养殖工程体系和养殖技术体系。养殖工程包括节能型车间、水处理设施设备及水质监测系统等。养殖技术包括育苗、养成技术、智能化投喂技术和防病治病技术。因此其发展需要一支高素质的科技专业人员和管理人员队伍，要依靠科技进步，进行技术创新，发展循环水养殖模式。

3. 以市场为导向发展循环水养殖

循环水养殖的定位应以名特优水产品育苗和养成为主，以产业集团化、规模化、集约化的养殖方式为基本框架，生产无公害水产品，满足和稳定市场供应。发展循环水养殖以市场需求为导向，随时调整生产销售计划或进行反季节生产，吞旺吐淡，囤养销售，获取丰厚的反季节销售利润。循环水养殖是工厂化养殖的高级形式，拥有先进的育苗和养殖设施设备，有利于开发优良的新品种，获得新品种在供应市场初期的高额利润。

4. 生产无公害水产品

循环水高效养殖生产体系是工程、生物、生态、物理、化学、机械、电子等多门学科交叉的综合科学体系，其养殖用水经过过滤、生物净化、消毒增氧处理，对循环系统的水质进行严格监测，饲料按绿色食品的要求配制，智能化投喂，生产过程不采用药物。因此，生产出的水产品为无公害绿色食品。

5. 构建节能环保型循环水养殖模式

循环水高效养殖体系是按节能减排可持续发展为基本准则进行构建，以节能、节水、高效、无环境污染、生产无公害水产品为基本条件进行生产。目前，国内海水工程循环养殖还存在着养殖环境促生长等理论基础不明晰；水处理系统构建成本高，设施设备间耦合性差，系统运行能耗高、稳定性差；没有形成标准化生产与管理体系等技术瓶颈。针对上述问题，笔者所在课题组通过自主研发、联合攻关与集成创新，取得了一系列关键技术重大突破，并构建了节能环保型循环水养殖模式，并进行推广应用。

三、国内外循环水养殖发展对比分析

国外循环水养殖已经达到了工业化生产的标准和水平，实行机械化、自动化、信息化流水作业，按照市场需求进行生产。这种生产方式是多种学科的工程技术相结合的结果。如目前韩国循环水养殖牙鲆，平均单位产量已达 50kg/m^2，我国与韩国相比还有较大的差距。发达国家工厂化循环水养殖场与我国有所不同，国外养殖场的规模不管大小，水处理悬浮物精度高，生物净化设施先进，填料比表面积较大，净水菌种效果好，水质监测、饵料投喂、生产操作自动化程度高。在集约化高密度养殖技术方面，由于已有多年技术积累，达到了对主要养殖品种在不同生长发育阶段的营养需求、水环境条件、病害防治等的量化管理，从而使生产过程实现了可控制。开发研制高性能饵料，使饵料系数达 1.1~0.9，降低了成本，减轻了水体的污染。在管理方面，建立了一系列法规和健康养殖细则，如严格控制养殖水环境、建立病害防疫体系等，单位水体最高产量已在 100kg/m^{3}以上。

我国是水产养殖大国，据 2015 年的统计数据，全国水产养殖总量达 4 938 万 t。但目前海水工厂化养殖模式大部分是流水开放式的，造成了巨大的水资源浪费和流失。海水用量一半左右是提取海边的地下海水，造成了地下水位下降，水源枯竭，严重影响了大农业生产。初步估算流水养殖每天提取海水或地下海水约为 1 000 万 m^3，相当于 20 个 200 万人口的城市自来水用量。目前全国共有海水工厂化养殖水面 500 万 m^2 以上，仅有大约 10 万 m^2 的循环水养殖水面。从整体上讲，我国的工厂化养殖技术水平比较低，产业的发展仍然没有脱离靠规模实现产量，靠牺牲水环境和浪费能源求发展的局面。由于传统流水养殖无有效的水处理设备和消毒设施，在养殖过程中，经常出现病害引起大量死亡，废水不经处理随便排入海区，造成水域环境污染。因此，人们逐渐认识到循环水养殖的必要性，是海水工厂化养殖发展的根本方向。近年来，有的海水工厂化养殖企业已开始主动改造扩建或新建循环水养殖车间，发展循环水养殖。

国家在“九五”期间已经开始重视海水循环水养殖，“863”计划立项课题《工厂化养殖海水净化和高效循环利用关键技术研究》由中国水产科学院黄海水产研究所主持，在山东省荣成市寻山水产集团有限公司养鱼场建起最早的海水循环水养鱼试验基地。“十五”期间国家“863”计划及国家科技攻关计划又专门立项对工厂化循环水养殖工程技术进行研究，由黄海水产研究所主持，分别在海阳市黄海水产有限公司、大连太平洋海珍品有限公司、大连德洋水产有限公司等建起了三种不同模式的工厂化循环水养殖示范基地。在此基础上进一步推广循环水养殖模式。这些循环水养殖场的建设，受到了全国水产界的高度重视并得到了生产企业的大力支持，产生了良好的影响。

经过“十五”期间的研究和生产试验，循环水养殖模式取得了重要进展，并获得了一批具有自主知识产权的创新性成果。到“十一五”期间，国家对海水循环水养殖模式更加重视，国家“863”计划及国家科技支撑计划项目都有立项，对构建海水循环水高效养殖体系进行研究与产业化推广。如黄海水产研究所主持的国家科技支撑计划课题《工程化养殖高效生产体系构建技术研究与开发》分别在大连德洋水产有限公司、天津立达海水资源开发有限公司、海阳市黄海水产有限公司、青岛市宝荣水产科技发展有限公司等新建和扩建了循环水养鱼和养虾车间。十二五期间，针对我国循环水养殖水处理系统构建成本高、设施设备间耦合性差、系统运行能耗高，且不稳定，没有形成标准化模式与体系等问题，开展了节能型设施设备研发与循环水处理关键技术研究，工厂化循环水高效养殖生产关键技术研究，养殖排放废水资源化、无害化处理关键技术研究，工厂化养殖标准化研究，并对节能环保型循环水养殖模式进行了示范推广，有力提升了我国的海水工厂化养殖水平。

构建海水循环水高效养殖体系，体现了我国从渔业大国向渔业强国的迈进，并使养殖业科技水平不断提升。二十多年来，我国开展了循环水养殖系统工程及设施设备的研究，并成功地研制了一批国产化的水处理设备，建设了一批推广示范基地，显示出目前我国海水循环水养殖已达到较高的水平。但与渔业发达国家相比，仍存在一定的差距，主要表现在：有些设施设备技术含量较低，自动化、信息化程度不高；工厂化循环水养殖发展的规模较小，整体效益不高；养殖场管理人员与操作人员技术水平不高，分析市场、决策养殖计划把握不准。但我国发展推广海水循环水养殖模式，不能照搬发达国家全自动化养殖方式，应立足于国情，走自己的发展道路。国外先进的技术设备，除关键部件外，一般不应全部成套引进，而是在消化吸收的基础上，研发自己的产品。目前国家科技支撑计划“节能环保型循环水养殖工程装备与关键技术研究”课题组推出的节能环保型循环水养殖模式，正是按我国国情，海水工厂化养殖企业的现状及多年研究成果综合分析确定的。

四、我国海水循环水养殖的展望

我国是一个渔业大国，也是养殖大国，但不是渔业强国。如何提升我国循环水养殖的科技水平和技术含量，变为渔业强国，对保障我国粮食安全和加强渔业在国际上的竞争力，具有重要的战略意义。工厂化循环水养殖由于应用了较多的水处理设备及先进的科学技术，通过合理利用自然资源，既保护了养殖生态环境，又获得了更多更好的水产品，是我国工厂化养殖可持续发展的必然选择。循环水养殖作为一种新型的生产方式，在养殖业结构调整中快速发展，已成为养殖业经济增长中一个新“亮点”。

海水循环水养殖的优势特征，符合水产养殖业新阶段节能减排发展的要求，是养殖业发展的根本方向，具有很强的生命力和广阔的发展前景。

（一）大力推广循环水养殖模式

1. 循环水养殖模式符合我国国情和资源现状

循环水养殖模式在集约化养殖程度、水源利用、污水排放控制、土地利用率、健康养殖效果、产品质量安全等方面优于池塘养殖、流水养殖和网箱养殖。从发展过程看，池塘养殖、流水养殖和网箱养殖，在相当长的时间内是难以代替的，但必须按节能减排可持续发展的要求进行调整，以符合国家对水产养殖模式转变的要求。

另外，随着我国新的海洋渔业制度的实施，海洋近岸捕捞业正面临着生产空间缩小、资源衰退、渔业劳动力转产转业的严峻形势，发展工厂化循环水养殖业是解决海洋捕捞业的出路问题，促进渔业增效、渔民增收、渔区稳定的重要途径。

2. 循环水养殖符合产业结构调整的发展趋势

在当今经济全球化的新形势下，传统养殖业难以适应国际市场对水产品优质化和质量安全的要求。循环水养殖模式能打破分散的小规模经营模式，经营手段实现科学化、现代化，经营运作方式实现规模化、标准化，养殖经营者已不再是原来意义上的养鱼者，而是能够熟练掌握市场经济的企业家，或者是养殖产业的技术工人，有利于拉长养殖业产业链条，实现产品生产多环节增值，从市场中获得规模效益。

3. 循环水养殖符合市场对水产品优质化、多样化的需求

循环水养殖生产各种无公害优质化的绿色食品，符合我国餐桌经济的发展趋势和人们对食品的消费需求。同时，循环水养殖实行特种水产品反季节生产，超、延时均衡供应上市，在市场上与常规水产品形成错位竞争，避免了水产品短时间内集中上市的弊端，既提高了养殖业竞争力，也增加了企业的效益。

4. 发展循环水养殖模式是我国渔业出口贸易的需要

发展循环水养殖模式可以吸引外资和引进先进技术，生产特色、优质、高附加值、高科技含量的水产品，提高产品的国际竞争能力，有效抵御外国水产品的冲击。同时，也利于我国的水产品打入国际市场。

5. 国家重视发展海水循环水养殖模式

“九五”到“十二五”期间，国家科技计划项目不断对海水循环水养殖予以立项支

持研发，沿海省市也相继建设了一批示范基地与推广基地，通过节能环保海水循环水养殖模式的推广，将有力地推动我国海水循环水养殖业的发展。

（二）发展循环水养殖应注意的问题

海水工厂化循环水养殖是高效益、高科技、高投入、高风险的产业，各投资企业应根据其具体条件和自然优势，选准养殖对象和相应级别的养殖模式建场生产。还要进行科学的分析与论证，主要包括产品的市场分析，采用的技术路线、生产成本及效益分析、经营风险分析（包括敏感性分析和盈亏平衡分析）等，做到科学、严谨、客观、可行。

1. 发展循环水养殖遵循的原则

①养殖水源应修建取水构筑物，进行初级有效处理，防止水域污染对养殖对象的侵袭。

②对循环系统的水质进行科学的处理与消毒，注重生物处理效果，并能与种植系统相结合，以降低可溶性有机污染物的含量和调控水质。

③水处理设施设备及水质监测系统的研发与应用，应符合现代精准化生产方式的需要。

④按节能减排原则构建循环水高效养殖生产体系，养殖系统各设施设备应集成创新，实现工程优化，达到经济和生态效益的最大化。

2. 应符合目前我国循环水养殖发展的实际

我国海水循环水养殖的发展刚刚起步，应防止贪大求洋或因陋就简。引进国外成套的设施设备，虽然在技术上先进，自动化程度很高，但价格十分昂贵，一般企业承受不了。因此，不能盲目引进，尤其是成套设备。采用国产设备应力求先进、实用，也不能因陋就简、配套不完整，避免因养殖水环境无法控制导致养殖密度降低，无法实现高效健康养殖。

3. 加强科学研究联合攻关

海水循环水高效养殖生产体系的构建是多学科、综合性的系统工程。因此在循环水养殖系统关键技术研发方面，宜实行科研、院校、生产单位联合攻关，以解决关键技术问题。循环水养殖场的设计必须在多学科的工程技术人员进行综合系统分析研究的基础上，在取得示范基地实际数据的前提下，按标准化设计建设。

4. 加强高素质专业人才队伍培养

循环水养殖模式是新兴的生产方式，运行操作技术含量较高，因此养殖场的经营管理需要培养一支高素质的专业人才队伍，包括科技创新、经营管理和专业技术工人。依靠先进的养殖设施、科学化的创新决策与生产管理，进行高效生产，以提高企业的经济效益。

应继续对循环水养殖系统工程、配套设施设备及养殖技术进行联合攻关、研发和技术提升，强化循环水养殖基地建设，努力推广节能环保型循环水养殖模式，以促进我国海水循环水养殖业的快速发展与增效。

第二章
海水工厂化养殖场勘察与规划

第一节　海水工厂化养殖场与海洋生态环境

凡用于水生生物养殖生产的场地称为水产养殖场。养殖场按水系划分，可分为海水养殖场和淡水养殖场两大类。构建海水高效养殖生产体系是根据养殖对象繁殖生长所需要的生态环境条件，以工程与技术（养殖车间、水处理、水循环、增氧、消毒、调温等）为手段，采用人工控制和管理的方法，生产无公害水产品，实现养殖对象快速生长和高产稳产目标。本节主要介绍海水养殖场的水循环系统与海区生态环境的关系及其相互影响。

先进的循环水养殖生产体系包括外循环和内循环两部分，外循环系统是指在海边修建的取水构筑物，如砂滤井、海水深井、潮差蓄水池、砂坝沉淀池等，对海水进行初级处理后输入内循环系统，补充内循环的耗水量。而内循环系统中10%左右的外排废水经沉淀分离、生物处理后，水质达到排放标准排入海区，或外排废水经沉淀分离处理后流进大型氧化池或综合生态池自然净化，达到外排废水“零排放”，其沉淀分离的污泥一般干化处理。内循环系统是指鱼池排出的水经微网过滤进入生物滤池、蛋白质分离器、紫外线消毒池、溶氧器、调温池后流回养鱼池。

一、海区水域生态系统的平衡

海水养殖按养殖方式一般分为开放式、半封闭式和封闭式三种类型。开放式主要包括近海的筏式养殖、网箱养殖及海上养殖平台等，直接把生物集约化养殖在海区里。半封闭式养殖主要是流水养殖、温流水养殖，把海水直接输入养殖池，或者经简单进行沉淀、砂滤后输入养殖池，海水在池内流进流出，不回收利用，直接排回海区。封闭式养殖主要是工厂化循环水养殖，鱼池排出的水经回收处理循环再利用。每一种养殖方式均构成一个生态系统，与海洋环境存在着直接关系，并且相互作用、相互影响。

生物群落与水环境构成生态系统，在生态系统中，以生物为核心进行能量交换和物质循环，在一定条件和一定物种数量比例下，它们保持着协调稳定的关系，达到生态相对平衡。

某一海区生态系统中各类养殖场排出的废水和工农业、生活等外来的污水排入海区后，水域通过稀释、扩散、氧化等作用具有保持水质净化的能力，水生生物也有一定的降解作用，实现生态系统自动调节和自我修复能力，这两种能力综合称为水域的自净能力。当养殖场排出的废水和外来污水能被该水域自净能力调节控制时，生态系统能保持相对平衡。在这种状态下，水域的生物群落能正常繁殖生长，生态系统处于良性循环。

当海区养殖密度过大、陆基养殖场过多、工农业污水排放量过大时，有害物质急剧增加，达到或超过其自净能力，生态系统的功能和结构就被破坏，生物群落的结构也会随之发生变化，一些水生生物可能减少甚至消失，而耐污的生物可能迅速增多。此时生态系统的平衡被破坏，导致开放式和半封闭式养殖系统的生物发病或死亡，而封闭循环水系统不同，它具有相对独立的内外双循环水功能。在内循环系统中，鱼池排出的水经过滤、生物净化、消毒、调温、增氧后循环使用，水质每时每刻都在处理、调控与监测，达到养殖用水标准。内循环养殖系统中少量废水进入外循环系统之前，经沉淀、过滤、综合生态净化，达到排放标准后方能排入海区，沉淀的污泥经干化处理用作农田肥料。海水工厂化循环水养殖基本能达到内外循环系统的生态平衡，因此，该种养殖方式符合节能减排基本原则，是今后海水工厂化养殖的发展方向。

二、海区水域生态环境的污染

环境污染是指人类在生产生活中，过量地向周围环境排放污染物，如工农业及生活污水、垃圾、放射性物质、病原体、噪声、废气等，从而损坏了环境质量，影响生物正常的生命活动。从海水养殖水域看，环境污染主要有陆源污染源和水域中养殖场生产过程中的自身污染。陆源污染物主要包括通过河流或直接入海的工业废水、陆上工厂化养殖场废水、城镇生活污水和农田化肥农药等。

近二十年来，海水养殖水域生态环境污染严重，水产灾害发生频率急剧增高，影响面积越来越大，2001 年全国赤潮灾害次数达到了 77 次，影响面积达到了 1.5 万 km^2，造成了海水养殖业的巨大损失。同时环境污染也造成我国水产品质量下降，出口受到影响。另外，水生生物栖息环境污染导致生物的组成结构发生变化，水域生物种群结构单一，使水生生物种群多样性在不同程度上遭到破坏。

工业污染物主要有重金属、石油及其产品、芳香族化合物、环境激素等。重金属污染容易在水产品体内富集，特别是金属有机化合物，如有机汞、有机锡、有机铅等，影响水产品卫生质量，严重的能引起食用者中毒。城市生活污水中污染物主要是氮、磷营养物质，这些污染物极容易造成海水富营养化，从而导致赤潮的发生。赤潮的主要生物种类是浮游藻类，一些浮游藻类能产生毒素，贝类摄入有毒藻类后，毒素可在贝类体内积累，人类食用后会引起中毒。另外，城市生活污水若被微生物污染，在养殖中带有病原菌的水产品被人食用后会传播疾病。农业污染主要是农药化肥流失的污染，农药可在水产品中积累而危害食用者的健康，在陆地径流较大的浅海养殖区，生产的水产品已有检验出农药污染的报道。化肥的污染主要是引起水体的富营养化，使浮游藻类大量生长，引起海区水质恶化，甚至导致赤潮、绿潮发生。

海水开放式和半封闭式养殖过程中，养殖对象的排泄物和残余饵料等，除了直接污染海区外，对池内养殖对象自身也带来一定的污染。水体不进行处理、消毒，污染物在生物体内慢慢积累，轻者导致生长速度变慢，重者引起发病。有的养殖企业，在防病治病中常用一些药物，如土霉素、磺胺等，使水产品药物残留，人们食用后直接危及身体健康。同时，养殖的水产品进入市场时检测出药物残留超标会直接影响销售。如国内养殖的鲆鲽鱼类、鲍鱼等向韩国、日本等国出口时，曾因检出抗生素残留超标而受阻，造成严重的经济损失。

养殖水域生态环境是生物圈中最基础、最重要的组成部分，水域生态环境的污染将导致水域生态功能的丧失，严重制约我国养殖业的可持续发展，对国家生态安全构成威胁。

三、海水养殖场水域环境的保护

（一）实施养殖水域生态环境保护的必要性

养殖水域生态环境是水生生物赖以生存和养殖业发展的基础，水域生态环境的好坏不但影响着水生生物资源和水产养殖业，而且在很大程度上影响着我国人民的生存质量和经济社会发展。由于自然条件的变化和人类活动的影响，我国养殖水域的生态环境不断恶化，水域生态系统的结构与功能正在受到不同程度的影响和破坏，这将极大削弱水域生态环境的正常功能，使水域污染加剧，导致水生生物多样性下降，水产养殖病害肆虐横行，严重影响水产品质量。海洋水域生态环境的恶化，已成为我国新时期养殖业发展最突出的制约因素，是我国发展战略调整中亟须解决的关键问题。保护海洋环境是我国的基本国策，保护海洋生态环境就是保护我国海水养殖业发展的命脉，就是保护人口、资源、环境三者的和谐统一。

（二）防治养殖水域生态环境污染的主要措施

沿海重要的养殖水域保护区，禁止任何单位和个人向该区域排放工业废水、废渣、生活污水及含病原体的污水等。向养殖水域区界外排放污染物，必须符合国家和地方规定的排放标准。

在养殖水域沿岸和农田使用化肥农药，应符合国家有关农药安全使用标准，减少和控制农药及化肥对养殖水域的污染。在自净能力较差的海域要合理设计筏式和网箱养殖的密度，合理使用饵料，防止水域和滩涂富营养化。

陆上池塘和工厂化养殖场排放的污水须经处理，达到排放标准后方可排入海域。在海域沿岸兴建的工程项目，凡对邻近养殖海域的环境质量有可能产生影响的，其环境影响报告应经渔业行政主管部门预审，国家渔政、环保部门根据有关规定审批后方可开工。

（三）养殖水域环境污染的监测与管理

各级渔业行政主管部门及海洋监测单位，应对养殖水域污染情况进行监测。1985年国家已建立了全国渔业监测网，设置了中心监测站，对分工区域内的水质、养殖鱼类体内残毒、资源损失等方面进行经常性监测，掌握水域环境污染的基本情况和发展趋势，对环境污染引起的资源变化及污染有害程度进行评价和监督。具有良好的养殖水域环境，才能养殖符合食品安全标准的水产品，因此加强养殖环境的管理是非常重要的。

第二节　海水工厂化养殖场勘察与规划

我国是渔业大国，水产养殖大国，但还不是渔业强国。我国水产品总产量占世界水产品总产量的50%以上，其中养殖总产量占世界养殖总产量的70%左右。但与世界渔业发达国家相比，我国海水工厂化养殖起步晚、产量低，水处理设施设备与养殖技术水平不高，水产品质量不尽如人意。目前养殖水产品的质量安全问题是进入市场和出口的制约因素，我们必须实施健康养殖技术，生产无公害水产品。因此，结合我国的国情对现行的养殖设施进行升级换代，建设新型工厂化循环水养殖模式，构建海水高效养殖生产体系，对提升我国渔业科技水平和行业竞争力具有重要意义。

一、海水工厂化养殖场场址选择

海水工厂化养殖场的场址选择，应从生态学、生物学、地理条件、水文气象条件、节能减排、环境保护等多方面综合考虑，并到现场勘察取得第一手资料，进行综合分析研究，做到工程技术先进可行、经济合理，养殖生产体系高效运行、经济效益显著。

（一）地形与底质

1. 地形选择

海水工厂化养殖场一般修建在海边高潮线以上，在选择场址时，应考虑离海水水源要近，避免管道或渠道远距离输水。若采用远距离渠道输水，不但工程造价高，而且输水过程中还会带来水质的污染。场址高程不宜太高，一般水泵提水高度不超过30m，水位差过大运行费用较高。但场址高程也不能太低，一般在大潮汛高潮线2m以上，高程过低，大潮汛高潮位时遇到大风浪天气，养殖车间易进水。场址附近的海岸不宜过陡，最好有一定坡度，有利于修建反滤层式的砂滤井、水泵室、贮水池、高位水池、高位生物滤池等。场址附近应易于通水、通路和通电。另外，场址不应选在海滩变迁区、河口泄洪区、河流入海处，并远离渔港码头、修船厂、拆船厂等有潜在污染物的海岸。场址选择阶段应对拟选场址的地形、地貌、等高线及潮汐高、低潮位线等要素进行调查和勘测，并绘制详细的地形地物图，这些均是办理土地手续和设计养殖场的必要资料。

2. 底质选择

底质的物理化学性质与养殖效果有密切的关系。对于准备建场的区域，必须调查底质的机械组成和化学组成，通过钻探土层取地下土样进行土工分析和土壤机械组成分析，得出土壤的类别、渗透率及承载力等参数，作为工程设计的依据。若场址高潮线以下的底质是砂土类（物理性砂粒含量大于90%），对修建反滤层砂滤井、渗水型蓄水池等取水构筑物有利。若潮上带场址处是砂土类或沙壤土类，修建养殖车间或高位水池的地基必须按规范设计。

从化学分析看，酸性和潜酸性土壤对养殖不利。含有二硫化铁的土壤称为潜酸性土壤，含有已被氧化为硫酸的土壤称为酸性土壤。这两种土壤由于受到地质形成条件的影响，地下产生二硫化铁的沉积，这种含二硫化铁的土壤当淹没在水下或被土层覆盖时很稳定；而当修建贮水池或砂滤井等取水构筑物时，二硫化铁与空气接触受到氧化而生成硫酸，导致水质 pH 值大幅度下降，对海水养殖极为不利。

（二）水文条件

1. 水质

对拟建场址的海水水源应取水样进行水质分析，水质指标最好能符合《海水水质标准》（GB3097—1997）中的第一类，一般不得低于第二类海水水质标准，可以用于保护海洋生物资源和海水养殖等用水。推荐水质分析指标及标准为：悬浮物质人为增加的量≤10mg/L、pH 值为 7.8~8.5（同时不超出该海域正常变动范围的 0.2pH 单位）、COD≤3mg/L、DO>5mg/L、大肠菌群≤10 000 个/L（供人类生食的贝类增养殖水质≤700 个/L）；海水中有害物质最高容许浓度（mg/L）为：汞≤0.000 2、铅≤0.005、总铬≤0.10、铜≤0.01、锌≤0.05、油类≤0.05、氰化物≤0.005、无机氮≤0.03、无机磷≤0.3 等。若拟建场址海区水质达不到第二类海水水质标准，应设计相应的水处理系统，处理后方可养殖。

2. 潮汐

新建工厂化养殖场时，应测量拟建场址地面高程与潮汐状况，收集有关历年潮汐变化资料。特别要现场测量大潮汛的高潮线、低潮线和小潮汛的高潮线和低潮线的高程及位置，作为设计砂滤井、贮水池、水泵室位置和高程的依据，也是计算水泵扬程的依据。同时应调查当地海区的潮流和风浪情况、40~50 年一遇大风浪大潮汛的高潮线高程、风浪对岸边的冲刷状况等资料，作为设计养殖车间和取水建筑物的依据。

3. 降雨量和集雨面积

拟建场址应调查海区及周边的降雨量、集雨面积、周年分布、流入海区或海湾的径流量等气象资料，作为设计养殖场贮存海水量和水处理能力的依据。夏天降雨量较大，若场区附近集雨面积很大，那么大量雨水将夹带着地表的污物、细菌、病原体等流入海区，导致海水严重污染，此时若养殖场贮存海水量不足，水处理设施不完善，养殖场就会受到很大的威胁，甚至造成严重的经济损失。

（三）交通、电力、通信

1. 交通

便利的交通条件是现代化生产的必要条件，工厂化养殖场的生产设备、生产资料要运进，产品要运出，因此建场的同时必须考虑与国家和地方的公路网相连接。

2. 电力

现代化的生产企业一切都离不开电力，建场的同时必须向地方政府电力管理部门提出用电申请，说明生产规模和用电负荷，申请安装独立的降压变压器，并修建变配电室。

工厂化养殖场养殖鱼虾贝类生物，每时每刻离不开水处理、供氧、充气、消毒、水质监测等生产环节的正常运行，所有这些必须由电力来保证，特别是在育苗期间，电力供应一刻不能停止。因此考虑安全生产和减少不必要的经济损失，在电力建设时最好配套自备发电机，并建变配电及发电机室。

3. 通信

信息时代的生产企业离不开通过电话、网络与国内外进行技术、产销等信息交流，场内各车间与场部、管理部门等每时每刻也要不停地联络。因此，建场的同时需向有关部门申请办理安装电话、网络系统及生产监控系统。

二、海水工厂化养殖场规划设计

（一）规划设计原则

海水工厂化养殖场的规划设计应按节能减排和可持续发展的原则，采用先进的生产技术及设施设备，以工业化手段控制生产过程中的水质，达到高效生产无公害水产品的目的。海水工厂化养殖场的建设工程属于小型特种工程，它涉及的学科多（海洋、生物、机电、仪器、水利、建筑工程及养殖技术等），具有学科技术交叉性强、位于学科前沿的特点，因此规划设计应以科学研究为基础，采用研发推广应用的设施设备、工艺流程、养殖技术及推广基地的生产数据等成果，构建的高效生产体系，既要技术先进、经济合理、切实可行，又要达到高效健康养殖不产生环境污染的目标。

1. 合理布局

养殖场各种设施的布局要有利于生产管理，符合生产工艺要求，能够发挥综合经济效益。在土地利用方面，要充分留有余地，根据市场情况和多方面的制约因素，分期建设。

2. 充分利用土地

土地资源越来越少，地价越来越贵，规划设计充分利用土地显得更为重要。场区内的设施设备尽力紧凑布置，有条件的企业可设计两层结构育苗车间，一层布置育苗室，二层布置饵料室。循环水养鱼系统中的低位水池可设计在水处理车间的地面以下，并在其上面加盖板，以增加室内可利用面积。

3. 节能减排

养殖场的工程设计应遵循节能减排原则，如北方养殖车间应设计为低拱节能型，采用保温屋顶和双层玻璃门窗。有条件的企业可在车间外墙安装保温层，使车间夏天隔热、冬天保温。养殖场外排废水一定要设计废水处理设施，如沉淀分离池、生物净化池，或设计大型氧化池式综合生态池，使养殖场外排废水达标排放或污染物“零排放”。

4. 就地取材

养殖场工程设计中各种建筑材料用量较大，应充分利用地方材料，减少远距离运输，避免人力、物力的浪费，特别是用量较多的水泥、砂、砖、石等。

5. 休闲渔业

目前在城镇滨海区养殖场的规划设计中，经常把发展休闲渔业（leisure fishery）作为重要内容考虑，主要措施是将大型综合生态池（人工湖）、观赏鱼池、珍稀水生生物园等布置在交通方便、生态环境优美的地方。同时，把休闲渔业相关的服务项目，如渔品商店、海鲜酒楼、特色茶馆、停车场等与休闲渔业基础设施的布置结合起来，为发展渔业旅游产业打好基础。根据发展休闲旅游渔业的需要，还要做好场区绿化美化的规划设计，如种植观赏植物、专门配置植物景点等，有条件的场区可装饰一幢循环水养鱼车间，配备喷泉观赏鱼池及其他休闲渔业设施，以提高休闲渔业的品位。我国台湾地区自20世纪90年代初开始加大休闲渔业的投资，在沿海渔区、港口等地大力兴办海陆休闲中心，引导养鱼业综合发展。其休闲渔业中心的设施包括：从事海上观光钓鱼的游艇、浮码头、海鲜美食城、海景公园、儿童娱乐场及相应的旅馆和旅游服务设施等，以适应游人和消费者的多样化需求。

6. 规划设计实例

大连德洋水产有限公司是“十五”期间国家“863”课题的推广基地，占地

2 万 m^2 以上，占海 3 万 m^2。第一期工程建成工厂化循环水养鱼车间 4 500m^2，养殖水域面积 2 600m^2，育苗车间 700m^2，育苗水域面积 700m^2，工厂化动植物饵料培育车间 1 200m^2，饵料培育水域面积 600m^2 及水处理车间 1 000m^2。为充分利用土地，育苗车间与饵料培育车间设计为两层结构，一层布置育苗池，二层布置饵料池。水处理车间也设计为两层结构，一层布置水处理设施设备，二层构建综合生物滤池。同时，为节约建设成本，采用就地取材的方法，一期工程就地开挖了大量石料，用于车间建设。

第二期工程规划建设 5 000m^2 养殖车间及海上旅游观光设施。在规划设计时，对场区地形、地貌和附近海区的水文资料进行分析研究，考虑到场区海景优美，又紧靠大连新建的滨海大道，属于大连城区近郊，因此将工厂化养殖与休闲渔业规划设计为一体，成为新型综合性水产养殖企业。

（二）建场步骤

1. 调查

采用现场和资料相结合的方法，调查建设养殖场的各种条件，如地形、底质、水文、气象、土壤、电力、交通、销售市场等情况，以获得选择场址的基本依据。

单一场址（选址地区无第二个场址）比较容易确定，在有多处场址可选的情况下，应对各处场址逐一调查，再根据调查的结果列出主要技术经济指标，进行分析对比，择优确定基本方案。

2. 测量工作

通过方案的分析对比，对拟建的场址进行测量，绘制平面图或地形图，并注明高程、方位、水源、进排水口、毗邻重要建筑物等。测绘的比例尺一般为 1∶500 和 1∶1 000 两种。平面图是场区规划布置及上报审批用地的依据。

3. 技术经济论证

通过调查和测绘工作，获得海区水文、土壤植被、渔业区划、水域环境、综合利用等方面的技术资料，利用这些资料并考虑技术创新、产业结构调整、节能减排、新技术推广及创名牌产品等因素，制订建设方案，这些方案的技术和设备要先进，其工艺可行，而且经济合理。在制订方案时，应仔细拟定每个技术指标，并详细地分析说明这些指标的经济性和可行性，以便于方案的论证，最后通过技术经济论证确定出最佳方案。

4. 养殖场总体规划

总体规划应有利于生产管理、有利于水资源和能源的合理利用、有利于环境保护和社会安定。养殖场的总体规划应根据市场需求，既要满足当前生产的需要，又要有长远的规划，保持经济、环境、社会和谐与可持续发展。总体规划主要包括绘制平面图、剖面图和效果图，确定场区各种设施、设备、建筑物的相对位置。如生产区包括养鱼车间、育苗车间、水处理车间、变配电室、水泵房、道路等的相对位置及方位。办公生活区包括场部办公楼、宿舍、食堂、实验室、产品质量监测室、研发中心、仓库、停车场、远景发展项目等的相对位置及方位。

5. 基建投资预算及经济效果分析与评价

工厂化养殖场基建投资项目主要包括取水和给水构筑物、水处理车间、生产车间、生产设备、道路、供水、供电、办公生活设施等，根据原材料费及人工费用等的价格，预算出总投资金额。经济效果是指生产中投入和产出的比值，根据市场价格、养殖品种和产量，并结合经营生产和企业的管理水平，进行经济效果分析和评价，预测出建场后的生产成本、利润、投资回收期等经济指标。

6. 制订施工计划

施工计划主要是按工程项目的轻重缓急确定施工顺序及每项工程的施工方案，一般由施工的乙方根据甲方的建设工程和自己的施工力量，编制施工计划。通常顺序为：在通路、通水和通电的基础上先建设生产性工程，再建设生活性工程，然后建设其他配套工程等。

7. 放样施工

放样施工是根据建筑物的设计尺寸（设计图纸），找出建筑物各部分特征点、控制点之间位置的几何关系，算出距离、高程、角度等放样数据，再利用控制点在实地上定出建筑物的特征点，把平面图中的长、宽等主要尺寸用一定的材料（模板）和形式（拉线）标志出来，作为施工的依据。这些标志要牢固，任何人不得移动和损坏，为方便施工期间进行检查、复测，必须确保建筑物建成后尺寸的准确性。

8. 竣工验收

工程竣工后，在交付使用前应组织有关专家对工程进行全面检查验收，认真检查工程质量是否达到设计要求。其中，场房建筑、水处理设备安装、水利工程等都应按国家验收规范进行验收，对较大的水池如生物滤池、沉淀池、鱼池等应贮满水 24h 后再检查是否渗漏。发现不符合设计标准的工程应马上返工，如果工程已决算交付使用后才发现有质量问题，其解决难度较大。特别要注意的是，水产养殖工程属于小型特种工程，此类工程很少有质量保证年限，尤其是水泥池的渗漏应特别加以关注。

三、场区总体布置

目前海水工厂化鲆鲽鱼类养殖场的养殖规模计算单位一般采用平方米（m^2）为水域面积计算单位，养殖池水深一般在 0.6~0.8m 范围内。养殖其他品种如真鲷、红鱼等游泳性鱼类及对虾，一般采用立方米（m^3）为单位进行有效水体计算。海水工厂化养殖场的规模小者有几百平方米，大者几万平方米，其规模大小与经营体制有关。养殖场主要建筑物由生产性建筑物和办公生活性建筑物两部分组成，场区总体布置原则为：各建筑物、构筑物的平面相对位置布局合理，功能分区明确，布置紧凑，符合生产工艺要求，场内交通畅通，管理方便。

场区总体布置步骤如下：首先由专业设计单位按照国家工业管理有关规定，根据建设单位的具体要求（如养殖规模、品种、水质指标、单位产量等）提出设计方案，然后由建设单位组织有关部门参加论证和专业协调，最后确定最佳平面布置图。

（一）场区建筑物紧凑布置

为了节约有限的土地，场区建筑物一般采用紧凑布置。养鱼车间与水处理车间、育苗车间和饵料车间应相邻布置，以减少管道长度和水头损失，并且便于管理。对于生产规模较大的养殖场，其养殖车间、育苗车间、饵料车间应采用双跨或多跨结构，以充分利用土地。有条件的企业可以采用饵料车间和育苗车间、生物滤池和水处理车间双层布置。另外，虽然要求场区紧凑布置，但同时要留出足够宽的道路，一般不少于 5m，使各车间周围机动车畅通，以方便产品和物资的运输。

（二）避免噪声和烟尘的污染

海水养殖车间应避免噪声和烟尘的污染，因此锅炉房的布置应位于主风向的下风侧，并远离养鱼车间。制氧机、罗茨风机噪声较大，应尽量远离养鱼车间、办公区和生活区，也可采用液氧罐、罗茨风机安装消声器、风机室内墙壁安装消声板等措施减少噪声污染。变配电室要根据高压线进场方位，尽量靠近用电量较大的车间，但高压线不宜通过场区车间的上方。

（三）充分利用地形

养殖场若设高位水池自流供水，则应尽量布置在地形较高处，以减少高位水池垫底工程量。建设在坡地上的养殖场，应利用地形高差，采用由高到低布置的方法分别布置高位水池、生物滤池、饵料车间、育苗车间、养殖车间及水处理车间。这种布置能自流给水，避免二次提水，同时可以充分利用地形，减少开挖土石方量，节约工程投资及能源。

（四）取水口和排污口布置

海水取水口即取水构筑物，应设在场区沿岸涨潮流的上方，排污口即全场外排废水经处理达标后的排水口，应设在涨潮流的下方，并且排污口应尽量远离取水口。

四、养殖场高程设计

高程又称标高，一般指从平均海平面起算的地面点高度。我国规定绝对高程起算面以青岛外海的黄海年平均海平面为标准起算面。但因选用基准面的不同，又有不同的高程系统，有绝对高程和相对高程之分。绝对高程即“海拔”，由年平均海平面起算。在工程设计中，为了安装施工方便，经常采用相对高程，如在工厂化循环水养殖工程设计中，经常把养鱼车间的地面标高定为±00.00，建造地沟底面或微滤机池的池底用负值表示，车间高度、地面安装的设备高度用正值表示。但在设计图纸上应标注相对高程的±00.00值等于绝高程的数值。

对于场区地面高程较低的养殖场，高程设计应确定海边养殖车间地面相对标高±00.00值等于绝对标高的数值，该数值一般不少于2m，应从现场实测获得准确数据，而潮汐资料数据误差较大，不宜采用。养殖车间地面绝对标高过低，遇大风浪大潮汛天气时，车间很容易进水。对于场区地面高程较高的养殖场，养殖车间地坪应高于室外地面0.2~0.3m，以防暴雨天车间进水。在高程设计中，水处理车间与养殖车间的地面高程、养殖车间内水处理部分与鱼池部分的地面高程一般都设计为相对标高±00.00，其他设施设备按地坪标高设计。

基于循环水养殖车间节省能源考虑，循环水系统一般设计为一次提水和自流循环。一般顺序是：水泵从低位水池提水输入高位生物滤池或蛋白质分离器，然后分别自流进入渠道式紫外线消毒池、调温池、管道溶氧器，最后自流进入养鱼池。养鱼池的排水设计为，排水要能够自流进入水处理车间的低位水池或微网过滤的低位水池，相关设施设备安装高程不能过高或过低，例如养殖车间内布置高位生物滤池和微网过滤的低位水池，则生物滤池最高水面相对标高应不大于3m，微网过滤的低位水池水面相对标高应不大于-2m。另外，自流入下一级的水头不能设计过大，因为重力管道水流的水头损失一般为0.4~0.8m，渠道水头损失一般为0.2~0.5m，压力式砂滤器水头损失为3~5m，因此各设施设备之间的连接管道或渠道的水头损失，应通过计算确定，并留有余量。最后，在仔细计算并留有余量的前提下，系统提水泵的总扬程与系统全程水头损失总和之差不应太大，以减少水泵动能的消耗。

第三章
海水工厂化养殖场取水与给水构筑物

海水工厂化养殖场取水构筑物主要包括渗水型蓄水池、反滤层大口井、潮差蓄水池、海水管井。给水构筑物主要包括水泵房和水泵房附属构筑物。

第一节 取水构筑物

目前我国沿海近岸海水一般都受到不同程度的污染，污染物主要来自工农业污水、城市废水及海水养殖自身产生的污染物。这些污染物会直接导致养殖水环境恶化，产品品质下降，甚至产生食品安全问题。因此工厂化养殖场一般不直接取近岸涨落潮水，而是设计不同类型的取水构筑物，进行初级处理再输入养殖场。

设计修筑取水构筑物首先应符合当地海水用水有关规定，并取水样、土样进行化验分析，水质应符合海水养殖用水标准，土质应适合修建取水构筑物的基本条件。然后根据海区地形、高程、底质、水文及气象等资料，设计不同类型的取水构筑物。取水构筑物一般有渗水型蓄水池、反滤层大口井 、潮差蓄水池及海水管井等。

一、渗水型蓄水池

渗水型蓄水池一般可位于在高潮带（大潮高潮线和小潮高潮线之间地带）或潮上带，其地下土质应是渗水性的砂土或沙壤土类，常规构筑方式为采用堤坝在高潮带围堵并将池底挖深修成蓄水池，或直接从潮上带挖深修成蓄水池。高潮带蓄水池的堤坝，应按筑坝原理设计为土质坝或石砌坝，坝体和坝基不能渗漏。坝顶高程一般取平均高潮位以上不少于1m，大风浪高潮位时海水不能进入池内。若采用土质坝，横断面形状为梯形，外坡坡度取1：2. 5，内坡取1：1. 75，外坡一般采用反滤层和插石护坡。池内坡面应留有1~2m宽支撑坝基的戗道。挖深处的坡度不少于1：3。若采用石砌坝，横断面形状可为梯形或矩形，砌坝砂浆要求饱满，防止渗漏。渗水型蓄水池的池底一般挖深到大潮低潮位线高程以下不少于1m。海边潮上带蓄水池，若地面高程较低应修筑防浪堤。渗水型蓄水池的蓄水量应根据地下涌水量和养殖场每天的用水量确定，地下涌水量可通过实测计算求得，池内蓄水量一般不少于 2 000m^3。

渗水型蓄水池中水的来源是海水通过底层砂土或沙壤土渗水层进入池内，海水经过砂滤及厌氧生物过滤在池内贮存备用，同时池水在贮存过程中具有沉淀作用，在阳光照射下具有消毒杀菌的作用，水质较好。渗水型蓄水池隔绝了外海水直接进入蓄水池，避免了赤潮、工农业、近海养殖业及周边工厂化养殖场外排废水的污染及病害的侵袭。渗水型蓄水池中的海水是通过地下土壤的渗流而来，这样不但起到净化作用，而且因大部分水量贮存在地下渗水层内，贮存水直接受到寒风、烈日吹晒的水面面积较少，同时水泵提水一般取水深的中下层，因此水温受气候影响较小（夏季池内水温相对较低，冬季水温相对较高），具有一定的调节水温作用，可以节约调温能源。山东省沿海采用此种蓄水方式，取得较好的养殖效果。特别是山东半岛的南侧，其滩涂平缓，当吹东南风时，海水浑浊度较高，水中泥沙、污染较多，采用砂滤罐处理，设备多，投资大，选用渗水型蓄水池具有投资少、养殖效果好的特点。

二、反滤层大口井

反滤层大口井是根据反滤层原理在海区沿岸地下有砂土或砂壤土渗水层的地方，用不同粒径的砂、砾石、碎石、块石等材料修筑的渗水井。反滤层大口井一般修建在海边的潮上带，通常为大圆形土池，其深度在大潮低潮位线高程以下不少于 2m。具体方法是：用块石在土池中心处砌成直径大于 2m 的大口井，井的周围采用块石、碎石、卵石、粗砂及细砂材料布置反滤层渗水区，反滤层上面铺砂石与地面齐平。若底层土质渗水性能较差，可从大口井周围的渗水层中向外辐射，布置 4 ~ 8 根直径为160~200mm 的 PVC 渗水管，管长根据需水量和底质土壤性质而定，一般不小于 8m，管道外端封闭，在管道上间隔布置进水孔，进水孔周围布置砂石反滤层，或敷设双层筛绢。渗水管上面回填碎石、砾石、砂土，与地面齐平。

反滤层大口井属于砂石等材料堆筑的渗水构筑物，反滤层设置在细颗粒砂土与块石之间的过渡层，主要由设置成层的散粒状材料（砂、砾石、卵石、碎石等）组成。反滤层的设置一般由几层不同粒径的细砂、粗砂、砾石、碎石组成，每层铺设与渗水流正交。布置原则是：一层的颗粒不能穿过颗粒较大一层的孔隙；每一层的颗粒不能发生移动；渗水层的颗粒不应被冲过反滤层；反滤层不能被淤塞。所需海水从砂土或砂壤土渗水层到大口井，每层材料的粒径沿渗水流方向加大，要求小颗粒的砂粒不能被渗流水带走，而渗水流又能很快向前流动，并且整体反滤层应具有贮水的功能。

反滤层大口井另外一种形式为渗水管水池。对于海区滩涂平缓，由粗、细砂构成沙滩的区域，可以采取这种方式。具体方法是：在潮间带从岸边向海内开挖深度不小于1m的沟渠，沟渠底铺设管径为160～200mm的PVC渗水管，管道上间隔布置进水孔，进水孔处布置反滤层或敷设双层筛绢。根据需水量布置渗水管的数量，一般不少于6根，从岸边向海区呈扇面状布置。管道向海一端封堵，向岸边一端直通低位蓄水池，管道的坡度一般与滩涂坡度相同。蓄水池容量可根据铺设管道数量和养殖用水量等因素确定。蓄水池应设池顶或加盖，以防雨雪及风沙灰尘进入，一般与泵房合建为一体，蓄水池作为水泵房的集水池。这种渗水管蓄水池结构简单，投资较少，水质较好，适用于小型养殖场。在山东省威海以西海边沙滩底质的区域，采用渗水管处理海水用于海参育苗及养成，获得良好效果。

反滤层大口井贮水空间大，反滤层的砂石可以同时作为砂滤层和厌氧生物菌载体，起到物理及生物过滤作用。另外，反滤层大口井因水量贮存在地下，具有保持水温的作用，是一种既能处理海水又节约能源的取水构筑物。

三、海水管井

海水管井俗称海水深井、海水井。沿海的潮上带一般存在地下透水层，海水管井是通过打井机开凿井筒并下管到透水层的取水构筑物，海水管井的深度（除少数深井外）一般在50m以内，我国北方沿海地区井水常年水温一般在12～17℃，与冬夏季近海水温相差10多度。海水管井的优点是：水质较好，氨氮、悬浮物、细菌等含量较低，符合海水养殖用水水质要求；水温稳定，用于养殖鲆鲽类时，冬天不用升温，夏天不用降温，节能效果明显；建井投资较少，使用方便。因此，这是一种较理想的海水取水构筑物，很受养殖企业的欢迎，近年来在黄渤海沿岸得到广泛应用。其缺点是：地下贮水量有限，且补充缓慢，如果海水管井建造太密集，地下海水渗水流速变缓甚至枯竭；另外，大力开采近岸地下水会引起海水倒灌，产生土地盐碱化等生态灾害。

（一）建设管井的条件

管井的井址应选在海区沿岸的潮上带，距海边一般不大于2 000m的区域。其地下土质是砾石、砂、砂土、砂壤土类的透水层底质，透水层的贮水量较大，贮水深度少于50m。若距海边太远，地下海水盐度下降较大，如山东省胶州一带的海区沿岸，若距海边大于2 000m，盐度大约下降50%。养殖场一般建造多眼管井，井距不能太小，一般在 1 000m 以外。另外，在打井之前应取水样化验分析其水质指标是否符合养殖用水标准，我国不少海区地下海水重金属如锰、铅、铁等含量过高，如果增加额外的重金属处理工艺，水处理成本太大，因此不宜利用。

（二）管井构造

管井一般由井室、地下井管、滤水管等组成。井室的主要作用是保护井口及安装的设备如提水泵、电机、管道、配电设备等。管井的提水泵有深井泵和潜水泵两种结构形式，深井泵的电机、阀门安装在地表的井室里，深井泵的传动轴很长，安装在井管内，水泵叶轮安装在井管的水面以下。若提水水泵采用潜水泵，一般不建正规的井室，而建筑简单的井管，将潜水泵直接放入井管内取水。

井管的作用是保护井壁和隔绝水质不良的含水层，它与滤水管连接起来形成一个管柱，垂直安装在凿成的井孔中心，成为管井的主体。井管安装在非含水层处，滤水管安装在含水层处。井管内若安装深井泵，井管的内径一般应比深井泵泵管的外径大 50～100mm。海水管井深度一般在 50m 以内，井管、滤水管的材质多采用砾石水泥管。

（三）管井的提水设备

1. 深井泵

深井泵比较适合用于管井提水，主要由井口上面的电机部分、电机下面的输水管和传动轴、最下面的带吸水管的叶轮和泵壳等三部分组成。深井泵因受管井直径限制，其叶轮直径一般较小，通常采用多级结构，启动时不需灌引水。深井泵的型号很多，流量和扬程范围较大，一般流量为 50～200m^3/h，扬程为 20～120m。

2. 潜水泵

潜水泵的电机、泵壳及叶轮严格密封为一体，其特点是体积小、重量轻、安装方便，不需修建泵室，初次投资少，启动不需灌引水，操作方便。目前海水管井应用特别多，缺点是电机工作效率低，耗电量大，且电机和泵壳等构造特殊、复杂，故障率高，维修困难。从实际运行情况、维修及节能方面考虑，海水管井选用深井泵较潜水泵为宜。

四、潮差蓄水池

当海区潮间带底质不是砂土类或砂壤土类的渗水层，不能修筑渗水型取水构筑物时，可以围建纳潮蓄水构筑物，称之为潮差蓄水池。潮差蓄水池的容积应根据养殖场的规模及用水量确定，最好的情况是一次蓄水能满足一个养殖周期用水，养殖过程不再取用外海水。若潮上带有低洼盐碱地，也可以开挖大型的蓄水池，采用渠道或管道自流，向池内输送高潮海水。若蓄水池的池底有一定的渗水量，池底应回填黏土防渗，或采用防渗塑料地膜铺池底和池壁。蓄水池在贮水的过程中，太阳直晒具有消毒杀菌的作用，风力的吹动使海水保持高溶氧，同时池底土壤中又易形成微生物及底栖硅藻种群，具有净化海水的作用。实践证明，海边修建的潮差蓄水池只要不受外来污染物的污染，能多年保持良好的水质。

（一）潮差蓄水池位置的选择

潮差蓄水池的位置一般选在有小海湾的海边，易于围堵，但不能靠近河流入海口。要求滩涂平缓，潮上带没有较大的集雨面积，陆上的雨水、污水不能排入蓄水池内。若陆上有一定的集雨面积，蓄水池周围应修筑排洪沟，使雨水流入海中。另外，潮差蓄水池选择的位置应符合当地海区取水管理有关规定。

潮差蓄水池是靠大潮汛高潮位时蓄水，所以蓄水池的坝址应选在中潮带（小潮的高潮线与小潮的低潮线之间的地带）。拟建蓄水池位置应取土样进行土工分析，确定土壤类别、化学成分及土力学特性。一般土质应选择壤土类，防止修筑的堤坝渗漏或干裂。

土质的化学成分应避免酸性或潜酸性土壤，因潜酸性土壤含二硫化铁，开挖修池筑坝时与空气中的氧作用，形成酸性土壤，使蓄水池的水 pH 值大幅度下降，影响鱼类生长。

一般选择土力学特性承载力较大，黏结性、剪切性适中的土壤，以保证蓄水池堤坝及水闸基础的稳定性，避免渗漏。对拟定蓄水池的海区要进行水文、气象、风浪、海流及大小潮潮位线的调查，为蓄水池堤坝设计提供依据。蓄水池的面积应根据工厂化养殖场的规模和供水周期用水量确定，一般为 $1\sim10hm^2$。池内水深由当地海区大潮汛的潮差决定，一般水深为 $2\sim3m$。

（二）堤坝种类

修筑潮差蓄水池堤坝一般采用拦海围筑方式，堤坝的种类主要有土质坝、浆砌石坝及混凝土坝等。

1. 土质坝

土质坝一般分为碾压式土坝和土石坝两种类型。碾压式土坝又分为均质土坝、心墙土坝和斜墙土坝等种类。小型蓄水池多采用均质土坝和浆砌石坝。均质土坝是采用透水性较小的单一土料修筑的堤坝，适用于底质为壤土类的海区。心墙土坝和斜墙土坝则适用于黏性土较少而有大量砂质土的海区，一般采用在坝体横断面的中部布置黏土心墙或在坝体外海一侧修筑黏土斜墙，其他部分采用透水性的砂土或山皮土的方法修筑。土石坝即土石组合坝，一般采用在土坝横断面中部使用不透水性的黏土心墙，在两侧抛填砂土和石料的方法修筑。土石坝能充分利用蓄水池靠近岸边一侧挖深的土石方，再填方到土坝上，便于土方平衡，既可减少土石方远距离的运输，又可加大蓄水池的贮水量。

土质坝蓄水池还有另外一种形式，即在蓄水池内采用砂坝隔堤将蓄水池分隔成2~3个小池，串联进出水。进水闸门设在第一个小池的堤坝上，出水设在最末一个小池的堤坝上，使蓄水池成为串联式滤水池。砂坝隔堤采用不同级配的细砂、粗砂、砾石、碎石修筑，细砂设在砂坝断面的中部，向外分别是粗砂、砾石、碎石。砂坝断面为梯形，顶宽不小于1m，坡度为1∶1~1∶1.5。砂坝隔堤蓄水池一般适用于潮间带平缓、底质为泥滩的海区，因为涨潮时海水浑浊度较高，并且蓄水池较小，沉淀时间较短，不能满足一个养殖周期的用水量，此时采用砂坝隔堤蓄水池能得到较好的滤水效果。采用砂坝过滤蓄水池，海水在池内除具有沉淀作用外，还具有砂滤、生物过滤及氧化池的净水作用。

2. 浆砌石坝

浆砌石坝一般用于贮水量较少的蓄水池。特点是浆砌石坝造价高，坝体坚固，不用护坡。对风浪较大的海区，浆砌石坝的断面尺寸不能过小，避免堤坝被海浪整体冲倒。另外，采用浆砌石坝时，尽可能就地取材，若远距离运输石料，则投资太大。

3. 混凝土坝

混凝土坝适用于贮水量较少的蓄水池，底质要求是硬土层或岩礁地带。如在岩礁地带施工，混凝土可直接浇铸在岩礁基础上。修筑潮差蓄水池一般很少采用混凝土坝，故不再作详细介绍。

（三）土质堤坝设计原则

① 在选择潮差蓄水池围海堤坝的坝址时，能充分利用自然纳潮的区域作为首选，

一般设置在潮汐变动2~3m的中潮带。施工前首先要清基，基土若是砂土类，一定要挖到不透水层。若不透水层较浅，应采用截水槽，防止坝基渗水。

② 堤坝高度要求是：堤坝顶在大潮汛高潮位的大风浪天气下不允许越浪，高程设计一般取平均高潮位以上不少于1m，迎海面坝坡应按斜坡式防浪堤设计。

③ 坝顶宽度根据坝高确定，如坝高8m，坝顶宽3.5m；坝高12m，坝顶宽4m；坝高15m，坝顶宽5m。

④ 堤坝坡度的设计一般为迎海一侧的外坡1∶2~1∶3，内坡1∶1.5~1∶2。当堤坝较高时，坝顶面应设排水坡度和排水沟，坡度一般为2%~3%，保证坝顶面的雨水及时从排水沟排出，避免暴雨冲坏坝坡。另外，坝顶迎海一侧可设防浪胸墙，采用水泥砂浆、块石砌筑。若土质坝是心墙或斜墙土坝，防浪胸墙应和坝体防渗设施紧密连接。

⑤ 堤坝迎海面的外坡，一般用干插石护坡，下设反滤层，内坡常用植草护坡，必要时设贴坡块石排水。

（四）潮差蓄水池水闸设计

潮差蓄水池靠纳潮蓄水和定期排水清池，因此必须设水闸。蓄水量不太大的蓄水池可设计一座单孔或双孔水闸，纳潮进水或排水清池共用。

1. 水闸的结构

水闸一般由底板、闸墩、闸墙、闸门、工作桥、翼墙、铺盖、海漫及启闭机等组成。水闸底板是承受全部水闸重量的基础，通过利用底板和地基之间的摩擦力抵抗由上下游水位差产生水压力的滑动，也具有防冲、防渗作用。闸墩的作用是分隔闸室和支承闸板，也作为工作桥、启闭架等上层结构的支座。闸墙位于闸室的两侧，除起闸墩作用外，还具有挡土和防止侧向渗流作用。闸门是水闸的挡水部分，它的作用是调节、控制水位及流量。工作桥是供工作人员操纵闸门启闭机的地方。翼墙分为内、外翼墙两部分，外翼墙是引导水流收缩使水流进入水闸；内翼墙的作用是使进闸水流均匀扩散。翼墙还能阻止堤坝土质的滑塌，保护堤坝不受水流的冲刷，防止侧向渗流的危害。铺盖和海漫是闸底向内、外延伸部分，有防冲、防渗作用。水闸的启闭机常用螺杆型，通过人力转动手轮带动闸门升降，转动机构采用减速器，达到省力的目的。大型水闸的闸门常用电动启闭机升降闸门，既省力又方便。

闸址一般选在蓄水池堤坝的中部，水闸基础要求土质压缩性较小，承载力较大，抗冲能力较强的基土。水闸闸门顶高程应高出历年高潮位0.3m，闸门底高程应高于历年低潮位 0.3~0.5m。水闸的基础和闸墩一般采用混凝土或浆砌石建造，闸门材料宜采用木质及钢丝网水泥。

2. 水闸排水时间的计算

水闸闸门高度一般根据当地潮高确定，闸门的孔数与宽度应根据蓄水池的蓄水量及一次或几次纳潮注满水池情况确定。如闸门开启要求在一定时间内将池水放完，则应计算闸门在变水头情况下的出流量。若潮差蓄水池是多孔水闸，池底坡度平缓，闸门开启高度不变，闸门开启后放干蓄水池的水，所需的时间 T 可用下式计算：

$$T = \frac{2A\sqrt{H}}{UnlB\sqrt{2\,\mathrm{g}}} \tag{3-1}$$

式中：

A——蓄水池水面面积（m^2）；

U——流量系数，取 $0.60 \sim 0.18\,\frac{l}{H}$；

g——重力加速度，取 $9.81m/s^2$；

H——水头（m）；

B——闸孔净宽（m）；

l——闸门开启高度（m）；

n——水闸孔数；

T——所需排水时间（s）。

第二节　给水构筑物

海水工厂化养殖场给水构筑物，主要包括水泵房、水泵房附属构筑物及供水方式。

一、水泵房的种类

海水工厂化养殖场的水泵房按给水系统的功能可分为给水泵房和循环水泵房（室）。给水泵房又称一级泵房，是把海边取水构筑物的源水输送到高位水池和水处理车间等全场用水点的泵房。循环水泵房是循环水养殖系统中输送循环水的泵房（室）。

水泵房按水泵灌引水的方式，可分为自灌式泵房（又称湿室型泵房）（图 3-1）和非自灌式泵房。自灌式泵房的水泵底座标高低于取水构筑物内的水面标高，以水能自动流进水泵体内而不需要另灌引水为准。

图 3-1 循环水自灌式泵房

非自灌式泵房的水泵底座标高在取水构筑物的水面以上，水泵启动前需采用各种方式向水泵内灌引水，如采用真空泵、射流器、高位水箱等方式。海水养殖场从使用管理方便和节约能源考虑，采用自灌式泵房为宜，这样每次启动水泵不需灌引水，也不需设灌引水的设备。另外，自灌式水泵的吸水管前端不需加止回阀（底阀），减少了吸水管的局部阻力，一般带滤网的止回阀局部阻力系数较大，在 2~3 之间。自灌式泵房地面高程较低，泵房一般设计为上下两层：下层在室外地面以下，泵房旁边修建集水池，地面及隔墙需作防水处理，泵房内需备用排水设备，若发生漏水、渗水能及时排出；上层设门、窗，上层地面需设吊装孔及爬梯孔。较小的泵房可设计为单层结构，层高大于 4m，上部设门、窗，在门的进口处设台阶通到地面。海水循环水养殖场取水泵房及循环水泵房多采用自灌式泵房。

二、水泵房的布置

水泵房的布置主要包括水泵机组、电器设备、水泵吸水管及出水管的布置。

（一）吸水管的布置

为了防止因单台水泵的故障而停水，海水工厂化养殖场泵房安装的水泵不宜少于两台，应有备用水泵，每台水泵一般安装独立的吸水管。若采用两台水泵并联合用一条吸水管，水泵房吸水管的数量不得少于两条，保证在一条吸水管发生故障时，另一条吸水管能按时启用。为使吸水管内不积聚空气，吸水管向水泵方向应有上升坡度，坡度大小根据具体情况确定。吸水管与水泵连接处应安装阀门，对于采用集水池作为自灌引水的水泵，除了在吸水管与水泵连接处安装阀门外，还应安装管道减振器，以方便维修，并避免水泵振动引起吸水管与隔水墙连接处漏水。吸水管的管径应大于输水管，吸水管的流速一般控制在0.7~1.5m/s。

（二）出水管布置

为减少水头损失，出水管应以最简捷的途径敷设管道，同时应设阀门便于多台水泵供水。计算出水管管径时，当直径小于200mm时，流速一般选用1.5~2.0m/s；当直径等于或大于250mm时，采用2.0~2.5m/s。

（三）水泵机组布置

泵房内布置机组时，主要应考虑水泵的安全运行，方便操作和维修，水泵与水泵之间、水泵与墙壁之间的距离一般不小于0.6m。配电箱（盘）前面的通道宽度一般不小于1.2m。泵房内主要通道可按1.2m设计。

（四）水泵房内管道敷设

水泵房管道敷设宜采用架空明敷设，但不得跨越电器设备和阻碍通道，通行处管底距地面的高度不得小于2m。泵房管道若采用暗敷设，应采用管沟加盖板敷设方式，管沟采用水泥砂浆砌机砖，沟底留一定排水坡度，盖板多采用钢筋混凝土板或木板。自灌式泵房应设排水设备，非自灌式泵房应设引水设备。

三、水泵的引水

离心水泵在启动前必须将泵体和吸水管内的空气排除，并充满水，这一充水过程称水泵引水，水泵引水有自灌式和非自灌式两种。自灌引水泵房供水安全性高，泵房结构较复杂，造价较高，水泵底座标高低于取水构筑物的水面标高。非自灌引水又可分为灌引水和真空引水两种方式，其水泵房结构简单，造价较低，水泵底座标高高于取水构筑的水面标高。

采用灌引水方式应在吸水管底部安装底阀，并在水泵顶端安装排气阀，待引水从排气阀流出不带气泡的水流时，即可关闭气阀，启动电机水泵开始工作。灌引水又可分为压力引水和真空引水两种。

（一）压力引水

若水泵向高位水池输水，可在水泵上方的输水管上连接旁通管，并在管上装阀门，启动水泵前打开旁通管阀门，高位水池的水会沿着旁路管向水泵灌引水，这种灌引水的方式称为压力引水。采用压力引水方式时，吸水管前端应安装底阀。高位水池压力引水适用于吸水管较长、管径较粗、引水量较大的工况。当吸水管较短、灌引水量较少时，可采用高位水箱灌引水。高位水箱一般安装在泵房内，水箱的水由水泵输水管接出的旁路管提供，并高位水箱内安装浮球式自动水位控制装置，当水箱注满水后，浮球阀会自动关闭进水管。

（二）真空引水

采用真空引水时，吸水管前端不需安装底阀，只需在水泵顶端的输水管上安装真空吸气管与水标尺观察水泵系统内水位高低即可。真空引水可分为真空泵引水和射流器引水两种。真空泵引水的启动速度快，效率高，一般引水时间不大于5min，适用于不同型号及流量的水泵。真空泵的抽气量可根据吸水管管径、长度及引水时间确定。射流器引水是利用压力水通过射流器喷嘴产生高速水流在喉管进口处产生负压，将水泵内及吸水管内的气体抽出。压力水可采用水泵加压、自来水等。射流器具有结构简单、安装方便、工作可靠等优点，但效率较低，灌引水消耗一定量的压力水。

四、水泵房的结构

（一）水泵的启动方式

自灌引水启动是海水循环水养殖场的给水泵房常年使用的方式，但水泵不是常年连续运转，经常关闭和启动。当选用泵房的地面高程不高，有条件挖深建造低位湿式泵房，可采用自灌引水启动，这种启动方式及时可靠，管理方便。当选用泵房的地面标高较高、建造自灌引水的泵房有困难时，多采用非自灌引水启动方式。

（二）水泵房的结构

1. 自灌引水泵房

自灌引水的泵房是地下泵房，又称湿室型泵房，一般泵房和集水池合建为一体，如循环水自灌式泵室。海水循环水养殖场的循环水系统中，大多数泵室选择低位自灌引水，循环系统一般设低位水池，并且集水池与泵室合建为一体。水泵的吸水管通过泵室与集水池的隔墙直通集水池，其优点是吸水管较短、无底阀和弯头、水阻力很小、节约能源、启动迅速、管理方便等。

工厂化养殖场的给水泵房应根据取水构筑物的形式、地形特点、供水安全要求等条件进行选择。较大的养殖场一般多选择自灌引水泵房；规模较小的养鱼场更多选择非自灌引水的泵房，或不建泵房而直接采用潜水泵给水。

给水自灌引水泵房的地面标高一般在取水构筑物水面以下不小于1m，泵房地下部分及集水池应采用钢筋混凝土防渗结构，泵房总体分为上下两层，下层在地面以下称为湿室，主要布置水泵机组、吸水管、输水管及集水池，其平面面积可根据水泵机组的台数和维修要求确定，平面形状有正方形和长方形；上层一般位于室外地坪以上并设置门窗，地板上预留水泵机组吊装孔及到下层的爬梯孔，屋顶根据机组的重量设置固定吊钩、移动吊架或手动单轨吊车。水泵机组通过吊钩上的起重设备经上层地板吊装孔进入下层地面，由于水泵房的起重设备利用率很低，所以选择时应力求简单，其起重量一般小于500kg，多采用移动吊架或固定吊钩，工作人员通过爬梯上下出入。湿室型泵房下层地面及集水池池底应设污水排水设施，可采用集水坑和排水泵等设施，这是因为下层地面水泵运行漏水及维修水泵放水等原因，需定期用排水泵将集水坑的水排出泵房；同时集水池定期清刷或检修时，也需将集水池的进水管或沟渠（取水构筑物与集水池连接的管道、沟渠）阀门关闭后，将集水池剩余的水用排水泵排干。

2. 非自灌引水泵房

非自灌引水泵房的结构多采用分基型，其特点是泵房为单层结构，墙壁基础与水泵机组基础分开修筑，两种基础之间一般设置一定厚度的防振层，常采用填砂结构。水泵机组基础为混凝土或钢筋混凝土结构，在浇铸时预留水泵固定螺栓孔。泵房基础一般采用块石砂浆砌筑，基础上面浇铸钢筋混凝土围梁，墙壁为水泥砂浆砌机砖结构，屋顶一般采用钢筋混凝土空心屋面板或夹层保温板，以增强其抗风力。非自灌引水泵房多采用卧式水泵机组，各机组按长度方向在泵房内排成一列，此种布置简单整齐，可减少水泵房的跨距。水泵的吸水管直通取水构筑物，每台水泵设独立的吸水管，水泵若采用真空引水或射流器引水，吸水管前端可不设底阀，若采用其他灌引水方式则需安装底阀。

五、水泵房附属构筑物

水泵房附属构筑包括集水池、管道、沟渠及高位水池等。取水泵房一般建在取水构筑物附近，水泵吸水管可直接敷设到取水构筑物水面以下；若距离较远，除了建设水泵房本身外，还应配套建设集水池和取水构筑物到泵房集水池相连的管道或沟渠及高位水池。

（一）集水池

集水池是自灌引水泵房的附属构筑物，海水工厂化养殖场自灌式泵房和循环水系统的泵室内一般都建设集水池。循环水泵室的集水池通常兼循环水低位池，鱼池排出的水经微滤机或弧形筛过滤后可自动流进集水池，集水池容积一般不小于水泵机组4~8min的提水量，当循环水泵室的集水池兼低位贮水池时，应适当加大集水池容量。集水池一般设在地下，采用钢筋混凝土结构，池底设一定坡度和排水坑，坡度向排水坑倾斜。排水坑为边长30~50cm，深度20~30cm的正方形小池，边角有一定的圆弧，一般设在集水池池底一角。在检修和刷池时，把排污潜水泵放入排水坑，可将集水池剩余的污水排除。以取水构筑物为水源的集水池，其进水口处应设过滤网将水中颗粒较大的固体悬浮物过滤去除。集水池池底高程应根据取水构筑物水面高程和泵房地面高程确定，一般在水泵吸水管中心高程以下20~30cm。

（二）管道沟渠

管道沟渠是水泵房的集水池与取水构筑物之间的输水构筑物。若输送取水构筑物的上层水，多采用管道或暗沟渠无压流，若输送中下层水常用管道压力流。

采用管道无压流，一般按管道充水度（h/d）为75%计算（h为管内水深，d为管道直径），求管道直径d可用下式计算：

$$d = \frac{\sqrt{Q}}{1.49\sqrt[4]{Z}} \qquad (3-2)$$

式中：d——管道直径（m）；

Q——流量（m^3/s）；

Z——取水构筑物与集水池的水位差（m）。

管道压力流是管内全充满水的流动，其流量Q可用下式计算：

$$Q = \mu\omega\sqrt{2gZ} \qquad (3-3)$$

式中：Q——流量（m^3/s）；

Z——取水构筑物与集水池水位差（m）；

ω——管道断面面积（m^2）；

μ——流量系数。

$$\mu = \frac{1}{\sqrt{\xi_f + \xi_m}} \tag{3-4}$$

式中：ξ_f——沿程阻力系数，$\xi_f = \lambda L/d$；

ξ_m——局部阻力系数之和，一般取 1.5；

λ——系数，与管道材料有关，混凝土管 $\lambda = \frac{1}{45}$；

L——管长（m）；

d——管道内径（m）。

无压流中也可以采用渠道从取水构筑物向集水池输水，渠道断面形状应选用矩形，采用水泥砂浆砌机砖结构，内壁五层防水做法，渠道顶可加钢筋混凝土盖板，上面填土与地面齐平。渠道底设置一定坡度，渠道可根据下列公式进行水力计算：

$$Q = \omega v \tag{3-5}$$

$$v = c\sqrt{RI} \tag{3-6}$$

式中：Q——计算渠道段设计流量（m^3/s）；

ω——渠道过水断面面积（m^2）；

v——过水断面流速（m/s）；

R—水力半径，$R = \frac{\omega}{\chi}$，χ 为湿周长，是指过水断面固定周界长度；

I——底面坡度；

C——系数，$C = \frac{1}{n}R^y$，y 为指数，简略计算时可取$\frac{1}{6}$；

n——渠道壁粗糙系数，水泥抹面取 0.013。

若从取水构筑物取中下层水采用管道输水，一般选用钢筋混凝土管承插连接，并用橡胶垫密封。

（三）高位水池

高位水池的主要作用是通过高位水池敷设到养殖场各车间及用水点的管路，使水自流到各用水点，类似自来水供水，避免了泵房设置多台水泵向各用水点供水。若高位水池安装水位自动控制装置，泵房水泵机组的启动可直接由高位水池的液面控制，实现自动给水。养殖场设高位水池可以实现水泵一次提水和全场自动供水，因此供水可靠、管理方便。

1. 高位水池的形状与结构

高位水池的形状主要有圆形和长方形，其中圆形池池壁受力均匀，而长方形池具有施工方便的特点，目前以圆形池居多。高位水池一般设计为不透光池的暗贮水方式，池盖加孔，内池壁安装爬梯，方便检修人员进出水池。高位水池的结构类型有无框架砌砖石（挡土墙式）、框架砌砖石及钢筋混凝土三种类型。钢筋混凝土池坚固不渗漏，但成本较高，目前应用不多；无框架砌砖石池壁较厚，占地面积较大，一般应用较少；框架结构砌砖石受力较好，成本不高，应用较多。高位水池的池底及内壁五层防水做法，可有效防止渗漏。

2. 框架结构高位水池

框架结构的高位水池不管是圆形还是长方形，均采用围梁和立柱组成钢筋混凝土框架，框架内水泥砂浆砌机砖，内外池壁砂浆抹面，池底与内池壁五层防水做法。高位水池的容积可在200~1 000m^3，一般不大于全场一天用水量的20%，不同规模的养殖场可根据实际情况确定。池深一般不超过3m，过深造价较高。高位水池池底高程的确定，一般按池底高程高于供水点最高水面高程不少于2m为宜。若高位水池池底标高过高，一方面水泵的扬程相应提高，增加了水泵的动能，常年运行费用较高；另一方面修建高位水池时，垫底工程量较大，增加了建设投资，因此2m水头不但能确保供水安全，而且能节约能耗与投资。

高位水池一般布设进水管、溢流管、排污管和若干根出水管。出水管中心高程一般距池底面不小于30cm，池底设2%~3%的排水坡度，排污管直径不小于200mm。圆形高位水池的排污口设在池底中心，池底呈圆锥形；长方形高位水池排污口一般设在短边池底的中心处，池底面向排污口倾斜。

六、海水工厂化养殖场给水方式

海水工厂化养殖场的给水方式主要有高位水池自流给水、多台水泵给水及水处理车间给水三种方式。

（一）高位水池自流给水

高位水池自流给水流程是：水泵从不同的取水构筑物中提水，输送到专门配水的高位水池，高位水池通过多根给水管将海水自流到全场各个车间或用水点。高位水池自流给水是一种较实用的给水方式，只要高位水池有水，全场给水就能得到保障。高位水池通过安装浮球式液面控制装置可直接控制泵房水泵机组的启闭，实现全场供水自动控制，减少人员操作，方便给水管理，该给水方式适用于水处理设施设备设置在养殖车间内。若给水泵房是自灌引水并设有集水池，则水泵台数根据流量可选择两台，其中一台运行，另外一台备用。

（二）多台水泵给水

泵房安装多台水泵（包括备用水泵）向全场各车间及用水点给水，各用水点依靠水泵给水。该给水方式的优点是省去了高位水池，水处理设备可安装在养殖车间内或设专门的水处理车间；但水泵房距离用水点较远时，敷设的管道相应增加，会加大工程的投资。多台水泵供水适合于自灌引水的泵房，此时水泵吸水管较短，并且无底阀，尽管多台水泵运行，但吸水管总阻力较小。对于非自灌引水的泵房，则只适合 1~2 台水泵运行，此时其吸水管一般较长，导致总阻力较大；若水泵台数过多，不但灌引水及自动控制等操作繁琐，而且备件和维修工时随之增多。

（三）水处理车间给水

工厂化养殖场一般统一建设共用水处理车间，按生产需要分不同类型的水处理工艺系统，集中安装设施设备向各个养殖车间输送不同水质的海水，如鱼类育苗用水、藻类培养用水及鱼类循环水养成用水。水泵房只向水处理车间给水，而水处理车间负责保障全场给水。水泵房向水处理车间给水，一般采用向水处理系统中的高位生物滤池或循环水养殖系统中的低位水池给水两种方式，高位生物滤池通过自流进入其他水处理设备，而向低位水池给水则是提供循环系统补充水。水处理车间给水的设备利用率较高，并且通过专业人员按操作规程操作和管理，实施统一调水的方法，确保了安全给水，方便了车间用水。水处理车间给水是现代化循环水养鱼场一种先进的给水方式，体现了高科技水处理水平和现代化循环水养鱼的管理水平。

海水工厂化养殖场三种给水方式各有特点，养鱼场采用哪一种给水方式应根据场区地形、水源、水质状况、生产规模、养殖品种、水质要求及投资状况等因素综合考虑确定。

第四章
海水工厂化养殖场给水、供热及供电系统

海水工厂化养殖场的给水系统主要包括给水设备、管路设计计算与施工。供热系统主要包括供热和制冷方式、供热设备、热量计算及加热系统设计。供电系统主要包括全场负荷计算、变配电输送与安全供电。

第一节　养殖场给水设备与管道计算

海水工厂化养殖场的给水过程首先是通过从海边取水构筑物取水，再经水泵提水输送到每级水处理设施设备及鱼池。其中，水泵能提高管道内水体的压力，使海水在管道形成流态，通常人们把水泵看作是养殖场的“心脏”。水泵的工作需要电能带动，一般而言养殖场使用的水泵多、铺设的管路长、每年消耗电量大，因此正确选择使用水泵，合理设计和计算管路系统，对于节约能源及降低生产成本至关重要。

一、水泵

（一）水泵的种类与型号

水泵产品种类繁多，而海水养殖场使用的水泵必须耐海水腐蚀，常用的水泵有离心泵、轴流泵、混流泵、井用泵和潜水泵等。因使用的条件和工况环境不同，每类水泵又可分不同的型号。

1. 水泵的种类

离心水泵有单级单吸泵（IB、IS）、单级双吸泵（S）、多级泵（D）。轴流泵有立式泵（ZLB）、卧式泵（ZWB）等。混流泵有蜗壳式（HW）、导叶式（HD）等。井用泵有深井泵（SD）、浅水泵（J）等。潜水泵有半干式（JQB）、浸油式（QY）、湿式（JQS）等。养殖场最常用的水泵有单级单吸悬臂式离心水泵、立式轴流泵、单级混流泵和湿式潜水泵等。

2. 水泵的型号

水泵的型号用来表明水泵的分类、规格和性能指标。如型号为 IS 50-32-125，是单级单吸悬臂式离心水泵，其进水口直径为 50mm、出水口直径为 32mm、叶轮直径为 125mm。型号为 350ZIB-4，是立式半调节叶片轴流泵，其出水口直径为 350mm、设计扬程 4m。型号为 QY 100-4.5-2.2，是充油型潜水泵，额定流量为 100m^3/h，功率为 2.2kW。

（二）水泵的工作原理

1. 离心水泵的工作原理

离心水泵主要由泵壳、叶轮、泵轴、吸水管和出水管组成。水泵在开动之前，泵壳和吸水管内必须充满水将内部的空气全部排出。电机驱动泵轴带动叶轮高速旋转，在叶轮与泵壳之间形成和叶轮转动方向一致的高速水流，水流在离心力作用下从输水管被压出去。而在叶轮的中部，形成无水无空气的真空区，水泵吸水口处的水在大气的压力下进入吸水管和和泵壳内，离心水泵的水被提升并输送到用水点，其外观见图 4-1。

图 4-1　立式离心水泵

2. 轴流泵的工作原理

轴流泵是一种大流量低扬程水泵，因水的流进和流出时都沿着泵轴的方向流动，所以称为轴流泵。轴流泵采用的叶轮形状与船用的螺旋桨推进器相似，所以也称为螺旋桨式水泵。轴流泵主要由圆筒形泵体、泵轴、叶轮等组成。轴流泵的工作原理与离心水泵不同，它是由电机驱动泵轴带动叶轮旋转，螺旋桨叶面推水沿泵轴方向流动，与电风扇叶片旋转推动空气流动的原理相同。

轴流泵在启动时螺旋桨叶轮必须在水面以下，启动后叶轮不停地旋转，把动能传递给水，泵体内的水压力升高，水沿泵轴向上流动流进管路。而叶轮的下方产生负压区，在大气压的作用下水被压进泵体的负压区，这样水被提升并沿管路流动，其外观见图 4-2。

图 4-2　轴流水泵

3. 潜水泵的工作原理

潜水泵是由水泵和电机两部分组成的一体设备，结构紧凑，防水性能好，能在水下长时间工作。潜水泵一般分为半干式、充油式、湿式三种，其外观见图 4-3。

（1）半干式潜水泵　半干式潜水泵装有半干式潜水电机，即在电机的定子和转子之间加装一个非磁性的金属套筒，把定子密封起来使之与水隔离，转子可在水中旋转。

图 4-3　潜水泵

由于套筒的存在，电机的气隙增大，降低了电机的电气性能，这就是半干式潜水泵耗能高的原因。

（2）**充油式潜水泵**　充油式潜水泵主要特征是在电机内充满绝缘油，以阻止水浸入，确保电机的安全运行。

（3）**湿式潜水泵**　湿式潜水泵主要特征是采用防水高绝缘性能的导线，电机定子绕组可在水中运行，即在电机内需充以纯净的水。而转子在清水中转动，所以称为湿式潜水泵。

潜水泵具有结构简单、体积小、重量轻、泵机一体、安装和使用方便等优点，所以在养殖场中被广泛应用。特别是在海边修建的海水管井中，因井口直径较小，一般都采用潜水泵提水，常用型号有 JQB 型和 QY 型。潜水泵由于结构紧凑、泵机一体、电气性能要求较高、又在水下运行，所以在相同流量和扬程的工况下，耗电量比离心泵和轴流泵高，并且运行故障率较高，这是潜水泵的主要缺点。

（三）水泵的性能

水泵的性能是指水泵运行时，它的流量与扬程、流量与功率、流量与效率、流量与吸上真空高度等之间的相互关系。掌握这些变化规律对合理地选择和使用水泵、正确设计给水和输水工程、降低能耗和生产成本具有重要意义。

所有水泵在出厂时均设有产品铭牌，铭牌上列出了水泵的主要工作参数，如扬程、流量、允许吸上高度、转速、功率等，这些工作参数是指水泵在最高工作效率时的数值。在水泵的说明书或使用手册上，每种型号的水泵均列三组数据，供设计者参考。如型号是 ISG 100-125 的水泵，电机的功率为 7.5kW，当流量为 $100m^3/h$ 时，扬程为 20m、效率为 78%；当流量为 $60m^3/h$ 时，扬程为 24m，效率为 67%；当流量为 $120m^3/h$ 时，扬程为 16.5m，效率为 74%。由此可见，同一种水泵当流量增加时，扬程就会降低，实际上水泵的流量可以在相当大的范围内变化。根据试验数据，可绘出水泵的扬程、流量和效率特性曲线，从特性曲线上看，当选择水泵时，其流量和扬程应选在水泵效率曲线最高点，即水泵效率最高的一组数值，或者接近最高效率的一组数值。

一般来讲，海水工厂化养殖场在设计高程较高（10m 以上）的提水水泵时，多采用离心水泵，而高程较低时，多采用轴流泵，海水管井多采用潜水泵。生产实践表明，电费是海水工厂化养殖场的大项生产支出之一，所以设计给水和输水工程时应充分重视水泵的选择。

（四）水泵工作参数的确定

1. 流量的确定

由于用水的过程中水流量都在发生变化，因此在选择水泵流量时，必须以满足用水量最高日最高时的用水量为依据确定水量。海水养殖场若采用高位水池供水系统，用于从海水构筑物取水向高位水池输入的水泵一般按均匀供水设计。如某养殖场最高日用水量为 $4\ 000m^3$，设计高位水池的容积为 $4\ 000m^3$，若水泵每天工作 8h（一班供水），则每小时提水量为 $500m^3$，水泵的流量为 $500m^3/h$。若两班供水，水泵的流量为 $250m^3/h$。

对于海水循环水养殖系统，其循环水泵的流量应根据循环水的频率确定。若鱼池水量为 $2\ 000m^3$，每 4h 循环一次，则水泵的流量是 $2\ 000m^3 \div 4 = 500m^3$，则选用流量为 $500m^3/h$ 的水泵；若每 2h 循环一次，则选用一台流量为 $1\ 000m^3/h$ 的水泵，或两台 $500m^3/h$ 的水泵并联运行。

2. 水泵吸上高度的确定

水泵允许吸上高度表示水泵能吸水的最大高度，其单位为 m，它是确定水泵安装高程的重要数据。水泵都有它的允许吸上高度，但设计水泵实际吸水高度必须小于水泵的允许吸上高度，因为实际吸水高度除吸水几何高差外，还应包括吸水管的水头损失。水泵铭牌上允许吸上高度大于［（水泵轴标高-最低水位标高）+吸水管水头损失］（包括局部和沿程水头损失）。

例如：海水养殖场采用 IS80-65-125 离心水泵从海边取水构筑物中提水，其流量为 60m^3/h，水泵允许吸上高度为 6.5m。经计算（详见本章管道阻力损失计算部分）得到吸水管局部水头损失为0.6m，沿程水头损失为 0.3m，最低海水水面高程为-4.1m（相对标高），水泵轴安装高度为 0.4m，（相对标高）。试复核选用的水泵允许吸上高度是否合适？

水泵实际吸上高度为：0.4-（-4.1）+0.6+0.3=5.4（m），6.5>5.4，故选用的水泵允许吸上高度是合适的。

3. 水泵总扬程的确定

水泵的总扬程是指水泵轴中心平面至最低吸水水面的几何高度（两个面的标高差）、吸水管局部（弯头、底阀等）水头损失和沿程（管壁的摩阻力）水头损失、泵轴中心平面至输水管到达用水点最高水面的几何高度（两面的标高差）、输水管沿程和局部水头损失及富裕水头（为使输水管出口水有一定的压力流而预留的 1~2m 水头）5 项之和。

水泵总扬程可用下式表示：

$$H = H_1 + H_2 + h_1 + h_2 + H_0 \tag{4-1}$$

式中：H——水泵总扬程（m）；

H_1——水泵吸水的几何高度（m）；

H_2——水泵输水的几何高度（m）；

h_1——吸水管沿程和局部水头损失（m）；

h_2——输水管沿程和局部水头损失（m）；

H_0——富裕水头（m）。

例如：某海水养殖场育苗时采用 IS80-65-125 水泵提水，当流量为 60m^3/h 时，总扬程为 18m，已知输水管沿程和局部水头损失为 5.1m，吸水管的沿程和局部水头损失 0.7m，最低海水水面标高为-4.1m（相对标高），水泵轴中心平面的标高为 0.4m（相对标高），水池最高水面标高为 5.1m（相对标高），富裕水头取 2m。试复核该水泵总扬程是否合适？

H_1=0.4-（-4.1）=4.5（m）；

H_2=5.1-0.4=4.7（m）；

h_1=0.7（m）；

$h_2=5.1$（m）；

$H_0=2$（m）。

则：$H=4.5+4.7+0.7+5.1+2=17$（m），18>17，可见该水泵总扬程18m是合适的。

4. 水泵的安装高度

水泵的安装高度是指泵轴至最低水面的几何高度。铭牌上的允许吸上高度并不等于水泵的安装高度，因为还应考虑吸水管沿程和局部的水头损失。在设计时为了保证吸水安全可靠，一般附加安全系数R，取$R=0.80\sim0.85$，所以水泵的安装高度可通过下式计算：

水泵安装高度=（铭牌上允许吸上高度-吸水管的水头损失）×安全系数。

上述计算适用于大气压为10m水柱左右及输送常温水的工况环境，若水泵安装在高原地带和输送温度较高的液体，水泵的允许吸上高度需进行修正。因为水泵铭牌上的允许吸上高度，是在大气压10.33m水柱及水温20℃条件下试验测得的，具体修正公式可查阅有关资料。

5. 水泵的效率

水泵的效率（η）反映了水泵运行时对动能利用的情况，它是一个技术经济指标，其值用百分数表示。水泵运行时存在功率损失，水泵有效功率总是比轴功率小。轴功率是指在一定流量和扬程下，电机传给水泵轴上的功率，它与有效功率之间的关系是相差一个水泵损失功率，所以水泵的有效功率和损失功率之和等于水泵的轴功率。如果电机传给水泵的轴功率不变，则水泵损失功率越小，有效功率就越大。通常把有效功率与轴功率的比值称为水泵的效率，用百分数表示。

$$\eta = N_{效}/N_{轴} \times 100\% \tag{4-2}$$

水泵效率越高，说明有效功率越大。铭牌上的效率是水泵在一定条件下（大气压10.33m水柱，温度20℃）进行试验，水泵能够达到的最高效率。一般养殖场常用水泵的效率在60%~80%范围内。

（五）水泵的并联

两台以上的水泵（一般同型号）通过同一根输水管向用水点输水，称为水泵的并联。水泵的并联在海水循环水养殖场中经常采用，当水循环频率经常要调整时（如2h循环一次调整为4h循环一次），经常采用1台或2台循环水泵并联运行，实现循环水量的调节。

两台以上水泵并联后，公共输水管水头损失的大小将直接影响每台水泵的工作效率，而每台水泵必然受到公共输水管内的压力制约，所以应该把几台水泵的运行作为一个整体来考虑。一般采用同型号的水泵进行并联。若采用扬程高低相差较大的水泵并联，高扬程的水泵运行后，输水管内的压力会迫使低扬程水泵空转，最后导致泵体温度升高。两台水泵并联运行的扬程均大于单独每台水泵运行的扬程，其总流量大于每一台水泵的流量，但少于每台水泵单独运行的总和。并联水泵输水管水头损失一般较大，水泵台数愈多，每台水泵在其中发挥的作用愈小，因此并联水泵的台数不宜过多，以2~3台为宜。水泵的串联主要用于高扬程输水，由于海水工厂化养殖场输水扬程不高，很少采用水泵的串联，故在此不作介绍。

（六）给水系统的自动控制

海水工厂化养殖给水系统的自动控制主要包括自动控制给水系统、自动水质监测系统和自动控制水温等系统。海水循环水养殖的给水系统分为内循环系统和外循环系统。内循环系统主要包括，循环水泵组提水输入高位生物滤池，过滤后自流进入水处理设备、消毒、充氧、调温设施后，再自流进入鱼池，鱼池排出水回流入微滤机低位池，通过低位池设有的引水自灌式水泵组再提水至高位生物滤池，完成一次海水的循环。该水循环系统可设计自动控制水位、水流、温度等参数，采用PLC主控单元和变频器软启动电机设备，实现恒压变量给水，水位控制水泵电机的关开；运行水泵因故障停车时，自动控制启动备用水泵及突然停电的自动保护等。

外循环系统由水泵从海边取水构筑物提水输入高位水池，然后再流入内循环水系统作为补充水，鱼池的排污水流入全场外排废水处理系统，经处理达标后排入海区。外循环系统水泵的给水同样可设计自动控制，确保安全给水。

海水工厂化养殖的水质自动监测系统将在第六章作详细介绍。

二、管道的水力计算

管道水力计算可根据介质的流量，计算在允许的流速下所需要的管径；或在一定管道的流量下，求它的压力（水头损失）；或在允许的压力下确定可能通过的介质流量。海水工厂化养殖场给排水设计，经常需要计算水泵给水管道、热水锅炉或蒸汽锅炉输水输汽管道、充气机的压缩空气管道等的流量、管径和水头损失。下面分别介绍一般常用的计算方法。

（一）流量的计算

管道在单位时间内流过介质的数量称流量，流量可用下式计算：

$$Q = 3\,600WF \tag{4-3}$$

式中：Q——介质的容积流量（m^3/h）；

W——介质的流速（m/s）；

F——过水断面面积（m^2）。

（二）管径的计算

在预先选用介质流速进行管径计算时，可根据不同的介质情况从表4-1中选定流速，用公式（4-4）、公式（4-5）计算：

表4-1　管道中允许流速

工作介质	管道类型	流速/($m \cdot s^{-1}$)
液体	水泵吸水管	0.5~1.0
	水泵出水管	1.5~3.0
	锅炉给水泵出水管	2~3
	自流凝结水管	<0.5
气体	自然通风	2~4
	罗茨风机输气管	4~5
	压缩机输气管	15~25
蒸汽	过热蒸汽管 $Dg<100$mm	20~40
	饱和蒸汽管 $Dg<100$mm	15~30
	过热蒸汽管 $Dg=100\sim200$mm	30~50

$$d = 594.5\sqrt{\frac{GV}{W}} \tag{4-4}$$

$$d = 18.8\sqrt{\frac{Q}{W}} \tag{4-5}$$

式中：d——管道内径（mm）；

G——介质的重量流量（t/h）；

V——介质的比容（m^3/kg）；

Q——介质的容质流量（m^3/h）；

W——介质的流速（m/s）。

在计算水泵输水管的管径、罗茨风机输气管的管径及输送蒸汽管的管径时，由公式（4-4）、公式（4-5）可知，要确定管道的管径，应当知道流量，并在表4-1中选定介质的流速。当所需的流量一定时，选定较大的流速，通过计算得到较小直径的管道，从而减少了工程的投资。但在管径和流量不变的情况下，提高流速会使管路中的沿程阻力和局部阻力增大，增加运行中动能消耗，增加运行费用；如果选用较低的流速，可以降低运行费用，但必须增大管道的直径，这就需要增加工程投资。从投资运行权衡考虑，必定有一个最适宜的流速，这个流速为管道的经济流速。

影响管道流速的因素很多，因此确定管道的经济流速比较复杂，在工程计算中，流速一般是根据实际允许流速（表4-1）选取。选定流速后，按公式（4-4）、公式（4-5）计算管道的直径，然后再计算管路中的水头损失。水头损失的数值必须适度，一般为压出水头的5%~10%。若水头损失过大或过小都必须重新计算修正。目前有些部门为了行业设计使用方便，已将输送不同介质管道的经济流速、管径、流量、水头损失等通过计算制成表，工程设计时查阅即可。

（三）管道阻力损失计算

介质在管道内流动的总阻力为直管段沿程阻力和局部阻力之和。

1. 直管段沿程阻力

直管段的沿程阻力损失按公式（4-6）计算：

$$\triangle Pz = \triangle hL \qquad (4-6)$$

式中：$\triangle h$——单位管长的阻力损失（Pa/m）；

L——管道长度（m）。

单位管长的阻力损失可按公式（4-7）计算：

$$\triangle h = \lambda \frac{W^2}{2g} \frac{1\,000\gamma}{d} 9.81 \qquad (4-7)$$

式中：λ——摩擦阻力系数，可从表4-2查得；

g——重力加速度（m/s^2）；

γ——介质重度（kg/m^3）；

D——管道径（mm）；

W——介质的流速（m/s）。

λ 取决于管道中介质的流动状态，管道内壁的粗糙度。

表 4-2 摩擦阻力系数 λ 值

内径 /mm	绝对粗糙度 k_0						
	0.1	0.15	0.2	0.3	0.5	1.0	2.0
10	0.037 9	0.043 7	0.044 8	0.057 2	0.071 4	0.101 0	0.155 0
15	0.032 3	0.037 9	0.041 9	0.048 8	0.059 9	0.086 9	0.120 0
20	0.030 4	0.034 6	0.037 9	0.043 8	0.053 2	0.071 4	0.101 0
25	0.029 4	0.032 1	0.035 2	0.031 5	0.048 5	0.064 5	0.086 3
32	0.026 4	0.029 7	0.032 5	0.037 1	0.044 2	0.058 1	0.079 3
40	0.024 9	0.026 2	0.030 4	0.034 5	0.040 8	0.053 2	0.071 4
50	0.023 4	0.024 4	0.028 4	0.032 1	0.039 7	0.048 5	0.064 5
65	0.012 9	0.023 3	0.026 5	0.029 6	0.038 4	0.044 3	0.057 9
70	0.021 5	0.023 0	0.025 8	0.029 0	0.033 9	0.043 0	0.055 9
80	0.020 7	0.021 7	0.025 0	0.027 9	0.032 5	0.040 8	0.053 2
100	0.019 6	0.020 5	0.023 4	0.026 2	0.030 4	0.037 9	0.048 5
125	0.019 1	0.019 6	0.022 2	0.024 6	0.028 4	0.035 2	0.044 6
150	0.017 8	0.018 3	0.021 1	0.023 4	0.027 0	0.033 2	0.041 8
200	0.016 7	0.016 7	0.019 6	0.021 7	0.023 4	0.030 4	0.037 9

管道中绝对粗糙度 K_0 数值如下：铜管、锌管，0.01~0.05；新钢管及带法兰的新铸铁管，0.1~0.2；略有腐蚀及浮垢的钢管和一般的铸铁管，0.1~0.2；玻璃管，0.001 5~0.01；硬聚氯乙烯管（PVC 管），0.005~0.015。

2. 管道局部阻力计算

管道局部阻力可按公式（4-8）计算：

$$\Delta Pi = \sum \xi \frac{W^2}{2g} \gamma \, 9.81 \qquad (4-8)$$

式中：ΔPi——管道局部阻力；

$\sum \xi$——管道局部阻力系数的总和。

管道局部阻力系数 ξ 值可从表 4-3 查得。

表 4-3 管道局部阻力系数 ξ 值

管道名称	阻力系数	管道名称	阻力系数
闸阀	0.3~0.8	铸造弯头	0.3~0.5
铸铁球阀	3.4	焊接弯头	0.2~0.5
锻制球阀	7.8	铸造三通	0.2~1.5
丝扣球阀	4.0	焊接三通	0.6~1.0
铸造逆止阀	7.3	带滤网底阀	2.0~3.0
立式止回阀	1.3	标准弯头	0.2~1.7

例如：某海水工厂化养殖场采用法兰连接的新铸铁管为吸水管，其长为 50m、内径为 100mm，并安装一个弯头、一个带滤网的底阀，局部阻力系数查得分别是 0.5 和 3。当水泵允许吸上高度为0.057MPa，管内的流速选取 0.8m/s，海水重度取 1 003kg/m^3，试校核选取的流速是否是经济流速？

解：$\triangle Pz=\triangle hL$

$$\triangle h=\lambda\frac{W^2}{2g}\frac{1\,000\gamma}{d}9.81$$

法兰连接的新铸铁管 K_0取 0.1，$d=100$mm，查 4-2 表，得 $\lambda=0.019\,6$。

则：$\triangle h=0.019\,6\times0.8^2\div2\div9.81\times$

$(1\,003\times1\,000\div100)\times9.81$

$=62.9$（Pa/m）

$\triangle Pz=\triangle hL=62.9\times50=3\,145$（Pa）

$$\triangle Pi=\sum\xi\frac{W^2}{2g}\gamma9.81$$

$$=(0.5+3)\times\frac{0.8^2}{2\times9.81}\times1\,003\times9.81=1\,123.4\ (\mathrm{Pa})$$

$\triangle P=\triangle Pz+\triangle Pi=3\,145+1\,123.4=4\,268.4$（Pa）

$\approx0.004\,3$（MPa）

在工程计算中，若选定流速后，经水头损失的计算，总水头损失若在水泵允许吸上高度的 5%~10%以内，所定的流速就是经济流速。已知水泵的允许吸上高度为 0.057MPa，此值的 5%为 0.002 9；10%为 0.005 7，则：0.002 9<0.004 3<0.005 7，所以水泵吸水管内的流速选定为 0.8m/s 是经济流速。

三、管道的施工

在海水工厂化养殖场的建设工程中，管道施工占了很大比重。它主要包括全场给排水管道、养殖车间及鱼池给排水管道、充气系统管道、供热系统管道等。下面介绍管道的敷设、热补偿及PVC管道的施工。

（一）管材选择

管材的选择既要保证质量满足使用要求，又要经济合理，选择管材的主要依据是输送介质的性质、压力、温度及环境等条件。海水工厂化养殖场使用管材的种类主要有硬聚氯乙烯（PVC）管、铸铁管、无缝钢管、陶土管等，其中使用最多的是硬聚氯乙烯管，因此下面主要介绍硬聚氯乙烯管管材性质及选择。

1. 硬聚氯乙烯管的性质

硬聚氯乙烯（PVC）是塑料材料（PE、PP、PVC、PC等）的一种，其主要特性是价格便宜、耐腐蚀性较好、有较高的强度、不易燃烧，燃烧时火焰为黄色、冒白烟；但其耐热性能较低（60℃以下），高温时易软化，阳光照射下易老化。采用不同配方的聚氯乙烯材料，可生产出硬聚氯乙烯管和软聚氯乙烯管，以适合于不同的工况。硬聚氯乙烯的密度一般为1.30~1.58g/cm^3，软质的密度为1.16~1.35g/cm^3。

2. 管材的选择

海水工厂化养殖场管材的主要用途是输送和排出海水。由于海水有较强的腐蚀性，因此在选择硬聚氯乙烯管材时，必须根据介质性质进行选择。硬聚氯乙烯按标准号又分为一般硬聚氯乙烯管材（GB/T13020—1991）、化工用的硬聚氯乙烯管材（GB/T4219—1996）、埋地排污和排废水用的硬聚氯乙烯管材（GB/T10002.3—1996）、建筑排水用的硬聚氯乙烯管材（GB/T5836—1992）等，海水养殖场选择化工用硬聚氯乙烯管材为宜。另外，选择管材时还要考虑管道承受的压力、管径与壁厚等因素，其中管道承受的压力应根据管道输水系统中水泵的扬程来选择；管径应根据给水系统中的流量、流速，通过计算确定；壁厚根据管道承受压力选择。目前塑料管制品品种很多，受生产厂家的规模、设备、技术水平等因素影响，其产品质量相差较大，因此在选择硬聚氯乙烯管材时要特别慎重，以避免购买到小厂家的劣质产品。

（二）管道敷设

管道敷设的方式主要有埋地敷设、地沟敷设和架空敷设。养殖车间内的管道一般为架空敷设或地沟敷设；设备周围的竖管一般架空明装；沿地面铺设的管道多采用地沟敷设，以保持室内整齐美观。

1. 埋地敷设

埋地敷设的优点是施工简单、不占地面、不需要制作管道支架、建设成本低；缺点是小量漏水不易发现、较大事故必须开沟挖土修理。室外的给排水管如 PVC 管、铸铁管、陶土管等常采用埋地敷设。

室外埋地管道的埋设深度一般为管顶位于冰冻线以下 10～20cm，冰冻线较浅或无冰冻地区的埋设深度一般不少于 50cm。若局部管道必须埋设在冰冻线以上时，则需对管道采取保温措施。当管道经过车辆通行的路基时，应适当埋深或砌涵洞加套管保护；金属管道埋地敷设时，应作防腐处理；埋地敷设的管道互相交叉时，管道的净距不得少于 15cm；管道平行敷设时，不允许上下重叠排列。

2. 地沟敷设

当管道根数较多又需要经常检修时，可采用地沟敷设方式。如一跨两排鱼池的工厂化养殖车间可在中间建立地沟并铺设盖板作为人行道，通过安装管道支架可在地沟敷设供水管、回水管、充气管及供热管等，地沟也是沟底排污水通道。此时在地沟敷设管道既能充分利用地沟空间，缩短鱼池进排水管长度，又利于车间检修，保证车间整齐有序。海水工厂化养殖车间的供热、供水、充气等管道尽可能同沟敷设，以降低工程费用，便于维修。

室外地沟敷设应设一定坡度，其坡度应和地沟的坡度保持一致，以便排水。地沟中的管道在转弯和分支处，如标高相同而相交时，海水管道应从下面绕行，若从上面绕行，则容易形成气室；气体介质的管道应从上面绕行，若从下面绕行，则可能积存废水，影响管路系统的正常运行。

3. 架空敷设

管道架空敷设时，需要先设计管道支架，支架的高度应根据具体情况确定。若支架设在无人无车通行处，应采用低支架，其管底标高一般为 0.5～1.0m；若支架设在有行人无车辆通过处，应采用中高支架，其高度为 2.0～2.2m；若支架下面有车辆通过，应采用高支架，其高度应距地面 4m 以上。

几根直径不同的管道在支架上并排时，应按管径适中的管道确定支架间距，此时对小直径管道间距偏大，应在管架上设一段钢梁承托，避免管道下弯。管道支架间距的设计可从表4-4和表4-5选用。

表4-4 常用金属管管道支架间距

管径/mm	支架最大间距/m		管径/mm	支架最大间距/m	
	绝热管	非绝热管		绝热管	非绝热管
32×3	2.5	3.0	133×4	6.0	7.0
38×3	2.8	3.5	159×4.5	7.0	8.0
45×3	3.0	4.0	219×6	9.0	10.0
57×3.5	3.5	4.7	273×7	9.5	10.5
76×3.5	4.0	5.0	325×8	10.5	12.0
89×3.5	4.5	5.5	377×9	11.5	13.0
108×4	5.0	6.0	426×9	12.0	13.5

表4-5 PVC管管道支架间距（m）

工作温度/℃		-10~40			40~60	
介质		液体		气体	液体	气体
压力/MPa		0.245	0.049	0.245	0.245	0.049
管径/mm	20以下	1.0	1.2	1.5	0.7	0.8
	25~40	1.2	1.5	1.8	0.8	1.0
	50以上	1.5	1.8	2.0	1.0	1.2

（三）管道的热补偿

管道因温度变化而产生伸缩。温度变化有两个方面：一方面因气温变化，如罗茨风机的输气管道，冬夏两季温差可达40~45℃；另一方面，由于管道输送的介质温度高，热伸长量大，如热水锅炉或蒸汽锅炉输送介质的管道。每米无缝钢管升温100℃，其伸长量为1.2mm。如果受热伸长的管道两端固定，不允许管道伸长，则在管道的内部将产生很大的热胀应力，使管道具有极大的轴向推力，将对周围设施设备及管道系统造成严重破坏，导致无法安全运行。因此管道受热后产生的膨胀必须加以补偿。

管道的热补偿可以应用补偿器，也可以通过合理确定固定支架的位置使管道在一定范围内有控制的伸缩进行长度补偿。在布置管道支架和补偿器时，应首先考虑利用管道转弯部分自然补偿，一般常用热补偿有以下几种。

1. “L”形补偿

当管道直角转弯时形成“L”形，采用“L”形补偿，此时管道的两个直角边被固定为长臂L和短臂I，长臂L一般较长（30~40m）。短臂I较短（3~4m），当长臂L因温度上升而伸长时，推动短臂I变形，补偿长臂的伸长。这种补偿方式在实际应用中非常方便。

2. “Ω”形补偿

“Ω”形补偿又称方形补偿，一般由管子煨制而成，当温度升高，“Ω”形两边的管道伸长时，由“Ω”变形而补偿。“Ω”形补偿的优点是制作简单，工作可靠，不需要专门的维修；缺点是占地面积较大，特别是在地沟中施工时必须留出足够的面积；另外，水流阻力较大。

3. 补偿器

补偿器主要有套筒补偿器和波形补偿器。套筒补偿器的工作原理为当管道伸长时，伸长量由密封的套筒变形补偿，一般适合于低压力输送介质的管道，当压力较高时易出现泄漏现象。它具有构造简单、占地面积小、水阻力小等优点。波形补偿器是采用易变形材料制作的波形管，其内衬套筒安装在管道上，当管道伸长时，伸长量由易变形的波形管来补偿。波形补偿器一般用于低压管道，工作压力不超过294kPa。

（四）PVC管施工

海水工厂化养殖场中PVC管的用量较大，如海水输水管、水处理设备连接管、充气增氧管、鱼池给排水管等均为PVC管，故在此专门介绍PVC管施工事宜。

1. 施工中注意事项

① PVC管是塑料管材的一种，具有不耐高温和太阳暴晒的特点。温度过高时管道易变形，甚至会被拉断；作为露天管道，当受到太阳暴晒时，管道容易老化，降低性能。所以PVC管一般应用于输送常温海水，以地沟和埋地安装敷设方式为宜。

② PVC管刚性较差，因此其管道支架间距应比金属支架间距小，具体可按表4-5的数据施工。若在室外或特定场所施工，可采用在管道的下面安装型钢衬托的方式加大支架间距，衬托一般可用角型钢或槽型钢等材料。

③ PVC管线膨胀系数较大，因此管道安装时应采取热补偿措施，直线管道间距30~40m应设一个补偿器，一般可采用“L”形补偿或补偿器。另外，PVC管强度较低，因此在安装施工中尽可能不采用螺纹连接；若必须使用螺纹连接，则需选用厚壁

管材。

④ PVC管的冲击强度随着温度的下降而降低，因此在北方冬天运行时，开闭管道阀门要缓慢，避免介质对管道的冲击，造成出现裂管或断管现象。

2. PVC管道连接

（1）**承插法**　承插法是PVC管安装的最基本方法，其特点是简单可靠，能承受较大压力，一般适用于直径200mm以下的管道。承插法最常用的方式是单向承插法，具体连接方法是将管道用模具热加工成内径略大于外径的承插口，再把管道一端进行承插连接。

承插法连接首先要制作模具，承插口模具可采用圆钢制作，模具成型段直径应比PVC管的外径大0.3～0.5mm，导向端直径比管道内径小1～2mm，承插口制作一般采用电加热方法软化PVC管，并可利用专用设备调节管径和温度，简便易行。另外，部分商品PVC管在其生产过程中已加工了承插口。为了保持承插口的强度，在承插连接之前需用丙酮或二氯乙烷等有机溶剂把承插口内壁和插口处擦拭干净，并在承插口外壁适当长度上均匀涂一层黏合剂，然后再插入承插口黏合，待黏合剂干涸后，还应在承插口断面上进行角焊。

（2）**套管法**　采用套管法连接时，首先要制作套筒，再把要连接的两根管道的端头对齐进行焊接，焊缝修理平整后把套筒移至焊口位置，套筒两端采用角焊连接。套管法连接不需要模具制作承插口，也不用黏合剂，其施工简单，但强度不如承插法，如用套管法连接需用套筒量较大时，最好专门加工制作。

（3）**法兰连接**　在海水养殖场管道施工中，管道与阀门、管道与水泵、管道与水处理设备等的连接经常采用法兰连接方式。阀门和设备等需要经常检修或更换，所以接口大多数选用可拆卸的法兰连接。另外，为了维修和拆卸方便，管道之间也常采用法兰连接。

法兰连接是把法兰对焊在管道的一端，通过螺栓和垫子的紧固力实现管道的连接和密封。法兰要承受紧固力的作用，所以必须具有一定的强度和刚度。当管道内部压力较高时，将产生很大的轴向力，迫使法兰或管端变形，因此管道内部压力很高及产生轴向力较大的情况下，一般采用法兰用对焊，而不宜采用平焊，这是因为对焊使法兰具有较厚颈高，可以抵抗很大的弯曲应力。

第二节　海水工厂化养殖场的供热、制冷系统

水温是海水育苗及养成过程中最重要的环境条件之一，每一种养殖对象都有其最适宜生长的水温。为保持养殖生物生长繁殖的最佳温度，养殖场的供热、制冷是很重要的调控手段，相关配套工程显得尤为重要。

常用的供热方式主要有经济型供热和非经济型供热两种。

一、供热方式

（一）经济型供热

经济型供热主要指采用地下有热水源、电厂等工厂余热、太阳能、风能等供热方式。对于具有地下热水源的海区，可采用打 30~50m 海水深井方式开采地下海水，用于养殖海参或低温品种的鱼类，其水质为海水，水温常年保持在 12~17℃ 范围；或采取打 1 000m 以上深井方式开采地下热水，通过换热器向养殖系统供热，其水质为淡水，常年水温在 70℃左右，水质较好，可直接将适量地下水加入循环水系统用于养殖和育苗。天津立达海水资源开发有限公司开发的地下热水井，其水深 1 700m、水温 69℃，水质符合养殖用水标准，该公司采用地下热水与养殖水体混合直接用于部分海水鱼类和对虾的育苗及循环水养殖，节省了大量能源，取得较好的经济效益。

养殖场可将附近电厂等工厂产生的余热用于养殖池水升温，主要是通过换热器的方式利用发电机组和其他设备的冷却水。太阳能供热主要方式是建设采光屋顶、利用太阳能升温，建设保温型太阳能车间保持车间保温，冬季一般可节能 25%~30%。我国北方较少采用太阳能热水器供热方式，其主要原因是北方冬季光照时间短、强度低，设备一次性投资太高。青岛市通用水产养殖有限公司是利用太阳能热水器从事海水循环水养鱼较早的企业，获得了良好的养殖效益。目前风能利用主要是用于风能发电，在沿海风力资源较好的地区，养殖场可购置小型风能发电机组，将风能发电用于循环水系统的提水泵或充气机。

（二）非经济型供热

非经济型供热主要是指以电能、煤炭、石油和天然气为热源的供热方式，其中以电能为热源成本最高，但使用方便，适用于小规模育苗及养成采用，其中电阻加热的

电热棒、电热管等，其电热能量转换效率较低，而采用先进的高科技产品如海水源热泵等制热，比一般电热器能大幅度节约电能，也比燃气锅炉能节能40%以上。

1. 海水源热泵供热

海水源热泵兼具制冷和制热功能，是近几年引进国外先进技术研发的节能环保型产品，目前在国内沿海发达城市采暖工程中应用颇多。热泵工作原理是：当空调器制冷时，压缩机压缩制冷剂，通过管路在蒸发器、冷凝器中循环，蒸发器在室内环境空气中吸取热量，而由冷凝器向室外空气环境散发热量，这时室内温度下降。如果将冷凝器放在室内，蒸发器放在室外，则蒸发器从室外空气中吸收热量，而冷凝器向室内散发热量，室内便获得热量。热泵制热实际是利用电能驱动压缩机，将室外空气环境的热量置换到室内，热泵制热效率取决于室外空气环境的温度。室外温度越高，热泵制热效率越高，如冬季若室外温度低于-5℃，热泵制热效率相当低，气温再低甚至不能制热。在冬季为使热泵制热获得较高的效率，把吸热的蒸发器放到温度比气温较高的海水源中，消耗同样的电能则能获得更多的热量，因此，海水源热泵比普通空调机能大幅度节能。海水工厂化养殖场使用海水源热泵制热是将室外海水中的热能输送到养殖车间的小水体中，使养殖系统升温。

目前海水源热泵制热和制冷是一种节能、环保的新技术，各行各业都在推广应用。海水循环水养鱼应用较早的企业是青岛市通用水产养殖有限公司，应用30kW的海水源热泵为循环水系统升温或降温，采用海水管井水为海水源，冬天其温度比外海水高，夏天比外海水低，极大提高了热泵的效率，通过运行计算，耗电量为电加热耗电量的25%。例如在冬季与PPR联箱式海水太阳能直热系统合用，白天利用太阳能升温，夜晚利用海水源热泵升温，可大幅度节约能源，其120m^{2}PPR联箱式海水太阳能直热系统如图4-4所示。

2. 煤炭为热源供热

由于价格和热值的原因，目前工厂化养殖场主要采用煤炭作为热源。以煤炭为热源供热主要是利用锅炉将煤炭燃烧释放出来的热量通过炉膛内的吸热列管，将列管内的水转换为热水或蒸汽，再利用水泵和管道向养殖车间的换热器输送，实现介质热量转换，达到养殖系统的调温池使水体升温的目的。以煤炭为热源利用锅炉供热是一种低生产成本的供热方式，不同规模的养殖场都可以采用。常用的锅炉类型有蒸汽锅炉、热水锅炉及海水直接升温锅炉三种。

（1）**蒸汽锅炉**　蒸汽锅炉是将淡水通过燃煤锅炉加热变成蒸汽，以蒸汽为载热体

图 4-4　PPR 联箱式海水太阳能直热系统

经管道向供热处输送热量，蒸汽锅炉为受压容器，一般低压锅炉使用压力为 200～390kPa。蒸汽锅炉的饱和蒸汽温度很高，并且通过换热器供热速度很快，且使用方便。同时，由于蒸汽锅炉是受压容器，系统中所有的设备、管件、阀门等都要考虑安全运行问题。

（2）**热水锅炉**　热水锅炉不是受压容器，其供热介质为淡水，锅炉输出热水的温度不高于 95℃，通过循环水泵经管道向养殖车间的换热器输送热水，而换热后的低温水回流到锅炉内继续加热。循环水泵扬程由锅炉内水位高程、供热处的高程差和管道、换热器、循环泵、管件等的阻力及富裕水头总和为依据确定。热水锅炉是安全供热设备，与蒸汽锅炉相比，虽然存在着介质水温低，换热时间较长等问题，但运行安全，管理方便，并省去钠离子交换器水处理设备，所以目前工厂化养殖场一般选择热水锅炉。

（3）**海水升温锅炉**　海水升温锅炉是为海水育苗和养成专门设计的无压供热锅炉，锅炉供热介质为海水，通过把循环水系统的一部分海水直接输送进锅炉燃煤加热，再将加热后的海水输送进养殖系统的调温池，在调温池热水与低温海水混合升温，养殖系统不需要单独使用换热器。海水直接升温锅炉的优点为：供热系统简单、不需换热器、无压运行、调温方便。

二、锅炉容量的计算

设计工厂化苗种车间或养成车间时，在已知自然海水水温、养殖水体的容积和水温的条件下，锅炉供热配备容量一般采用下面的计算方法。

（一）锅炉容量及热能转换基本关系

锅炉的容量也称锅炉的出力，蒸汽锅炉用蒸发量表示，是指每小时蒸发多少吨水变成蒸汽输出，单位为t/h，一般低压蒸汽锅炉额定压力为0.7MPa；热水锅炉用供热量表示，是指锅炉每小时输出热水的有效热量，单位为kcal/h（千卡/小时）。若采用法定计量单位表示锅炉的容量，则用热功率表示，单位为MW（兆瓦），如蒸发量为1t/h的锅炉相当于60万kcal/h供热量的热水锅炉，其热功率约为0.7 MW。

在热能转换时，温差的存在导致能量由一种介质向另一种介质转换，这一过程称为热交换或热传导，其功、能量、热量的计量单位转换关系为：1 kcal（千卡）= 1.163W·h（瓦时），1W·h=0.86 kcal（千卡）。若用公制单位J（焦耳）表示，则4.167 J（焦耳）= 1 kcal（千卡），1kW·h（千瓦时）= 860 kcal（千卡）。

（二）锅炉容量的计算

蒸汽锅炉是以纯净淡水为加热介质，通过水加热后变成蒸汽实现能量转化，通常蒸汽的压力用表压表示，压力表的压力表示锅炉内蒸汽压力比外界大气压高多少MPa。在工程上把大气压作为1个工程压力单位元，通常1个表压=0.098MPa（兆帕）= 10m水柱。养殖车间换热器输入的蒸汽压力一般为0.196~0.392MPa。

设锅炉总供热量为$Q_{总}$，每日循环水养殖车间补充水体换热升温所需的热量Q_1、每日养殖总水体水面向外散发的热量Q_2、每日保持车间内一定温度采暖的热量Q_3及每日各部分蒸汽管道输送蒸汽损失的热量Q_4，其关系可用下式表示：

$$Q_{总} = Q_1 + Q_2 + Q_3 + Q_4 \tag{4-9}$$

如山东省沿海某海水循环水养鱼场，其养成水体为3 000m³，每日最大补充水量为总水体的15%，冬季取水构筑物海水最低水温为6℃，根据经验一昼夜池水水面向外散发的热量能使总水体水温下降2℃，养殖要求水温22℃，设每天车间采暖供热量为每日总补充水量升温热量的50%，输送蒸汽管道损失的热量不计，求需蒸汽锅炉的容量。

解：

$$Q_{总} = Q_1 + Q_2 + Q_3$$

则：Q_1=3 000×15%×（22-6）×4 167=30 002 400（kJ）

Q_2=3 000×2×4 167=25 002 000（kJ）

Q_3=Q_1×50%=15 001 200（kJ）

$Q_{总}$=30 002 400+25 002 000+15 001 200=70 005 600（kJ）

若蒸汽供热压力为196kPa，每千克蒸汽散发的热量为蒸汽潜热（由饱和蒸汽变成饱和水放出的热量）、蒸汽散热及水散热之和［蒸汽潜热为2 258.4 kJ/kg，蒸汽比热为1.26 kJ/(kg·℃)，水的比热为4.167 kJ/(kg·℃)］。设回水温度为60℃，而蒸汽温度为132℃，蒸汽散发的热量为：

$Q_{热}$=2 258.4+（132-100）×1.26+（100-60）×4.167=2 465.4（kJ）。

确保3 000m^3养成水体水温为22℃，平均每小时所需的蒸汽量为：

M=$Q_{总}$/($Q_{热}$×24)=70 005 600/(2 465.4×24)=1 183（kg）。

即锅炉蒸汽压力为196kPa，每小时需供1 183kg的蒸汽量。考虑锅炉输送蒸汽管道有一定的热量损失，锅炉不宜长时间满负荷运行，负荷应留有一定余地，因此在设计供热时，可选用锅炉容量为1 500kg/h，即1.5t/h，额定压力为0.7MPa。

为减少锅炉供热能的散发和降低生产成本，北方冬季循环水养鱼的养殖车间应设计为节能型车间，其屋顶、外墙及门窗宜采用优良的保温材料保温，有条件的企业还可以利用太阳能和风能。

三、换热器的计算

海水育苗及养成的调温系统多采用换热器、调温池加热海水等方式来实施。换热器的结构形式较多，常用的有板式换热器和盘管换热器。板式换热器安装在池外，需专门安装一台水泵使调温池的水在板式换热器内循环，其换热过程需消耗一定的动能。盘管换热器安装在调温池内，管壁周围的海水温度升高后相对密度变小，通过自然上升与冷水对流实现热交换，不需单独安装循环水泵，可节省一定的动能。板式换热器尤其是钛板换热器价格昂贵，但换热效率高，使用寿命长。盘管换热器可采用无缝钢管或钛管材料的换热器，该类换热器尽管换热效率不高，但一次性成本较低，目前有不少循环水养鱼企业选用盘管换热器。不管采用何种换热器，其热能转换计算相似，现介绍盘管换热器的一般计算方法。

设循环水养鱼系统每小时流进调温池的有效水体V=100m^3，采用直径57mm、管壁厚3.5mm的无缝钢管制作盘管换热器，要求换热时间 $h=1$ 小时，将平均水温 $t_1=19℃$ 加热到 $t_2=22℃$，求换热器的换热表面积 F（m^2），其中已知无缝钢管的导热系数 $K=1\ 676\ kJ/(m^2\cdot h\cdot ℃)$，采用0.392MPa压力的蒸汽加热，其蒸汽温度为151℃，冷凝水回水温度为60℃。

则：$F=100\times4\ 167\times(22-19)/\left[1\ 676\times\left(\frac{151+60}{2}-22\right)\times1\right]=1\ 250\ 100/139\ 946=8.93\ (m^2)$（蒸汽温度取平均值）。

57mm×3.5mm的无缝钢管每米长的表面积为0.179m^2，则需要钢管的长度 L 为：

$L=8.93\div0.179=49.905\ (m)$。

设计换热器时，应根据调温池的形状加工盘管。具体方案如下：盘管距池壁净距不小于0.3m；根据计算的无缝钢管长度，将钢管盘成若干圈，每圈之间的净距不小于5cm；采用角钢架方式固定；盘管在池内位置一般为盘管底面距池底大于0.2m。目前盘管材质多采用无缝钢管，因价格原因采用钛管较少。同时，无缝钢管使用一段时间后钢管表面易生铁锈，为保证水质，钢管表面需采用防锈漆、玻璃钢纤维等防锈剂。由于钢管表面加防锈层使导热系数 K 值下降，在估算 K 值和钢管长度时，可根据估算法适当增加钢管长度。

四、加热系统设计

循环水养鱼加热系统的设计应根据车间保温状况、养殖水温要求、补充水量多少，首先计算出每小时最大供热量，再确定供热方式。目前我国北方冬季育苗或养成车间主要从供热效果和生产成本考虑，其供热方式主要采取燃煤锅炉方式，以下介绍燃煤锅炉的供热系统。

（一）锅炉选型

1. 蒸汽锅炉

蒸汽锅炉的选型应首先根据计算求得每小时供热量，确定锅炉的容量及蒸汽压力，然后选择锅炉的结构形式。如每小时需蒸汽量为1 000kg，则锅炉的容量（出力）为1t，供热量为250万kJ或热功率为0.7 MW。对于小型蒸汽锅炉，推荐使用卧式快装型纵向炉筒链条炉排的锅炉，如1t锅炉的型号为KZL0.7MW-0.7MPa-A。

2. 热水锅炉

热水锅炉的选型应主要根据供热量、输出及输入热水的温度进行选择。如供热量为 250 万 kJ，锅炉型号可选择 CWNS0. 7-95/70-Y。

3. 海水升温锅炉

海水升温锅炉重点推荐型号为 HSSWL-2-A，其主炉加热海水，水温在 20~60℃可调，直接为养殖系统的水体升温；其辅炉加热淡水，可供车间采暖。

燃煤锅炉的选型应根据养殖场的具体需要，综合供热情况、管理水平等进行选择。蒸汽锅炉虽然饱和蒸汽温度高，热能转换快，效率高，但蒸汽锅炉为受压容器，并需配套钠离子交换器水处理设备，司炉工人培训严格。目前海水工厂化养殖场，选用蒸汽锅炉越来越少，选用热水锅炉较多。海水升温锅炉因应用时间较短，很多企业对其优点没有充分地认识。另外，锅炉本身及与养殖系统的配套供热，还需进一步地完善与改进。

（二）锅炉供热系统

1. 蒸汽锅炉供热系统

蒸汽锅炉的供热系统主要通过锅炉产生的压力蒸汽经保温管道输送到车间调温池的换热器实现热量转换，常用的换热器有板式和盘管式。其中，热交换后水蒸气变成冷凝水，经回水管道自流回锅炉房的低位贮水池并与钠离子交换器处理的纯净水混合作为贮水池中的锅炉备用水，在通过多级高压水泵将贮水池的水压入锅炉内。补充水一般采用自来水为水源，期间需经钠离子交换器、除氧器等处理，去除钙、镁离子及水中溶解氧后输入锅炉内。

2. 热水锅炉供热系统

热水锅炉的供热系统是指通过锅炉将淡水加热到水温不高于 95℃，并由循环水泵经保温管道将热水输送到养殖车间的换热器，热量交换后的低温水流回锅炉继续加热循环使用。补充水一般采用自来水，其供热系统较简单。

3. 海水升温锅炉供热系统

海水直接升温锅炉供热系统是指将海水育苗或养成调温池的一部分海水通过循环泵提水输送进锅炉内升温，升温后的海水再流回调温池，升温海水在调温池内混合，实现水温控制。

4. 加热系统自动控制

在循环水养殖系统中，调温池的水是流动的，不管是采用池内盘管还是池外板式换热器，均需景观阀门控制供热管道内载热介质（热水、蒸汽）的流量达到调节水温目的，调节水温时，一般应采用水温自动控制系统。

水温自动控制系统主要由控温仪、电磁阀、温度传感器等组成。以电磁阀为热执行元件，温度传感器为信号元件，当水温高于设置值时，传感器将信号传入控温仪，控温仪通过热执行元件电磁阀控制载热介质的流量，降低水温；反之，升高水温。其中，控温仪的记录和显示等部件一般安装在养殖车间的值班室，并在仪器面板设置所需控制温度，即可自动控制、指示、记录和报警。也可以与在线水质自动监测系统的计算机连机使用，对养殖系统的水质指标及温度实施全方位控制。

五、养殖车间的制冷系统

随着深井海水水量的逐年减少和养殖品种的增多，为不断提高养殖效率，一些大型海水养殖企业在海水循环水养殖中开始应用制冷降温技术，主要用于刺参夏季降温养殖及鲍鱼和低温鱼类的降温养殖。如大菱鲆循环水养殖过程中，当夏季自然海水温度较高又无低温深井海水时，可采用制冷机降温养殖，我国北方夏季制冷降温养殖时间一般在60d左右。

（一）制冷机

制冷机工作原理是通过将降温介质的热量转换给环境介质，从而获得冷量达到介质降温的作用。根据工作原理，制冷机可分为压缩式制冷机和吸收式制冷机两种。压缩式制冷机主要依靠压缩机的作用提高制冷剂的压力以实现制冷循环；吸收式制冷机则依靠吸收器、发生器（热化学压缩器）的作用完成制冷循环，又可分为氨水吸收式、溴化锂吸收式和吸收扩散式三种方式。

制冷机的主要性能指标有工作温度、功率、耗热量、制冷系数（衡量压缩式制冷机经济性的指标，即消耗单位功所能得到的冷量）以及热力系数（衡量制冷机经济性的指标，即消耗单位热量所能得到的冷量）等。

目前循环水养鱼场与夏季海带育苗制冷降温一样采用制冷机降温，主要采用自动控制压缩式制冷机自动运行控制，变功率全自动制冷机安装简单、使用方便。具体方法为：将养鱼系统的循环水直接接入制冷机的进水管，通过水温设定后养殖系统的水温即可自动控制。如山东省海阳市海珍品养殖公司，采用60~90kW的变功率全自动制冷机，其制冷量410kW、循环水量100~120m^3/h，可满足1 000m^{2}水面养殖大菱鲆的需要。采用室内制冷养殖低温鱼类及刺参，其车间的结构形式最好设计为隔热节能型，以避免车间内气温太高，导致养殖鱼池水体升温太快。

（二）海水源热泵

海水源热泵与空调机一样同时具有能制热和制冷两种功能，是近几年研发的节能环保型产品。海水源热泵制冷时，将空调机室外的蒸发器放置到海水源中散热，比在高温空气中散热大大地提高了制冷效率，从而达到节约电能的目的。

海水源热泵是一种高效节能产品，制热时耗电比电阻型加热器节电近50%；在制冷时，利用电能驱动压缩机、冷凝器、蒸发器等组成的循环系统，将室内养殖系统小水体的热量转换到室外海水中，因此在消耗同样电能的情况下，蒸发器在低温海水环境比高温空气环境能获得更多的冷量，海水源热泵比普通空调机能大幅度节能，一般可节能30%以上。这项技术在海水工厂化养殖方面具有较大的发展空间。

第三节　海水工厂化养殖场的供电系统

电能是现代工农业生产的主要能源和动力，其输送和分配应符合简单经济、方便控制、易于调节和测量及有利于实现生产过程自动化的原则。因此海水工厂化养殖场的变配电及安全用电尤为重要。

一、供电系统

海水工厂化养殖场一般按小型工厂供电设计，其电力经架空外线输入场内变配电室，电源进线电压一般为10kV，经变配电室内安装的降压变压器将10kV电压降到380V/220V，再经配电屏的低压配电，将电能输送到各个养殖车间的用电设备及照明灯具。海水养殖场或苗种生产场，一般要求停电时间不超过8h，水产养殖场大多数建在农村的海边，普遍采用农业电网供电，当农忙季节电力负荷很高时，很难保证安全供电，所以工厂化养殖场一般配备一台自用发电机。常用的小型发电机组为135马力①柴油机带动84kW发电机，输出电压为380V，可直接接入配电屏的母线。当外线停电时，自动空气开关切断外线路，人工启动发电机组供电。小型发电机组可设计自动控制方式，当外线停电时，控制装置发出信号使发电机组气动执行机构动作，启动柴油机运转，驱动发电机供电。当外线恢复供电时，发电机组制动机构动作，停止柴

① ［米制］马力为我国非法定计量单位，1马力=735.499瓦。

油机运转，并且接通自动空气开关，恢复外线路供电。

变配电室一般设置变电室、配电室、发电机室和维修值班室四部分。变电室主要放置降压变压器，其变压器的容量应根据全场负荷计算确定，因为水产养殖动物的养成和育苗具有季节性特征，因此综合大型养殖场的变电室设计可采用两台变压器并联运行方式，便于调节负荷与节省基本电费。当电力变压器内的绝缘油超过60kg，并联变压器应采用一室设置一台的方法布置变压器，以防火灾。同时，配电室的配电屏应选用国家定型产品，不能随便加工制作。养鱼车间、育苗车间、饵料车间、水泵房、风机室及锅炉房等主要设施设备应独立配电和输电系统，并设有自动保护装置，以避免短路跳闸造成相互影响。为提高供电的功率因数，当电力变压器容量大于100kVA时，应设静电电容器柜，以补偿功率因数，保证功率因数不低于90%。

养鱼车间、育苗车间及水泵房内的地面经常存有海水，其内的线路、开关、插座等元件的设计与安装应按湿室安全供电标准设计，并要求操作电气设备具备安全保护措施，不允许操作人员随便接线及安装使用电器，避免因海水导电引起伤亡事故。

二、全场负荷计算

电力负荷主要由工厂性质及工艺生产设备决定，全厂负荷计算则是确定电力变压器容量的主要依据。从用电角度可将工厂分为三类：第一类为主要生产设备长期开动，连续生产，负荷比较稳定，如冶金、纺织、水泥等；第二类为主要生产设备时开时停，单独使用，负荷率较低而且波动较大，如各类机器制造厂、修理厂等；第三类属于一、二两种类型之间的工厂，其负荷的长期性及稳定性比前一种低，但比后一种高，如轻工厂、化工厂等。海水工厂化养鱼场应属于第三种类型，其循环水泵、蛋白质分离器等长时间连续开动，而其他动力设备独立使用间断开动。在统计养鱼场电气设备容量时，一般可按单相和三相分别统计，均按千瓦（kW）数计算，并允许不计算辅助用电器，如一般室内电脑、饮水机、卫生通风机等，但其备用设备如循环水泵、罗茨风机等应一一相加统计。计算出总千瓦（kW）数后，第一种类型取需用系数为1.0，第二种类型取0.5，第三种类型取0.7。

三、海水工厂化养殖场安全供电

海水工厂化养殖车间的鱼池、生物滤池、紫外线消毒池及水处理设备都流动着海水，车间的地面经常用海水清刷，常年是湿地面，而海水导电性很强，因此对安全供电要求更高。目前一般小型企业供电为交流电三相四线制，即10kV的进场高压交流电经变电室的降压变压器降到380V/220V，再输送到每个车间，车间用电电压为380V或220V两种。不管采用哪一种电压，工作在充满海水的养殖车间都存在不安全因素，因此海水养殖车间供电施工一定要按国家湿地建筑电气施工规范施工，车间工作人员要严格按照用电安全操作制度操作。另外，为强化海水养殖场安全用电，一方面应制定安全用电操作规范，并张贴在值班室内，按规定操作；另一方面，对新来工作人员应进行安全用电教育，避免操作不当引发伤亡事故。

第五章
海水循环水养殖水处理技术

水处理技术是环境保护学科中的一门重要学科，海水循环水养殖水处理技术是海水循环水高效养殖成败的关键。海水循环水高效养殖体系具有养殖密度高、生态环境良好、养殖生物快速健康生长等特点，其核心是营造适合鱼类生长的生态环境，主要技术包括悬浮物去除技术、可溶性污染物去除技术、水体消毒与增氧技术。养殖循环水处理的目的是把养殖过程中鱼类排泄物及残渣饵料等污染物及时有效地去除，对颗粒悬浮物，主要采用物理过滤方法去除，其中包括沉淀分离、微网过滤、介质过滤和泡沫分离等方式；对可溶性有机污染物，多采用生物膜处理、臭氧氧化等方法去除；对细菌、病毒及致病生物等，主要采取紫外线及臭氧等消毒技术杀灭它们；为保障水体中充足溶解氧，还要采用充气增氧和纯氧高效溶氧等技术。

本章主要介绍悬浮物及可溶性污染物的去除技术、增氧消毒技术、水处理工艺流程及水处理车间设计。同时介绍国家“863”计划课题“工厂化海水养殖成套设备与无公害养殖技术”、国家科技支持计划课题“工程化养殖高效生产体系构建技术研究与开发”课题组几年来研发的水处理设施与设备，主要包括综合生物滤池、全自动微滤机、高效过滤器、快速砂滤罐、蛋白质分离器、渠道式紫外线消毒池及高效管道溶氧器等。

第一节　悬浮物去除技术

海水循环水养殖中固体悬浮物质的积累对鱼类健康生长影响较大，必须采用先进有效的固液分离技术，把悬浮物从水中分离出去。固体悬浮物质（SS）指单位水体中粒径大于1μm的不溶性固体颗粒的总和。《渔业水质标准》（GB 11607—89）要求，该水质指标人为增加的量不得超过10mg/L，高密度循环水养鱼一般要求SS<7mg/L。按照悬浮物的密度可分为可沉降性的悬浮物（粒径大75μm）和非沉降性的悬浮物（粒径小于75μm）。可沉降性的悬浮物一般采用沉淀分离法去除，粒径大于50μm的悬浮物可采用微网过滤，粒径大于20μm的悬浮物一般采用介质过滤，粒径小于30μm

的悬浮物应采用泡沫分离法去除。

一、沉淀分离技术

海水循环水养殖的悬浮颗粒分离技术中，对于较大颗粒（75μm 以上）宜采用沉淀池分离方式，沉淀池一般分为静态沉淀池和动态沉淀池两种基本类型。

（一）静态沉淀机理

沉淀池分离 SS 是利用重力沉降原理，待处理的海水进入沉淀池后，经过一段时间的静置，悬浮颗粒受到重力的作用，密度大于海水的悬浮颗粒会慢慢沉到水体的底部，实现固液分离。

从静态沉淀理论可知，悬浮颗粒的沉降力可用下式表示：

$$P = \frac{\pi d^3}{6} g(\rho_1 - \rho_2) \tag{5-1}$$

式中：P——固体颗粒在静止水中的沉降力；

d——固体颗粒的直径；

g——重力加速度；

π——常数；

ρ_1——固体颗粒的密度；

ρ_2—液体介质的密度。

从公式（5-1）可知，在固体颗粒密度和液体介质密度不变的情况下，沉降力与固体颗粒直径的三次方成正比。固体颗粒直径变小，沉降力以三次方关系减小，沉降力越小，沉降速度越慢。若沉淀池深度一定，固体颗粒直径变小，沉降时间以三次方关系增长，所以采用静态沉淀微小颗粒需要足够的时间。由于在实际应用中，沉淀池容积不能修筑得太大，海水在池内停留时间不能太长，因此静态沉淀池只能用于沉淀较大颗粒（直径大于 75μm）的固体悬浮物。

（二）静态沉淀池

静态沉淀采用间歇分批沉淀工艺，这种工艺让海水在池内停留若干小时，然后将水放出，直至放到池底沉积污泥层上部为止。静态沉淀池一般有矩形和圆形两种形状，因间歇分批沉淀工艺不能连续运行，使用上有一定局限性，但因结构简单，施工方便，投资较少，在海水工厂化养殖中，特别是苗种生产使用较多。静态沉淀池设计可根据养殖场海边的具体情况，分为潮上带沉淀池和潮间带沉淀池。潮上带沉淀池的容积应根据养殖场生产方式的用水量、海水悬浮物颗粒的多少及对水质指标的要求确定。一般苗种生产场用水量较少，而养鱼场用水量较多，废水中悬浮颗粒也较多，因此在海水透明度较差的海区，应建多个沉淀池循环使用。潮上带沉淀池因建造投资较高，不宜建造太大的沉淀池，容积一般在 1 000~5 000m^3。

潮上带沉淀池可分为无框架砌砖石（挡土墙式）、框架砌砖石和钢筋混凝土三种。为防止阳光照射滋生藻类，沉淀池一般修建不透光池顶，采用暗沉淀、池顶加入孔、池内加上下爬梯的方式。钢筋混凝土池坚固不渗漏，但建造大型沉淀池成本太高，目前应用较少。无框架砌砖石沉淀池，因使用的土石料太多，应用也较少，而框架砌砖石结构应用较多。为防止渗漏，沉淀池内壁及池底应按五层防水做法严格施工，并加5%的防水剂。静态沉淀池的个数不应少于两个，采用循环使用的方式以确保连续供水。若海区滩涂平缓、涨落潮水透明度很低、水质较差时，应建 3~4 个沉淀池以增加沉淀时间确保水质。潮上带静态沉淀池一般采用水泵从海边取水输入沉淀池，水经沉淀后供全场用水。潮上带静态沉淀池宜建造高位池，一次提水经沉淀后，水能自流进全场用水点，以节约动能。在沉淀池的管道系统中，每个沉淀池应设进水管、出水管、排污管和溢流管，池底排水坡度为 2%~3%，坡向排污管口。当水质较差时，由于沉淀污泥较多，应采用多孔管或多斗方式排污泥。

潮间带沉淀池是在海边的潮间带用土坝修筑多个土质池塘，采用纳潮将池塘储满水，一个使用，多个沉淀。潮间带沉淀池因单位水体投资较少，宜建大型沉淀池，一般容积为 5 000~20 000m^3。潮间带沉淀池宜建串联式砂坝结构，将一排沉淀池的隔堤修筑成具有过滤功能的砂坝。在砂坝的断面上，中间布置细砂，两边布置粗砂、碎石，沉淀池的水一面沉淀，一面过滤。串联式砂坝沉淀池见图 5-1。

图 5-1　串联式砂坝沉淀池

潮间带串联式砂坝沉淀池多用于海边滩涂平缓、海水透明度较低、小颗粒泥沙悬浮物较多的海区。串联式砂坝沉淀池一般修建2~4级，利用高潮位海水自流进一级沉淀池，水泵取水设在末级沉淀池，每级沉淀池具有不同的水面高程，利用水位差使海水通过砂坝过滤。串联式砂坝沉淀池除具有沉淀、砂滤功能外，还具有氧化池净水功能，其水处理效果较好。

（三）动态沉淀

动态沉淀是指水与固体颗粒在平流式沉淀池连续进行沉淀分离的形式，由进水区、沉淀区、集泥区和出水区组成。平流式沉淀池中的水在池内不停地流动，因此沉淀效率主要受整体结构形式的影响，若进水口设计不合理，将导致池底流速过大，沉淀区的沉积物可能重新上浮。动态沉淀池的水力设计不只限于水体的流态，还包括沉淀产生的污泥、池深和出水排放形式等，实际上沉降颗粒不但受到重力作用，还受到平流水流的作用，其运动轨迹是曲线形。动态沉淀池池形一般设计为长方形，池底为漏斗状，水从池长的一端进入，从另一端流出。水从进水口的布水装置流入进水区，经沉淀区进入出水区的出水口，沉淀的污泥进入集泥区。小型动态沉淀池用于循环水养鱼的悬浮颗粒去除，具有结构简单、管理方便、无运行费用等优点。动态沉淀池的设计计算及运行管理详见本书第七章第二节。

二、微网过滤技术

（一）微网过滤概述

微网过滤是采用不锈钢、铜合金等合金丝编织微孔筛网，或在不锈钢薄板上利用激光打孔技术打制的微孔网，固定在不同的过滤设备上，通过截流养殖水体中固体颗粒，实现固液分离的净化装置。微网过滤的优点是设备水头损失小，占地面积小，运行管理方便。目前在海水循环水养殖中广泛应用的两种运行方式是手动冲洗和自动冲洗，海水养殖水处理常用的微网过滤设备种类主要有微滤机、弧形筛及管道过滤器等。

1. 微滤机（micro filters）

微滤机常用的类型是转筒式，其筛网固定在转筒上，通过废水流入筒内过滤实现固液分离，筛网的清理一般采用压力水断续反冲洗的方式。微滤机的主要优点是固液分离效果较好，运行自动化程度高，操作管理方便。主要缺点是设备结构复杂，价格较高，运行中消耗一定动能和水量。

2. 弧形筛（arc sieve）

弧形筛常见的形式有振动式、压力式及无压式，水产养殖水处理一般采用无压式。无压弧形筛结构简单，通常采用弧形框架上固定筛网，通过废水流入框内过滤的方式实现固液分离，筛底处设排污口，通过定时冲洗排除污物。无压弧形筛的主要优点是结构简单，人工冲洗污物操作方便，价格相对微滤机较低。主要缺点是在过滤过程容易造成颗粒物破碎，降低颗粒物去除率，其原因是软性颗粒沿斜坡筛网向下滑动时，水流冲击容易把颗粒污物（残饵及鱼类排泄物等）破碎成细小颗粒，从筛孔流出，降低了污物的去除率。

3. 管道过滤器（pipeline strainers）

管道过滤器主要有手动和全自动操作方式，为节约动能和投资，循环水养殖多采用手动或半自动操作方式。常用的双联管道过滤器有两个篮式过滤网，通过阀门手动控制废水的流向，达到连续过滤效果，其主要优点是设备直接安装在输水管上，不需修建水泵集水池，废水可垂直流入篮式滤网，固体颗粒在滤网上不产生滑动，过滤效率较高。手动操作方式的主要缺点是转换水流方式和冲洗篮网的人工操作较麻烦，过滤过程中有一定水头损失。全自动管道过滤器具有价格高和使用管理非常方便的特点。

选用微网过滤设备应根据投资、运行能耗、水处理要求及操作管理等全面考虑确定，目前海水循环水养鱼多选用微滤机和无压式弧形筛。微滤机和无压式弧形筛相比：当使用相同目数的筛网时，微滤机对悬浮颗粒去除较高，不存在软性颗粒在筛网坡面上滑动，将较大颗粒磨碎成小颗粒的状况；无压式弧形筛运行不消耗动能，人工冲洗筛网较方便，但存在软性颗粒容易破碎导致去除率下降的弊端，实际上弧形筛主要适用于过滤硬性固体悬浮颗粒。全自动管道过滤器的性能、自动化程度及消耗的动能与微滤机相当，但管道过滤器体积较小，可直接安装在循环水养鱼池的回水管道上，采用循环泵的压力水进行有压过滤。另外，管道过滤器不需要修筑循环泵的集水池，这有别于开放式微滤机和弧形筛。

（二）全自动微滤机

全自动微滤机是微网过滤的主要设备之一，在海水循环水养殖应用较多，用于养殖池排出废水的过滤，主要去除粒径大于50μm的残饵及鱼体的排泄物。“十五”期间国家“863”课题组联合研制的新型不锈钢全自动微滤机如图5-2所示。

图 5-2　不锈钢全自动微滤机

新型微滤机主要部件采用 316L 不锈钢制作，耐海水腐蚀。其结构特点是将传统的一端传动方式改为中心轴传动，采用组合式无级变速，由行星摩擦式变速机及摆线针轮减速机组合而成，实现了无级变速，并增加了水位自动控制和滤网反冲洗自动控制功能。新型微滤机具有节水节能效果，并且转动平稳、噪声低、结构紧凑、操作维修方便，使用寿命较长。

1. 微滤机的构造

（1）**滤鼓**　滤鼓是微滤机的核心部件，呈圆筒形，由转鼓、滤网、中心轴、齿轮等组成。滤鼓一端装有大齿轮，大齿轮与蜗杆式减速机功率输出的小齿轮相啮合。滤鼓的另一端为废水进入口，滤鼓上的滤网由不锈钢斜纹过滤网及不锈钢保护网组成，并固定在滤鼓上。滤鼓、大齿轮、小齿轮等均采用 316L 不锈钢制作，具有良好的抗海水腐蚀性能。

（2）**传动变速装置**　滤鼓通过轴承连接中心轴，而中心轴固定在机架上，其变速装置由大齿轮、蜗杆减速器及安装在减速器输出轴上的小齿轮组成。无级可调蜗杆减速器、小齿轮与滤鼓上大齿轮啮合减速，将电机转速1 400r/min减为滤鼓转速在 1~4r/min 之间可调。采用 HB07-0.75-XW5-87 组合式无级变速器，其结构紧凑噪声低。

（3）**反冲洗装置**　微滤机的反冲洗装置由喷嘴、排污斗及中心排污管组成。喷嘴位于滤鼓的上方，两喷嘴之间的间距为 120~150mm，反冲洗水压为0.2~0.4MPa；排污斗在滤鼓内，固定在中心轴上方。具有一定压力的水流从滤鼓的上方向滤网间歇喷射，将附着在滤网上的颗粒杂质等污染物冲洗到排污斗内，通过中心管排到排污管中。

（4）**自动控制装置**　自动控制包括微滤机池水位控制、反冲洗时间和间隔控制。

自动控制装置由可编程控制器和传感器组成，将传感器设置在微滤机池内，根据滤鼓内水位差的变化，传感器发出信号自动控制微滤机的运行或停止。根据滤网上附着颗粒杂质的多少，自动控制反冲洗装置的冲洗时间或冲洗间隔时间。

（5）**微滤机机架** 机架采用优质低碳钢轧制成型焊接而成，经除锈、磨光后，表面涂 FC-17 环氧粉末涂料，具有极强的抗海水腐蚀性能。

2. 全自动微滤机的技术指标

全自动微滤机的型号：WL14A；滤鼓直径 φ 为 1 400mm；滤鼓长度为 1 700mm；过滤总面积为 5.96m^2；有效过滤面积为 2.68m^2；过滤精度为 120 目；电机功率为 1.3kW；产水量为 400m^3/h；整机重量为 800kg。

3. 不锈钢全自动微滤机的特点

（1）**采用中心轴传动型式** 传统的微滤机架一端上面装有 2 个支撑托轮架，滤鼓的滚轮轨道内圈安放在支撑托轮的外壳上，另一端是滤鼓轴的轴承座及传动变速器的机座。采用该种传动方式，由于滤鼓直径大，其本身的偏差会引起滤鼓在转动时产生一定的振动，易引起托轮架的损坏。中心轴传动方式，即滤鼓两端均安装轴承，并将轴承座固定在机架上，其传动平稳，噪声低，无振动现象发生，从而大幅度延长了微滤机的使用寿命。

（2）**水位和反冲洗控制系统** 当过滤废水水质指标较差时，水中的颗粒污染物会很快把微滤机的滤网孔堵塞，过滤水的流速降低，滤鼓内水位上升，此时水位自动控制系统启动电机，微滤机反冲洗系统开始工作。反之，当水质指标良好时，过滤水的流速较快，当水位低于正常控制水位时，水位自动控制系统自动使微滤机停止工作。

微滤机的自动控制冲洗系统根据水质状况的不同，冲洗时间的控制从 5min 到 1h 可调。当鱼池回水水质较差时，反冲洗时间间隔可短一些；当鱼池回水水质相对较好时，反冲洗时间间隔可调长一些。采用自动控制不仅能节省电能，同时还能节省反冲洗用水量。

（3）**采用耐磨、耐腐蚀轴承** 传动轴承采用 SF-1 三层复合材料，由塑料、青铜、钢材三层复合而成，以锡青铜板为基体，中间烧结青铜球形粉，表面轧制 PTFE 和耐高温填充材料。该传动轴承具有以下特点：①具有优良的耐海水腐蚀性能；②具有耐磨性，其摩擦系数小，使用寿命长，在低转速运行条件下，不用添加润滑油，属于无油润滑轴承；③具有的弹塑性将应力分布在较宽的接触面上，提高轴承的承载能力；④在运转过程中能形成转移膜，起到保护滤鼓轴的作用，无咬轴现象发生；⑤无吸水吸油性，膨胀系数小，散热性能良好。

（4）机座防腐 微滤机机座长期与海水接触，极容易被海水腐蚀。采用316L不锈钢机座能防止海水腐蚀，但制造成本较高。经反复试验研究，采用优质低碳钢板轧制成型焊接机架，表面经喷砂处理后，喷FC-17环氧粉末涂料。FC-17环氧粉末涂料具有较强的抗海水腐蚀性能，其使用寿命达7年以上，并且价格低廉，色彩美观。

（5）质优价廉 不锈钢全自动微滤机的使用寿命是传统微滤机的2倍以上，其制造成本仅为国外同类产品的1/3，具有节省操作、调整和维修时间，节水节电的优点，该微滤机将成为传统微滤机的换代产品。

4. 微滤机微网的选用原则

微滤机属于微网过滤设备，过滤效率取决于微网的网目大小、水质特性、截留固体颗粒大小及微网的有效过滤面积等。网目越小截留的固体颗粒越多，过滤水效果越好，但水头损失增大，反冲洗次数和耗水量随着增加。微网过滤面积增大，微滤机的滤鼓也随着增大，加大了微滤机的体积与重量。在循环水养殖系统中，采用哪种类型的微滤机应根据过滤效率、消耗电能、反冲洗成本及养鱼场要求的管理水平等确定，要求较高的过滤效果和自动化，应选用全自动微孔筛网的微滤机；要求运行成本较低，水质条件要求不高，可选用微网网目较大的微滤机。目前适用于循环水养鱼微滤机的微网网目一般为120~200目，主要去除大于50μm的悬浮物颗粒。

5. 海水节能型全自动微滤机的研发

海水全自动不锈钢微滤机经“十五”期间国家“863”课题组的联合研发及应用，比传统微滤机在过滤性能、传动装置、自动化程度及耐海水腐蚀等有多方面的创新，并且生产成本远低于国外同类产品，使用寿命有较大提高。一方面将使用压力水反冲洗微网，改进为利用气、水共同作用反冲洗微网，具有附着污物去除率高、节约用水、过滤效率高的特点。另一方面从节约动能进行研究，设计了轻型滤鼓、新型低转速电机及全封闭工程塑料外壳。轻型滤鼓由新型低转速电机与高效减速器驱动，效率高，体积小，封闭式全自动微滤机与同样产水量的不锈钢微滤机相比，其耗电量大幅度下降，配用电机功率由1.3kW降到0.75kW。同时新型微滤机设计了自动清除过滤网附着微生物装置，采用定期喷射臭氧杀灭微生物，能有效去除微滤机滤网上难以去除的附着物，解决了多年难以解决的问题，从而提高了过滤效率。

在材质方面，滤鼓、机架及外罩等部件均采用工程塑料压制成型组装，减少整机重量，增强耐海水腐蚀的性能。微滤机上部增加防护罩，避免喷射反冲洗水溅起的水滴四射，使微滤机的反冲洗装置、滤鼓、进出水及排污装置在密封空间内工作。全封闭微滤机只设进、出水管及排污管，机体底部为密封空间，能贮存一定的水量，在循环水养鱼系统中使用，可省去循环泵的集水池。海水节能型全自动微滤机设计 200 目滤网、单台流量为 300m^3/h、单台电机功率 0.75kW，2007 年投入生产性运行，2008 年已安装在几处养殖基地应用，使用效果良好（图 5-3）。

图 5-3　海水节能型全自动微滤机

（三）弧形筛

弧形筛是微网过滤结构较简单的设备，应用于工厂化养殖的时间较短。其主要优点为运行过程中不消耗动能，冲洗筛内污物操作简单，价格较低，安装使用方便。主要缺点为与微滤机相比，悬浮物的去除率较低，自动化程度不高，需要人工冲洗污物。

1. 弧形筛的结构

弧形筛按结构可分为无压式、压力式和振动式三种。无压弧形筛结构简单，由筛框、侧面板、筛网及筛网保护网组成。筛网及筛网保护网多采用不锈钢丝制成，国外产品已采用激光技术在不锈钢薄板上打微孔，筛网网目一般为 120~150 目。筛框和侧面板由不锈钢或工程塑料制作。

压力式弧形筛是一个密闭容器，前面有前盖门，后面有后盖门，弧形筛筛网倾斜在中间，上方有废水进口，下方筛网后面有过滤水出口，筛网前面有颗粒污染物排出口，筛网的后面设有弧形反冲洗水装置，在机壳外面设有控制阀门。压力式弧形筛过滤的废水在容器内具有一定压力，滤速较快。由于弧形筛筛网具有倾斜度，一部分被过滤的颗粒污染物能自动流进排污口，另一部分附着在筛网上依靠反冲洗水去除。压力弧形筛虽然操作简单，但结构复杂，设备价格较高，运行中反冲洗水量较多，所以在循环水养殖中应用较少。

振动式弧形筛，主要是过滤固体硬颗粒污染物，如废水中含有泥沙颗粒等，主要通过振动弧形筛筛网把筛网内堆积的硬颗粒排出。压力弧形筛及振动弧形筛可用于水产品加工污水处理，一般不适用于水产养殖，故本章不作详细介绍。

2. 无压式弧形筛的运行

无压式弧形筛可用于循环水养鱼系统去除废水中的残饵及排泄物，一般安装在循环水泵之前，鱼池排出的水进入弧形筛，经过弧形筛滤后再由水泵提水流进蛋白质分离器或高位生物滤池。鱼池排出的水从弧形筛筛网的两个斜面均匀地向下流动，图5-4运行中的无压式弧形筛，废水在向下流动过程中被过滤，直径大于网目的悬浮颗粒，被水流冲入筛底，并在筛底堆积，当堆积到一定数量时，通过人工打开设在筛底的排污口及冲洗筛网的阀门，用冲洗水流将堆积污染物排出（图5-4）。

图5-4　运行中的无压式弧形筛

无压式弧形筛排污口的启闭由两种方式控制，一种方式为图5-4所示的插拔管控制方式，排污口由一根PVC管控制，当把PVC管插入筛底的排污口时，污物便不能排出，而拔出PVC管时，污物从排污口流出。同时应用连接在循环水泵管道上的橡胶软管喷出的压力水，采用人工操作冲洗弧形筛内的颗粒污染物。另一种方式，在排污口下端的排污管上安装阀门，人工启闭阀门并操作冲洗水管排出污物。

（四）管道过滤器

管道过滤器是利用微网去除水中悬浮颗粒的过滤设备，在循环水养鱼中主要用于鱼池排水的初级过滤，一般安装在循环水泵之前的管道上，水泵压出的水直接输入管道过滤器，过滤后的水流入蛋白质分离器或生物滤池。

1. 管道过滤器的结构

管道过滤器有单联式和双联式，双联式又分为手动式和自动式。单联式是间歇性过滤器内设一个篮式滤网，其滤网的清洗与更换需停止过滤，因此连续过滤水工艺一般不采用此种方式。双联手动式内设两个篮式滤网，滤网清洗与更换需通过人工启闭控制过滤水流的阀门，使需清洗滤网一联的废水停止流动，将清洗的滤网取出清洗后安装备用，此时另一联滤网继续过滤作业，达到连续过滤的目的。双联自动式管道过滤器水流方向的切换、篮式滤网污物的反冲洗及排污，也可由程序控制自动完成。

2. 管道过滤器的特点

① 管道过滤器体积小，安装使用方便，可直接安装在循环水的管道上，不需修建水泵的集水池，特别是双联自动式管道过滤方式，采用程序控制，自动化程度很高。

② 管道过滤器的种类及规格型号较多，过滤水量、运行压力和滤网网目大小等参数的选择范围较大。常用的循环水养鱼的管道过滤器的主要参数为，进出水管的管径为 100~200mm，运行压力最低为 0. 034MPa，滤网网目为 120~150 目。

③ 管道过滤器运行中损失一定的水头，在过滤时，污物在滤网内堆积对水流产生阻力，使水泵输水水头有一定损失，其水头损失的大小，主要取决于循环水中悬浮颗粒的多少和清洗滤网时间间隔的长短等。因此管道过滤器适用于悬浮颗粒较少，循环水泵扬程较低的养殖系统。

三、介质过滤技术

介质过滤是利用固体介质，如石英砂、塑料颗粒、纤维丝等滤料，过滤废水中不溶性的悬浮颗粒，达到净化水质的目的。水产养殖常用的设备有无压砂滤池、压力砂滤罐及彗星式高效过滤器等。快速砂滤罐及彗星式高效过滤器是“十五”期间国家“863”课题研发的新产品。一般砂滤可去除直径大于 50μm 的悬浮颗粒，而彗星式高效过滤器能去除直径 2μm 的悬浮颗粒，并且大大地提高了过滤速度。

传统的塑料颗粒过滤器主要有两种类型：一种是滤料密度比水大，与砂滤罐类似；另一种是滤料密度比水小，其滤料悬浮在过滤器的上部，如聚乙烯制成的微小颗粒，废水从底部进入，过滤后的水从上部排出。塑料颗粒过滤器除具有砂滤罐的特性外，还克服了反冲洗耗水量大、时间长、滤料易堵塞的缺点，并能提高过滤速度。

（一）介质过滤的机理

1. 截留作用

当废水流过介质层的微小孔隙时，较大颗粒被截留在介质表面，随着过滤时间的增长，介质的微孔越来越小，过滤悬浮颗粒的直径越来越小，过滤水量也同时减少。

2. 沉降作用

介质颗粒的表面凸凹不平，其凹下部分可以看成是微小的沉淀池，由于介质的比表面积较大，所以介质的总沉淀面积也较大，废水中微小颗粒在重力作用下，慢慢地沉淀在介质的表面上。

3. 吸附作用

过滤介质和废水中的微小颗粒不断靠近、接触，在分子引力和静电力的作用下，废水中部分微小颗粒会被吸附、凝集在介质的表面。

循环水养鱼应用的石英砂及塑料颗粒滤料主要去除直径大于50μm的悬浮颗粒，对于小于 50μm 的悬浮颗粒，其去除率较低。介质过滤是一种变流量间歇式过滤方式，废水经过介质的流量随着介质层表面沉积污物的增多而减少，流量减少到一定值，必须停止正常过滤，进行介质的反冲洗。介质过滤的效率主要受废水中悬浮颗粒多少、粒径的大小、介质性质等的影响，其中彗星式纤维介质的过滤效率明显优于石英砂、塑料颗粒及纤维球。

（二）无压砂滤池

无压砂滤池虽然存在着滤速低、砂滤层面积大、单位面积出水率低、换砂洗砂操作麻烦等缺点，但它具有结构简单、造价低廉、过滤水质较好的优点，并具有生物过滤作用，所以目前海水工厂化养鱼及苗种生产仍有不少企业应用无压砂滤池。

无压砂滤池一般采用水泥砂浆砌砖石结构，池内壁及池底五层防水做法。池内设有多孔筛板，筛板上面依次布置筛网、20~30mm 厚的碎石、15~20mm 厚的粗砂及

50~80mm 厚的细砂，池内滤层以上有效水深一般在 0.5~1.5m。无压砂滤池滤速较慢，一般为 0.3~0.5m/h，如设计 500m^3水体的苗种生产车间，无压砂滤池有效面积要求为 20~30m^2。

（三）快速砂滤罐

海水循环水养鱼及育苗中应用较多的快速砂滤器是“十五”期间国家“863”课题组研发的新一代介质过滤设备，它比普通砂滤罐的滤速提高了 50%以上，能去除废水中的悬浮颗粒、浮游生物、藻类及有机胶质颗粒，具有过滤能力强，使用机动灵活，过滤、反冲洗采用阀门控制，操作方便等特点，其外观如图 5-5 所示。

图 5-5　快速砂滤罐

1. 快速砂滤罐的结构

快速砂滤罐采用厚度为 6mm 的 Q235-A 型钢板，轧制成圆筒及封头焊接制成的受压容器，其直径为 1.8m，罐体为钢制。砂滤罐腐蚀余量按重腐蚀设计，采用罐内壁涂 3 层环氧树脂、外壁涂 2 层环氧树脂漆的防腐处理措施，其设计使用寿命为 8 年以上。罐体设有排污阀、排气阀、进水管（兼反冲洗出水管）、压力表、玻璃视镜、滤料出口、阀门安装架、入孔、排气管、出水管（兼反冲洗进水管）、进气管。

2. 快速砂滤罐主要技术参数

滤料体积为 1.8m^3；过滤面积为 2.54m^2；石英砂粒径为 0.3～0.8mm；滤速为 40m/h；设计滤水量为 150m^3/h；工作压力为 0.3MPa；反冲洗水强度为 20～40m^3/(m^2·h)；反冲洗水压力为 0.1～0.15MPa；冲洗历时 6～10min；反冲洗空气强度为 8～15m^3/(m^2·h)；反冲洗空气压力为 0.03～0.07MPa；冲洗历时 5min；反冲洗耗水量小于 2%。

（四）彗星式高效过滤器

彗星式高效过滤器是“十五”期间研发的新一代纤维滤料过滤海水的新产品（DA863），由浙江德安新技术发展有限公司制作。在分析传统砂滤罐的滤水特点及国外研发的纤维球滤料滤水特点的基础上，经试验研究，首创提出纤维彗星式滤料，每一枚纤维滤料像一颗运动的彗星，前部称彗星核，后部称彗星尾。

彗星式高效过滤器的结构形式有两种，一种是初级试验阶段的无压过滤器，另一种是定型产品的压力过滤器。彗星式高效过滤器，不但具有传统砂滤罐、纤维球过滤器的优点，而且减少了砂滤罐反冲洗水量和水压，提高了过滤精度和滤水效果。普通砂滤罐只能过滤大于 50μm 的悬浮颗粒，而彗星式高效过滤器能过滤大于 2μm 的悬浮颗粒，并克服了纤维球滤料内污物不易冲洗掉的缺点。彗星式滤料在反冲洗水流的冲击下，彗星尾能均匀散开，纤维丝中的污物很容易被冲掉。当停止反冲洗时，由于彗星核比彗星尾密度大，在下沉过程中彗星核向下，彗星尾向上，并能散开，使过滤效率大幅度提高。

1. 彗星式滤料的研制

通过全面分析介质过滤滤料的结构与特性，提出新的构型和滤料材质，研发了彗星式滤料。传统的石英砂滤料具有取材容易、价格低廉、相对密度大、反冲洗效果好的特点。纤维球滤料具有比表面积大、截污性能好、在反冲洗水流中纤维呈辐射式分散状态，但球心处纤维密实，过滤时滤料层空隙率分布不均匀，若过滤速度提高，出水水质较差，反冲洗时滤料不易清洗彻底。

为提高过滤效率，应充分发挥纤维滤料和颗粒滤料的优点，即滤料层在过滤时应接近短纤维堆积滤层的状态，使滤层空隙率分布均匀，并且无水流短路现象。而在反冲洗时，彗星式滤料应具有颗粒滤料的特点，纤维滤料在水流中易散开并且纤维丝能相互碰撞，从而彻底清洗。根据上述分析，打破传统滤料构型对称的思路，设计了一种横向不对称结构的滤料，命名为“彗星式纤维滤料”。这种新型滤料由“彗尾”和“彗核”组成，即一端为松散的纤维丝束，称之为“彗尾”，另一端纤维丝固定在相对密度较大的过滤球内，称之为“彗核”。过滤时，相对密度较大的彗核起到对纤维丝束的压密作用。同时，由于彗核尺寸较小，对过滤断面空隙率分布的均匀性影响不大，从而提高了滤层的截污能力。反冲洗时，由于彗核和彗尾纤维丝的相对密度差，彗尾纤维在反冲洗水流作用下能散开并产生摆动，具有较强的甩曳力，滤料之间的相互碰撞加剧了纤维丝在水中所受到的机械作用力。滤料的不规则形状，使滤料在反冲洗水流作用下产生旋转，强化了反冲洗时滤料受到的机械作用力。滤料在这几种力的共同作用下，使附着在纤维丝表面的污物颗粒脱落，从而极大地提高了滤料的洗净度，并减少了反冲洗耗水量。由于彗星式滤料层的空隙率下部较小，上部较大，确保了过滤精度和过滤速度。

2. 彗星式过滤器高效过滤技术

海水循环水养鱼废水中颗粒物的典型粒径分布是：1.5～30μm 占 66.9%，30～70μm 占 5.2%，70～105μm 占 5.7%，大于 105μm 占 22.5%。采用彗星式高效过滤器，绝大部分的污染物颗粒能被去除，其高效过滤技术主要从运行效率、分离效率、容积效率及洗净效率四个方面来体现。

（1）运行效率 传统砂滤工艺的滤速为 10～20m/h，球形纤维滤料的滤速为 25m/h，彗星式过滤器的滤速达到 40～50m/h。由于滤速快，水头损失小，节省了运行动能，彗星式过滤器的体积相应地减小。

（2）分离效率 滤料的分离效率用滤料截留悬浮颗粒的粒径及截留百分数表示。由于对滤料表面的物理化学性质、滤料构型、滤层厚度、空隙率大小及分布等性质都进行了详细的研究与设计，彗星式滤料能去除粒径大于 2μm 的悬浮颗粒，去除率达 95%，极大地提高了分离效率。

（3）容积效率 一定的滤料填充容积能够提供有效过滤容积的大小为容积效率，容积效率体现了滤器的纳污量。容积效率越高，过滤周期越长，则滤器纳污量越大。彗星式纤维滤料过滤层的空隙率沿滤层高度呈梯形分布，下层滤料压实程度高，空隙率相对较小，易于保证过滤精度，整个滤层空隙率由下向上逐渐增大，滤层空隙率的分布特性保证了滤层高速和高精度的过滤。

（4）洗净效率 洗净效率包括洗净度和反冲洗耗水量，其中洗净度以剩余积污率表示，即反冲洗结束后滤料上附着的杂质重量（干重）占滤料自重（干重）的百分比。通常纤维球滤料过滤剩余积污率为 10%～18%，而彗星式纤维滤料剩余积污率小于5%。反冲洗耗水量由反冲洗时间和反冲洗强度决定，常规过滤技术的反冲洗耗水量为5%以上，彗星式滤料反冲洗耗水量占过滤产水量的2%以下。

水中悬浮物在纤维滤料滤床中的截留过程是非常复杂的，其过程一般分为两步，一步是悬浮颗粒向过滤介质迁移，另一步悬浮颗粒在过滤介质上附着。水中悬浮颗粒脱离流线而与过滤介质表面接触的过程称为迁移过程，包括拦截、惯性、扩散等多种作用。通过迁移作用而与过滤介质表面接触的悬浮颗粒，因物理化学作用附着在过滤介质表面的过程称为附着过程。在过滤工艺中，所有这些机理能同时起作用，因此滤料的材质、表面性质、构型等决定了悬浮颗粒的附着与去除。

3. 彗星式滤料的材质与尺寸

彗星式滤料选用聚酯低弹丝变形纱、锦纶膨体长丝及丙纶膨体长纱，其纤维纤度在111~667分特。

彗核材质的相对密度不低于1.2，能保证滤料在反冲洗时充分散开，选用特殊塑料压制成型。

彗星式滤料尺寸：彗核形状为圆柱形，直径为2.2mm；纤维丝束直径为0.4mm；彗尾长度为35mm。

4. 彗星式纤维滤料技术试验

技术试验目的是试验彗星式纤维滤料的可滤性、验证滤料的设计理论，为高效过滤器设计取得基本运行数据。

试验结果如下。

① 彗星式纤维滤料填充滤床可滤性优良，其纳污量相当于纤维球滤料的2.5~3.0倍，滤料床可在35m/h的滤速下正常运行，并且仅用彗星式纤维滤床高度的1/4就可达到与纤维球滤床相当的过滤效果。

② 彗星式纤维滤料反冲洗性能优异，其反冲洗剩余积污率小于5%。由于彗核相对密度大，反冲洗时滤料在水中获得的机械力增大。滤料的不对称结构使得在反冲洗水流作用下产生较强的甩曳力。彗尾纤维丝数量一般在24~48根，纤维丝在反冲洗水流中几乎没有约束，很容易散开，从而将附着污染物抖落。

5. 彗星式高效过滤器技术指标

彗星式无压过滤器为钢制圆柱体，直径为1.5m，高为4.6m，过滤面积为1.67m^2。其处理水量为60m^3/h，过滤速度为40~50m/h，反冲洗耗水率为0.60%~0.66%。污物去除率，对于直径大于2μm的颗粒，平均去除率为95%，剩余污泥率小于0.4%。

彗星式压力高效过滤器为钢制受压容器，过滤速度取决于正滤水压力，滤速一般在40~80m/h，产水量取决于过滤器的体积，一般在100~500m^3/h。现由浙江德安新技术有限公司生产的系列产品，已推广应用于工业废水及生活用水处理。但彗星式高效过滤器设备价格较高，故在海水循环水养殖企业中应用较少。

四、蛋白质分离器

（一）蛋白质分离器的研发

蛋白质分离器是“十五”期间国家“863”课题及“十一五”科技支撑计划课题组经长时间自行研制开发的新一代水处理设备，采用泡沫分离技术。蛋白质分离器的圆柱体外壳及所有管件均采用耐腐蚀的PVC-U材料制作，其上部设泡沫收集装置，下部安装高压水泵及射流器。将泡沫分离与臭氧氧化技术合为一体，并采用臭氧回收装置，研制的新型射流泡沫分离装置和臭氧氧化装置，进一步提高了蛋白质分离器的性能，适用于海水工厂化养殖和苗种生产的水处理。蛋白质分离器由杭州大贺水处理设备有限公司生产，系列产品处理能力分别为50m^3/h、100m^3/h、150m^3/h（图5-6）。如处理水量为100m^3/h的蛋白质分离器，主体外壳直径为1 200mm，总高为3 200mm，进水口直径为160mm，出水口直径为160mm，循环水泵的扬程为30m，流量为3m^3/h，配套臭氧发生器产臭氧量为30g/h。

蛋白质分离器能有效地去除可溶性有机污染物及微小悬浮颗粒，并能对水体进行消毒、增氧。泡沫分离是将水中的有机物在未分解成氨氮之前，从水中分离出去；臭氧氧化是向蛋白质分离器内加入臭氧，通过臭氧的强氧化作用，去除有机污染物，同时对水体进行消毒与增氧。循环水养殖牙鲆试验结果表明：在水温20℃时，蛋白质分离器对氨氮混合物去除率为50%、有机氮去除率为80%、蛋白质去除率为75%、悬浮物去除率为70%、溶解氧增加110%、杀菌后总细菌去除率为41%、总弧菌去除率为65%。

与蛋白质分离器配套的臭氧发生器，一般选用纯氧氧源为宜，纯氧可来自液氧罐或制氧机。在海水循环水养殖中，向蛋白质分离器内加入臭氧是一种新技术，不但能去除水中可溶性有机污染物、杀灭细菌病毒，而且还能增加水体的溶解氧。由于新型蛋白质分离器具有臭氧残留自动去除功能，残余臭氧不会影响养殖鱼类的正常生长，因而不需要附加设备处理残余臭氧。

图 5-6　蛋白质分离器

（二）泡沫分离技术

泡沫分离技术又称气浮法、浮选法，是利用泡沫表面能吸附多种有机溶质和微小颗粒的原理，分离和浓缩养殖废水中的可溶性物质和悬浮颗粒。近几年的试验表明：采用泡沫分离技术不但能从养鱼废水中去除可溶性有机物，使化学需氧量（COD）、生物需氧量（BOD）和硝酸盐类的含量减少，而且还能去除部分二氧化碳、细菌、重金属离子和有机酸，有助于提高和控制养鱼系统的 pH 值。

1. 泡沫分离原理

在圆柱形容器内，废水不断输送到容器的中下部，空气经压气机从容器底部输入，在容器底部安装扩散器，空气通过扩散器产生许许多多的微小气泡，这些小气泡在容器内上升的过程中，表面吸附集聚了大量的有机溶质。同时，有些小颗粒物质，依靠气泡表面的静电吸引作用，或依靠气泡中颗粒的自然捕集作用附着在气泡表面，气泡到达水面，集聚的溶质和微小颗粒呈泡沫状，泡沫不断地增多升高，通过泡沫排出口去除，同时被净化的水体从容器中下部排出，泡沫分离法净化水体是一个连续的工作过程。

2. 泡沫分离的净化作用

泡沫分离主要去除废水中的可溶性物质和微小颗粒，由于可溶性物质在未分解成对鱼类有害的物质之前就从水中分离去除，因此减少了后续生物滤池的负荷。泡沫分离主要去除微网过滤或一般介质过滤不能去除的悬浮颗粒，其粒径在30μm以下。泡沫分离由于能去除水中的有机酸类和二氧化碳，所以有助于提高养殖水体的pH值，当海水养殖系统中pH值降为7时，经泡沫分离一段时间后，pH值可上升到7.7~7.9。泡沫分离过程还能去除一定数量的细菌，试验结果表明：应用泡沫分离2.5h，容器中总细菌数可减少99%。由于海水中存在多种离子，海水的泡沫分离效果优于淡水，并且泡沫分离过程中，还能去除海水中某些金属离子，所以泡沫分离技术适宜在海水循环水养殖和苗种生产中应用。

（三）臭氧在蛋白质分离器中的作用

1. 臭氧除氨氮反应

蛋白质分离器在泡沫分离过程中，臭氧通过射流器加入到处理水体，由于臭氧具有强氧化作用，可将NH_3/NH_4^+等有害物质转化为对鱼类无害的物质。臭氧氧化后生成的物质是氧气，所以臭氧是高效无二次污染的氧化剂，同时氧气溶解在水中又能提高水体的溶解氧浓度。臭氧去除氨氮的过程可用下列反应式表示：

$$NH_3+H_2O \longleftrightarrow NH_4^+ + OH^-$$

$$2NH_4^+ + 2O_3 \rightarrow N_2 + 4H_2O + O_2$$

$$2O_3 \rightarrow 3O_2 + \text{热量}$$

从以上反应式可知，其化学反应顺序是：NH_3与NH_4^+在水中处于动平衡状态，二者的比例随水中pH值不同而变化；通过臭氧的强氧化作用，将离子氨转为氮（N_2），并释放到大气中；臭氧的化学性质极不稳定，在水中或空气中都能分解为氧气，臭氧在水中的分解速度随着水温和pH值的提高而加快。以上三个反应式同时存在于蛋白质分离器内，其反应生成物随着臭氧投放量的不同而变化。

2. 臭氧氧化作用

臭氧（O_3）是一种蓝色气体，相对空气的密度为1.66，在循环水养殖中臭氧的来源主要从制氧机或液氧罐的纯氧经臭氧发生器现场产生。

臭氧对循环水养殖来说，不但能通过氧化作用去除氨氮，同时也是一种理想的消毒剂。臭氧的消毒效率与接触时间和剂量有关，氧化作用比含氯氧化剂高两倍，与水不起化学反应，能确保养鱼水环境的安全。在水与细菌、病毒混合物中，当臭氧的含量为0.001 5%时，15s后基本上能灭尽细菌和病毒。臭氧的氧化作用除了能去除水中氨氮外，还能去除酚、氧化物，并能凝聚沉淀去除铁、锰离子及微藻类，因此能有效地控制养鱼水体中的残余饵料及代谢产物所引起的异味、异色，使水质清新。臭氧氧化作用随着臭氧浓度的增加，化学需氧量、生物需氧量、氨、亚硝酸盐、悬浮颗粒及浑浊度随之降低，但硝酸盐的浓度却随着臭氧的浓度一起升高。因此，循环水养殖系统中应定时除去硝酸盐。

（四）蛋白质分离器的操作

① 将蛋白质分离器内充满海水，开启臭氧发生器的低压开关；

② 先开启射流泵进口处的调节阀，再启动射流泵，并调节开启度，达到所需要的工况；

③ 开启臭氧发生器的高压开关，调节臭氧流量与浓度；

④ 开启除沫器上部进水阀门及出水阀门；

⑤ 取样测定水中臭氧浓度是否在正常值范围内，如不在正常值范围内，调整臭氧发生器空气的投加量，使之达到正常范围；

⑥ 当除沫器上部均匀布满乳白色的蛋白沫时，定期开启除沫器的冲洗水，使污物排入排污管中；

⑦ 停止运行时，首先关闭臭氧发生器的高压开关，再关闭射流泵及射流泵进口处的调节阀，最后关闭臭氧发生器的低压开关。

（五）蛋白质分离器的推广应用

海水循环水养殖水质的基本要求是低氨氮、高溶氧、最佳水温等。采用养殖池外排废水回收处理循环利用方式，不但排除了环境及外界污染物对养殖系统的影响，而且可以去除养殖对象自身的污染，达到节能减排的目的。循环水养殖系统中，有机颗粒物的去除、可溶性污染物的降解、水体的消毒与增氧技术是确保循环水高效养殖成败的关键技术。

新型蛋白质分离器以物理方法高效去除水中悬浮物和胶状物质，并采用臭氧接触氧化技术去除水中的氨氮（NH_3-N）等有害物质，达到净化水质、消毒、增氧的目的。为了确保臭氧残留对养殖鱼类不造成影响，新型蛋白质分离器还具有臭氧残留自动去除功能，适用于海水循环水养殖及苗种生产的水处理。新型蛋白质分离器提高了气浮、溶氧的效率，并设计了气调节阀及管路系统，可根据水质处理的情况进行调节，确保了系统高效、稳定运行。

第二节　可溶性污染物去除技术

一、可溶性污染物去除方法

海水循环水养殖废水中可溶性污染物的去除方法很多，主要有氧化沟渠、SBR① 反应器、活性污泥法和生物膜法等。氧化沟渠是曝气池呈封闭沟渠形，废水和活性污泥的混合液在沟渠内循环运动。SBR 反应器是将沉淀与反应器集中在同一个反应池内进行，无需污泥回流。活性污泥法是利用悬浮生长的微生物絮体处理废水的一类好氧生物处理方法。生物膜法是将微生物固定在生物载体上的废水处理方法，生物载体的形式有多种多样。

在选用海水循环水养殖废水中可溶性污染物的去除方法时，主要应考虑设施设备的投资、运行成本、废水性质、处理效果及运行管理等因素。氧化沟渠、SBR 反应器、活性污泥法主要适用于高浓度污水处理。海水循环水养殖的废水属于低浓度微污染水，目前多选用生物膜、泡沫分离和臭氧氧化方法，因此氧化沟渠、SBR 反应器、活性污泥法不作详细介绍。泡沫分离及臭氧氧化技术详见本章第一节蛋白质分离器部分。本节主要介绍生物膜技术及生物滤池设计。

生物膜法是微生物固定化的废水处理技术，常见的处理方式有浸没式生物滤池、生物净化机、滴流式生物塔及流化床等。浸没式生物滤池由于结构简单、运行成本低、管理方便、去除可溶性污染物效果好，在海水循环水养殖中应用较多。生物滤池的形状主要有圆形、正方形及长方形，最常用的是长方形分段流水生物滤池。生物净化机主要包括生物转盘和生物转筒两种结构形式，生物净化机是采用塑料盘片、塑料球及塑料管为生物载体处理废水。由于生物净化机投资较大，运行时需要动力驱动，消耗一定的动能，所在海水循环水养殖中应用较少。滴流式生物塔中废水从塔的顶部喷洒在生物载体上，生物载体湿润而不完全浸没，塔体需一定高度，进水提水高度较高，投资较多，在规模化海水循环水养殖中很少采用。流化床中固体颗粒的生物载体借助水流呈流态化，因此颗粒及设备都有一定磨损。另外，防堵塞及进水配水系统在工程设计上还存在一定问题，目前在海水循环水养殖中应用较少。故在此不对生物净化机、滴流式生物塔及流化床作详细介绍。

① SBR：sequencing batch reator，序批式活性污泥法，又名间歇曝气。

生物滤池在海水循环水养殖系统中是非常重要的设施，也是高密度养殖成败的关键。分段流水生物滤池有两种，常用的有一般生物滤池和综合生物滤池。一般生物滤池池内堆放或吊装生物载体，应用生物膜处理养殖废水。综合生物滤池池表面吊养大量海藻，下层吊装生物载体，采用水生植物和生物膜多样性协同作用处理与调控养殖水体。一般生物滤池车间采用保温不透光屋顶，综合生物滤池车间需采用透光屋顶，充分利用太阳能和现代保温隔热技术。根据流体力学原理，生物滤池和综合生物滤池可设计为平流式低孔、溢流堰交替布水、分段流水式滤池，既实现了节约能源又达到了高效水处理的目的。

二、生物滤池综合设计

生物滤池综合设计主要包括节能型温室车间、生物立体空间分层及生物多样性净化水质设计等。

（一）节能型温室车间设计

水温是影响生物膜处理废水效率的重要因素之一，北方水处理车间的升温保温设计是要考虑的重要因素。综合生物滤池因池内养殖大量海藻，不管设在单层或双层水处理车间，都应设计为独立的车间，车间按保温、采光、节能设计。综合生物滤池池面需设计透光屋顶，室内屋梁下沿安装手动或电动隔热、保温及调光天幕，车间外墙可安装 3cm 厚标准保温层，门窗安装双层保温玻璃。而一般生物滤池水处理车间，设计不透光保温屋顶、窗户或光带采光，车间外墙安装保温层，门窗安装双层保温玻璃。

综合生物滤池的屋顶要求安装透光率较高的屋面材料，冬季白天能采光升温，晚上拉平保温天幕，应用低拱屋顶与天幕之间近 2m 厚的空气层保温。实际测量结果表明，在白天阳光照射下，室内气温比一般不采光车间能提高 6～8℃，节能 20%～25%，长期运行可节约大量能源。

（二）生物滤池立体空间分层设计

综合生物滤池一般设计为分段流水滤池，兼水处理系统中的高位池，采用底孔与堰口交替布水，水处理过程不需动力。池内立体空间高度分为两层，上层养殖多品种大型海藻，中下层吊装弹性刷状生物载体，充分利用水体空间，以节约生物滤池占地面积。单层水处理车间，不管是综合生物滤池还是一般生物滤池，布置为地上池，水面高度距地面高度为 2.2～2.5m，设溢流堰自流出水，与微滤机池水面高差较小，极大减少了循环水泵的扬程，以节约提水动能。

（三）生物滤池生物多样性设计

一般生物滤池只采用生物膜处理废水，而综合生物滤池具有多品种海藻、微生物菌群等多种生物共存，采用多种生物协同作用处理工艺（图5-7）。滤池一般设计为有效水深大于2m，池宽2.5~3.5m，长方形4段流水滤池。上层吊养殖大型藻类，下层吊装或堆放生物载体，大型藻类可选马尾藻、江篱、石莼等，其中粗江篱（*Gracilaria gigas* Harvey）综合效果较好，不但可以处理和调控水质，而且定期收获加工还有一定的经济效益。值得一提的是，生物载体的选用不能只追求比表面积，还应考虑投资、成本、有利于提高生物膜的活性、方便排污和生产管理。

图5-7　综合性生物滤池

综合生物滤池的有效水体应根据采用的水处理工艺、设施设备、养殖品种和密度、水循环频率等，通过试验确定。循环水养鱼排出的废水属于微污染水，采用生物膜法处理应通过生产性试验，进行全面综合分析，确定有效水体的水力负荷，然后确定生物滤池的容积。海水循环水高密度养殖鲆鲽鱼类的综合生物滤池或一般生物滤池有效水体与养鱼池有效水体体积之比一般为1∶1。综合生物滤池或一般生物滤池处理养鱼废水，还应配备其他的水处理设施设备，如微滤机、蛋白质分离器、紫外线消毒器及增氧设备等，应用物理过滤、生物降解、水体消毒及增氧多种技术综合处理调控水质。

三、生物膜水处理技术

（一）生物膜水处理技术的特点

生物膜处理海水循环水养殖微污染废水是将微生物附着在生物载体的表面，使其生长繁殖，依靠生物膜的代谢作用降解废水中的有机污染物，生物膜处理海水微污染废水的特点主要体现在微生物种群和工艺流程方面。

1. 生物膜水处理工艺稳态运行

海水循环水养鱼池排出的废水主要水质指标一般为总氮（TN）0.4~2.0mg/L、化学需氧量（COD）5~30mg/L、总磷（TP）0.1~1.0mg/L 等，属于微污染海水。生物膜水处理方法利用细菌等形成的生物膜降解有机物。首先，利用细菌等微生物和原生动物、后生动物等附着在生物载体上生长繁殖，并在生物载体表面形成膜状的生物层，称为生物膜。其次，生物膜由于具有很大的表面积，能大量吸附废水中的有机物进行新陈代谢，而且具有很强的氧化能力，从而使废水中可溶性有机物得到降解。

由于微污染水中可溶性有机物含量较低，即提供给微生物生长的营养物浓度较低，形成的生物量相对减少，对水中有机物的降解效率有所减弱。在微污染水生物膜水处理中，一般不能按高浓度污水的处理方法设计。因此，“十一五”期间国家科技支撑计划课题组对海水循环水养殖排出的微污染水经深入地研究，提出了生物滤池的生物膜稳态运行与蛋白质分离器相结合的水处理工艺。

生物膜水处理工艺可分为稳态和非稳态运行方式，稳态运行工艺是生物膜随时间变化没有净增长或净死亡的变化，而非稳态运行工艺生物膜正好相反。稳态工艺中污水浓度在一定时间内不变化或变化很少，生物膜生长和自身氧化得到一个稳态生物厚度，并维持有机物一定的出水浓度。也就是说在一定生物量下，不能任意变化处理水的能力。而非稳态运行是依靠微生物有一种应激性反应，当微生物前期处于相对较高的营养环境中，生物膜生长得很快很好，当进水浓度减少后，微生物为维持自身生长的需要，就会发挥全部的潜力，快速摄取污水中的有机物，从而被处理微污染水的有机物浓度会降到很低水平。虽然生物膜水处理非稳态运行在短时间内效果良好，但对于深度处理海水，生物载体需间断性的在高浓度有机物的水环境中培养微生物，再将生物载体及微生物一起运到生物滤池处理微污染水，这给水处理的管理带来很大负担，并且需修建微生物培养池，加大了工程投资，所以在水处理优化设计中不采用生物膜非稳态运行工艺。

2. 生物种群

生物膜在海水中能自然生长多种生物，如细菌、真菌、藻类、原生动物、后生动物及肉眼可见的生物。它们的食物链较长，发挥协同作用对废水有机物降解较彻底。同时，生物膜中的某些微生物，如亚硝化单胞菌属、硝化杆菌属等可以自行繁衍，使生物膜水处理技术具有良好的脱氮功能。

生物膜除能自然生长天然微生物外，还可以通过接种活性菌剂达到快速挂膜的结果。生物滤池设计为长方形分段流水式，在正常运行条件下，每段生物滤池生物载体的表面，都生长繁衍着与进入本段废水水质相适应的微生物，形成优势种群，有利于废水逐级深度处理。

3. 工艺流程特点

海水循环水养殖使用生物膜法处理废水一般设计为分段流水生物滤池，生物滤池作为水处理工艺中重要组成部分。养殖池外排废水经微网过滤、蛋白质分离器处理后，进入滤池生物载体的空隙中流动逐级降解。生物膜对养殖循环水的水质、水量变动有较强的适应性，即使有一段时间生物滤池不进水，由于生物膜位于水面以下，微生物仍然能生长繁殖，因此生物膜处理水的功能不会受到严重影响，并当恢复进水后很快又能恢复正常运行。生物膜脱落下来的生物污泥的质量较大，易于沉淀，可采用多孔管排污有效地去除。

生物膜法分段流水滤池不同于活性污泥法水处理工艺。活性污泥法水处理工艺的特点为池形小、消耗动能较大、微生物在高浓度污水中悬浮移动生长繁殖，主要用于高浓度污水处理；而生物膜法滤池，由于生物载体及生物膜固定，废水流动分级降解，对低浓度废水有很好地处理效果，并且运行费用低、易于维护管理。

（二）生物膜水处理机理

养殖废水流过生物膜时，水中的胶体及可溶性有机物被吸附到生物膜的表面，微生物吸收利用有机物后能快速地生长繁殖，这些微生物又进一步吸附水中的胶体及有机物，通过不断的新陈代谢，生物膜不断变厚，直到达到平衡状态。生物膜由外向里共有 4 层，分别为流动水层、附着水层、好氧层及厌氧层。有机物的降解是在好氧层内进行，好氧层内栖息着大量的细菌、原生动物、后生动物，形成了有机污染物→细菌→原生动物及后生动物的食物链，通过微生物的代谢活动，有机污染物被降解，附着水层得到净化。附着水层与流动水层相连接，一方面流动水层中有机污染物传递给附着水层，从而使流动水层逐步得到净化；另一方面，好氧微生物的代谢产物，如水及二氧化碳等通过附着水层传递给流动水层。生物膜形成初期膜厚度较小，代谢旺盛，净化功能较好。当生物膜变厚，膜内出现厌氧状态时，对有机物进行厌氧代谢，生成有机酸、乙醇、醛和硫化氢等。由于微生物不断繁殖，生物膜逐渐变厚，当超过一定厚度时，吸附的有机物在传递到生物膜内层以前已被代谢掉，而内层微生物因得不到充分的营养进入内源代谢，附着力逐渐下降，在水流和曝气作用下从生物载体上脱落，生物载体表面又慢慢地形成新的生物膜。生物膜脱落速度与废水的水力负荷有关。

从生物膜处理废水的机理看，在相同养殖水质条件下，采用不同生物载体类型及不同生物处理运行方式，所形成的生物膜特性不一样，生物滤池内单位容积生物膜量及生物膜净化水的活性也不一样。生物滤池能维持良好的水环境及生物膜处理废水的高效率，起决定性作用的是生物膜量和生物膜的活性。

（三）生物膜厚度的控制

生物滤池中生物载体的类型、比表面积的大小、单位水体放置的生物载体量决定了生物膜量的多少，而生物膜形成的厚度体现了生物量的多少，生物膜的厚度影响着溶氧和基质的传递。生物膜的厚度可分为总厚度和活性厚度。活性生物膜的厚度一般在 70~100μm 范围内，生物膜对有机物的降解速率在活性厚度范围内随着生物膜加厚而增加。生物膜为薄层时，膜内传质阻力小，膜的活性较高。过厚的生物膜加大了膜内传质阻力，使内层一部分生物膜量在降解有机物时，发挥不了应有的作用，生物膜的活性下降，从而不能提高生物滤池对有机污染物的降解能力。生物膜持续增厚，膜内层由兼性层变成厌氧状态，导致生物膜大量脱落，所以各种生物膜法处理废水，膜的总厚度应控制在 200μm 以下。

目前对控制生物膜生长的基础性研究较少，一般而言，生物滤池内加大水流的剪切力能使生物膜加快脱落，减小生物膜厚度。因此，在生物滤池设计时，应采用纵向分段流水池及高位布水器进水与低孔出水，使池水产生自上而下的下降流和自下而上的上升流，同时设计池底微孔曝气器，产生气水上升流，加大水流的剪切力，控制生物膜的增长厚度，以增强生物膜的活性。生物滤池不同类型的运行方式能产生不同的水流状态，池内流速加大时，流经生物膜表层流速加大，流体的剪切力能够限制附着生物膜的生长量，使生物膜的厚度得到控制，而较薄生物膜的附着力强、传质阻力小，其水处理效果较好。

生物滤池若不在流体力学上采取有效措施控制生物膜，生物膜会逐渐增厚，导致活性变差，水处理效果下降。海水循环水养殖废水中有机污染物浓度较低，生物膜以贫营养菌为主构成，生物膜量增长也较低。所以生物滤池的设计除采用纵向分段流水滤池，并设池底微孔管曝气，使池内水、气流动对生物膜产生较强的剪切力，控制生物膜的厚度外，还应考虑贫营养菌构成生物膜的稳态运行需足够的生物膜量。因此，生物滤池的废水容积负荷不能太高，在海水循环水高密度养鱼水处理系统中生物滤池与养鱼池水体体积之比应不小于1∶1。

（四）生物载体的选用

生物载体又称生物滤料、生物填料，是微生物的附着体。生物载体的材质、结构形式等对水处理效果影响较大。因此，研发合适的生物载体对水处理效率起到至关重要的作用。理想的生物载体应具有较大的比表面积、孔隙率和表面粗糙度且具有不易堵塞、容易清洗的特点，还应具有一定的刚性与弹性、强度高、耐腐蚀、抗老化等特性。

生物载体的比表面积越大，附着的生物膜量越多，水处理效果越好。但比表面积过大，运行一段时间后，载体的孔隙率变小，易堵塞，使生物膜传质阻力增大，活性减弱，水处理效果下降。所以生物载体应具有合适的比表面积。生物载体的孔隙是生物膜、污水及空气三相接触的空间，也是向生物膜传递溶氧和营养物质的通道，应始终保持畅通，不能堵塞。所以选择的生物载体应有足够的孔隙率。

目前海水循环水养鱼生物滤池中常用的生物载体有塑料球、微孔净水板及弹性刷状生物载体等。随着生物载体不断研发，传统的生物载体如粗砂、卵石、碎石、塑料蜂窝等已较少应用。

1. 网络条片塑料球

网络条片塑料球的球体由粗糙的网络条纹塑料片组成，其比表面积约为430~470m^2/m^3，片与片之间有一定间隙，不易堵塞，微生物易附着，球体直径为6~10cm（图5-8）。网络条片塑料球在生物滤池内可以堆放或成串吊装。该塑料球虽然比表面积不太大，但废水处理效果较好，使用管理方便。

2. 微孔净水板

微孔净水板的材料是聚酯纤维，纤维粗度为35dg，相对密度为1.33，颜色为深绿色。将纤维制成板状，厚度为10mm，比表面积约为2 100m^2/m^3，板内有大量的微孔，

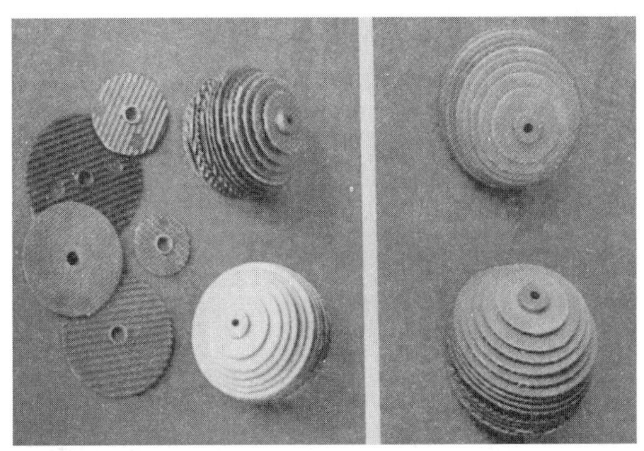

图 5-8　网络条片塑料球

具有过滤与生物净化两种功能，一般切成带状，在生物滤池内吊装。微孔净水板因比表面积过大，孔隙率较小，长时间使用微孔易堵塞，生物膜的活性有一定的减弱（图 5-9）。

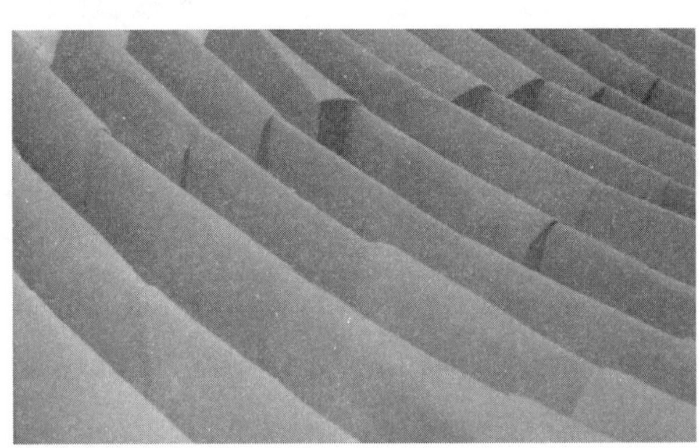

图 5-9　微孔净水板

目前微孔净水板通过材质、结构、孔隙率等多方面改进，设计出大孔隙率的加厚净水板，又称大孔净水板，厚度增加到 35mm，在生物滤池内排放方便。大孔净水板比表面积比微孔净水板小，不易堵塞，提高了净水效果，是一种较好的生物载体。

3. 弹性刷状生物载体

弹性刷状生物载体是在克服微孔净水板等板状材料缺点的基础上，开发出的一种新型生物载体产品，主要是用化学纤维丝及纤维绳组成的刷状体。化学纤维如聚乙烯类（聚乙烯醇）及聚丙烯类抽成弹性丝条，加工成毛刷状，在水中呈均匀辐射状伸展，具有一定的柔韧性和刚性。其结构设计既重视了生物载体的比表面积，又考虑到空隙率，使水流能在载体中流动。弹性刷状生物载体的理论比表面积（无辐射状）为 2 472m^2/m^3，微生物附着空间大，在生物滤池内空隙率高，水流阻力小、生物膜活性大、价格较便宜，是海水循环水养鱼中一种应用较多的生物载体，目前普遍采用的 TE-I 型弹性立体刷状生物载体的水处理效果较好（图 5-10）。

图 5-10　弹性刷状生物载体

弹性刷状生物载体是由弹性丝条及绳索加工成的刷状圆柱体，外直径一般为 120~150mm，根据生物滤池有效水深及平面面积，确定刷状生物载体的直径、长度及数量。一般采用池内吊装方式安装弹性刷状生物载体，其丝条在水中呈均匀辐射状，从绳索中心向外空隙率逐渐增大。如考虑生物滤池投放更多生物载体，则吊装的行、排采用密放布置，使每个刷状丝条的外延伸进另一个刷状丝条内 2cm 左右，保证了空隙率分布较均匀，并增加了单位水体的生物载体量。

（五）影响生物滤池水处理效果因素分析

采用生物膜法处理养殖废水，水中可溶性有机污染物的降解主要依靠微生物的氧化作用。因此，影响微生物生长、繁殖及代谢活动的因素都会影响到生物滤池的净化效果，如水温、pH 值、溶解氧、生物载体类型与数量、生物滤池的水流状态及水力负荷等。

1. 水温

水温是影响微生物正常生长繁殖的重要因素之一，大多数微生物的代谢活动在一定温度范围内会随着温度的升高而增强，微生物生长繁殖的适宜温度为 10~32℃，而

10℃以下水温对生物滤池的净化效果产生不良影响。据生物滤池生产运行实测资料，水温最低值为 13.8℃时对生物膜生长与滤池净化效果均未有明显影响，当水温在 5℃时，尽管测得生物膜仍有一定的活性，但废水净化效果大幅度下降。

我国北方海区冬天的海水温度较低，从节能和充分利用太阳能考虑，循环水养殖鲆鲽鱼类可将生物滤池与养鱼池设置在节能型温室车间内，通过保持室内较高的气温减少鱼池和生物滤池热量的损失，并采用深井海水或燃煤锅炉升温的方式，使生物滤池的水温保持在 14℃以上，确保生物滤池的水处理效果。

2. pH 值

微生物的生长繁殖与水体的 pH 值有密切关系，好氧微生物适宜的 pH 值在 6.5~8.5，而厌氧微生物适宜的 pH 值在 6.5~7.8。适用于海水养殖的一类和二类海水水质，pH 值在 7.8~8.5。养鱼场取水构筑物的水质若能达到一类海水水质标准，pH 值指标完全能满足好氧微生物的生长与繁殖。实际测试表明，微生物生长的水体只要溶氧充足，pH 值在小范围内波动，对生物滤池的水处理效果无明显不良影响。

3. 水力负荷

生物滤池的水力负荷是单位面积滤池每天处理废水的量，称为滤池的表面水力负荷，单位为 $m^3/(m^2 \cdot d)$；或单位体积生物滤池每天处理废水的量，称为水力体积负荷，单位为 $m^3/(m^3 \cdot d)$。若养鱼系统循环水流量不变，水力负荷的高低主要取决于生物滤池的大小。而生物滤池的体积直接关系到循环水在生物滤池内的停留时间、水处理效果及工程投资。生物膜对废水的降解需要一定的反应时间，水力负荷越小，污水与生物膜接触的时间越长，水处理效果越好，反之亦然。若养鱼循环水流量不变，选用的水力负荷较小，生物滤池的体积必须增大，工程投资相应提高。

在控制生物膜厚度及改善生物膜内传质状况方面，水力负荷的大小具有一定的作用。水力负荷增大，在生物载体体积不变情况下，池内流速加快，对生物膜厚度的控制和对传质的改善有利。但水力负荷应控制在合适的范围内，过大会出现循环水与生物膜接触反应时间过短，水流对生物膜冲刷过强，反而降低了水处理效果。因此，采用不同的生物处理方式及不同结构的池型应确定适宜的水力负荷。生物滤池运行实践表明，水力负荷在小范围内波动，水处理各项指标无明显影响。循环水高密度养鱼若采用弹性刷状生物载体、长方形分段流水滤池，则水力体积负荷一般应不大于 $0.5m^3/(m^3 \cdot h)$。长方形分段流水生物滤池，废水浓度随着流进每一段滤池而逐渐递减。若采用 4 段流水滤池，废水净化作用主要集中在第一、第二段，第三、第四段对稳定水质、抵抗进水量的冲击力及提高水处理效果起着重要作用。

4. 溶解氧与曝气

水体中的溶解氧是生物膜处理废水的重要条件之一，好氧微生物的生长繁殖对有机污染物的降解依靠溶解氧进行，若溶氧不足，微生物正常代谢活动受到影响，使生物滤池水处理效果下降。一般地讲，好氧微生物处理废水，溶解氧在 2mg/L 以上才能满足生物膜对溶解氧的最低需求，但要达到生物滤池水处理的稳定效果，溶解氧浓度应不低于 5mg/L。

海水循环水养殖水处理系统中的溶解氧一般都能满足好氧微生物的需要。近海海水溶解氧一般不会低于 4mg/L，循环水高密度养鱼水体溶氧浓度可达 7mg/L 以上，完全能满足好氧微生物生长发育的需要。但深井海水溶氧较低，若不采用曝气增氧措施，直接输入生物滤池，好氧微生物会受到不良影响。

生物载体不管采用网络条片塑料球、陶粒等在池内堆放，还是采用弹性刷状载体吊装，池底都应设置曝气器进行曝气。曝气方式有两种：一种在池底布置 PVC 管，管上钻微孔曝气；另一种在池底的布管上安装曝气器曝气。曝气的作用，一方面可增加水中溶解氧，去除水系统中的二氧化碳，满足微生物生长的需要；另一方面，曝气时上升的气泡及由气泡产生的上升气水流，对生物膜具有冲刷作用，使老化的生物膜脱落、更新，增加生物膜的活性，提高水处理效果。在一般情况下，曝气的气水比为 0.6：1~1：1，若循环水养鱼采用纯氧增氧，水系统中溶解氧较高，不需要采用较大的气水比曝气。为了节省能源，可采用一般的气水比间歇曝气。当生物膜较厚时，启动曝气系统进行短时间的曝气，提高生物膜的活性和去除二氧化碳。

生物滤池若设计为长方形分段流水池，可采用池底曝气方式，滤池内的纵向水流与曝气上升流共同作用冲刷生物膜，生物膜的活性较强，水处理效果较好。

5. 生物载体类型

目前海水循环水养殖生物滤池的设计计算、生物膜净化水体的机理、生物载体的材质、构形、生物滤池的水力负荷等问题，从理论上进行深入地试验研究较少，凭借经验的较多。如生物膜法基质降解的三个过程，基质从废水中向生物膜表面的输送过程、生物膜内基质的扩散过程及生物膜的代谢作用对基质降解过程的影响，研究较少，没有从理论上得到全面详细地解释。所以哪一类生物载体的材质及构形更有利于生物膜对有机物的降解，即在选择生物载体时没有充分的理论依据。

生物载体的类型是生物滤池的一个物理特性，不仅决定着微生物附着生长的比表面积（生物膜量）和生物滤池的投资，而且也影响着生物滤池的水动力学状态。因为生物载体表面的粗糙度影响着运行初期挂膜速度，生物载体在滤池的空隙率影响着池内水流状态及生物膜的活性，生物载体的材质、价格与加工难易程度决定着投资额。

在生物滤池设计中，首先应选择比表面积较大、表面有一定的粗糙度、在滤池内具有一定空隙率的生物载体，以确保生物膜的附着性、生物膜量及较好的水流状态。其次，生物载体用量较大，其价格不宜太贵。根据课题组多年的研究及经验，生物载体选用网络条片塑料球及弹性刷状生物载体较好。

网络条片塑料球可组装成串，吊挂在生物滤池内，设置在分段多级流水滤池的第一、第二段，能抵抗较大范围的水力冲击，池内空隙率大，水流状态较好。球的条片表面具有一定的粗糙度，生物膜附着性较好，条片间不易堵塞，生物膜能保持良好的活性。

弹性刷状生物载体的材质选用聚丙烯类丝条，制成刷状圆柱体吊挂在生物滤池内，它具有较大的比表面积及空隙率，生物膜的附着性及池内的水流状态均较好。聚丙烯丝弹性刷状生物载体适用于分段多级流水滤池的全部吊装，或一、二级池吊装网络条片塑料球，三、四级池内吊装弹性刷状生物载体。

生物载体从水处理效果考虑，选用颗粒状堆放设置较好，如陶粒、新型塑料颗粒（ABS）等，其表面粗糙、凹凸不平、比表面积大，生物滤池单位容积有较高的生物量，有利于贫营养型有机异养菌、硝化菌生长繁殖。在分段滤池内设置高位布水器，在池底布置微孔管曝气，向下的水流与向上的水、气流在孔隙率较小的颗粒层中相互冲撞，可以充分混合，水与生物膜接触效率较高。启动运行时，生物膜生成快，挂膜成熟时间短，生物膜量大，生物膜活性高，水处理效果一般高于其他生物载体。但采用塑料颗粒，相比弹性刷状生物载体价格高，增加了建设投资。另外，因塑料颗粒、陶粒等堆放在池内，长期运行池底易积污泥产生堵塞现象，清理非常麻烦，管理不便。在选择生物载体时，养鱼场应根据投资状况，各种生物载体的特性，要求的水质指标及方便管理等方面权衡考虑决定。目前较大型海水循环水养鱼企业多采用聚丙烯丝制成的弹性刷状生物载体。

四、生物滤池系统设计

（一）生物滤池设计要求

海水循环水养殖的生物滤池可分为一般流水生物滤池、综合生物滤池及人工湿地生态池。一般生物滤池处理微污染废水时，设计要求适中的水力负荷和废水的停留时间，池内有一定的水流以提高生物膜的活性，并且池底易于排污，方便管理。综合生物滤池及人工湿地生态池上层都养殖多种海藻类，下层吊放生物载体，设计时要体现节能性和水处理方式的多样性。

从节能方面考虑，一是将滤池设置在具有节约能源的太阳能温室车间内，充分利用太阳能提高水温和促进藻类的光合作用。二是将滤池设计为循环水养殖系统的高位池，通过循环泵提水输入滤池，滤池的水经自流分别进入蛋白质分离器、渠道式紫外线消毒池、调温池、管道溶氧器及养鱼池，缩小各级水处理设施设备的水头，以降低循环水泵的扬程，达到节能的目的。

从水处理方式多样性考虑，将滤池设计为分段多级流水池，池内除放置常规的生物载体以利用生物膜处理养鱼废水外，同时在滤池的上层养殖多品种的大型海藻，利用海水植物调控循环水的水质，充分发挥多种生物协同处理和调控水质的作用。

（二）生物滤池的类型

海水循环水养鱼生物滤池类型分为一般流水生物滤池、综合生物滤池和人工湿地型生态池三种类型。

1. 一般流水生物滤池

一般流水生物滤池是将生物载体堆放或吊装在分段多级（一般4级）流水池内，其生物载体浸没在水面以下。一、二级滤池可吊挂成串的网络条片塑料球或堆放颗粒状生物载体，三、四级滤池吊装弹性刷状生物载体，也可以多级滤池全部吊装弹性刷状生物载体。每级生物滤池的进出水可采用溢流堰进水，池底通水孔出水，也可以采用PVC管高位布水器，池底通水孔出水，使水流在串联池内形成下降流和上升流，对生物膜产生充分的切向冲刷力，以增强生物膜的活性。

2. 综合生物滤池

综合生物滤池是在分段多级流水池内上层吊养多品种大型藻类，下层吊装弹性立体刷状生物载体。吊养的大型藻类一般有鼠尾藻、马尾藻、江蓠、石莼等。根据养鱼的品种及密度，综合生物滤池的池面全部吊养藻类处理及调控养鱼循环水的水质，同时应设计微孔管曝气和多斗排污。

3. 人工湿地型生态池

人工湿地作为一种有效的废水处理技术，已广泛应用于工业废水和城市污水的处理。尽管人工湿地型生态池用于养鱼废水处理的时间较短，目前仍处于试验推广阶段，但通过试验应用已初见成效。人工湿地的构成是在分段多级流水池内，布置不同级配的碎石基质，从上向下一般分 3~4 层，碎石粒径逐层增大。基质厚度比池内水深低 20~30cm，在基质上面移植多品种的大型海藻，如鼠尾藻、江蓠、石莼等，使藻类的根系附着生长在碎石上。

人工湿地生态池一般可设计为潜流型湿地，进水应尽量保持均匀，常采用多孔管布水器或溢流堰。出水多采用水下通水孔排水，或在基质底部布设穿孔集水管，将底层水引到下一级湿地池的上部。人工湿地型生态池采用 2~4 级串联，池内基质空隙率由下向上逐渐变小，池底布置微孔管曝气，以增加水体的溶氧和生物膜的活性，并设计多孔管排污。

（三）大型海藻对养鱼水质的净化及调控作用

大型海藻类的生物净化作用自 20 世纪 70 年代开始研究，逐渐得到人们的认可。目前研究应用的海藻包括绿藻、褐藻及红藻类。大型藻类的养殖技术在我国比较成熟，种群数量容易控制，藻类收获后可用于饲料、药材、食品及工业原料，因此，利用大型海藻净化养鱼废水是可行的。大型海藻对废水的降解净化作用包括藻类体对污染物的降解、提取及根系对污染物的降解。藻类体的降解包括藻体从水中吸收污染物质，随后被海藻酶代谢为无害产物。藻类的提取包括藻类吸收污染物，污染物吸附在藻体的组织内，最后随着藻类的收获从水体中去除。藻类根系的降解是通过藻类根系分泌的海藻酶或根系微生物的作用，将污染物降解为无害产物。

1. 大型海藻对养鱼废水的净化作用

目前大型海藻对养鱼废水净化与调控作用的研究成果较多，如岳维忠等（2004）采用蛎菜和马尾藻，通过 NH_4-N 浓度梯度实验，测定了蛎菜和马尾藻的最大吸收速度。结果表明，蛎菜和马尾藻对NH_4-N的平均吸收速度分别为 0.006 4mg/(g·h) 和 0.005 4mg/(g·h)，另外，江蓠类吸收营养盐的生长适宜范围比较宽，有水动力的条件下，江蓠类吸收营养盐的效果比其他藻类更好。

“九五”期间国家“863”课题组利用石莼进行净化废水的试验研究，养殖石莼试验池的废水总氨（TN）浓度为 1.2mg/L，总磷（TP）为 1.0mg/L。在阳光照射下，废水在试验池内停留时间为 2d，总氨的去除率为 96%，总磷的去除率为 97%，并且池内溶解氧浓度有较大的提高。试验表明，采用大型海藻处理养鱼废水时，污染物去除率较高，系统稳定可靠，但随着废水在池内停留时间的缩短，总氨及总磷去除率也随着下降。所以综合生物滤池及人工湿地型生态池，大型藻类养殖面积不宜太小，池水停留时间不能太短。

2. 大型海藻对综合生态池的净化作用

小型海湾人工养殖的大型海藻对海湾水质的净化作用已受到人们的关注，大型海藻体内的营养贮存机制更适合在营养盐波动的水体环境生长。小海湾规模化养殖的海藻不但能吸收水中的氨氮、磷及重金属，放出氧气，调节水体的 pH 值，而且易集中管理与收获加工，从而净化海湾水环境并获得较好的经济效益。如徐姗楠等（2006）在江苏启东吕四港进行规模养殖紫菜，对水环境生态修复试验。结果表明，紫菜对氨态氮最高去除率达到 79.8%，对亚硝酸态氮去除率最高达到 67.6%，使海区水质从劣于 4 类升到 1~2 类。在浙江象山港网箱养殖区内大量养殖江蓠，与非养殖区对比试验表明，养殖江蓠的网箱区水质得到明显地改善，氨态氮最高下降了 48.0%，硝酸态氮最高下降了 58.9%，亚硝酸态氮最高下降了 55.9%，活性磷最高下降了 60.8%，并且网箱内的鱼类在夏天死亡率大幅度降低。大型海藻适应能力很强，在光照适宜的条件下，生长速度快，光合作用强。如细江蓠在适宜条件下，日平均生长率达 3.9%，龙须菜日平均生长率达 3.6%。大型褐藻和红藻类的生产力接近，一年内可生产 3.3~11.3kg/m^2 干制品。因此，在大型温室车间的综合生物滤池中养殖大型海藻类，同样能有效地降解鱼类产生的有机负荷，调控水质，并且收获的藻类有一定的经济效益。

3. 大型海藻对养鱼水质的调控作用

海水循环水养鱼系统中养殖大量海藻类可形成养殖鱼类与藻类的互利共生生态系统，便于系统内营养物质循环，大型藻类不但能净化废水，而且对养鱼水环境起到调控作用。鱼体分泌的黏液物质能抑制藻类病害的发生，而藻类分泌的有机酸等物质能有效地抑制鱼病的发生。鱼类的排泄物及残饵又为海藻类提供了营养，海藻的根系又净化了养鱼废水。关于海藻类和鱼类分泌何种有益于相互调控的物质及调控机理的研究才刚刚开始，初步研究结果表明，大型藻类对养殖鱼类健康快速生长起到促进作用。据有关研究报道，对虾在石莼生长的池塘中养殖，与在不生长石莼的池塘养殖相比，生长速度快，发病率低。孵化的鱼苗在生长海藻的池塘内养殖，与对比池相比，鱼苗死亡率低，并且生长速度快。

近几年的深入研究还表明，大型海藻不仅能净化水质，还能向水环境中分泌化感物质抑制微藻类的生长。如 Nakai 等（1999）发现大型海藻（*Halymenia floresia*）能持续向水环境分泌不稳定而具有抑制作用的化合物，这些化合物与水环境中的生物或相互起促进作用，或相互起抑制作用。现已发现大型海藻分泌的化感物质能抑制微藻生长，根系分泌的有机酸能抑制鱼病的发生。

（四）生物滤池负荷计算

1. 计算公式

在设计循环水养鱼生物滤池时，计算确定适宜的负荷是很重要的，因为滤池的负荷太高，不能保证水质指标的控制；而负荷太低，其工程投资较高。生物滤池的设计常用水力负荷和有机负荷进行计算。水力负荷指单位体积的生物滤料单位时间处理的废水量，单位为$m^3/(m^3 \cdot d)$或$m^3/(m^3 \cdot h)$，可用下式表示：

$$N = \frac{Q}{V} \tag{5-2}$$

式中：N——生物滤池的水力体积负荷［$m^3/(m^3 \cdot h)$］；

V——生物载体的容积（m^3）；

Q——每小时流进生物滤池的废水量（m^3/h）。

生物滤池的有机负荷可用下式表示：

$$M = \frac{Q}{V} \tag{5-3}$$

式中：M——生物滤池的有机体积负荷［kg BOD/($m^3 \cdot d$)］；

Q——一天内循环系统中鱼类产生 BOD 总量（kg），一般取 1kg 鱼 1d 产生 9.0~10.0g BOD；

V——生物载体在滤池中的体积（m^3）。

海水循环水养鱼中生物滤池的运行有很多不确定因素，如采用不同的生物载体，其水处理效果有较大的差异，例如选用弹性立体刷状生物载体，其运行管理方便，但孔隙率较大，一般可选用较低负荷参数，如 0.15~0.32kg BOD/($m^3 \cdot d$)。

循环水养鱼的废水属于微污染水，目前国内在海水养殖微污染水领域还未对生物滤池的水力负荷与有机负荷进行全面的试验研究，有关数据主要参考国内外相关行业已有的生产经验和近几年海水循环水养鱼生物滤池的运行数据确定。一般根据养鱼废水的性质、水质指标、选用生物载体的特性等，经优化设计，建设养鱼生产基地，然后在生产实践中进一步试验调整，确定最佳参数。若选用弹性立体刷状生物载体，水力体积负荷 N 一般不大于 0.5$m^3/(m^3 \cdot h)$，水力停留时间不少于 2h，池内滤速不大于 35m/h。有机体积负荷 M 一般在 0.15~0.30kg BOD/($m^3 \cdot d$)。选用颗粒生物载体，如陶粒、塑料颗粒等，其滤速应适当慢些。

2. 生物载体体积计算

以养鱼水体为480m^{3}的鲆鲽鱼类循环水养成车间为例，说明生物载体体积计算。养鱼车间内布置两排鱼池，每排12口，鱼池形状为方圆形，池底为锥形，水深0.8m，每口鱼池有效水体20m^3，共计养鱼水体为480m^3。养鱼车间设独立的循环水处理系统，选用弹性立体刷状生物载体。

生物载体体积的计算：鲆鲽鱼类养殖密度取30kg/m^2，鱼池有效水深为0.8m，则每立方米水体养殖37.5kg鱼，共计37.5×480=18 000kg鱼。每千克鲆鲽鱼类每天产生BOD按照较高数值6.5g计算，则18 000kg鱼产生BOD 117kg。考虑生物膜的稳定性，选用弹性立体刷状生物载体时，应选用较低有机负荷参数，选BOD负荷为0.20kg BOD/(m^3·d)，则生物载体的体积为117÷0.20=585m^3，实际设计可取580m^3。

若水处理系统中设有蛋白质分离器进行泡沫分离，其生物载体的体积可减少10%左右。若选用陶粒、新型塑料颗粒（ABS）或大孔净水板等生物载体，水处理效率都有一定的提高，则生物载体的体积还可适当减少。陶粒BOD负荷大于0.3kg BOD/(m^3·d)，新型塑料颗粒在0.4~0.6kg BOD/(m^3·d)，但生物滤池总投资要相应提高。

生物滤池进水流量取决于养鱼水体的体积及水循环频率，在能满足养鱼水质条件下，应尽量降低循环水频率，以节省循环水泵的能耗。同样的养鱼水体，如水循环频率由2h循环一次，降到4h循环一次，则单位时间内流进生物滤池的流量减少50%，水力停留时间增加1倍，其水处理的效果较好，并能节省循环水泵的能耗。但养鱼系统中的水循环水频率太低，生物滤池和生物载体的体积加大，增加设施投资。在实际设计中，应根据水处理系统中各设施设备的处理能力、养殖品种、养殖密度、对水质指标的要求等，通过水质监测，在能达到最佳养鱼水环境的前提下，尽量降低循环水频率。

（五）生物滤池结构设计

1. 池体结构

海水循环水养鱼高位生物滤池或综合生物滤池的有效水深一般不小于2m，每段池长不小于5m，池宽不小于2.5m，池体结构可采用钢筋混凝土或钢筋混凝土框架砌机砖结构。如采用钢筋混凝土结构，应根据滤池的容积，池壁厚度定为200~250mm，施工应用池内壁及池底五层防水做法。生物滤池有效水深若不大于2.5m，宜采用框架结构，框架结构是在碎石砂浆垫层的基础上，浇铸200mm厚钢筋混凝土，并在滤池的四角及沿滤池纵向每隔2~3m设钢筋混凝土立柱，在滤池的高度方向，从池底向上每隔0.6~0.8m及池顶，设钢筋混凝土围梁，梁、柱构成框架结构，梁、柱空间采用水泥砂浆砌机砖结构，池壁厚240mm，池内壁及池底五层防水做法。钢筋混凝土结构或框架结构的滤池距池顶150~200mm处预埋生物载体吊装件，一般预埋件采用厚度不少于10mm的PVC板，预埋在池壁内的部分应钻直径不小于20mm的孔，使预埋件固定在混凝土中。预埋件露在池壁外面的部分，应钻直径不小于10mm的孔，孔距根据吊装生物载体的直径确定。

2. 生物滤池的进出水

生物滤池或综合生物滤池的进水位置要求能均匀地分布在第一段滤池的池首，避免集中一点进水产生紊流、湍流，使生物载体产生倾斜、摆动。生物滤池的进水常采用溢流堰和多孔管布水器。溢流堰进水应在生物滤池进水端，沿滤池宽度方向设小型进水槽，水槽内壁设溢流堰，生物滤池的进水管设在进水槽内，进水时槽内水面升高，水均匀地溢流进生物滤池。多孔管布水器是将生物滤池的进水管固定在滤池宽度方向的池壁上，管道末端封堵，管段的下方均布钻孔，使进池水在水面以下均匀地喷洒。

生物滤池出水的基本要求是池内已处理的海水能均匀地流出池外，并能保持池内有较高的水位。生物滤池出水一般采用溢流堰出水方式，溢流堰设在分段串联池的末端，结构与进水溢流堰基本相同。采用溢流堰出水的优点是，若循环水泵停止提水，生物滤池内仍能保持较高的水位，使生物载体处于浸没状态。

3. 生物滤池排污

综合生物滤池因移植大量海藻，除生物膜脱落沉积在池底外，藻类在生长过程中还会产生藻类碎片等较大颗粒的有机物，若不经常排污，则沉积物堆积发酵将影响生物滤池的水质。一般可设计一定坡度的池底，并在池底最低处安装排水管排污，但这种方式不能将池底所有污物排出。为彻底将污物排出，综合生物滤池及一般生物滤池应设计多孔管（穿孔管）排污或多斗重力排污，多孔管排污适用于一般流水生物滤池，多斗重力排污适用于流水综合生物滤池。多孔管及多斗重力排污的设计详见第七章第二节沉淀分离池。

第三节　海水循环水养殖消毒技术

海水循环水养殖消毒技术是维持工厂化养殖水体质量安全和无公害产品的根本保障，目前循环水养殖消毒方法主要有紫外线、臭氧及负氧离子等。

一、紫外线消毒技术

紫外线是一种特定波长的光波，波长范围为 15～400μm，而消毒效率最高的波长是 260μm，在该波长以外的紫外线的消毒效率迅速下降，如波长为 320μm 的紫外线消毒效率仅为 260μm 的 0.4%。

（一）紫外线灯

能产生紫外线辐射用来消毒的灯具有很多种，常用的有低压水银灯，该灯发射出的紫外线 95%集中于波长 253.7μm 为中心的狭窄波段内，与消毒最强的波段相接近。常用的低压水银灯有三种，即热阴极灯、冷阴极灯和高强度灭菌灯。热阴极灯用钨丝电极，与日光灯类似；冷阴极灯使用镍电极，不需加热，电极在冷态下工作；高强度灭菌灯是一种冷热阴极相结合的灯管，用高压启动冷阴极后，而用热阴极工作，这种灯具有输出功率大和使用效果好的特点。以上三种灯具多数为管式灯具。

为提高消毒与杀菌效果，工厂化养殖过程紫外线消毒一般设计为将灯管置于水中工作。紫外线灯管输出的光能强度，除与灯的类型有关外，还与灯管使用时间长短、环境温度及灯管表面附着污物的多少有关。连续使用的紫外线灯每年输出光能强度下降约 40%，因此为了保证消毒效果，紫外线灯管使用一年后应更换新灯管。用于海水消毒的灯管外面的石英套管在水中会附着一些有机污物，若不及时清洗会影响紫外线的输出强度，降低消毒效果，一般不超过两个月应清洗一次。另外，设计的紫外线消毒器最好采用敞开式，便于灯管清洗和更换，如渠道式紫外线消毒池，灯管在敞开式流水池内，清洗更换灯管非常方便。紫外线灯管的输出强度还受环境温度影响，若环境温度在 38℃左右，紫外线输出率为 100%，而在 0℃时能降到 10%。一般紫外线灯管的外面套装一根石英玻璃管，两者之间有一定的保温空气层，保证在养鱼水温范围内使用时，不影响紫外线的输出强度。

（二）紫外线的杀菌机理

紫外线是一种电磁辐射，是具有特定波长的光波，这种光波的能量被物体吸收后会引起物理和光化学变化。紫外线光波能使电子向能量最高的轨道跃进迁移，如果该电子属于化学键，这种跃迁就会使化学键断裂，如果电子跃迁的受体是细菌或其他原生生物，就会使细菌死亡或不育，从而达到消毒杀菌的目的。采用紫外线消毒最大的优点是消毒后水中不存在任何有害残留物质，并且操作安全、使用方便。

（三）海水消毒器的类型

1. 悬挂式消毒器

悬挂式消毒器是将紫外线灯管通过支架悬挂在水面以上，灯管距水面 10～15cm，灯管平行排列，间距 15cm 左右。灯管的数量根据水面大小、要求的水质指标及水流速度而定，灯管上面设反光罩，以增加紫外线的照射强度。悬挂式消毒器适用于水体较浅、水流量较小的场合消毒，其主要优点是：灯管输出强度不受水温的影响，不需浸没式灯管采用复杂的绝缘及防漏电措施。悬挂式消毒器结构属于敞开式，更换和清洁灯管很方便。其主要缺点是由于灯管距水面有一定距离，灯管输出的紫外线能量不能充分被水体利用。

2. 浸没式消毒器

浸没式消毒器是将紫外线灯管浸没在水中，水流在灯管与管灯之间流动。浸没式消毒器主要优点是：灯管输出紫外线光能利用率高，消毒效果好，节省能源。主要缺点是：由于灯管在海水中供电，绝缘性及防漏电的要求很高，与悬挂式相比，设备成本较高。浸没式消毒器又分封闭型和敞开型两种。

（1）封闭型 封闭型紫外线消毒器主要由密闭防腐蚀的外壳、紫外线灯管、电器控制部分和保护装置等组成。密闭外壳能承受一定的水压力，耐海水腐蚀。紫外线灯管安装在密闭容器内，灯管为多支并联，工作电压一般为 220V，每台功率为 4～10kW，供电应具有很高的绝缘性和漏电保护装置。封闭型紫外线消毒器一端接进水管，另一端接出水管，海水在灯管之间流动，由于单台体积较小，对大流量海水消毒时需多台并联。

（2）敞开型 浸没式敞开型紫外线消毒器是在改进悬挂式和浸没封闭式缺陷的基础上设计的一种新型大流量紫外线消毒器。它是将数支紫外线灯管安装在灯架上构成一个模块，放置在流水容器内，其供电及控制保护装置设在流水容器外面，每个模块中灯管的多少及消毒器中模块的个数，根据消毒海水的流量确定。浸没敞开型紫外线消毒器适用于大流量海水消毒，消毒效率高，更换和清洗灯管污物非常方便，并且造价较低，如渠道式紫外线消毒池。

（四）渠道式紫外线消毒池

1. 渠道式紫外线消毒池的结构

渠道式紫外线消毒池是“十五”期间国家“863”课题组为海水循环水规模化养鱼研制的新型紫外线消毒设施。它是将数支高强度紫外线灯管（德国产）、灯架及绝缘接头等组装成模块，将模块安装在具有高低位进出水分段的渠道内，使灯管直接与水流接触，渠道顶部安装特制的反光板，水流在渠道中呈波浪式的起伏运动，使水体与灯管表面充分接触，从而提高了消毒效率。灯管与模块的数量根据循环水流量、水处理效果等综合分析确定。渠道式紫外线消毒池比传统悬挂式、封闭式紫外线消毒器效率高、成本低、流量大、使用维修方便（图 5-11）。

图 5-11　渠道式紫外线消毒池

规模较大的渠道式紫外线消毒池的渠道一般采用水泥砂浆砌机砖结构，断面形状为矩形，内渠壁及渠底采用五层防水做法，外渠壁直接抹水泥砂浆，渠道设计为分段流水式，每段设有不同的进出水布水装置，使水流均匀地流过不同位置的灯管，以提高消毒效果。小型渠道式紫外线消毒装置，可采用 PVC 板焊接或采用玻璃钢材料制成分段流水式水槽。

2. 渠道式紫外线消毒池的技术指标

电源：220V、50Hz；紫外线灯管：30W 或 40W，波长 253. 7μm，灯管使用寿命不少于 10 000h；消毒海水流量：50～400m^3/h；消毒效果：弧菌杀灭率 100%，细菌杀灭率 98%以上。

渠道式紫外线消毒池设置在生物滤池之后，根据循环水系统中有害细菌数量可采用连续或间断开启方式使用，达到既节省能源又长期消毒防病的目的。

二、臭氧消毒技术

（一）臭氧的特性

臭氧是三个氧原子的分子，它的产生过程是氧分子在高压电场充分激化下分解成原子氧，这些原子态的氧相互碰撞形成臭氧。臭氧是一种蓝色气体，相对空气的密度为 1.66，是一种强氧化剂，氧化反应速度快，在水中氧化后形成氧气，具有消毒增氧作用。海水循环水养殖通过臭氧氧化水中有机污染物和水体进行消毒原理详见本章第一节中的蛋白质分离器。另外，由于臭氧分子很不稳定，容易还原为氧分子，所以在循环水养殖和育苗中使用的臭氧一般是经臭氧发生器现场制备使用。

（二）臭氧发生器工作原理

臭氧发生器的基本构造是相隔一定距离设置两块平行的极板，将极板电极放置于密闭的容器内，在两块极板上加入一定电压，将纯氧输送到两块极板之间，氧分子在电场中通过电晕放电激化形成臭氧。臭氧发生器的结构类型有板式和管式两种。板式臭氧发生器由平板介电体、金属电极和密闭容器组成。管式臭氧发生器由介电管、电极和密闭容器组成，介电管有垂直和水平两种放置方式。臭氧发生器用的气体源可采用空气或氧气两种方式，电晕放电发生器利用纯氧每生产 1.0kg 臭氧约消耗电量 10kW・h，采用氧气生产臭氧耗消的电能比空气生产臭氧降低 50%，因此目前海水循环水养鱼一般都采用纯氧为气源生产臭氧。纯氧源可来自液氧罐或制氧机，臭氧发生器如图 5-12 所示。

（三）臭氧与海水的接触扩散

臭氧通过其强氧化作用达到对海水消毒及去除可溶性有机污染物的效果，因此臭氧必须均匀地扩散到海水中并保持一定浓度，才能达到消毒和净化水质的目的。臭氧在海水中的扩散和氧化分解速度与扩散装置的效率、水中有机物的组成及浓度有关，为确保水体的消毒与净化效果，一般要求在 1～5min 内臭氧在水体中的浓度保持在

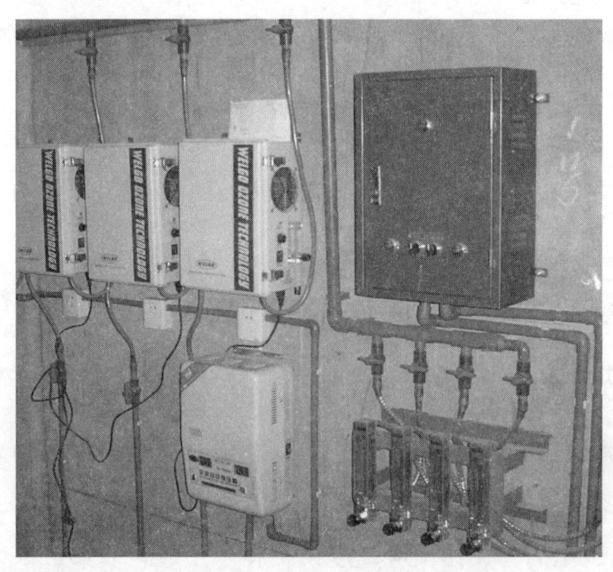

图 5-12　纯氧臭氧发生器

0.1~0.2mg/L 具有良好效果。

目前海水循环水养殖中使用臭氧与海水接触的方法很多，主要有多孔扩散器、射流器、“U”形管、填料塔等。

多孔扩散器接触一般用于水深不小于 1m 的桶式容器，桶式容器设进、出水水管、臭氧输入管和臭氧回收管，其底部放置多孔扩散器，将臭氧输入扩散器产生微小气泡并缓慢上升，使臭氧与水均匀接触。桶式容器需有密封盖，并设置臭氧回收装置将回收的臭氧重复利用。采用多孔扩散器进行臭氧与海水的扩散与氧化，容器内海水越深，臭氧溶解扩散效果越好，当水深达 7~8m 时，臭氧溶解效果可达 95%以上。

射流器接触是采用小型高压水泵和射流器在密闭容器内循环提水，将臭氧输入射流器的负压进气口，臭氧与海水在射流器的混合室内充分混合后，输入密闭容器的底部，其未溶解的臭氧气泡在上升过程中继续溶解。射流器接触法臭氧溶解效果好，目前在循环水养殖中应用较多，当用于蛋白质分离器氧化有机污染物与消毒时，可在蛋白质分离器的顶部设臭氧回收装置重复利用残留臭氧。

海水循环水养鱼中较少采用“U”形管、填料塔接触扩散等方法，故在此不作详细介绍。

（四）使用臭氧注意事项

当使用臭氧氧化与消毒处理海水时，不管采用哪一种方式扩散接触，水与臭氧接触扩散后，容器出口处水中仍残留微量臭氧。虽然臭氧在水中很不稳定，如在容器内停留时间太短就直接进入鱼池，可能对养殖生物造成伤害，特别是苗种生产时要特别注意把握臭氧浓度和停留时间。在海水循环水养鱼系统中将臭氧氧化与消毒置于蛋白质分离器内进行是一种较好的方式，因为臭氧随蛋白质分离器的出水流入调温池、生物滤池、紫外线消毒池及管道溶氧器，再经管道输入鱼池，水中微量臭氧在水处理设施内流动延长了其在水中的停留时间，有利于臭氧变成为氧分子，可保证养殖生物安全。

另外，不管采用多孔扩散器还是射流器扩散，臭氧扩散容器都应设计为密闭型，并在容器的顶部设置臭氧回收装置。臭氧与水接触扩散的过程中会损失总量的1%~5%，若不加回收利用装置，一方面是浪费臭氧，另一方面臭氧排到空气中，此时若室内空间较小，有可能造成空气中臭氧含量过高，从而对人体产生危害。常用的臭氧回收装置是在密闭容器的顶部引出一根细管，接入射流器负压进口，将回收的臭氧重新吸进混合室混合利用。

三、负氧离子消毒技术

负氧离子具有杀灭有害细菌和病毒，并对鱼类等水生动物有促进生长、提高孵化率及成活率、增强动物机体的免疫功能的作用，在20世纪90年代已有很多国家如美国、日本、俄罗斯、以色列等开始研究应用负氧离子消毒技术净化水体。

（一）负氧离子的产生

目前负氧离子发生器已商业化，市场上有多种规格型号的产品。负氧离子发生器产生负氧离子的原理是：将氧气输入设有高压电场的密闭容器内，在高压电场作用下氧分子电离并获得一个电子，结合成带负电荷的负氧离子 O_3^-。

（二）负氧离子消毒试验

日本生产的负氧离子发生器与臭氧杀菌消毒相比，负氧离子比臭氧的杀菌效果约提高3倍。伊朗鱼类学家用负氧离子对鱼类进行防病治病试验，首先使用放射性物质对两组鱼类进行辐射污染，使鱼类患病；然后一组鱼采用充空气饲养，结果10d内全部死亡，另一组采用充负氧离子饲养，10d后90%的鱼康复成活，该试验还说明了负氧离子除具有净化水体、杀菌防病、提高成活率、增强免疫功能外，尚有防辐射污染作用。

臭氧在消毒杀菌方面有良好的效果，氧化效率约为氯气的两倍，所用的剂量和氧化时间都比氯气低。而负氧离子消毒杀菌效率又比臭氧提高了 3 倍，并具有防病治病、提高生物体免疫力、促进生长的作用，是一种较理想的消毒方法。但因为生产成本高，负氧离子在养鱼系统中消毒、净化水质暂时难以推广应用。随着科技进一步发展，负氧离子的生产成本不断降低，在海水循环水高密度养鱼中的应用也会越来越普及。

第四节　海水循环水养殖增氧技术

水中的溶解氧是鱼类生存的基本条件，缺氧会降低鱼类的生长速度与饵料转化率，严重缺氧会使鱼类在短时间内死亡，同时溶解氧不足还会降低水处理系统中生物净化效果。鱼类在高溶解氧水体中不但食欲旺盛、消化酶功能增强、生长快、产肉率高，而且高浓度的溶解氧还可以氧化水中有害物质，抑制厌氧性有害微生物的生长，直接促进好氧性微生物的生长繁殖、有机物快速地氧化分解，有利于水体的净化。在循环水养鱼系统中，溶解氧浓度与养殖密度、投饵率、水温、水体交换及有机负荷等因素有关，增加水体的溶氧浓度是高密度高效益养殖的首要条件。

一、氧气输送与溶解机理

人为向水体增加溶解氧是向水中输送并扩散纯氧或含氧空气的过程。氧气输送与溶解从机理方面有三个过程：第一是空气或纯氧向液体界面输送氧气；第二是气、液界面交换过程；第三是氧气离开界面输送进水体的过程。第一个过程是氧气通过对流、混合和扩散作用共同完成，也就是纯氧或空气通过多孔扩散接触和射流混合接触等方式向液体界面输送氧气。气、液界面是非常薄的一层膜，又称表面膜，如水中气泡外表面与水的接触膜。向气、液界面输送氧气是很快的过程，而氧气向水里扩散较慢。第二个过程是氧气进入水体的过程，这一过程与氧气传输的表面积、氧气浓度梯度、液膜特性及气、液混合湍流程度等有关。加强气、液混合与搅拌会提高氧气的输送率，因为快速混合与搅拌会使气、液表面膜变薄，导致进行氧气传输的表面积增大。第三个过程是氧气进入水体，氧气向水体输送在很大程度上取决于氧气浓度，水体溶氧浓度越高越接近饱和，溶解一定量的氧气所需要的时间越长，所以采用空气源向水体充氧，水体溶解氧越接近饱和充入氧气的量越少。因此，养鱼系统的高溶氧应采用高效率溶氧器充纯氧方式完成。

二、空气源增氧系统

海水工厂化养鱼系统一般采用空气源向鱼池、生物滤池、饵料培养池等充氧，而循环水高密度养鱼则较多采用纯氧增氧。空气源增氧系统的主要设施设备有充气机、扩散器及布设的管路及阀门等。常用的充气机主要有罗茨风机、旋涡式风机及小型气泵等。常用的扩散器有微孔扩散器、射流器及散气石等。

（一）充气机的选择

海水工厂化养鱼及苗种生产选择充气机的原则是大风量、低压力及高动力效率，且输出的空气无油污。具有一定规模的养殖场多选用罗茨风机和旋涡式风机，而小型养殖车间、实验室等多选用充气泵。另外，水环式压缩机输入的空气与机内旋转的水环相互作用，水环的水不停地流进、流出，对空气有水洗净化作用，并且噪声较低，很适合海水工厂化养殖，是值得选用的充气机。

1. 风压

海水工厂化养殖鲆鲽类的鱼池有效水深一般不大于 0.8m，养殖游泳性鱼类、虾类及扇贝育苗池等的有效水深不大于 2.0m，生物滤池有效水深一般不小于 2.0m。对于有效水深小于 1.6m 的水池，可选用风压为 18～34kPa 的充气机；对于有效水深在 1.6～2.5m 的水池，可选用 34～49kPa 的充气机。罗茨风机的风压范围一般在 3.4～78.0kPa，常用机型风压在 15～49kPa。旋涡式风机一般风压不大于 17.6kPa，风量较少，适用于有效水深小于 1.5m 的池型增氧。

2. 风量

充入的空气量一般用气水比表示，气水比是指每小时向水体充入空气的体积与养殖水体体积之比。海水苗种生产的气水比范围一般为 0.6∶1～1.2∶1，其中扇贝、对虾育苗及饵料生物培养的气水比为0.6∶1～1∶1；鱼类及蟹类育苗气水比为 1∶1～1.2∶1。如 500m^3水体的扇贝育苗池，其水深为 1.8m，可选用风量为 7.0m^3/min，风压为34kPa的罗茨风机两台，一台运行，一台备用，气水比约为 0.84∶1，育苗池多采用微孔管和散气石作为扩散装置。

循环水养鱼系统中的生物滤池，若采用纯氧方式增氧，则循环水中溶氧较高，可采用间歇性充气，用气水上升流定时冲洗生物膜，以提高膜的活性。若养殖系统采用充空气增氧，则鱼池及生物滤池都应设充气增氧设备，一般气水比为 0.8∶1～1.3∶1。

生物滤池充空气量的多少与生物载体的类型特性、单位体积生物膜量等有关，一般弹性立体刷状生物载体的气水比为0.7：1~1.2：1。生物滤池采用池底均匀布设管道，进行微孔管曝气；养鱼池多采用微孔扩散器充空气。

3. 罗茨风机工作原理

罗茨风机属于容积型鼓风机，在机壳内有两根平行轴，轴上固定两块断面形状如三叶状的叶轮，每个叶轮的端面与机壳内壁及另一个叶轮的轮廓相吻合，保持0.2~0.3mm的微小间隙。两个三叶叶轮对转时，在机壳内形成两个室，一个室吸入空气，另一个室压出空气。

罗茨风机气体进口设在机壳上部，出口在下部，这样可以利用压缩后的空气抵消叶轮和轴的一部分重量，使轴承的压力减小，从而减轻轴承的磨损。罗茨风机两个叶轮的轴，在机壳外部用一对平齿轮互相啮合，并与减速机轴相连接，通过这对齿轮的带动使两个叶轮轴对转，达到吸入和压缩空气的目的。由于罗茨风机叶轮间隙很小，在维修安装时，要非常精细地调整间隙，避免叶轮与壳壁、叶轮与叶轮之间产生摩擦。

罗茨风机能连续工作输出无油污空气，具有使用寿命长和管理方便的特点，在海水工厂化养殖中得到广泛应用。但罗茨风机运行噪声较大，购买时需配套进气、出气消声器。另外，罗茨风机因结构特点，启动运行后不允许出气管阀门关闭，因为输出风量突然大幅度减小，会引起系统风压增高，导致电机过载，易烧毁电机。所以在出气管上应安装压力安全阀，当风压升高时，能自动打开安全阀放气减压。

4. 旋涡式增氧机

旋涡式增氧机属于旋片式低压风机，优点是构造简单、安装使用方便、价格便宜、可长时间运行、输出气体无油污，在工厂化养鱼中得到广泛应用。缺点是风压较低，只适用于鱼池有效水深在1.5m以下，例如HGX-1100型旋涡式风机主要参数：风压17.6kPa，风量为180m^3/h，功率为1.1kW。

（二）空气源溶氧方式

水体溶氧方式即气、液接触方式，目前海水工厂化养鱼水体溶氧方式很多，空气源溶氧方式主要有散气石、微孔扩散器、射流器、水面增氧机及微孔管扩散装置等。水体溶氧方式的选用应根据养殖对象、养殖密度、溶氧效率和使用场合的具体情况确定。海水工厂化养殖的养鱼池、育苗池及饵料培养池，多采用散气石或微孔扩散器。生物滤池一般采用微孔管或微孔扩散器曝气装置。

1. 散气石

散气石适用于空气源充气增氧，具有结构简单和溶氧效率较低的特点，其形状有圆球形或圆柱形。圆柱形散气石较为常见，有很多种类规格，圆柱直径 2~6cm，长 5~12cm，微孔在 80~120 目；圆球形散气石的直径一般为 3~6cm。散气石适用于养殖池、育苗池及饵料培育池充气增氧。

2. 微孔扩散器

微孔扩散器主要为膜片式，其外观形状主要有圆形和长方形两种，微孔孔径一般为 80~150 目，常用规格为 100~120 目。圆形的直径为 12~20cm；长方形的长 20~30cm，宽 12~20cm。微孔扩散还有另外一种形式，即在池底均匀布设充气管，管上钻微孔用于气体扩散，多用于对虾养殖池、生物滤池等的曝气。

3. 溶氧方式比较

在溶氧效率方面，将空气源采用射流器、微孔扩散器及水面增氧机溶氧方式比较，射流器向池底扩散溶氧的效率最高，散气石及微孔扩散器的效率是射流器的 53%，水面增氧机是射流器的 41%。所以用空气源和纯氧源向水体溶氧多采用射流器，但射流器运行时消耗一定的动能。

在使用场合方面，大型生物滤池由于池底面积较大，一般不宜使用射流器扩散溶氧，而采用微孔管或微孔扩散器装置，这样不但能为生物滤池增氧，同时上升气泡及微流对生物膜有冲洗作用，以提高生物膜的活性。在蛋白质分离器中采用射流器扩散空气，而养鱼池、育苗池及饵料培养池多采用散气石或微孔扩散器。

三、纯氧源增氧系统

由于养殖密度高，单位水体鱼类的需氧量多，系统中生物滤池的微生物繁殖生长也需要大量的溶氧，所以海水循环水养鱼系统多采用纯氧增氧。纯氧增氧系统主要分为两部分，一部分是纯氧源，即纯氧的制备与储存，另一部分是纯氧高效溶氧器，即纯氧在海水中的高效溶解。

（一）纯氧源

目前海水循环水养鱼所采用的纯氧源有两种，一种是制氧机现场生产的氧气，另一种是液氧罐贮备液氧。制氧机主要由压缩机、干燥器、分子筛等组成，相对于液氧罐设备价格较低，运行过程消耗动能较多，且产生噪声，另外制氧机长时间运行后需定期维修。液氧罐一次性投资较高，容量 $10m^3$ 液氧罐的价格是 $8m^3/h$ 制氧机的 2～3 倍，另外液氧罐是受压容器应按国家安全规范管理。若长期运行，按购置费、设备折旧费、购液氧费及运行费用等综合计算比较，两者差别并不太大。目前多数用户选用液氧罐，其主要原因是运行无噪声，液氧购买便捷，使用管理方便。

1. 液氧罐

液氧罐是一种钢制储存液态氧的高压容器，是工厂化养殖所需纯氧的储存设备（图 5-13）。液态氧由专用运输车辆及液氧泵将液态氧输送进液氧罐储存备用。液氧罐由于是受压容器，其安装和使用需符合国家安全规范要求，主要包括其安装须距养殖车间、办公室及有关人员工作和行走的场所应有一定的安全距离，并且其周围应设防护栏。

图 5-13 液氧罐

目前海水循环水养鱼使用的液氧罐容积一般为 10～$20m^3$，可根据养鱼规模选择。液氧罐供氧系统，除液氧罐外，还应配套减压阀、蒸发器、控制阀、流量计、液位显示及输氧气管路等，将液氧汽化变成气态氧气输送到各用氧气车间。

2. 制氧机

制氧机是利用空气现场制备纯氧的设备，主要包括空气压缩机、储气罐、干燥器、分子筛、控制屏、计量器等（图 5-14）。其工作原理是空气经过滤、压缩干燥后，输送进分子筛过滤，将氧气与氮气等分开获得纯氧，一般纯氧含量可达 95%以上。商品制氧机的规格型号很多，海水循环水养鱼常用的规格一般为 8～$12m^3/h$。

图 5-14　制氧机

（二）纯氧溶氧方式

纯氧溶氧方式主要有射流器、U 型管、填料塔、溶氧罐及管道溶氧器等。

1. 射流器溶氧

射流器溶氧工作原理是：水泵从容器中吸水输入射流器，由于射流器的喉管处水流速度很高而产生负压，在负压处设置与氧气相通的输氧管，将氧气吸入射流器的混合室，气水充分混合后喷射进密闭容器，形成文丘里式溶氧机。射流器溶氧在循环水养鱼中应用较多，如蛋白质分离器臭氧与水的混合，溶氧罐及管道高效溶氧器纯氧溶氧等。

目前已设计生产出小型射流式溶氧器产品用于海水工厂化养殖，其整体功率为30W，主要由水泵、射流器、氧气流量调节器等组成，可安装在每个鱼池内，通过将纯氧吸入射流器内与池水混合后，增加养殖水体溶解氧。另外，通过采用一定角度高速向圆形鱼池池底喷射，该溶氧器不但能使鱼池获得高溶氧，而且还能推动池水旋转，将锥形池底表面上鱼的排泄物及残饵，旋流进池底中心排污口，因此该射流式溶氧器具有增氧和清底双层作用。但采用此种溶氧方式，要求每个鱼池安装一台小型射流式溶氧器，其单位养鱼水体耗电量比大型管道溶氧器高，由于每个鱼池需配备电源线路及氧气管，所需耗材较多，而且安装后车间不够整齐，可观度不高，小型射流式溶氧器如图 5-15 所示。

图 5-15　小型射流式溶氧器

2. "U" 形管溶氧器

"U" 形管溶氧器是由细管和粗管套在一起组成的同心管容器，粗管底部封堵，上部粗管与细管外壁封堵，并在粗管上部设出水口。"U" 形管溶氧器立式放置并有一定高度，水与纯氧从顶部输入细管内，氧气与水混合下行，到达近底部从细管流出进入粗管上行，富氧水从粗管上部流出。氧气总的传质效率与 "U" 形管的高度、输入的纯氧量、流速及水体中氧的初始浓度有关。

"U" 形管溶氧器的优点是溶氧所需的水头较低，水体溶氧浓度较高，适用于溶氧水体含有悬浮颗粒的场合；缺点是不能有效地脱去氮气和二氧化碳，溶氧效率较低，只有 30%~50%。

3. 填料塔溶氧器

填料塔溶氧器由封闭筒体和比表面积较小的填料组成，常用填料的粒径为 25~50mm，材质多为塑料颗粒，比表面积为 120~360m^2/m^3，填料在筒体内的高度为 1~2m。进水通过塔顶内的布水器，均匀地喷洒在填料上，水沿填料滴流向下。氧气由塔底输入，沿填料孔隙上升，上升过程中与下行的水流充分接触，使氧气溶解于水，富氧水由塔的底部流出。填料塔溶氧器优点是结构简单，使用方便，溶氧效果较好，缺点是长时间运行后，填料易滋生微生物，引起填料堵塞，适用于水质较好的海水。

4. 溶氧罐

溶氧罐是类似于砂滤罐的钢制容器，内壁采用玻璃钢防腐蚀处理。罐内设多层筛板，进水从罐的顶部经布水器均匀地喷洒在筛板上，水逐层滴流下行。罐的底部安装射流器，纯氧经射流器喉管负压被吸入混合室，经充分混合后从罐底向上喷射，与向下滴流水再次混合，富氧水从罐体中上部流出。在溶氧罐的顶部设有氧气回收管，通过射流器回收再利用，从而提高纯氧的利用率。溶氧罐溶氧效率高，使用方便，但罐顶进水需要一定的水头，并且射流器消耗一定的动能。

5. 管道溶氧器

管道溶氧器是“十五”期间国家“863”课题组在研究多种纯氧溶氧器的基础上，自行研制的新一代大型溶氧设备，由杭州大贺水处理设备有限公司生产。管道溶氧器由圆柱形容器、射流器、螺旋式混合器及氧气回收装置组成（图 5-16）。从制氧机或液氧罐输出的氧气，通过安装在管道溶氧器前端的文丘里射流器，进入射流器的混合室混合溶氧，混合的气水再经管道内的螺旋式混合器一面流动，一面充分地混合，最后经溶氧器末端流进鱼池。

图 5-16　管道溶氧器

规格 150m^3/h 的管道溶氧器设备直径为 315～500mm，单台流量为 50～150m^3/h；射流器配套的水泵扬程为 28m，电机为 0.75kW，氧气流量范围为 250～2 500L/h。在溶氧器的顶部，设有氧气回收装置，对未溶解的氧气进行回收利用，使氧气利用率大幅度提高。与溶氧罐相比，管道溶氧器的溶氧效率高，氧气利用率达 99%，水中溶解氧能高达 20mg/L 以上。

第五节　海水循环水养殖水处理工艺类型

由于具有节水、节能、高效的优点，并有利于海区环境保护，海水循环水养殖是国内外工厂化养殖首选的发展模式。目前，我国随着节能减排举措的实施和对水产品质量安全的日益重视，沿海地区已开始重视发展循环水养殖，有的地方政府已明确提出循环水养殖模式是陆基工厂化养殖鼓励和支持的重点。

循环水养殖废水处理和水环境调控的核心是生物处理设施。国内外循环水养殖水处理工艺类型的划分也是按生物水处理设施独立设置或与鱼池合为一体为依据，分为鱼池与生物处理分设工艺和鱼池与生物处理合为一体工艺两大类，鱼池与生物处理合为一体工艺又称为一元化鱼池水处理工艺。

一、生物水处理分设工艺

鱼池与生物处理设施分开设置工艺，简称为分设工艺。在分设工艺中，又分为水处理车间类型、养鱼车间处理类型及室外综合生态池类型等。

（一）水处理车间类型

水处理车间类型是指海水养殖场统一建设共用水处理车间的类型，按生产需要布置多套独立的水处理系统，在水处理车间集中安装设施设备，采用先进水处理技术处理不同水质指标的海水，并向不同生产车间输送，如鱼类育苗车间，微藻培养车间及鱼类养成车间等。水处理车间负责全场的水处理，保障安全供水。在水处理车间的设施设备集中安装，统一使用和管理，并有专业人员按操作规程操作，设备利用率较高，有利于提高水处理能力与管理水平。独立水处理车间是现代化循环水养殖场的一种先进水处理方式，它体现了高科技水处理技术和现代养殖场的科学化管理水平。

水处理车间可布置3~4套独立的水处理系统，每套系统可供给一幢养殖车间用水。在水处理工艺流程中，养殖车间养殖池排出的养殖废水经管道流入水处理车间的微滤机或弧形筛，水经过滤后流进循环泵室的集水池，通过水泵提水输入蛋白质分离器、高位生物滤池，经生物处理后的水自流进渠道式紫外线消毒池、调温池、管道溶氧器及养殖池，完成一个水循环过程。

水处理系统中的高位生物滤池、渠道式紫外线消毒池及调温池等设施，可采用每一种水池建一个大型水池，利用隔墙分割成多个独立水池，以节约用地与投资。微滤机、蛋白质分离器及管道溶氧器等设备，可根据独立水处理系统中循环水流量选择相应的产品型号，每套独立系统配备成套，便于统一安装管理。

循环水养殖的工艺流程中所用的水处理设施设备应根据养殖场取水的水质、养殖对象要求的水质指标及投资状况等，选用最合适的设施设备，然后通过优化设计，建立相应的水处理工艺。如循环水养鱼池排出水的微网过滤设备选型可根据实际情况选用微滤机、管道过滤器、弧形筛、彗星式高效过滤器等；生物过滤可选用生物滤池、综合生物滤池或湿地型生态池等。

水处理车间型由于布置若干套独立水处理系统，因此具有灵活方便进行生产管理与水质监测的优点，并且各个水处理系统之间不会互相影响其运行。养鱼系统的水循环频率与处理能力要匹配，太高则循环泵消耗电能较大，太低则鱼池水质不能保证。另外，在一定的水处理设施设备处理能力、养殖品种及密度条件下，独立水处理系统的水循环频率存在一个经济循环频率，经济循环频率是指在养殖生产过程中，通过不断试验、调整确定的既能满足养殖水质要求又能保证能耗较低的循环频率。在养殖密度为 30kg/m^2 条件下，海水循环水养殖鲆鲽鱼类的水循环频率一般以 2~4h 循环一次为宜。

（二）养殖车间水处理类型

养殖车间水处理类型可分为两种不同形式，第一种是在养鱼车间内分出一定地面布置水处理设施设备，设计多套独立的水处理系统，对本车间多排循环水养殖池进行水处理。第二种在养殖车间内每口鱼池设置一个生物水处理单元。两种不同的水处理方式各有特点，其使用条件、范围及规模也不尽相同。第二种水处理方式适合小型养殖场，其生物水处理工艺较简单，一般情况下每个养殖池设置一个生物处理单元，用于处理可溶性有机污染物，但因为其工程量大，总造价较高，一般大型循环水养殖场不宜采用。

1. 养鱼车间设水处理系统

循环水养鱼车间的结构一般是单层低拱形屋顶，有单跨或多跨之分。车间内除布置鱼池外，还留出一定的地面布置水处理设施设备，如生物滤池、调温池、紫外线消毒池、蛋白质分离器、快速砂滤罐及管道溶氧器等，构成独立水处理系统（图 5-17）。三跨车间每跨布置两套独立水处理系统。

此种循环水养鱼车间水处理工艺流程为：鱼池排出水，流入微滤机，经水泵提水

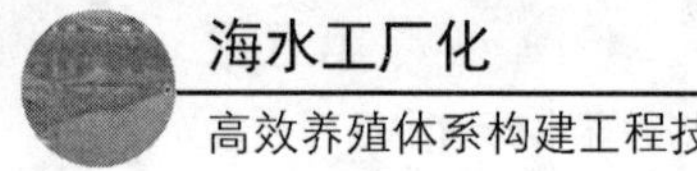

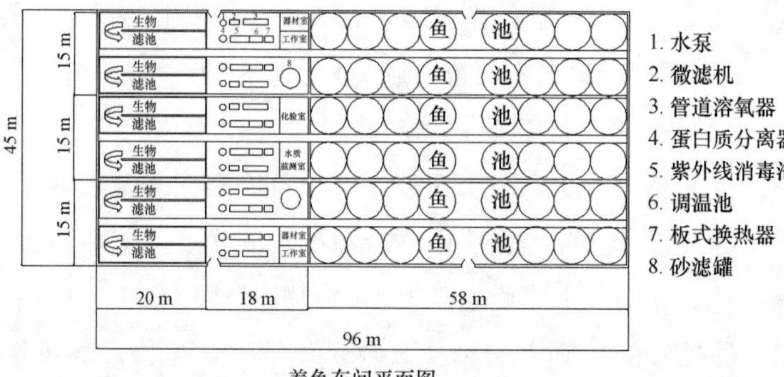

养鱼车间平面图

图 5-17　养鱼车间设水处理系统

进入蛋白质分离器、高位生物滤池、紫外线消毒池、调温池、管道溶氧器及鱼池。每跨养鱼车间可布置 1~2 套独立水处理系统，每套系统供 1~2 排鱼池用水。养鱼车间布置水处理系统要求鱼池与水处理设施设备布置紧凑，管道敷设较短，水头差较小，采用水泵一次提水，各设施设备自流进水，节约投资与能源。另外，鱼池与水处理系统布置在同一个车间，有利于养鱼与水处理的统一管理。

2. 每口鱼池设生物处理单元

每口鱼池设一个生物处理单元是指在养鱼车间内小系统大组合的循环水养鱼方式，其鱼池与生物滤池为连通器结构。鱼池一般设计为长方形，生物滤池为圆形或长方形，圆形生物滤池设锥形池底，滤池内放置生物载体。长方形鱼池和长方形生物滤池池底设纵向坡度，鱼池底排污水和生物滤池底排污水合流入同一根排污管道。生物滤池的进水口设在生物载体的下面，水从生物载体的缝隙向上潜流，从池顶排水堰口进入回水槽，而过滤水经回水槽流进鱼池一端的进水口，进水口采用布水器均匀布水。鱼池另一端设排水管，从鱼池近底部排水，流进循环水泵的集水池，集水池设微网过滤，水泵提水再流回生物滤池。养鱼车间鱼池与生物滤池组成小系统，然后并联成大系统，可由一台水泵提水为每个小系统供水。一般在小系统生物滤池的下面设充气增氧装置，一方面加快生物膜的降解作用，另一方面提高水体的溶氧浓度。

采用每口鱼池设一个生物处理单元，鱼池有效水体与生物滤池有效水体的比例为 1∶0.6~1∶1。其主要优点是，每个鱼池的水质都可以调控，灵活性较大，循环系统中水泵提水高度较低，节约电能；主要缺点是，生物滤池太多，占地面积较大，造价高，水处理工艺落后。

（三）室外综合生态池处理类型

室外综合生态池处理类型是指在室外修筑大型土质池塘进行综合处理水质的类型。其土质池塘水面一般不少于1hm²，与车间内养殖池水面之比为4：1～10：1，池底采用黏土防渗处理，保证池水不能渗漏，地表雨水不能流入池内。池底设一定坡度，在最低处设排水管道，保证收获水产品或维修水处理设施时可将池水排干。池内可移植大型海藻和养殖一定数量的海珍品。

室外综合生态池内一般分三个区域，即生物净化区、综合生态养殖区及取水区。生物净化区布置在进水口附近，放置大量生物载体，如净水板、生物净化塑料球、刷状生物载体及碎石等。综合生态养殖区，池底放置一定量砂石，养殖大量海藻，如鼠尾藻、马尾藻、江蓠等，并养殖一定量的海珍品，如海参、海胆、中国对虾等。取水区周围设置拦网，防止养殖动物进入取水区，取水区相当于小型氧化池，水在池内得到进一步净化。综合生态池各个分区水面面积比例是综合生态养殖区：生物净化区：取水区为7：2：1。

室外综合生态池处理养鱼废水的工艺流程为，循环水养殖池的排水经沉淀分离或微网过滤，去除颗粒状有机污染物后，流进生物净化区、综合生态养殖区及取水区，经水泵提水流回各养殖车间，各车间根据不同用水水质要求在车间内安装消毒与增氧设备，经处理后的水流回养殖池。该水处理系统在海边应修筑取水构筑物，定期向综合生态池补充一定量海水。

各养殖车间共用一个大型综合生态池是一种既简单又经济的水处理工艺，养殖的大量海藻起到调控水质作用，养殖的海珍品及大型藻类收获后，能获得较高的经济收入，并且消耗动力少，运行费用低，可实现养殖废水“零排放”。实践证明，该水处理工艺类型是行之有效的养殖废水处理方式。但室外综合生态池面积较大，占地较多，土地资源缺乏的养殖场很难实施。另外，北方冬天的室外气温很低，循环水流进综合生态池后，水温很快下降，此时室外综合生态池水处理效果较差，同时如车间内不采用加温设备，冬季达不到养殖水温的要求。有条件的企业可在综合生态池池面以上修建可拆装式温室大棚利用太阳能温室作用保温。

二、一元化鱼池水处理工艺

一元化鱼池水处理工艺是指生物净化、充氧和养殖置于同一鱼池的养殖形式，主要包括生物载体设置在养鱼池的上部，并在生物载体的下方设置充气系统，鱼池下部水体用于养鱼，充分利用鱼池的空间，并发挥充气系统的增氧和促进生物膜活性的双层作用，减少循环水养鱼占地面积，是一种设计科学的水处理工艺类型。一元化鱼池按生物载体的结构不同可分为浸没式一元化鱼池和生物净化机、一元化鱼池。

（一）浸没式一元化鱼池

浸没式一元化鱼池是德国美茨公司在20世纪80年代研发的新型生物净化养鱼系统。鱼池一般设计为长方形，池宽8~10m，池深2.2m，池长18~20m；浸没式生物载体宽1.2~1.5m，长1.8~2.0m，高1.2~1.5m，设置在鱼池宽度的中间，并沿鱼池纵向吊装。鱼池一般采用钢筋混凝土结构，池底设置排污沟。生物载体的材质多采用软性材料，如人造水藻、变孔径塑料蜂窝等，塑料蜂窝的孔径为30~40mm，比表面积为115~185m^2/m^3。在生物载体的底部设置充气增氧管，充气形成的气泡沿生物载体底部向上流动，增加水体溶氧，生物载体附着的生物膜新陈代谢快，水处理效果较好。

（二）生物净化机一元化鱼池

生物净化机一元化鱼池是根据德国美茨公司研发一元化鱼池的原理，将小型生物转盘安装在圆形鱼池内，通过生物转盘的轴沿鱼池半径方向设置使圆形盘片一半浸没在水中，当盘片转动时，推动池水旋转，使鱼池内的水体不停地运动。另外，生物转盘的盘片在转动时，不断地扬起水花，水在跌落时与空气接触，使生物膜与水体获得溶氧。

生物净化机一元化鱼池的直径在10~12m，池深1.5~2.0m，锥形池底。鱼池的结构多采用钢筋混凝土或钢筋混凝土基础结构，池壁砌24cm厚的机砖，池顶浇铸钢筋混凝土围梁，池内壁及池底五层防水做法。

一元化鱼池系统的工艺流程为，鱼池排出的水流入沉淀分离池或微网过滤，初级处理后经循环泵提水，流进消毒池，最后流回鱼池。鱼池底设排污阀定期排污，排污水流入养鱼场外排废水处理系统。

一元化鱼池虽然设计科学合理，水处理效果较好，但由于每口鱼池都设置体积较大的生物载体或一台生物净化机，而生物载体的平面面积与鱼池内水面面积之比，一般为1∶6左右，由于生物载体吊装在鱼池上面，造成耗材多、造价高、施工麻烦，所以未在国内得到推广应用。

第六节　水处理车间设计

水处理车间按结构可分为单层和双层两种形式。养鱼场若拥有充足的土地资源，其水处理车间可设计为单层结构。若养鱼场征地困难或地价较高，水处理车间可设计为双层结构，其中水处理设备安装在一层，综合生物滤池或生物滤池布置在二层，其屋顶设计为太阳能温室结构以节约能源。

一、单层水处理车间设计

（一）水处理车间设计

单层水处理车间的设计应具有较高的强度，一般能抵御 30～40 年一遇的暴风、雨、雪载荷，使用年限不少于 20 年。一般设计为保温型框架结构，便于冬天保温、夏天隔热，达到安全生产和节约能源的目的。

水处理车间一般选在场区地形平坦的地方，室内地面标高应与养殖车间地面标高齐平，并高于室外地面 30cm。一次提水能使水处理车间的水自流进养鱼车间的鱼池，鱼池排出的水能自流回水处理车间循环泵的集水池。车间平面面积应根据养鱼场规模确定，一般车间单跨宽度不大于 18m，长度不大于 80m。为了防止不均匀载荷引起局部下沉，地面上应浇铸 15cm 厚的钢筋混凝土。车间周围外墙的块石基础上部及低拱梁的下沿应浇铸钢筋混凝土围梁，车间四角及墙壁每隔5～6m应设钢筋混凝土立柱，立柱与上下围梁构成框架。框架内砌机砖，内外墙水泥砂浆抹面。

车间屋梁可采用型钢焊接成低拱轻型钢梁，并用预埋螺栓固定在围梁上。低拱屋顶一般采用木质檩条，用螺栓固定在低拱钢梁上，透光屋面材料可用螺栓固定在檩条上。透光屋面材料种类主要包括玻璃钢采光板（FRP）、玻璃钢波纹板、聚酰胺类（PC）等高强度透光屋顶材料，其中聚酰胺材料透光率在 85%以上，可在-60～120℃环境工作。不透光屋顶则可采用钢板夹芯保温板、软性保温材料等保温材料。

水处理系统中的综合生物滤池可采用加隔墙方式分成独立的生物滤池室，与其他水处理设备分开。综合生物滤池要采用透光屋顶，同时在室内低拱梁下沿设置调光、保温、隔热天幕等设施，利用手动滑轮或电动启闭机于白天拉开接受阳光、晚上闭合保温，当夏天中午阳光很强时，闭合天幕调光、隔热。

水处理系统若采用一般生物滤池，水处理车间设计为不透光保温屋顶，如钢板夹芯保温板、发泡保温层等。水处理车间内一部分布置生物滤池，另一部分布置水处理设施设备及工作室、化验室及水质监测室等。为节约能源，水处理车间的外墙可安装节能保温层，并采用双层保温玻璃门窗，使车间冬天保温、夏天隔热。

（二）水处理车间工艺流程

海水循环水养鱼的水处理车间水处理工艺应根据建场投资、土地、海区取水的水质、养殖品种、各种水处理设施设备的功能和特点及养鱼外排废水处理等情况，通过综合分析确定最佳水处理工艺流程。水处理车间主要设施设备包括，生物滤池或综合生物滤池、紫外线消毒池、调温池、微滤机或弧形筛、快速砂滤罐、蛋白质分离器、管道溶氧器及制氧机或液氧罐等。

1. 主要水处理设施设备特点分析

（1）生物滤池　生物滤池或综合生物滤池属浸没式生物水处理设施，是保障养鱼水循环利用的核心技术。生物水处理设施设备种类主要有滴流式生物塔、浸没式生物滤池、综合性生物滤池、流化床、生物转盘等。海水循环水养殖处理的废水属于低浓度废水，因此其生物处理设备的选择标准是投资较少、运行费用低廉，运行稳定。综合生物滤池兼有微生物和海藻双重净化水质作用，具有较好的水质处理效果，并有助于调控养鱼的水环境，但由于其池底容易聚集较多的海藻残片，因此在生物滤池底部应设计有效的排污设施，可采用多斗重力排污方式定时排污。一般生物滤池主要利用微生物的代谢作用处理废水，其运行费用低，管理方便。

（2）沉淀、过滤设备　不同设施设备可去除不同粒级的悬浮颗粒物，沉淀分离池能去除大于 100μm 的悬浮物；微网过滤能去除大于 50μm 的悬浮物；介质过滤能去除大于 20μm 的悬浮物；泡沫分离去除小于 30μm 的悬浮物；介质过滤的砂滤罐，能去除废水中 20μm 以上的悬浮颗粒，包括部分胶体颗粒。

不同的设施设备运行中消耗的动能不同，方便管理的程度也不相同。全自动微滤机的自动化程度高、使用方便、过滤效果较好，但运行中消耗一定的动能和水量；沉淀分离池或无压式弧形筛在运行中基本不消耗动能，但去除沉淀的污物或冲洗弧形筛的污物较麻烦，并且沉淀分离池只能去除相对密度较大的颗粒、弧形筛对污物去除率低；砂滤罐在运行中通过介质过滤层消耗一定的水头，并且属于变流量过滤器；彗星式高效过滤器能去除大于 2μm 的悬浮颗粒，悬浮物的去除率很高，但运行中消耗一定的水头和反冲洗水量，并且设备昂贵。

（3）蛋白质分离器　蛋白质分离器具有泡沫分离和臭氧氧化双层作用，能有效地去除废水中小于 30μm 的微小悬浮颗粒及可溶性有机污染物，并具有对水体消毒杀菌和增加溶氧的作用。蛋白质分离器由于配备高压水泵、射流器及臭氧发生器，常年运行需要一定费用，并且设备投资较高。循环水养鱼系统若采用渠道式紫外线消毒池和生物滤池，蛋白质分离器可不安装臭氧氧化系统。

（4）**消毒设备** 渠道式紫外线消毒池是课题组在分析研究了各种类型消毒器的基础上，通过试验研发的新产品。其投资少、运行成本低、消毒效果好，特别是维修、更换及清洗灯管方便，适用于不同养殖规模的海水消毒。

臭氧消毒效率高，氧化反应快，是一种高效消毒方式，不但适用于养殖成鱼，也适用于鱼类育苗，目前臭氧消毒主要应用于蛋白质分离器。

（5）**增氧设备** 水体增氧是高密度养鱼的基础，要使水体的溶氧始终保持在6mg/L以上，必须采用纯氧增氧。纯氧增氧可采用制氧机和液氧罐两种方式，其中制氧机运行中产生噪声，而且常年运行需定期维修换件；液氧罐为高压容器，需按高压容器安装与管理，但液氧罐使用维修方便，目前循环水高密度养鱼采用液氧罐较多。

充空气增氧是较简单的增氧方式，其设备投资较少，操作方便，但溶氧效率低，水体溶氧浓度一般不高于 6mg/L，不能满足高密度养鱼的需要。另外，空气增氧所使用的空气中含有较多的有害物质，这些有害物质随着充气增氧混合到水体中，可能对水体产生污染，有效的解决办法是将充气增氧的空气通过水洗塔净化后再使用，或采用水环式压缩机供气。

2. 水处理工艺流程设计

水处理工艺流程设计是海水循环水养殖设计的关键，既要体现技术的先进性和高效率，又要具备操作的可靠性与运行的经济性。水处理工艺设计的目的是，在节约成本、降低能耗和节省水资源的基础上，设计科学合理的水处理工艺，为养殖鱼类构建良好的生态环境，达到鱼类高密度、快速、健康养殖。国家“863”计划及科技支撑计划课题组经过多年研究与优化设计，确定的循环水养殖鲆鲽鱼类水处理工艺流程如图 5-18 所示，该工艺流程是我国海水工厂化循环水养殖的基本形式，其他的工艺流程均从该流程改进或演化而来。

该水处理工艺已在课题组的多处基地建场中应用，并取得较好的养鱼效果。在实际设计中，设计了两种水处理类型，一种是设独立水处理车间，车间内分多套水处理系统，每套水处理系统向一幢养鱼车间供水；另一种在养鱼车间内布置鱼池和多套水处理系统，每套独立的水处理系统为 1~2 排鱼池供水，其水处理工艺与独立水处理车间基本相同。基本工艺流程如下：鱼池排出的水经管道流入全自动微滤机后，通过水

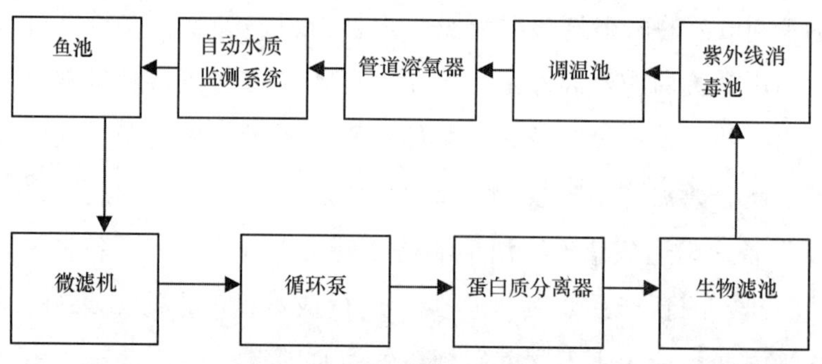

图 5-18　循环水养鱼工艺流程

泵提水流进蛋白质分离器、生物滤池，渠道式紫外线消毒池、调温池及管道溶氧器，经在线水质自动监测系统监测达到养鱼水质指标流回鱼池。补充用水来自取水构筑物，经快速砂滤罐过滤后输入蛋白质分离器或生物滤池进入循环水养殖系统。该水处理工艺还采用了课题组研发的分段流水生物滤池、全自动密封式微滤机、渠道式紫外线消毒池及高效管道溶氧器等设施装备，在循环水养殖、废水处理、消毒及增氧等方面都取得了良好的效果。

（三）水处理车间工艺布置

1. 平面布置

水处理车间的平面布置是指根据循环水养鱼工艺流程，确定工艺系统中设施设备在水处理车间的相对位置。一般布置原则如下：在有利于管道敷设、方便操作管理的前提下，设施设备相互之间的位置应尽量紧凑布置，以减少占地面积；每套独立的水处理系统宜采用循环水泵一次提水、工艺流程自动运行的方式；尽量降低设施设备之间的水头损失，以降低循环水泵的扬程。

生物滤池一般设计为长方形分段流水滤池，长宽比为 6∶1~8∶1。一跨水处理车间一般布置 2~4 个独立分段流水滤池。滤池在水处理系统中要布置高位，除净化、调控水质外，并兼高位水池功能，这样布置便于一次提水系统自流运行，可减少能耗。对于较大规模的养鱼场，综合生物滤池或一般生物滤池，可布置在一跨或几跨车间内成为独立的生物过滤车间，其他水处理设施设备布置在另外车间内。对于一般规模的养鱼场，在一跨水处理车间内一部分布置生物滤池，另一部分布置其他水处理设施设备。

水处理车间的其他主要设施有微滤机低位池、循环水泵室、渠道式紫外线消毒池、调温池、车间工作室、化验监测室。水处理设备主要有微滤机、快速砂滤罐、蛋白质分离器、管道溶氧器等。水处理车间的设施设备部分布置：在车间宽度的中部纵向布置不小于 1.2m 宽的排水沟，沟顶铺设盖板与地面齐平，将车间分成两部分，渠道式紫外线消毒池、调温池及管道溶氧器一排布置；其他设备布置在另一排。车间工作室及化验监测室的面积均可为 8~10m²，一般布置在车间的中部。制氧机、制冷机（若设机械制氧、制冷）及液氧罐，应在水处理车间外一定距离内单独设置。水处理设施设备车间的屋顶一般不需采光，可设计为低拱保温型屋顶或钢板夹芯保温板屋顶，并利用窗户采光；但布置综合生物滤池的车间应采用透光屋顶。

在养鱼车间设置水处理系统时，车间内大部分地面布置鱼池，小部分地面布置水处理设施设备，车间的平面布置见图 5-17。

2. 水处理车间设施设备标高确定

设施设备标高合理确定的原则：在一次性提水的前提下，达到养鱼车间鱼池排出的水能通畅地自流回水处理车间循环泵低位池；水处理车间各设施设备的水能梯次自流进养鱼车间的鱼池；尽量减少循环水泵的扬程、节约能源。

单层水处理车间的地面高程应与养鱼车间的地面高程齐平，为设计方便，一般确定地面相对标高为±0.00m。鲆鲽类鱼养殖池有效水深为 0.6~0.8m，鱼池最高水面距室内地坪的标程差应不小于 0.4m，可采用 PVC 管输水，管道敷设坡度为 0.5%~1.0%，鱼池排水能顺畅地流回水处理车间。水处理车间调温池最高水面高程距地面高程差应不小于 1.5m，以确保调温池的水能自流进管道溶氧器及养鱼池的高位进水口。水处理车间的综合生物滤池或生物滤池面积较大，单层车间设计为地上池，一般有效水深不小于 2.0m，生物滤池的出水方式多采用溢流堰，使池内高水位距地面地坪的标高不小于 2.0m，以确保生物滤池的水能自流进紫外线消毒池。紫外线消毒池采用高位出水，水能自流进调温池，调温池采用溢流堰出水，确保池内有较高的水位。

（四）主要水处理设施的设计

水处理车间主要水处理设施有生物滤池、渠道式紫外线消毒池、调温池及微滤机低位池。生物滤池、渠道式紫外线消毒池的设计详见本书第六章第一节。

1. 调温池设计

调温池是循环水经处理后根据水质需要进行水温调节的水池。池体一般采用钢筋混凝土或水泥砂浆砌砖石结构。调温池的容积应根据独立水处理系统的流量和调温设备的特性确定。若采用全自动制冷机和海水源热泵调温，也可省去调温池，而采用将紫外线消毒池的水经管道直接接入调温设备的进水管按设定温度自动运行，该方法使用非常方便，但消耗电能较多。目前循环水养鱼水体的升温大多采用低成本能源燃煤锅炉供热提升水温实现，也可采用淡水深井高温水经换热器或直接加入到养殖水体的方式调温。无海水深井条件的大型养殖企业，也可采用海水源热泵或全自动制冷机调温。

循环水流量要求为80~120m^3/h时，其调温池的容积为20~40m^3。调温池的形状多为长方形，长宽比为2∶1~3∶1，池深不大于2.5m，可采用水泥砂浆砌砖石结构，池顶设钢筋混凝土围梁，池底及池内壁五层防水做法，池外壁水泥砂浆抹面。调温池也可以采用20cm厚的钢筋混凝土池。调温池除设循环水系统的进出水管外，还应布置溢流管、调温进出水管及池底排污管。循环水系统中的调温池是流水池，可通过板式换热器采用循环水泵与调温池的流水混合方式调温。水泵进水管应布置在水深的低位，出水管布置在水深的中位，出水方向与系统水流方向相反，便于池内充分混合调温。调温池也可以采用盘管式加热器，盘管加热器设在池底，此种方法虽然热交换效率较低，但可省去循环泵。调温池不管采用哪种方式调温，一般都设温度自动控制，方便操作。

2. 微滤机低位池设计

目前生产的微滤机有两种结构：一种是全密封式，设有进水管、出水管及排污管，不需设低位水池；另一种是敞开式，需设低位水池。微滤机低位池的作用是鱼池排出的水经过滤后在池内储存，并兼作循环水泵的集水池及循环系统的补充水池。微滤机低位池建在水处理车间地面以下，一般池深不少于2.0m，池内上部安装微滤机，微滤机进水口标高应低于低位池，池顶标高不少于0.4m，使鱼池的排水能顺利地流进微滤机。

微滤机低位池的容积应根据独立水处理系统的流量及微滤机自动化程度确定，独立水处理系统流量越大，微滤机低位池的容积应越大。低位池应具有较大的缓冲作用，避免鱼池调节水量时，水泵抽干低位池。当养殖同一品种鱼的水处理车间有两个以上的独立水处理系统时，由于鱼池排水水质基本相同，几个独立系统可合建一个微滤机低位池，以节约地面面积与投资。独立水处理系统的流量在100~150m^3/h，微滤机低位池的容积一般不小于60m^3。多个独立系统的微滤机低位池可采用建大型地下池的方式，并在池内加隔墙分隔若干个小池，小池内安装独立的微滤机及循环水泵。为提高地面的利用率，微滤机池可采用承重钢筋混凝土盖板或现浇钢筋混凝土盖板敷盖微滤机低位池大部分池面，盖板上面空间可布置其他设施设备。

微滤机低位池一般采用钢筋混凝土或水泥砂浆砌机砖结构。采用砂浆砌机砖结构时，池底应铺20cm厚钢筋混凝土，防止局部下沉；在池顶和池深的中部设钢筋混凝土围梁，池内壁五层防水做法。池底设2%的坡度，坡向排污坑，排污坑设在池底一角最低处，多为正方形，边长40~50cm，深20~30cm，微滤机池刷池排污时，采用污泥潜水泵放置在污泥坑内排出污水。微滤机低位池应设溢水口，溢水口断面多为长方形，溢水口中心一般距池顶30cm左右，断面面积不小于鱼池回水管断面面积的2倍，溢流水可排入水处理车间的排水沟。

二、两层水处理车间设计

两层水处理车间是指将综合生物滤池或一般生物滤池布置在二层，其他水处理设施设备布置在一层的设计方式。

（一）两层水处理车间结构设计

两层水处理车间的综合生物滤池内除放置大量生物载体外，上层还养殖大型海藻，因此需设计为采光屋顶，而一般生物滤池设计为保温不透光屋顶。综合生物滤池或一般生物滤池布置在二层，并设计为高位池，池水有效深度为2.0~2.5m；而一层布置其他设施设备。二层楼板设计承重应大于4.0t/m^2，承重主要包括池水重量、钢筋混凝土池重量及安全系数。车间一层层高设计为4m，二层层高为3.4m，整体设计为钢筋混凝土框架结构。水处理车间一层纵向及横向间距5m设一根立柱，立柱断面面积不少于370mm×370mm，楼板厚度不小于200mm，围梁断面面积不少于370mm×370mm，这些围梁主要包括基础围梁、二层楼板围梁及二层屋梁下沿围梁。二层楼板梁的高度应不小于600mm，宽不小于370mm。立柱及外墙基础应开挖到地下岩石层或硬土层，可根据地下土样土工分析结果，按规范设计基础。立柱承台断面不少于1 800mm×1 800mm，立柱配筋为8φ22，钢箍6@200，楼板配筋为12@120双向，围梁配筋为4φ12，钢箍为6@200，楼板梁配筋为8φ22，钢箍为6@200，立柱承台配筋为14@150。水处理车间二层设计为低拱屋顶，若采用综合生物滤池，则屋面应铺透光屋面板，内设调光、保温、隔热天幕等设施。水处理车间外墙采用水泥砂浆砌机砖，内外层抹水泥砂浆抹面及内外墙涂料。还可以采用外墙面安装保温层、双层隔热窗户、保温玻璃等方法对车间进行保温隔热处理。

（二）两层水处理车间的布置

两层单跨水处理车间上层布置长方形流水分段式综合生物滤池或一般生物滤池，一般布置3~4套独立水处理系统，为养鱼车间或育苗车间供水。流水分段式生物滤池可采取平行布置方式，并在每两池之间布置宽0.6~0.8m通道，以方便操作与观测。

两层水处理车间一层的布置与单层水处理车间基本相同，可根据独立水处理系统的套数具体布置相应数量的微滤机、蛋白质分离器、渠道式紫外线消毒池、管道溶氧器等设备。一层水处理车间还要布置相应的工作室、化验监测室及工具器材室。两层水处理车间系统工艺流程：养鱼车间的水自流进微滤机低位池，由循环水泵提水输入二层综合生物滤池或生物滤池，经生物净化后自流进一层蛋白质分离器、渠道式紫外线消毒池、调温池及管道溶氧器，最后经管道流进养鱼车间或育苗车间。

（三）两层水处理车间高程设计

水处理车间一层地面高程与养鱼车间、育苗车间的地面高程齐平，相对标高为±0.00m，以确保养鱼池的排水能顺畅流回微滤机低位池、水处理车间的水能顺畅地流进养鱼池。水处理车间一层层高设计要重点考虑大流量蛋白质分离器型体较高因素，一般应不少于3.5m；二层层高因生物滤池有效水深在2.2~2.5m，操作通道从地面填高1.1~1.3m，通道高度为2.1~2.2m，所以二层层高设计应不少3.4m。

两层水处理车间高程设计，应尽量减少一层层高、生物滤池及微滤机低位池的池深，以减少循环水泵的扬程、节省动能。一般情况下，生物滤池有效水深应不超过2.5m，微滤机低位池的池深不超过3.0m。

第六章
海水工厂化高效养殖体系构建工程概论

海水工厂化高效养殖体系构建工程主要包括养殖车间、养殖池、水处理系统及水处理技术。我国海岸线较长，南北方气候差异较大，海水温度、水质指标、养殖品种及其要求的生态环境各不相同，海水工厂化高效养殖体系的构建工程也各具特点。因此海水工厂化高效养殖体系的构建工程应根据建场海区的气候、环境条件等具体情况、养殖品种的生物学特性等因素，经过全面分析研究，按节能、减排、高效的原则，采用先进技术和设备，以营造最佳的养殖生态环境为出发点，并结合我国的国情进行设计和构建。海水工厂化高效养殖体系构建工程属于小型特种工程技术，它涉及到海洋、生物、机电、仪器、水利、建筑工程及养殖技术等多种学科，构建时应以科研成果为基础，加强多专业多学科的联合，使构建的养殖体系技术先进、经济合理、生产管理方便，实现高效无公害生产。本章主要介绍海水工厂化养鱼、养参、养虾、养鲍、苗种繁育及饵料培养等高效养殖体系的构建工程技术。

第一节　海水循环水高效养鱼体系构建工程

海水循环水高效养鱼体系构建工程主要包括车间的形式结构、平面布置、保温、通风、采光、采暖、鱼池设计、水处理工艺、水处理技术及多点在线水质自动监测系统等。

一、养鱼车间的形式与结构

（一）养鱼车间的建筑系数

海水养鱼车间的建筑系数是指车间内养鱼池、生物滤池等有效水体的总容积数（m^3）与养殖车间建筑面积数的比值，可按下式计算：

$$i_1 = \frac{V_1}{S_1} \qquad (6-1)$$

式中：i_1——养鱼车间的建筑系数；

V_1——养鱼车间内有效水体的总容积（m^3）；

S_1——养鱼车间的建筑面积（m^2）。

一般养殖鲆鲽鱼类的车间 i_1 应控制在0.6~0.8。养殖游泳性鱼类 i_1 应控制在1.0~1.2为宜。建筑面积也称建筑展开面积，在平面图中等于养鱼车间外墙的长宽尺寸面积。养鱼车间一般为低拱形单层结构，它包括使用面积（车间内建池及工作室、工具室等占地面积）、辅助面积（养鱼池周围走道面积等）及结构面积（养殖车间周围墙壁、室内柱体占地面积等）三项。养鱼车间的建筑系数用于说明设计的养鱼车间地面利用情况及车间内平面布置的科学性和合理性，是养鱼车间设计中的主要经济技术指标之一，合理的建筑系数说明设计的车间既能充分利用地面增加养殖水体，又能使车间整齐、安全，操作管理方便。

（二）养鱼车间的形式与结构

1. 养鱼车间的形式

养鱼车间的作用是防风雨、保温和调光，并为养殖对象的生长繁殖提供最佳的生态环境。从经济方面考虑，养鱼车间的形式与结构设计一般为单层结构，其平面形状以长方形为宜；从土地利用方面考虑，可设计双层结构甚至多层结构，如设计双层结构，则饵料培育车间在上层，育苗或养成车间在下层。屋顶形式多为低拱形（图6-1）和三角形（图6-2）。

图6-1　低拱形屋顶

图 6-2　三角形屋顶

由于低拱形屋顶抗风能力较强，因此沿海风力较大特别是夏季多台风地区，宜设计低拱形屋顶。养殖车间可根据生产规模设计为单跨、双跨或多跨结构，其中多跨结构占地较少并可节约投资，在养殖生产中得到较多应用。养鱼车间的跨度一般为 9~18m，长度 40~90m。养鱼车间的层高（屋梁下沿至室内地坪）一般为 2.2~2.4m，

2. 养鱼车间的结构

养鱼车间结构设计的基本要求是最少能抵御 30~40 年一遇的暴风、雨、雪载荷，其使用年限不少于 20 年。

养鱼车间低拱形屋梁，一般按规范设计为轻型钢屋架，可选用型钢焊接制成；三角形屋梁可选用异型工字钢焊接制成。对于跨度较少的车间，可用型钢焊接成只有上弦而没有下弦和腹杆的三角形钢梁，檩条采用断面为长方形的木檩条或型钢檩条，以便于安装软性屋面材料。单跨和双跨养鱼车间采用窗户采光，其屋顶可采用不透光保温屋顶、钢板夹芯保温板屋顶。常用的屋面材料主要有聚胺酯、岩棉夹芯屋面板或在钢板内采用发泡方法和闭泡分子结构，具有保温、隔热、避免水汽凝结功能，其中钢板夹芯保温屋面板还具有强度高、抗风力强等优点。对于两跨以上的车间，其中间几跨应采用光带采光屋面。

不管单层还是多层养鱼车间，其墙、柱的基础设计应依据土工分析结果，在确定土壤类别、性质及承载力等因素的基础上，进行专业设计，而不能套用一般基础设计图纸，以避免车间基础下沉。养鱼车间内地面高程应比室外地坪高 20~30cm，避免室外雨水流入。地面基础设计要重点考虑养鱼池及水体的承重，避免因局部下沉引起鱼池裂缝、水管拆断等情况发生，一般可设计为 20cm 厚的碎石砂浆垫层，铺 15~20cm 厚钢筋混凝土。鱼池壁应建在钢筋混凝土地面之上，车间纵向排水沟应建在地面以下。

养鱼车间的外墙多采用24cm厚的砂浆砌机砖结构，其施工方式如下：在块石墙基上面和屋梁的下沿浇20~30cm厚的钢筋混凝土围梁，在墙角和沿外墙4~6m间距现浇钢筋混凝土立柱组成框架结构，在框架内砌体机砖。多跨车间内一般是相通的，其隔墙可直接用上下围梁和立柱支撑，无需砌墙体（图6-3）。如养殖品种要求不同的环境温度，则多跨车间的隔墙可砌墙体，并在隔墙留有面积较大的中旋窗，便于调节光线和温度，有利于车间的综合利用。多跨车间屋顶的排水多采用天沟连接落水管排入地面雨水沟，屋顶的雨、雪不能直接排入车间内的地沟。车间墙体的内外墙面一般采用水泥砂浆抹面后再涂内、外墙涂料，还可在外墙加保温层提高车间保温性能。养鱼车间若采用两层结构，应按承重车间标准进行规范设计，其楼板承重不少于4t/m^2，现浇钢筋混凝土楼板厚度不少于20cm，立柱间距不大于5m，楼板梁高50~60cm。

图6-3　15m跨度两排鱼池车间

二、养鱼车间的采光、保温、采暖、通风

（一）养鱼车间的采光与调光

不同养殖品种对车间内的光照要求不同，如养殖鲆鲽鱼类要求光照强度较弱，一般在200~300lx；养殖南美白对虾则需要较强的光照以利于虾池内微藻的生长。因此，养殖鲆鲽鱼类单跨和双跨车间一般不采用透光屋顶，利用窗户采光已能够满足光照要求。对两跨以上的车间，中间几跨需设计窄光带采光屋顶。屋顶光带采光是指在不透光屋顶设计较窄的通光带，跨度15m左右拱形屋顶采光带可设计如下：在车间的长度方向，屋顶间距每隔12~15m留0.1~0.2m宽的通光带（图6-3），其车间内的光照强度在春秋季节的晴天可达200~400lx。

根据养殖不同品种对光照强度的要求，养鱼车间的调光可采用车间屋顶采光带调光、窗户光幕和天棚光幕等方式调光。单跨或双跨车间一般不设光带采光，而采用窗户调光帘调光。若养鱼车间鱼池与综合生物滤池（生物滤池上部吊养大量海藻）一体布置，综合生物滤池部分采用独立的透光屋顶，并在屋梁的下沿设置天幕式的调光帘，采用滑轮拉动或手动使调光帘敞开或闭合，在冬天夜间闭合，调光帘与屋顶之间的空气层还能能起到保温作用。因亲鱼产卵前一段时间要求很弱光照，因此亲鱼蓄养池的调光一般采用不透光布料制成遮光罩，吊装在养殖池上方调光。对于养殖车间窗户调光，可采用在窗户上设置调光帘方式进行。

（二）养鱼车间的采暖与保温

1. 养鱼车间的采暖

我国北方冬季的气温经常处于 0℃以下，为减少鱼池水面向外散发热量，养鱼车间一般设计为保温节能型车间并安装采暖设施。如养殖鲆鲽鱼类，其最佳生长温度是 16~22℃，由于池内水深一般在0.6~0.8m，如不采取保温采暖措施，一昼夜散发的热量能使池水温度下降 3℃以上。鱼池系统的水温一般采用燃煤锅炉或深井海水升温维持，车间气温控制则通过车间的窗台下面安装散热器，由锅炉供热方式实现。

2. 养鱼车间的保温

北方养鱼车间的设计，除考虑在结构上能抵御风、雨、地震等自然灾害外，还应考虑保温节能措施。养鱼车间的节能设计包括多方面，如尽量降低循环水系统各设备设施之间的水头、管道阻力及车间保温等。车间保温是节能设计的重要环节，一般车间保温设计有屋顶保温、外墙保温及门窗保温等。

养鱼车间设计保温屋顶，不但在冬天起到保温作用，而且在夏天还可以起到隔热的作用。屋顶安装保温层材料一般采用轻型聚苯乙烯保温板、泡化保温层、保温棉及钢板夹芯保温板等。若采用光带采光屋顶，除光带外全部用保温材料保温。在安装时，屋顶面与保温材料之间应留有 10cm 左右的空气层，其保温效果更好。目前采用的钢板夹芯保温板，使用了室内免滴冷凝水技术，是较理想的保温屋顶材料。

车间外墙保温是指在机砖外墙（除窗户外）水泥砂浆抹面层安装 EPS 保温板、复合外墙保温板等。EPS 保温板采用粘贴法施工；复合外墙保温板采用钢丝网单面外挂法施工，一般外墙保温层厚 3cm 左右，最后在保温层外面抹水泥砂浆抹面并涂外墙涂料。养鱼车间的塑钢门窗安装双层隔热保温玻璃，夏天起隔热作用，冬天起保温作用，节能效果显著。实践证明，科学设计的节能型养鱼车间在冬、夏季可节能 25%~30%。

（三）养鱼车间的通风

海水养鱼车间及育苗、饵料车间的通风换气主要是指排出车间高湿度、有异味的污浊空气，换进新鲜空气。低拱未设保温屋顶的车间，由于夏天气温高、湿度大，所以采用通风机通风降温，可显著改善车间的养殖环境。养鱼池水面占据车间地面的大部分面积，水面每时每刻都在蒸发水汽，气温越高蒸发越快，使车间的湿度过大。另外，车间内都设有排水沟、排水口等，因施工原因水沟的坡度及表面平整度达不到设计要求，经常有少量积水，时间长了易散发臭味。因此，养鱼车间及育苗、饵料车间在设计时，应设计安装通风机或排气风扇，常用的通风机有 SWF 混流风机、TS 轴流风机等。一般可在车间的山墙上预留安装孔，采用螺栓固定通风机。通风机的排气量和台数，应根据车间纵向长度及跨度的大小确定，如养鱼车间纵向长度大于 60m、跨度 15m 左右，则车间两面山墙一般各安装一台通风机。北方的养鱼车间一般选择封闭式通风机，风机启开后挡板自动打开，风机关闭后挡板自动关闭，具有避免冬季大风天气造成车间昼夜自动通风降低室温的功能。

（四）养鱼车间的排水

不管养殖哪些品种的鱼类，海水循环水养鱼车间的每两排鱼池设一条排水地沟，用于排放鱼池的废水（如定时排污水、消毒刷池水）、冲洗车间盖板和人行道的污水、清洗养殖工具及器材的污水等。如图 6-3 所示车间，每两排鱼池设 1 条纵向盖板排水地沟，地沟净宽一般为 0.8～1.0m，地沟顶面设钢筋混凝土或木质盖板，盖板为人行道，盖板上表面与车间地面齐平，车间设计地坪一般为相对标高±0.00m，则地沟深为-0.8～-1.2m，沟底坡度为 0.5%～0.8%，沟底结构一般采用 20～30cm 厚碎石砂浆铺底，上层水泥砂浆防渗抹面，沟壁结构为水泥砂浆砌机砖，表层水泥砂浆抹面。车间排水地沟除排出车间污水外，还可在沟内设管道支架，用于安装鱼池进、排水管，充气管等。车间安装水处理设备的地面应设 5‰的排水坡度，坡向排水沟，避免地面积水。多幢车间地沟排出的污水汇集一起，流入养鱼场外排废水处理系统。

（五）养鱼车间的布置

海水循环水养鱼车间一般可设计为保温节能型，目前养鱼车间的布置主要有两种形式：一种是养鱼车间与水处理车间分开布置，设独立的水处理车间；另一种是水处理设施设备与养鱼池一体布置，养鱼车间大部分地面布置鱼池，少部分布置水处理设施设备。

1. 养鱼车间与水处理车间分开布置

养鱼车间与水处理车间分开布置见第五章第六节。养鱼车间的布置应根据养鱼车间建筑系数的要求，按实用、整齐、方便养殖与管理原则进行科学布置。15m 跨度的两排鱼池车间一般布置两排鱼池，中间设盖板人行通道，盖板下面为地沟，每两口鱼池为一个单体，布置进排管及池水水位控制，周围设操作通道（图 6-3）。

为管理方便，养鱼车间的长度一般为 50~90m，每排鱼池 8~14 口。养鱼车间除布置纵横通道外，还应布置相应工作室、化验监测室及器材室。在设计鱼池池形时，既要考虑方形池能充分利用有效面积，又要考虑圆形池具有较好的水流状态和清底排污作用，一般设计为边长 6~7m 的方圆形鱼池，详见图 6-4 所示。

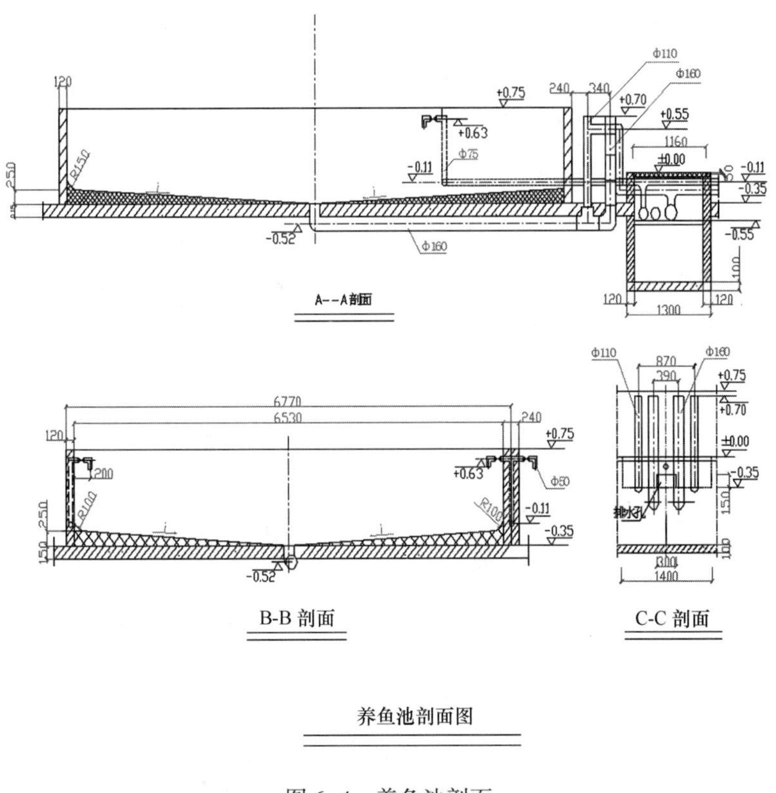

图 6-4　养鱼池剖面

2. 养鱼车间与水处理车间一体布置

在一跨或几跨低拱车间内，沿纵向长度的大部分地面布置养鱼池，小部分布置水处理设施设备，如每跨车间长 80~100m，纵向布置两排鱼池，每排鱼池布置 8~15 口，水处理设施设备纵向布置20~30m。每跨车间布置1~2套独立水处理系统，每套系统包括鱼池、生物滤池、蛋白质分离器、微滤机、紫外线消毒池、溶氧器及循环水泵等。鱼池的水经池底排水管流进微滤机，过滤后的水经循环水泵提水输入蛋白质分离器及生物滤池，生物滤池一般设计为高位，池水再经自流进紫外线消毒池、溶氧器及鱼池。

三、循环水养鱼池设计

（一）鱼池的构建材料

建造海水养鱼池的材料应具有以下特点：良好的耐水性、不渗漏、与海水作用无腐蚀；不对水体产生污染，对养殖鱼类无毒性；建造的养鱼池表面光滑，容易清洗和消毒，以防止损伤鱼类，特别是鲆鲽鱼类的腹部擦伤感染。另外，因养殖池数量多、材料用量大，因此建池材料应价格低廉并就地取材。目前建造的养鱼池主要有水泥池、塑料池、玻璃钢池等，其中最常见的水泥池具有建造成本低、取材容易、施工简单方便、使用寿命长等特点。但因水泥是碱性材料，养鱼池建成后，须采用淡水或海水泡池将水泥中的碱性去除，避免养殖后池水pH值升高。另外，为了避免水泥池碱性不断渗出和保持内壁光滑，一般在使用前可将养鱼池的内壁涂一层环保型涂料。塑料池和玻璃钢池都是有机材料，可采用模具呈形，其特点是池形较小、重量轻、美观光滑、不渗漏，但价格较高。

1. 水泥池

养鱼水泥池一般水深小于2m，常采用水泥砂浆砌砖石结构，水深若大于2m多采用钢筋混凝土结构。砂浆砌砖石结构又可分两种类型：第一种养殖池的有效水深小于1m，采用水泥砂浆砌机砖结构，一般池壁厚12cm，池外壁抹水泥砂浆，内壁及池底五层防水做法，主要用于养殖鲆鲽鱼类；第二种养殖池有效水深为1.0~1.8m，采用水泥砂浆砌机砖结构，池壁厚24cm，池顶加钢筋混凝土围梁，池外壁抹水泥砂浆，池内壁及池底五层防水做法。

2. 塑料池

塑料池在渔业发达国家应用较多，常用的材料有聚丙乙烯、聚氯乙烯和乙烯基塑料等。聚丙乙烯、聚氯乙烯养鱼池一般是根据设计尺寸在塑料厂一次压制而成，具有重量轻，不渗漏，池内壁光滑，易搬动，便于现场安装等优点；但制造成本高于水泥池，不易制造水体较大的养鱼池。乙烯基塑料由于弹性好，因而被广泛用于鱼池的衬底，主要起防漏和光滑作用。塑料池在海水养殖中应用较少，一般多用于小型的养殖池，如鲍鱼及海参养殖池等。

3. 玻璃钢池

玻璃钢池一般采用环氧树脂和玻璃纤维等材料按设计加工的模具逐层制作成形，通常制成圆形鱼池，其特点是重量轻、坚固耐用、池壁光滑、易搬动、方便现场安装或拆卸，但制造成本较高。

（二）水泥池设计

1. 池形选择

水泥鱼池池形有长方形、圆形及方圆形等形式。长方形具有地面利用率高、结构简单、施工方便等优点，但这种池形水的流态有分层现象，并且出水端池底有堆积污物的死角，难以彻底排污，故目前应用较少。圆形鱼池虽然水流状态较好，池底易于排污，但由于地面利用率比方圆形低，其应用也越来越少。目前应用最广泛的是方圆形鱼池，方圆形鱼池是将方形池切去四个角，采用圆弧面过渡而组成的鱼池，它具有方形及圆形池的优点，其地面利用率高、水流状态较好、锥形池底清污彻底，在海水循环水养殖中得到广泛应用。

2. 方圆形鱼池设计

（1）**鱼池结构**　根据低拱形车间的跨度一般设计边长为 6~7m 的方圆形鱼池。若车间跨度为 15m，方圆形鱼池的边长为 6. 77m，切角的圆弧半径为2m，锥形底坡度为 8%~10%。养殖鲆鲽鱼类池深 0. 8~1. 0m，池内有效水深控制在 0. 6~0. 8m；养殖游泳性鱼类，如真鲷、石斑鱼、美国红鱼等，池深 1. 8~2. 0m，有效水深 1. 6~1. 8m。鲆鲽类鱼池采用水泥砂浆砌机砖结构，池壁厚 12cm，设计为半地下池。游泳性鱼类的鱼池采用钢筋混凝土结构或采用 24cm 厚的水泥砂浆砌机砖，池顶设钢筋混凝土压顶围梁，内外池壁水泥砂浆抹面，池底及内池壁五层防水做法，池底表面压光，鲆鲽类鱼池设计见图 6-4 所示。

（2）**鱼池进水**　每口鱼池一般设有两个直径为 50mm 的进水管，采用对称布置方式，其进水量大小由阀门控制，进水管的末端设鸭嘴式喷水口，在水面以上直射进水，以增加喷水强度和空气溶氧量。两个喷水口沿顺时针方向喷射，使池水旋转，有利于池底的集污、排污、池内陈水的排出及新水的均匀分布。若循环水系统采用纯氧溶氧方式，由于进水溶氧浓度较高，一般采用水下直射进水方式，以减少高溶氧水中氧的散发。

鱼池由于经常投饵造成部分残饵，再加上鱼类不断产生的代谢排泄物，池底会不断沉积污染物，若不及时清除，不但增加池水的耗氧，而且有机物长时间堆积分解还会污染水质。因此鱼池的排水、排污设计非常重要，基本要求是排水均匀、池内水位易于控制并具有良好的排污效果。

（3）**鱼池排水**　鱼池排水排污分为两个系统：一个系统是鱼池循环水的排水系统，鱼池设高位排水装置兼水位控制，池水通过锥形底中心的排水管，经管道流出池外，在池外管道上安装三通和弯头，三通的向上管安装倒置的“U”形管，“U”形管最高点设放空口，下接地沟的回水管流入水处理系统，倒置“U”形管顶最高水位为鱼池的控制水位（图6-4）；另一个系统是鱼池的排污系统，在鱼池水不停地环流过程中，残饵及鱼的排泄物在环流切向力和重力作用下沿着池底坡度逐渐旋流进池底中心的排污口，经排污管流出池外排入地沟，排污水经地沟流入全场的废水处理系统。鱼池排污控制方式一般采用在池外管道末端安装弯头，通过插拔管控制排污。

（4）**鱼池的水流状态**　方圆形鱼池的两个进水口沿池壁呈一定角度斜向喷水，带动池水产生切向运动分力，这个分力使水旋转环流运动。进入池内的水量大部分沿池壁环流，并向前下方沿池底向中心旋流，少部分水量从水面向池中心由上向下旋转运动。由于排水口设在锥形池底的中心，池底水在一定坡降产生的重力作用下，环流逐渐向排水口旋转，最后流入排水口。锥形池底的环流切向力与坡降产生的重力共同作用下，使环流向池底中心的旋流加快，这种沿坡度的旋流具有对池底的清污作用，使残饵和鱼的排泄物等被冲洗进排水口。循环水高密度养鱼系统中流进鱼池的水是高溶氧的净化水，在切向力与重力作用下，不断向栖息在池底的鲆鲽鱼类输送，并将污物带走，有利于鱼类的生长发育。所以从养鱼效果、地面利用率与造价等方面看，方圆形鱼池优于其他类型鱼池。另外，方圆形鱼池锥形池底坡度一般应为8%~10%，如池底坡度小于8%，则旋流积污与排污效果不佳。

四、海水循环水养鱼多点在线自动水质监测系统

海水循环水养鱼水质多点在线自动监测系统是以水质分析仪器为基础，采用现代高精度传感器、电子计算机、自动测量与控制技术和网络通信技术的综合性监测系统，系统收集、存储监测数据与运算数据，具有监测状态信号显示、报警和自动运行功能。水质在线监测系统实现了养鱼水质全天实时监测和远程控制，如发现循环系统水质异常变化，能及时预警预报，对海水循环水养鱼的管理、减少养殖事故、高产稳产起到

决定性的作用。

水质自动在线监测系统在发达国家的研究应用较早，1980 年，美国、日本及欧洲一些国家已使用连续多参数水质监测仪，实现了海水工厂化养殖的自动化。国内水质自动监测系统的研究起步较晚，1988 年我国才设立第一个水质连续自动监测系统，所用的仪表多为国外引进，其价格昂贵、运行费用较高，主要用于水利及环保行业。由于养殖密度大、对水质要求高，海水工厂化高效养殖体系的各个环节应用多点在线自动监测就显得非常重要。为保证循环水养鱼安全生产，提高生产效率，从“十五”期间国家“863”课题开始，我们联合研制循环水养鱼多点在线自动水质监测系统，到 2005 年已研制出适合海水循环水养鱼的多点在线自动水质监测系统，并在课题基地安装使用。“十一五”国家科技支撑计划课题又对多点在线自动水质监测系统进一步联合研制与开发，使其在线控制的功能进一步拓宽，养殖水质信息在线查询和互访更加便捷，整套系统的价格大幅度下降。水质监测系统由多参数在线自动水质监测子系统和多参数半自动水预测量子系统组成。

（一）多参数在线自动水质监测子系统

多点多参数在线自动水质监测子系统由多路选通控制器、多参数传感器、专用电源、采集转换控制器、系统计算机、专用软件、数据显示、图表打印及超限报警等部分组成（图 6-5）。

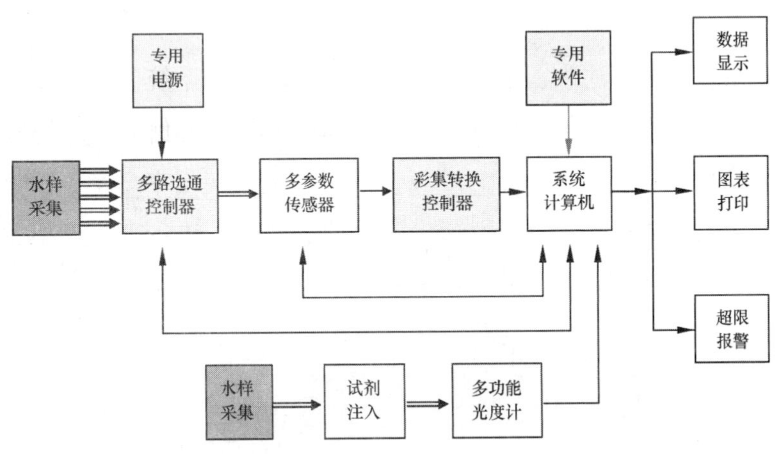

图 6-5　自动水质监测子系统工作原理

5 路不同监测点的水样通过各自的输送管道流抵测试水槽进口处，在多路选通控制器的控制下，某个特定时段内只允许某个特定监测点的水样通过。此监测点的水样流入放置多参数传感器的测试水槽内，水样的 6 个基本参数如温度、溶解氧、酸碱度、电导率、盐度、氧化还原电位，被多参数传感器测得。这些参数再通过采集转换控制器进入系统计算机（图6-6）。系统计算机通过专用软件对这些参数进行处理，最后显示出所要求的数据，打印出所要求的图表。一旦所监测的某个参数值超出预先设定的阈值时，超限报警部分将给出报警信号。专用电源用于全系统及多路选通控制器供电。

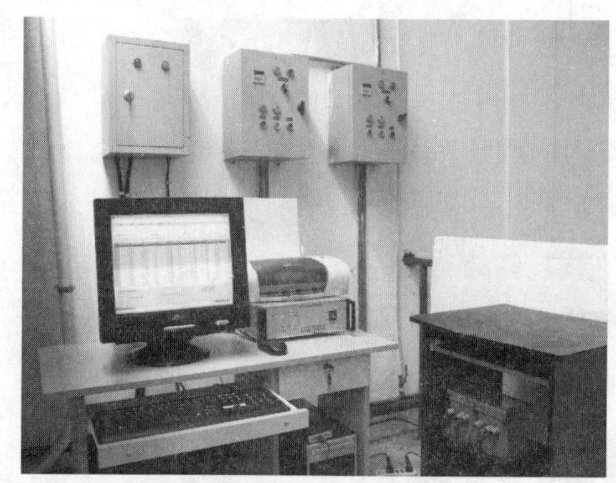

图6-6　自动水质监测子系统

（二）多参数半自动水质测量子系统

多参数半自动水质测量子系统，用于测量氨氮、硝酸盐、亚硝酸盐、磷酸盐等水质指标。此子系统由试剂注入、小型分光光度计以及与多点多参数在线自动水质监测子系统共享的采集转换控制器、系统计算机、专用软件、数据显示、图表打印、超限报警等部分组成。

某测点取来的水样经人工注入拟测量参数的试剂后，送入多功能小型分光光度计（图6-7），小型分光光度计测得的参数再通过采集转换控制器进入系统计算机。系统计算机通过专用软件对参数进行处理，最后显示出所要求的数据，打印出所要求的数据或图表。

（三）水质监测系统的性能

1. 自动在线监测

循环水养鱼水处理系统 6 个基本监测参数包括温度、溶解氧、酸碱度、电导率、盐度、氧化还原电位，这 6 个基本参数可实现 24h 自动在线监测。循环水养鱼系统中进行水质监测最多可选择5处监测点，可同时对这5处监测点进行监测（图6-8）。

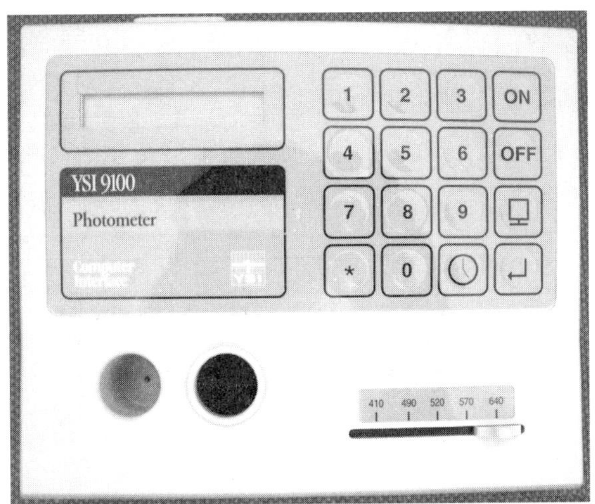

图6-7　分光光度计

图6-8　5路选通控制器系统

这5处监测点一般设置在如下位置：①鱼池排水口——排水池；②微滤机出水口——微滤池；③生物滤池出水口——过滤池；④蛋白质分离器出水口——气浮池；⑤管道溶氧器出水口——进水池。

2. 监测时间间隔

对于同一个监测点，两次监测的时间间隔可选择为10min、20min、30min、1h、2h、4h等，多档可调。

3. 数据处理

所监测到的水质参数可及时显示、储存，并可根据需要进行数据的调出、查询、运算以及打印等。

4. 超限报警

根据需要可对各参数的报警上下限进行设置（图 6-9），当所监测的任一参数值超出预先设定的范围时，系统能给出如下报警信息：喇叭鸣叫，在表格中用超标符号“▲”标记，（用红字）在水质监测系统主窗口右下角提示超标参数（图 6-10）。

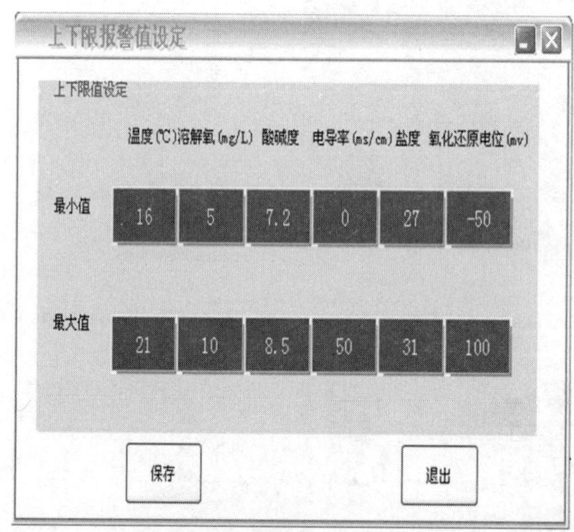

图 6-9　水质指标超限报警设置

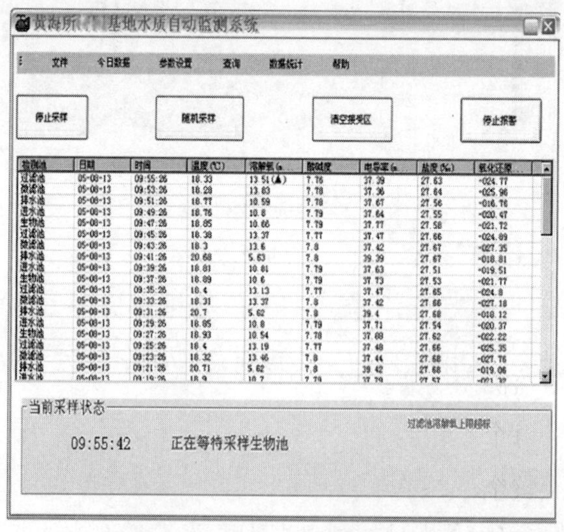

图 6-10　水质指标超限报警显示

5. 历史数据查询及曲线显示

计算机系统可对过去某天或某个监测点的资料进行查询，并通过曲线来显示其变化规律（图 6-11 和图 6-12）。

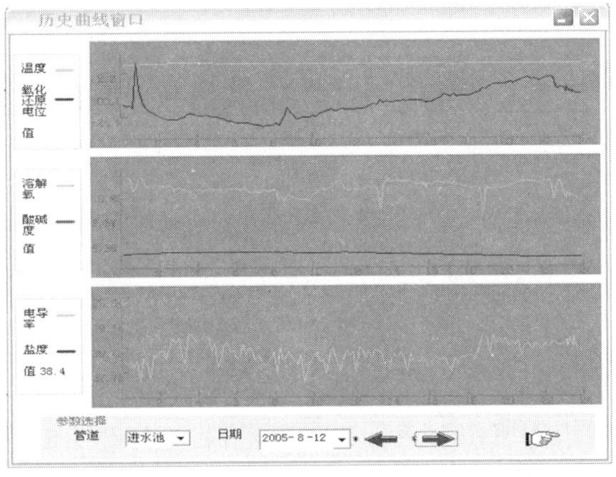

图 6-11　历史曲线显示

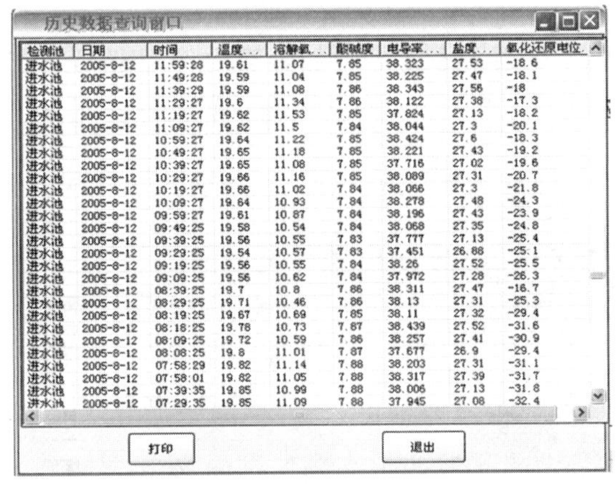

历史数据查询窗口

检测池	日期	时间	温度...	溶解氧...	酸碱度	电导率...	盐度...	氧化还原电位...
进水池	2005-8-12	11:59:28	19.61	11.07	7.85	38.323	27.53	-18.6
进水池	2005-8-12	11:49:28	19.59	11.04	7.85	38.225	27.47	-18.1
进水池	2005-8-12	11:39:29	19.59	11.08	7.86	38.343	27.56	-18
进水池	2005-8-12	11:29:27	19.6	11.34	7.86	38.122	27.38	-17.3
进水池	2005-8-12	11:19:27	19.62	11.53	7.85	37.824	27.13	-18.2
进水池	2005-8-12	11:09:27	19.62	11.5	7.84	38.044	27.3	-20.1
进水池	2005-8-12	10:59:27	19.64	11.22	7.85	38.424	27.6	-18.3
进水池	2005-8-12	10:49:27	19.65	11.18	7.85	38.221	27.43	-19.2
进水池	2005-8-12	10:39:27	19.65	11.08	7.85	37.716	27.02	-19.6
进水池	2005-8-12	10:29:27	19.66	11.16	7.85	38.089	27.31	-20.7
进水池	2005-8-12	10:19:27	19.66	11.02	7.84	38.066	27.3	-21.8
进水池	2005-8-12	10:09:27	19.64	10.93	7.84	38.278	27.48	-24.3
进水池	2005-8-12	09:59:27	19.61	10.87	7.84	38.196	27.43	-23.9
进水池	2005-8-12	09:49:25	19.58	10.54	7.84	38.068	27.35	-24.8
进水池	2005-8-12	09:39:25	19.56	10.55	7.83	37.777	27.13	-25.4
进水池	2005-8-12	09:29:25	19.54	10.57	7.83	37.451	26.88	-25.1
进水池	2005-8-12	09:19:25	19.56	10.55	7.84	38.26	27.52	-25.5
进水池	2005-8-12	09:09:25	19.56	10.62	7.84	37.972	27.28	-26.3
进水池	2005-8-12	08:39:25	19.7	10.8	7.86	38.311	27.47	-16.7
进水池	2005-8-12	08:29:25	19.71	10.46	7.86	38.13	27.31	-25.3
进水池	2005-8-12	08:19:25	19.67	10.69	7.85	38.11	27.32	-29.4
进水池	2005-8-12	08:18:25	19.78	10.73	7.87	38.439	27.52	-31.6
进水池	2005-8-12	08:09:25	19.72	10.59	7.86	38.257	27.41	-30.9
进水池	2005-8-12	08:08:25	19.8	11.01	7.87	37.677	26.9	-29.4
进水池	2005-8-12	07:58:29	19.82	11.14	7.88	38.203	27.31	-31.1
进水池	2005-8-12	07:58:01	19.82	11.05	7.88	38.317	27.39	-31.7
进水池	2005-8-12	07:39:35	19.85	10.99	7.88	38.006	27.13	-31.8
进水池	2005-8-12	07:29:35	19.85	11.09	7.88	37.945	27.08	-32.4

打印　退出

图 6-12　历史数据查询

6. 系统的经济性

多点在线自动水质监测系统实现了用一台多参数水质监测仪器在线监测 5 个不同监测点的水质，与国外每个监测点单独使用一台多参数水质监测仪相比，既减少了监测仪的数量，也降低了整个系统的造价，同时还减小了故障产生的概率以及日常维护保养的工作量，从而使整体系统的性价比大大提高。

（四）多点在线自动水质监测系统的运行

2005 年将整套水质监测系统安装在“863”课题基地，对各主要水质指标进行监测，经一年多的生产性运行，证明了整套自动在线水质监测系统操作方便、性能稳定可靠。“十一五”国家科技支撑计划课题对多点在线自动水质监测系统又进行了全面的研发，使系统运行性能进一步提高，生产成本进一步下降，2008年研发的新型多点在线自动水质监测系统安装在国家科技支撑计划示范基地，经生产性运行显示，系统一切性能良好、监测数据准确可靠。

（五）海水循环水养鱼水质监测系统的发展趋势

采用海水循环水养鱼水质自动监测系统的网络采用有线和无线相结合的方法，实现系统数字化运行是今后的发展趋势。采用无线技术的网络化，使智能传感器现场的数据能够通过无线直接在网络上传输、发布和共享，现场的无线局域网为智慧传感器及I/O设备之间的通信提供无线网结构，并进一步完善网络的通信性能。

目前传感器技术的发展落后于信息传输与数字处理技术，集成化、微型化、智能化、网络化的传感器是发展趋势，特别是BOD传感器的研发。实现多传感组件的集成信息现实多维化、多参数检测。提高多参数传感器测量精度，扩大测量范围，实现综合检测。并具备数字接口、自检、数字补偿和总线兼容等功能，成为有自检测、自补偿、自校正、远程设定、状态组合、信息储存和记忆等功能的传感器系统。

五、海水循环水高效养鱼体系构建工程实例

天津立达海水资源开发有限公司是黄海水产研究所主持的“十一五”国家科技支撑计划课题示范推广基地，课题组设计的现代化海水循环水养鱼车间于2008年初开始建设。立达公司位于渤海湾畔天津市滨海新区，海区滩涂平缓，海水水质肥沃、颗粒物含量较高。循环水养鱼车间与水处理车间合为一体布置，按节能、减排、高效的原则设计，并采用“十一五”国家科技支撑计划课题最新研究成果，构建海水循环水高效养鱼体系示范推广基地，达到节能、环保、高效、无公害健康养殖，实现经济效益和社会示范效益双赢。

（一）养鱼车间与水处理车间一体设计

车间屋梁设计为异型工字钢三角形钢屋架结构，屋顶采用钢板夹芯保温板，具有保温、防锈及防冷凝水的功能。车间总长为96m，总宽为30m，单跨宽度为15m。每跨车间纵向分为两部分，一部分布置养鱼池，长为58m，另一部分布置水处理设施设备，长为38m。养鱼池部分沿每跨车间纵向布置双排鱼池，每排8口，每口鱼池有效水面约为42m^2，有效水深为0.8m。每排鱼池设计一套独立水处理系统，两跨车间共

计4套，32口鱼池，养殖水面约为1 340m^2。两跨车间内纵向两通道，两条排水沟，横向两通道。

养鱼车间建筑结构：地面基础设计20cm厚碎石砂浆及15cm厚钢筋混凝土；鱼池设计为12cm厚水泥砂浆砌机砖结构，池底及内池壁五层防水做法，外池壁水泥砂浆抹面；生物滤池设计为池壁25cm厚的钢筋混凝土结构；渠道式紫外线消毒池及调温池设计为水泥砂浆砌机砖结构，池底及内池壁五层防水做法。

车间层高为2.3m，设计为异型工字钢三角形屋顶，屋面采用聚胺酯钢板夹芯保温型屋面，钢板内采用发泡的闭泡分子防冷凝水结构，并采用先进防锈技术。车间外墙设计为钢筋混凝土立柱、围梁及水泥砂浆砌机砖结构，车间外墙设计保温层，门、窗玻璃采用双层保温玻璃。

（二）循环水处理系统

1. 循环水处理工艺流程

循环水处理工艺流程优化设计：鱼池→封闭式全自动微滤机→循环水泵→蛋白质分离器（加臭氧）→高位生物滤池→渠道式紫外线消毒池→换热器→管道溶氧器→鱼池。

补充水处理工艺流程：高潮海水→一级土质沉淀池（铺地膜）→砂坝过滤→二级沉淀池（铺地膜）→提水泵→砂滤罐→蛋白质分离器→高位生物滤池。

2. 水处理系统主要设施设备

水处理系统主要设施有四段流水式高位生物滤池、渠道式紫外线消毒池。主要设备有蛋白质分离器、封闭式全自动微滤机、管道溶氧器、循环水泵、板式换热器、罗茨风机、砂滤罐（处理补充海水）、液氧罐（设在车间外）及水质监测显示系统。在车间内还设有工作室、器材室、化验室及水质监测室。

3. 水处理主要技术指标

主要水质指标：SS<7mg/L；DO>8mg/L；COD<3.5mg/L；总大肠菌群<3 500个/L。循环水频率为每2~4h循环1次，养殖鲆鲽鱼类平均单位产量为30kg/m^2。

（三）生物滤池设计

1. 生物滤池的结构与布置

每一套独立养鱼系统设计一组四段流水式生物滤池，池宽为3m，池长为38.6m，水深为 2.3m，有效水体为 266m³。鱼池设计为边长为 6.53m 的方圆形鱼池，池底为锥形，水深为 0.8m，一排鱼池近似计算有效水体为 220m³，生物滤池与鱼池有效水体之比为 266：220，约为 1.2：1。

生物滤池的容积较大，生物载体用量较多，考虑到水处理效果、生物载体价格及方便生产管理，选用聚丙烯丝制成的弹性立体刷状生物载体，外形直径为 12cm，采用密置垂直方式吊装。

生物滤池底设计为多孔管排污，进水池布置直径为 160mm 的 PVC 排污管三根，出水池部分布置直径为 125mm 的 PVC 管三根，孔径为 18mm，孔距为 200mm。

生物滤池底设计 PVC 管微孔曝气器，输气管为直径为 90mm 的 PVC 管，布气管采用直径为 50mm 和 32mm 的 PVC 管，微孔直径为 0.8~1.0mm。

2. 生物滤池的进排水系统

循环水鱼池排出的废水经管道流入微滤机过滤，通过循环水泵提水输入蛋白质分离器，经气浮处理后流入生物滤池的进水布水器，均匀地从滤池上部进水，水在四段流水式滤池内波浪式起伏流动，其中第一段由高位向低位流动，第二段由低位向高位流动，三、四段水流形态同一、二段。第四段末端设高位堰口出水，确保生物滤池内始终具有一定的高水位。

（1）进水布水器 进水布水器采用直径为 160mm 的 PVC 管，长为 2.7m，两端焊接封头，中间连接直径为 160mm 的三通与生物滤池的进水管相接，布水器水平安装在滤池进水端的池壁上面。在布水器正视面上钻两排直径为 16mm 的圆孔，孔行距为 32mm，孔间距为 30mm，滤池的进水能均匀地向前喷洒。

（2）堰口出水器 生物滤池的堰口出水器水平地安装在滤池的第四段末端池壁上方。采用直径为 200mm 的 PVC 管，两端焊接封头，中间连接直径为200mm的三通，与滤池的出水管相接。在堰口出水器正视面的 PVC 管上，开高为 25mm、长为 250mm、间距为 50mm 的出水孔 8 个，孔的下沿与 PVC 管纵向中心线齐平，生物滤池的水能均匀地流进堰口出水器，并能保持池内具有高水位。

3. 生物滤池的排污

生物滤池运行后，鱼池的水不停地流入生物滤池。虽然鱼池排出的废水在进入生物滤池之前已采用微滤机过滤、蛋白质分离器气浮，但一部分微小的颗粒仍会进入滤池。废水进入滤池后由于过水断面增大和池内生物载体的截留作用，水流的流速变缓，微小颗粒慢慢地沉降到池底。另外，衰老生物膜的脱落也导致部分颗粒污物沉降到池底。因此设计了生物滤池多孔排污设施。由于污物的沉降分布不均匀，沉积最多的是第一段滤池，其次是二段，一般三、四段滤池沉积的污物较少，所以设计生物滤池池底排污能力不能均匀分布。

根据多年生物滤池运行排污经验及池底排污优化设计，设计出多孔管排污与微孔管曝气相结合的排污方法。多孔管排污是在3m宽的生物滤池池底，一、二段布置直径为160mm的PVC管三根，三、四段布置直径为125mm的PVC管三根，管道间距1m，管道与纵向池壁间距0.5m，管道与管道之间采用混凝土抹成半波形弧面，半波高为20~30cm。多孔管钻孔孔径为16~18mm，孔口向上，多孔管埋在半波弧面的低谷处，孔口与半波形低谷面齐平。生物滤池池外的地沟中设排污阀，定期启开阀门排污，当启开排污阀时，在池水的静压力下，排水孔附近的半波弧面上形成水的斜流、旋流流态，在排污的同时还具有清洗池底的作用。微孔曝气管的气泡从气管向下斜喷，除具有充气功能外也具有冲污清洗作用。生物滤池采用多孔管排污与微孔管曝气相结合的方式排污效果很好，是值得推广应用的排污方法。

4. 生物滤池的曝气

（1）**生物滤池曝气的优点**　生物滤池处理养鱼池外排废水时，废水经过生物载体的同时，池底布置的微孔曝气器向上曝气，空气泡通过生物载体的间隙上升与流动的废水相接触，使气液充分混合。生物滤池的曝气具有如下优点：①气液在生物载体的间隙充分接触，氧的转移率较高，动力消耗较低，气、液、固三相间接触时间增长，提高了生物处理废水的效果；②生物滤池池底布置微孔管曝气比曝气盘、散气石均匀，气泡从池底均匀上升，对生物膜的冲刷效果较好，使生物膜保持着较高的生物活性；③生物滤池内菌群结构合理，微生物分布相对均匀，在滤池中从上到下形成了不同优势菌种，除碳、硝化及反硝化作用能在同一池中进行，简化了工艺流程；④由于曝气器是在布气管斜向下方喷射气泡，然后反向上升，所以气泡对池底具有冲洗作用，有利于池底多孔管的排污；⑤在生物滤池池底大面积曝气，对循环水养鱼系统中各种生物产生的二氧化碳具有较好的去除作用，不需另设二氧化碳去除设备。

（2）**曝气系统**　生物滤池的曝气系统采用独立的罗茨风机室统一供空气，每个生物滤池的池底布设微孔曝气器，曝气器由PVC管、弯头、三通等管件组成列管式长方形管架，长为2.9m，宽为2.8m，每段流水滤池布置3个，串联供气。罗茨风机选用SSR型，根据生物滤池水深选用风压，水深为2.3m，选用风压为29.4kPa。由于罗茨风机运行时噪声较大，风机室远离养鱼车间独立布置，并采用PVC管埋地敷设供气。为避免风机故障停气，设置备用风机。

（3）**曝气气水比** 生物滤池曝气的气水比设计为 0.6～0.8。若选用每分钟 4m³的罗茨风机，4 个生物滤池每池每小时供空气 60m³，每小时产空气量为 240m³（4×60）。每套养鱼系统 8 口鱼池，有效水体为 220m³，如养殖系统水循环频率平均为 2.5h，每小时向生物滤池输入水量为 88m³，则气水比为 0.68。

微孔曝气器的出气孔设计为 PVC 管断面圆心角为 90°，沿两直角线方向钻直径为 0.8mm 的微孔，间距为 20cm，每根管钻两排孔并相间布置，使气泡均匀地从管道中心斜向下方喷射气泡，气泡冲到池底返向上升。由于气泡对池底产生一定清洗作用，因此有利于生物滤池池底排污。

（四）渠道式紫外线消毒池设计

消毒池设计为三段流水池渠道，在每段放置一组紫外线消毒模块。每段水池长为 1.3m，池宽为 0.7m，水深为 0.6m，采用水泥砂浆砌机砖结构，池内外砂浆抹面，池内壁及池底五层防水做法。三池串联运行，进水采用管道布水器，出水采用堰口出水器，水在串联池内起伏运动，水与灯管均匀接触，并且接触时间较长，杀菌效果较好。

（五）循环水鱼池设计

设计边长为 6.77m 的方圆形鱼池，池深为 1m，有效水深为0.8m。池壁采用 120mm 厚的水泥砂浆砌机砖结构，砂浆抹面，池底与内壁五层防水做法。每口鱼池有效水面约为 42m²，8 口鱼池设计为一套独立的循环水处理系统。

每口鱼池设有两个进水口，对称布置。进水管采用直径为 50mm 的 PVC 管，出水口设计为鸭嘴状扁缝喷水，出水量由阀门控制。两个喷水嘴顺时针方向喷射使池水旋转，将池底残饵及鱼体排泄物旋转到锥底最低处的排污口，便于定时将污物排出池外。

鱼池循环水排水设计：池底中心排水管通向池外，在池外管道上设变径三通连接直径为 110mm 的倒置“U”形管，管顶高程距池顶 200mm，并设放空口便于观察循环水流状况，管顶水面高程是鱼池内的控制水位。“U”形管的下降管连接地沟的回水管。鱼池定时排污，鱼池底排水管在池外末端设弯头，弯头口向上，采用插拔垂直管方式定时排污，节省阀门，方便操作。

（六）补充海水及外排废水处理

1. 补充海水处理

1 340m² 循环水养殖水面有效水体约为 950m³，系统内每天的补充海水一般按 10%

计算，需海水量约 100m^3/d。补充海水处理工艺设计：采用室外土质池塘串联沉淀池，砂坝过滤及车间内砂滤罐过滤，蛋白质分离器气浮进入循环水系统。

2. 外排废水处理

养鱼车间外排废水处理设计：室外沉淀分离池、土质沟渠排水及大型综合生态池处理工艺；综合生态池为终极池，按人工湖设计并与休闲渔业相结合，人工湖周围进行绿化、美化，设垂钓、休闲观光场所；湖内移植大型藻类，并养殖少量鱼虾类，便于多种生物协同作用处理废水，实现养鱼车间外排废水"零排放"。

（七）工程总造价计算

1 340m^2 水面鲆鲽类循环水养鱼车间建设工程造价的计算，根据以前同类建设工程的造价及 2008 年国内原材料及人工费涨价等因素综合分析确定。建设工程主要包括车间场房、鱼池、高位生物滤池、紫外线消毒池、滤料、配电、管道、阀门及设备安装等，不包括外排废水、补充海水室外处理设施设备及车间周围修路、绿化等费用。造价计算按 2 400 元/m^2（水面），1 340m^2 养鱼面积合计 322 万元。设备费为 135 万元，主要包括蛋白质分离器（100m^3/h）4 台、封闭式全自动微滤机（100m^3/h）4 台、模块式紫外线消毒器 4 组、管道溶氧器（100m^3/h）4 台、液氧罐（15m^3）一套、砂滤罐（80m^3/h）2 台、板式换热器 4 台、管道泵 8 台、液氧罐 1 台、罗茨风机 2 台及水质多点在线监测显示系统一套。总计工程造价约为 460 万元。

第二节　海水工厂化对虾高效养殖体系构建工程

目前我国对虾养殖的品种主要有中国对虾、斑节对虾、日本对虾（车虾）、凡纳滨对虾（南美白对虾）、长毛对虾、墨吉对虾、刀额新对虾、脊尾白虾等。传统开放式池塘养殖对虾病害严重，所以对虾健康养殖向两个方向发展，一是潮上带或潮间带综合生态养虾，二是陆基循环水高密度养虾。

中国对虾、日本对虾、斑节对虾等因生活习性原因，较少采用工厂化循环水养殖方式，最适合工厂化高密度养殖的品种是南美白对虾。南美白对虾原产于南美洲太平洋沿岸，属于热带虾种，该虾种的主要优点有：①适盐范围广，最适宜的盐度范围为 15~35；②适宜高密度养殖，循环水高密度养殖单位面积产量一般为 3~5kg/m^2，50~70 尾/kg，国外试验养殖可高达 8kg/m^2；③生长速度快，在水温 25~30℃的条件下，养殖 80d 每尾可达 15~20g，北方地区升温养殖一年能养三茬；④抗病能力强，目前在对虾中南美白对虾对白斑综合征病毒抵抗力最强；⑤对饲料营养要求不高，饲料中蛋白质含量达15%~20%能正常生长发育，当蛋白质含量达40%时，生长最快，饵料系数最低，能小于1。目前南养白对虾已成为世界各养虾国家一个重要的养殖品种。我国1988年引进南美白对虾，经过20年的育苗、养殖探索，现已在全国各地沿海开展工厂化养殖，福建、广东、海南三省的养殖尤其盛行。

一、封闭循环水综合生态养虾体系构建工程

对虾养成通常是指将全长1cm左右的虾苗养殖到商品规格的生产过程。潮上带或潮间带对虾的养成有多种形式，按人工控制环境条件、水体大小和产量高低，一般可分粗养、半精养和精养三大类，具体养殖模式有传统的小海湾养虾、池塘养虾、围网养虾及近几年流行的潮上带高位养虾等。在潮上带修建小型精养虾池，采用机械提水高位养虾，对提高产量和预防虾病起到了积极作用。

传统的大面积池塘养虾、围网养虾模式都是开放式，养虾池的排水不经过处理，直接排入近海水域，对海洋生态系统的结构与功能产生严重影响，导致养殖环境恶化。对虾养殖业从20世纪60年代开始发展，到90年代初达到高峰，90年代中后期虾病大面积暴发，导致对虾产量大幅度下降，养虾业出现了大滑坡，这时人们开始认识到保护海洋环境和减少养殖自身污染的重要性。因此，探索新的养虾模式，研究有效的养殖环境修复技术、废水处理技术，保证养虾废水达到排放标准或“零排放”，是对虾养殖业可持续发展的重要举措。

今年研究试验和生产实践证明，潮上带或潮间带对虾封闭循环水综合生态养殖模式行之有效，该模式是指在不同的池塘内利用对生态环境互补的动物、植物、微生物等净化、调控水质，实现养殖用水循环利用和养殖环境自我修复，可养殖各种品种的对虾，并适合于我国南北方不同区域，已取得了很好的经济效益和社会效益。

（一）循环水综合生态养虾工艺及主要设施

目前在沿海潮间带修建封闭循环水综合生态养虾工程，大部分是利用以前修建的开放式养虾场进行重新规划设计，利用原有的进排水渠道、蓄水池、泵房等设施，重新布置虾池构建而成。对新建养虾场的企业，应采用先进的水处理技术，科学规划设计养虾池、循环水系统和废水处理系统。

对虾封闭循环水综合生态养殖的设计依据是，采用先进的水体净化、消毒技术和综合生态养殖技术，切断对虾病毒传播途径，解决传统开放式养虾水体自身污染问题，

维持良好的海洋生态环境，实现对虾高密度健康养殖，构建我国沿海养虾业可持续发展的新模式。

1. 循环水养虾工艺流程

循环水综合生态养虾系统的核心是水处理系统，封闭循环水养虾工艺流程优化设计一般为：

对虾养殖池→沉淀分离池→砂滤池→综合生态养殖池→提水泵→高位生物净化池→对虾养殖池。

采用蓄水池向养殖系统中的高位生物净化池补充水，根据养殖规模大小，可布置一套或多套独立水处理系统，用于不同养殖品种的用水需求，并方便操作和管理。循环水养虾系统主要设施有对虾养殖池、蓄水池、生物净化池、沉淀分离池、砂滤池、综合生态养殖池等。

2. 循环水养虾系统主要设施

（1）**循环水对虾养殖池**　对虾养殖池池形以长方形为宜，便于布置和节省用地。长宽比为2∶1~3∶1，池塘面积为500~2 000m^2，水深1.8~2.0m，池壁坡度1∶1.5~1∶2.0，池底坡度为1∶1 000~1∶2 000，虾池宽边设进、排水闸门。建池的土壤若有一定的渗水性，则应采取防渗措施，可采用池底加防渗黏土或采用塑料地膜铺底方式。

（2）**蓄水池**　蓄水池的作用是为养虾场提供补充水，可采用水泵提水方式向高位生物净化池供水。蓄水池一般可修建为潮差式，水面面积与养虾池面积之比为1∶1.5~1∶2.0（详见本书第三章的潮差蓄水池部分）。水量要求是蓄水池一次性蓄满水可供养一茬虾或多茬虾的需水量，整个养殖过程中封闭循环水系统不再取用外海水，以切断对虾病毒的水平传播。小型养虾场也可以通过修建取水构筑物，如反滤层大口井、渗水形蓄水池等补充养殖用水，避免养虾过程不断取用外海水。

蓄水池在储水过程中，水面每天受到阳光的照射具有消毒杀菌的作用，风力的吹动使表面产生波浪，能使池水保持高溶氧，同时，池底土壤中又形成新的微生物及微藻种群，具有氧化池的净化作用。实践证明，海边修建的蓄水池只要不受外来污染物的污染，多年能保持良好的水质。

（3）**生物净化池**　生物净化池的作用主要是去除养虾过程中产生的可溶性有机污染物，保持水质清新。生物净化池的池形可为长方形，水深不小于2m，一般设置价廉的生物填料，如碎石、卵石、聚丙烯丝刷状填料等，填料表面附着大量的微生物通过代谢作用吸收水中可溶性有机污染物，以降低水中氨氮含量。生物净化池可设计为高位水池，池底不能渗漏，若土质有一定渗水性，则应采用塑料地膜铺池底。

（4）沉淀分离池 沉淀分离池池形为长方形，利用平流沉淀原理分离虾池排出带有残饵及虾类排泄物的废水，以减少下一级综合生态养殖池对有机负荷的压力。每套封闭循环水养殖系统一般建两个沉淀分离池，其中一个运行，另一个清除沉淀污泥。沉淀分离池的下一级一般设无压砂滤池或砂滤坝。

（5）砂滤池与砂滤坝 砂滤池与砂滤坝过滤属于介质过滤，主要作用是过滤粒径较小的污染物，封闭循环水养虾一般采用重力浸没式无压砂滤池。无压砂滤池具有结构简单、造价低廉、截留能力强，兼有生物过滤功能，其过滤效果好，但由于砂滤层表面积污后滤速下降，需人工去除污物。

无压砂滤池一般采用四层滤料，分别为中细砂、粗砂、鹅卵石、碎石，其厚度分别为50cm、30cm、20cm、40cm，每层滤料的粒径应经筛选，并按反滤层原理布置，要求较小颗粒不能通过下一层较大颗粒的空隙。

无压砂滤池的滤速较慢，一般为0.8~2.0m/h，其滤速主要取决于滤料的粒径、滤料表层以上的水深、被过滤水质中悬浮物的数量等因素。每套循环水养虾系统中无压砂滤池的面积应按养虾池有效水体乘以换水率，得到每天需砂滤的水量，再按设计的滤料确定滤速，计算出每天需砂滤水量与虾池每天换水量相当的过滤面积。

砂滤坝设在沉淀池与综合生态池相连的隔堤上，隔堤修筑成具有过滤水功能的砂坝，砂坝的断面为等腰梯形，中间布置细砂，两边布置粗砂及碎石，砂坝的坡度一般为自然堆碎石坡度。养虾池排出的废水，经沉淀、砂坝过滤流进综合生态养殖池。

（6）综合生态养殖池

综合生态养殖池的作用是，虾池排出的废水经沉淀、砂滤后，流进综合生态池，在池内进行生物净化和水质调控，池内养殖的少量海珍品也能获得一定经济收益。综合生态池池形宜采用长方形，它具有兼做氧化池处理低浓度废水的功能，大面积的综合生态养殖池可确保水质稳定和净化效果。综合生态池以移植大型藻类，如江蓠、马尾藻、龙须菜等为主，兼养少量海珍品，如海参、对虾、鱼类及贝类等。为使养殖对象具有良好的生活环境，在池内布置一定范围的养殖设施，如养殖海参应在池底铺设砂、砾石，并用块石、瓦片等搭建礁棚，使海参有良好的栖息环境；池内大型藻类一般采用筏式养殖方式。由于池内有多种大型藻类、浮游生物及池底土壤、砂、石中附着的各种微生物，它们具有协同降解废水污染物的作用，可保持池内水质稳定和相对平衡。

综合生态池应加强各方面的调控和科学管理，使池内水质、水量及生物多样性始终保持相对平衡，实现对虾循环水养殖废水“零排放”，以取得较好的经济效益。

（二）总体布置

养虾体系的总体布置要求各种设施布局合理，尽量符合生产工艺要求，有利于生产管理、减少投资并能较好地发挥综合养殖效益，并应利于土地、地面高程设计，减少开挖土石方量和合理调配填挖之间的土方量，还要尽力降低提水扬程，以节约能源。养殖区与水处理区应适当加大池堤、渠堤顶宽度，方便管理和生产人员的通行，并留有机动车道路，有利于物资、产品的运输。

每套独立循环水养虾系统的养虾池应集中布置为一排，虾池两端布置进、排水渠。沉淀池、砂滤池应靠近排水渠，以减少排水渠的长度。生物滤池应靠近综合生态养殖池和进水渠，便于生态养殖池提水直接进入生物滤池，经生物处理后又能自流入输水渠及虾池。综合生态养殖池是养虾废水处理的终极池，其面积较大，一般要求每两套独立循环水养虾系统建一个综合生态养殖池，可设在两排养虾池中间，有利于养虾场总体布置和供排水系统的布置。

（三）水处理工艺主要技术指标

1. 养殖池面积与水处理池面积比

养殖池面积指一套独立封闭循环系统中对虾养殖池的面积；水处理池面积指沉淀分离池、砂滤池或砂坝、生物净化池及综合生态养殖池面积总和，但不包括供补充水的潮差蓄水池。养殖池面积与水处理池面积比一般为 1∶1~1∶2。

2. 沉淀分离池与生物净化池面积比

沉淀分离池是利用重力作用将对虾池排出带有残饵及排泄物的废水经沉淀去除颗粒物，然后流进综合生态养殖池，以减少生态养殖池水处理的负荷。沉淀是依靠重力作用分离较大有机颗粒，一般分离粒径大于 100μm 的污染物。养虾池排出的废水中的有机颗粒大部分小于 100μm，为了避免大颗粒污染物沉积在综合生态池池底，造成水质污染，在沉淀分离池出水口处设砂坝过滤或无压砂滤池过滤，去除30μm以上的较小有机污染物。循环水养虾系统中，从综合生态池提水输送到生物净化池，通过生物过滤主要去除可溶性有机污染，降低水中氨氮。在独立循环水系统中，沉淀池与生物净化池面积比以1∶3~1∶4 为宜，若生物滤池过小，则养虾池中氨氮较高。一般生物净化池的面积约为养虾池面积的 10%~15%。

3. 养虾池日换水率

养虾池日换水率是指24h内对虾养殖池输入水体的体积占养虾池总水体体积的百分比。对虾的生活习性与鱼类不同，对虾池中可生长一定数量的浮游生物，水质的透明度要求不高；另外，土质池塘具有氧化塘的净水作用，池底与池壁的土层中，生长着大量好氧和厌氧微生物，微生物的生长繁殖过程中可吸收水中可溶性有机污染物作为营养物质，从而净化了水体。土质池塘封闭循环水生态养虾要求保持稳定的生态环境，所以日换水率不宜太高，日换水率一般不大于10%。

（四）循环水养虾系统高程设计

潮间带封闭循环水养虾系统中各种设施的高程设计，主要取决于当地海区大潮汛高潮位和低潮位。如大潮汛高潮位时，蓄水池依靠纳潮获得高水位，大潮汛低潮位时，养虾池、综合生态养殖池等都能排干池水收获鱼虾或清池。

养殖系统中蓄水池的池顶高程一般应大于大潮汛高潮位1m以上，排水闸闸底高程应不低于大潮汛低潮位高程，可保证在大风浪高潮位时能避免堤顶越浪、冲毁堤坝，在低潮位时蓄水池又能排干池水。

对虾养殖池应根据确定的经济挖深和循环水系统各设施开挖的土方量，分析确定合理的水面高程，再根据养虾池水深确定养虾池池底高程。生物净化池可设计为循环系统中的高位池，由水泵从综合生态池提水输入生物净化池，或由蓄水池提水输入生物净化池补充系统用水。沉淀分离池、砂滤池及综合生态养殖池依次为低位池。为确保系统自流排水，沉淀分离池的最高水面应低于对虾养殖池最高水面0.1~0.2m，并高于砂滤池最高水面0.1~0.3m，而砂滤池的水面则应高于综合生态池最高水面0.2~0.3m。

养殖系统的排水高程、综合生态养殖池的池底高程，应不低于大潮汛的低潮位高程，便于综合生态池能排干池水。生物净化池、对虾养殖池、沉淀分离池及砂滤池池底高程都应相应高于综合生态养殖池池底高程，确保循环水系统一次提水自流循环，系统中各类池塘的池底应不低于大潮汛低潮位高程，以确保能排干池水。

二、海水工厂化对虾高效养殖体系构建工程

目前适合循环水高密养的对虾品种主要是南美白对虾，它在北方地区的温室内养殖三个月，单尾体重可达20~25g。北方南美白对虾多茬循环水养殖车间一般需设计为节能型低拱温室车间。

（一）节能型低拱温室车间设计

1. 低拱温室车间的结构

根据养虾规模，低拱温室车间可设计为单跨或多跨，每跨长度为30~50m，宽度为12~16m。车间墙体采用围梁、立柱砌机砖结构，内外墙水泥砂浆抹面。屋梁采用低拱轻型钢梁、木檩条结构。屋顶采用透光率较高的聚酯薄膜、碳酸酯PC阳光板等材料覆盖，以充分利用太阳能。

2. 低拱温室车间的节能设计

养殖南美白对虾的低拱温室车间应设计透光屋顶，充分利用太阳能增温，利用光照促进微藻的生长。外墙最好采用保温层，门窗采用双层保温玻璃；在车间内屋梁下沿安装用手动或滑轮拉动的天幕，白天拉开调光、采光增温，晚上闭合保温，构成保温屋顶。设计节能型低拱温室车间比一般低拱车间节能25%~30%。

（二）养虾池的类型

目前工厂化养殖南美白对虾的池型一般有长方形、方圆形及跑道形三种养虾池。

1. 长方形养虾池

长方形养虾池一般用水泥砂浆砌机砖结构，内池壁及池底五层防水做法。池长为10~18m，池宽为5~9m，池深为1.0~1.2m，池壁厚为0.24cm。养虾池进水采用多孔横管布水器，池底采用多孔管排污。多孔管排污池底设计为半波形，横断面半波高为15~20cm，半波长为60~90cm；排污管为直径110~160mm PVC管，排污孔孔径为16~18mm，间距为30~40cm；多孔排污管一端封闭，另一端每2~3根用1根较粗横管连接，安装一个排污阀，定期排污。长方形养虾池一般在池底采用微孔管曝气，与生物滤池的曝气器基本相同，多孔管排污和微孔管曝气详见本章第一节。

2. 方圆形养虾池

方圆形对虾养殖池与鲆鲽鱼类养殖池基本相同，采用水泥砂浆砌机砖结构，外池壁砂浆抹面，内池壁及池底五层防水做法。池形为切角方圆形，边长为5~7m，池深为0.8~1.0m，池底为锥形，池壁进水，锥底中心排水。方圆形对虾养殖池一般采用散气石曝气。

3. 跑道养虾池

跑道养虾池又称环道养虾池，跑道池的面积应根据生产规模确定。低拱温室车间单池面积为80～200m²，单阶段养虾池（养成池）一般设计成池长为15～30m，池宽为6～8m，有效水深为60～80cm；三阶段养虾池（幼苗池、大苗池和成虾池）设计的三段养虾池面积一般分别为12～18m²、30～40m² 和60～80m²。

温室车间内跑道池可设计为地下池或半地下池，采用水泥砂浆砌机砖结构，砂浆抹面，五层防水做法。跑道池是一种浅水环流池，形状为长圆形，长宽比为3：1～4：1，在长圆形池内纵向设一隔墙，使池内的水直流环流交替运动，便于对虾与微藻均匀分布。

跑道池水体流动的动能主要依靠设计在池内的桨叶搅拌机或空气充气机的动能，推动水体在池内缓慢流动。桨叶搅拌机的叶片类似水车式增氧机，桨叶的轴放置在跑道池的横断面处，通过桨叶旋转推动池水向前流动，同时又起到搅拌池水的作用。空气充气机产生具有压力的空气，通过微孔扩散器向前方喷射，扩散器安装在跑道池的横断面处，空气向前喷射作用推动池水向前流动，同时起到充气增氧、混合池水的作用。跑道池排污口设在长圆形池底两端水转弯处，此处池水直流转向环流，此时产生的紊流有助于排污。跑道池进水口一般设在一端，采用布水器进水，南美白对虾养成一般日换水率为10%。

（三）养虾车间的布置

低拱温室养虾车间内的平面布置应按照充分利用地面、方便生产管理的原则，以布置养虾池为主，相应布置水处理设施设备、人行道、排水沟、值班室、化验室及工具器材室。

1. 长方形虾池的布置

采用长方形养虾池，应根据设计池长，按照每跨车间沿车间纵向布置一排养虾池、两条地沟，其中一条内设进水管，另一条为排水沟，每条地沟上面铺设盖板作为人行道，每两口虾池之间留有60cm宽的操作通道。长方形养虾池若采用多孔管排污，池底高程应高于沟底高程20cm以上，避免多孔管排污阀过低操作不便。

2. 方圆形虾池的布置

在低拱温室车间内采用方圆形养虾池，边长一般为5～7m，车间内平面布置与循环水养鱼车间的布置基本相同，每跨车间养虾池双排布置，中间一条盖板式排水沟。

3. 跑道养虾池的布置

在低拱温室车间布置跑道养虾池，应根据设计的跑道池长度和低拱车间的跨度确定其布置，若跑道池长度不大于16m，跑道池纵向成排，可在车间采用单排池布置，并在纵向布置两条走道，其中一条为盖板式走道，下设排水沟，每两个跑道池可设操作通道。

若跑道池长大于16m，特别是三阶段养虾跑道池，跑道池纵向应沿车间纵向布置，根据跑道池宽度，车间横向可布置多个跑道池。车间纵向布置一条盖板式排水沟，横向布置多条带盖板的排水沟和人行道。

（四）低拱温室养虾车间的水处理系统

南美白对虾循环水高密度养殖对水质的要求与鲆鲽鱼类高密度养殖不同，主要表现有：池内生长一定数量的微藻及虾类初级饵料生物需较强光照；水质透明度要求较低，一般低于30cm；要求水温较高，水质相对稳定，换水率较低，根据对虾不同的生长阶段，一般日换水率不大于20%；养虾池的氨氮一部分靠微藻吸收利用，另一部分靠水处理净化。

低拱温室车间多茬养虾应考虑综合节能，除采用循环水养虾模式外，有条件的企业可利用工厂化育苗及循环水养鱼排出的废水，经微网过滤、消毒处理后用于养虾，能充分利用热能降低养殖成本。

1. 养鱼废水用于养虾的水处理

海水循环水养鱼外排废水具有较高的水温，可将废水集中处理后用于工厂化养虾，常用的处理方法有两种：第一种方法是，鱼池排出的废水经沉淀分离池沉淀或弧形筛过滤去除颗粒状的有机物，再经充气增氧后输入养虾池，其可溶性有机物主要靠虾池生长的微藻和微生物吸收；第二种方法是，经封闭式全自动微滤机、氧化池、充气增氧处理后，输入养虾池。以上两种方法处理养鱼废水产生的效果不同，沉淀分离池与弧形筛过滤一般不消耗动能，但操作麻烦；微滤机过滤消耗一定动能，但过滤自动化程度较高，管理方便。氧化池不但通过微生物能降解可溶性有机物，而且向氧化池投放一定量的生物菌剂，还能进一步培养微生物和虾类初级生物饵料，降低养虾的饵料系数，设计时可根据具体情况选用。

2. 循环水养虾水处理系统

（1）水处理工艺 低拱温室车间循环水多茬养虾优化设计的水处理工艺是：

养虾池排出水→沉淀或微网过滤→生物净化→紫外线消毒→调温→曝气增氧→养虾池。

养虾池排出的废水带有大颗粒残饵及排泄物，经沉淀分离或微网过滤后，输入生物滤池净化，生物净化主要去除可溶性有机物。循环水养虾由于水循环频率较低，生物净化可采用滴流式生物滤池或浸没式生物滤池，因池内生长一定量微藻、微生物，水体消毒一般采用紫外线消毒方式，可根据实际情况间断开启消毒器，而不应大量杀灭微藻。在冬季进行循环水养虾时，因要求水温较高，一般可采用燃煤热水锅炉，或采用1 000m以下的淡水热水井或海水源热泵升温。循环水养虾的增氧通常采用充空气方式，若养殖密度很高，可采用纯氧增氧方式。

（2）滴流式生物滤池 滴流式生物滤池一般为圆柱形，体积较大时多采用钢筋混凝土浇铸，体积较小时多采用PVC板加工，其直径与高度应根据养虾规模计算设计。生物载体多采用塑料制品，如表面粗糙的小颗粒塑料球、波纹塑料片及蜂窝状塑料环，直径为10~25mm，厚为10mm，堆放后具有较大的空隙率。滴流式生物滤池工作原理：废水从上部经布水器向下喷洒，滴流水在重力作用下向下流动，净化水从底部流出，生物载体湿润而不浸没在水中；低压空气从生物滤池底部经扩散器向上流动，在生物载体的空隙中产生上升空气流，与下降水流混合使气液充分接触，给生物膜提供了良好的生长繁殖环境。滴流式生物滤池具有良好的净化效果和二氧化碳去除作用，易于建造和管理，但造价和运行费用偏高。

（3）浸没式生物滤池 浸没式生物滤池与循环水养鱼的生物滤池基本相同，一般设计为长方形分段流水滤池，根据不同水深可采用水泥砂浆砌砖石或钢筋混凝土结构，内池壁与池底五层防水做法，采用塑料球、陶粒及弹性刷状等生物载体。每段流水池设高位进水，底孔出水，水在池内起伏流动。池底采用多孔管排污和微孔管曝气，废水在生物载体空隙中流动，曝气气泡由池底上升流动，为生物膜提供良好的生长繁育环境。

3. 循环水养虾系统的加热方式

南美白对虾是高温虾种，为保证对虾能快速生长，养殖系统的水温应在20℃以上。我国北方地区在冬季采用低拱温室型车间养殖南美白对虾时，虽然在白天能充分利用太阳能升温，在夜间可以保温，但若不采用其他方式加热，养殖系统水温仍然难以达到20℃以上，其主要加热方式有燃煤锅炉、淡水热水井、海水源热泵等。

（1）燃煤锅炉 采用燃煤锅炉是常用的加热方式，可选择锅炉的类型有热水锅炉、蒸汽锅炉及海水直接升温锅炉三种。热水锅炉输出的热水温度一般不高于95℃，蒸汽锅炉根据不同的蒸汽压力，介质温度都在100℃以上，热水锅炉及蒸汽锅炉需采用换热器升温。海水直接升温锅炉，可将养殖系统的一部分海水或补充海水直接输入特制的锅炉中，升到一定温度后输送进养殖系统，海水直接升温锅炉的温度在25～60℃范围内可调。

（2）**淡水热水井** 采用淡水热水井升温需要具备一定条件，一是当地地下深层有热水源，二是能承受打深井的高额投资。地下热水井的深度一般在1 000m以上，如山东、河北等省现用的热水井深度大多为1 200～1 500m，水温65～70℃，可采用板式换热器或盘管换热器加热海水。南美白对虾属广盐性品种，若地下热水水质较好，也可以将热水作为补充水添加到养虾系统中直接加热海水。

（3）**海水源热泵** 海水源热泵升温技术是近几年研发的一种高科技节能环保型空调技术，目前在沿海城市采暖工程及循环水养鱼场已开始应用。海水源热泵可制冷制热，其制热比一般燃气锅炉节能40%以上，比电加热节电75%，将节能环保型的海水源热泵引入海水循环水养殖是一种适用可行的新技术。

热泵制热实际上是利用电能驱动压缩机，使制冷剂在冷凝器、蒸发器等组成的循环系统中循环，将室外大水体中的热量转换到室内养殖池的小水体。为使热泵在冬季制热时获得较高的效率，把吸热的蒸发器放到温度比室外空气较高的海水源中，消耗同样的电能比在空气中能获得更多的热量，海水源热泵比普通空调机能节约电能50%。循环水养虾若采用海水源热泵升温，把特制的蒸发器放入水温较高的深层海水中或地下海水中，节能效果更加显著。

4. 循环水养虾外排废水处理

循环水养虾外排废水主要来自不同类型养虾池的排污废水，废水中含有颗粒状有机污染物如残饵、虾的排泄物、虾皮等，以及可溶性污染物，这些废水若不进行有效处理，直接排入海区会对海区环境造成严重污染，必须采用科学有效的方法进行处理，达到排放标准或“零排放”。

循环水养虾外排废水的优化处理工艺是：

养虾池外排废水→沉淀分离池→氧化池→综合生态池。

养虾车间外排的废水汇集后，经土质沟渠排入沉淀分离池，沉淀池的水再排入氧化池及综合生态池。土质沟渠可采用土质暗沟渠方式，并在暗沟渠顶面加盖板，利于场区地面布置。另外，土质沟渠还有一定的生物净化作用。沉淀分离池一般可建两个，其中一个使用，另一个清除沉淀污泥。清除污泥的方法是，小型沉淀池可采用人工清除，较大型沉淀池常采用污泥泵清除。清除的污泥经消化、干化处理后可运到农田作肥料。

沉淀分离池池形可为长方形，在地面以下采用水泥砂浆砌机砖结构，进水口和出水口设计为堰口，使进出水流平稳，有利于有机颗粒的沉淀。沉淀分离池设计为盖板能开启的暗沉淀，有利于场区地面的布置及减少异味的散发。沉淀分离池容积不能太小，应根据外排废水流量确定，要求废水在池内的停留时间不少于20min。

氧化池又称稳定塘，是人工开挖的土质池塘，并设围堤和防渗层，避免高潮水和地面淡水流入。污水流进氧化池后，经较长时间的停留并通过池塘土壤及水中的微生物、藻类、原生动物、水生植物等多种生物综合作用，将有机污染物降解，污水得到净化。氧化池可设计为兼性氧化储水池，作为循环水养虾外排废水处理的终极池，池内可养殖少量经济鱼类和中国对虾，省去综合生态池，实际应用效果很好。

综合生态池是循环水养虾外排废水经资源化处理后，进行再利用的多功能池塘。它具有海珍品及大型藻类养殖功能和水质综合处理功能。综合生态池通过科学设计与养殖管理，利用水生植物、浮游生物及各种微生物等的协同降解作用达到生态环境相对平衡，实现海水循环水养虾废水处理“零排放”，并获得较好的养殖效益。

第三节　海参工厂化高效养殖体系构建工程

海参的种类很多，在我国北方养殖效益较好的品种是刺参，刺参属于温带种，主要分布于亚洲的北太平洋沿岸，在我国主要分布在黄、渤海沿岸。刺参生活在潮间带及潮下带海藻茂盛的砂石及岩礁海区，其水质清新，水深在2~12m，最适宜生长的水温为8~15℃。刺参在自然海区生长，当水温高于20℃时具有夏眠习性，自然状态下约为100d，山东沿海的7月中旬到10月初是刺参的夏眠季节，而当冬天水温很低时，海参生长非常缓慢，接近冬眠状态。

为了使海参全年快速生长，在陆上修建循环水海参养殖车间，通过控制水温、水质及光照，创造适宜海参生长的水环境，可实现全年室内养殖；也可以在夏、冬季节将海参移到车间内养殖，春、秋季节在海上养殖，一般称这种养殖模式为海陆轮养或接力式养殖。海参海陆轮养可以避免夏眠和冬季半休眠状态，能实现海参的全年快速生长，若调节养殖周期，则可在春节前上市，经济效益显著。另外，海参的海陆轮养由于春秋季节在自然海区生长，所以海参的外观、品质、口味均比常年工厂化室内养殖的好。刺参车间养殖的关键技术是水处理、水质调控及专用饵料，如采用生物滤池上层兼养大型藻类调控水质，选用专用海参饲料，车间内循环水养殖海参的品质同样也很好。

循环水海参养殖车间可设计为节能型，即冬天保温、夏天隔热，并通过光带采光控制光照，其养殖池一般设计为多层流水池，呈圆形池或长圆形池形状。

一、海参海陆轮养模式海上养殖方式

刺参海上人工养殖方式很多，主要包括网笼养殖、池塘养殖、潜堤拦网养殖等，这些养殖方式都经过多年养殖实践，均取得了较好经济效益。海上养殖与陆上循环水养殖两种方式都可以独立养殖，但两者相结合可发挥各自的优势，获得更大的经济效益。海上养殖方式投资较少，成本低，养成商品规格时间长；陆上循环水养殖投资多，生产成本高，但无夏眠和冬季半冬眠状态，养成商品规格时间短。因此采用海陆轮养是一种科学、可行、高效的养殖方式。

（一）网笼养殖

网笼养殖是指采用金属及塑料材料制作框架，外包聚乙烯网衣，内放置黑色波纹板附着基进行海参养殖的一种方式。网笼的形状包括圆形和方形，其体积一般小于 $1m^3$，采用扇贝筏式养殖方式投饵养殖 2～5cm 大规格参苗。网笼养殖方式设备简单，放养和收获操作方便，适用于海参海陆轮养。近几年在山东和辽宁省沿海成功地进行了网笼养参，并取得较好的经济效益。

（二）潜堤拦网养殖

潜堤拦网养殖刺参是指在砂石、岩礁海区围建潜堤，并分隔成若干小型养殖池，在潜堤顶安装拦网，涨落潮时海水在潜堤顶面流进流出，潜堤拦网养殖刺参还可兼养鲍鱼。养参池的面积一般以 300～$800m^2$ 为宜，每个养殖池设一个水闸，收获海参鲍鱼时能排干池水。养参池内一般布置礁棚并移植海藻，利用潮汐进行池水交换。养殖池内的生态环境接近自然海区，因此海参、鲍鱼混养效果较好。

围海的潜堤一般建于低潮区中位，并处于大潮汛低潮线以上，形状呈“U”形，与岸边相连围成一片水域，形成养殖水面，其结构一般采用浆砌块石或混凝土结构。

潜堤顶高程应从多方面的因素权衡考虑，特别要根据潮汐特性确定堤顶高程，若堤顶过高，小潮汛时水交换量较少，甚至出现多天无法进水现象；若堤顶过低，则池内水深较浅，不利于海参的生长。目前潜堤顶高程的确定没有一定的模式和计算方法，一般可根据当地滩面高程、潮汐状况、底坡和池水的交换量等因素综合考虑确定。首先潜堤位置应选在低潮区中位，具体以潜堤内最低处不低于大潮汛低潮位线为原则，而在小潮汛高潮位时潜堤顶面应有 5～10cm 的水深为宜，因此施工时应根据实测潮位确定。另外，堤顶设拦网的主要功能为防止外海鱼类及敌害动物过多进入潜堤内，同时也防止鲍鱼在夜间沿潜堤斜坡外逃。

（三）池塘养殖

池塘养殖刺参可在潮间带或潮上带建池。潮间带建池需修建拦海坝避免高潮水涌入养殖池，采用纳潮供水以减少动能消耗；潮上带建池不需修筑拦海坝。潮上带建池有两种供水方式，一种是通过挖深养殖池采用引水沟渠或管道输水，另一种是就地建池采用水泵提水。两种建池方式各有利弊，设计时应根据具体地形、养殖场规模、投资状况等因素分析利弊权衡考虑。

1. 潮间带建池

潮间带建池可利用原有的对虾养殖池进行改造或新建土质池塘，场址应选在海区潮流通畅、风浪较小的内湾、海汊等的潮间带，底质以砂壤土或壤土类为宜。潮间带建池首先应修建拦海大坝，然后在坝内修建养参池。

根据养参场的规模，拦海坝可设计为土质坝、浆砌块石坝、混凝土坝等形式。土质坝的修建原则是：坝址一般选在潮汐变动为2~3m的中潮区，坝顶不允许越浪，高程一般取平均高潮位1m以上，迎海面坝坡应按斜坡式防浪堤设计；土质坝断面形状为梯形，坝顶宽度不小于3m，外坡坡度为1：2~1：3，内坡为1：1.5~1：2；土坝外坡一般采用干插石护坡，下设反滤层，内坡常采用植草护坡；拦海坝总进水闸和总排水闸的结构与大小应按海参养殖场的规模确定。浆砌石坝断面形状以梯形为宜，堤顶宽度不小于1m。混凝土坝断面形状一般为矩形，坝宽不小于0.8m，坝基最好与地下硬土层连接。不管哪种类型的拦海坝，其坝体的结构与抗风浪强度都应根据当地海区30~40年一遇最大风浪计算设计。

拦海坝内应布置进排水渠道、海参养殖池、机动车道及相应水处理设施，如沉淀蓄水池、砂滤池、外排废水处理池等，使养参废水经处理达标后排放。养参池的面积：精养池一般小于1hm^2，粗养池为2~3hm^2；池形以长方形为宜，长宽比为3：1，水深不小于1.5m；每池设进排水闸门，日换水率在20%~30%。参池排水闸门底高程应高于全场总排水渠底高程，同时总排水闸闸底高程应高于大潮汛低潮位线高程，便于收获和修整池塘时能排干池水。

2. 潮上带建池

潮上带建池有两种方式：一种方式是在海边低洼盐碱地、荒滩深挖池塘，其池底高程应低于大潮汛高潮位 2m 以下，同时修建潮差蓄水池纳高潮水，并采用沟渠或管道供养参池用水；另一种方式是在潮上带就地建池，采用水泵从取水构筑物中提水。

潮上带修建刺参养殖池的单池面积一般不小于 $1hm^2$，以保持池水水质的稳定。池形以采用长方形为宜，长宽比为 2∶1~3∶1，水深应大于 1.5m，一般修筑斜坡土质池堤，少数为浆砌石池堤；池堤顶应高出周围地面 20~30cm 以防止地表水流入池内。若池底土质为砂土类，则应采用黏土防渗或塑料地膜防渗，并在防渗层上面铺设粗砂保护层。当在潮上带修建养参池时，若采用蓄水池供水，则蓄水池除能储存高潮水外，还具有氧化池的净水作用。

（四）养参池的布置

不管是潜堤拦网养参池还是土质池塘养参池都必须按刺参所需要的生活环境进行布置。

1. 改良池底

当池底土质物理性黏粒含量大于 50%即为重壤土，这种情况不适宜刺参栖息，应在池底铺适量的粗砂和卵石，以改良池底生态环境。

2. 投放参礁

为创造刺参良好的栖息环境，应向池内投放参礁。一般采用投放块石形成一定造型作为参礁，其在池底堆放的形状有长条形和圆锥形。长条形一般宽为 0.5~0.8m，高为 0.3~0.5m，净间距为 2~3m。圆锥形一般每堆投石为 $1\sim2m^3$，堆距为 2~3m，行距为 2~3m。

参池投放参礁的材质很多，常用的有块石、空心砖、瓦片、混凝土块、陶瓷管等，应根据当地材料情况，尽力就地取材，避免远距离运输。

3. 移植海藻

海藻的光合作用不但能净化水质，还能为刺参提供饵料和良好的栖息环境。海藻的种类主要有鼠尾藻、马尾藻、大叶藻、江蓠等。

4. 养殖少量海珍品

潮上带修筑的刺参池，单池水面较大，水环境稳定，水交换条件良好，底质砂石较多，除投放参礁和大型海藻用于主养刺参外，还可以养殖少量中国对虾、牡蛎、鱼类等。大型参池多品种生态养殖能带来可观的经济效益。

二、海参循环水养殖车间设计

采用海参陆基循环水养殖，不但能实现刺参工厂化养殖或海陆轮养，还能解决海参夏眠及因冬季海区水温很低造成生长缓慢等问题，达到刺参全年快速生长的目的，其关键技术是循环水深度处理及水质综合调控。

（一）海参循环水养殖车间的结构形式

海参循环水养殖车间不管是海陆轮养或全年养成，车间的结构形式应设计为节能型，采用低拱框架结构，墙体砌机砖，屋顶设计为保温型。保温材料主要有保温棉、发泡剂、保温板及钢板夹芯屋面板等。由于海参不喜欢强光，屋顶一般采用窄光带采光，单跨或双跨车间则可采用窗户采光，并在窗户上安装调光窗帘调节光照。车间外墙可安装保温层，门窗可采用双层隔热、保温玻璃。

（二）海参循环水养殖车间的布置

海参循环水养殖车间的设计应根据养殖规模采用低拱单跨或多跨结构，车间平面布置以养参池为主，留出一定地面布置水处理设施设备。养参池一般设计为多层流水池、长圆形养殖池，每跨车间双排布置，两排养殖池布置三条走道，其中中间走道设盖板，盖板下面为地沟，两边走道为操作通道。每两口养参池为一组，每组周围同样布置操作通道。

车间纵向一少部分地面布置水处理设施设备、工作室、化验室、养殖器材室等。循环水养参车间生物滤池设计非常重要，为调控水质最好采用综合生物滤池，滤池上面吊养大型藻类，下面布置生物载体，综合生物滤池车间采用透光屋顶。

（三）海参养殖池设计

循环水海参养殖池的设计应充分利用地面和空间，减少能量的消耗，合理增加单位水体的养殖量，降低生产成本。目前室内养殖池的设计有多层流水池、长圆形及方圆形养殖池等形式。

1. 多层流水池

在低拱节能型车间一般设计3层流水池。流水池的支架常采用钢筋混凝土或型钢搭建，每排支架安装3层参池，每排参池留有操作通道。参池长为2m，宽为0.8m，池深为0.4m，水深为0.3m左右，可采用工程塑料或玻璃钢材料制作，参池层高为

0.7~0.8m。每口参池安装进排水管道，其材质多为 PVC 管，一端高位布水器进水以增加池水溶氧，另一端排水，并设水位控制。池底设一定坡度，在最低处设排污阀门用于定期排污。每 3 口参池串联为一组，采用自上而下流水方式养殖刺参，每组参池并联供水，其排水经微滤机、蛋白质分离器、生物滤池或综合生物滤池、紫外线消毒池、调温池处理后可循环使用。

2. 长圆形、方圆形养殖池

长圆形和方圆形养殖池是指长方形切角形成的长圆形池和正方形切角形成的方圆形池，这是因为长方形、方形养殖池的地面利用率高，同时其水流状态适宜海参生活习性的要求。低拱车间的跨度一般为13~15m，长圆形池设计成长为 5.5~6.5m，池宽为 4.0~4.5m，池深为 1m，池底为锥形；方圆形池边长为 5.5~6.5m，池深为 1m，池底为锥形。每跨车间布置两排参池，两排池中间设盖板地沟。每口参池设 2 个进水管，进水口采用鸭嘴喷水使池水缓慢旋转。在参池长度和宽度的中心处设排污管，在池外接三通分两路排水，一路经水位控制管排水，进入循环水处理系统，另一路接阀门或插拔管定时排污。由于多层流水池结构复杂，造价较高，人工清污较麻烦，而长圆形及方圆形养殖池水流状态较好，有自动排污功能，因此长圆形和方圆形水泥池被广泛接受。

我国北方的室内海参循环水养殖与自然海区养殖组成的海陆轮养方式解决了自然海区海参夏眠和冬季生长缓慢的问题，采用该种养殖方式，海参生长速度快、养殖效益高，促进了海参养殖业的快速发展。

（四）海参循环水养殖水处理系统

海参循环水养殖由于在冬季消耗热能较多，因此节能降低生产成本显得非常重要。除设计节能型养殖车间外，采用循环水养殖也是节能的重要方式。养参池排出温度较高的废水经处理后循环使用，可大量降低海水升温的能耗。循环水养参设计主要针对有效的水处理系统和节能型调温设施。

1. 水处理工艺流程

根据养殖海参的水质要求，优化的水处理工艺流程为：

养参池排出废水→沉淀分离或微网过滤→蛋白质分离器（加臭氧消毒）→生物滤池或综合生物滤池→紫外线消毒池→调温池→充气增氧→养参池。

2. 水处理设施设备特性分析

不管是多层流水养参池还是长圆形及方圆形养参池，排出的废水都带有残饵和排泄物，需沉淀分离或微网过滤。沉淀分离池基本无运行费用，但去除效果不如微网过滤。微网过滤有弧形筛、管道过滤器、微滤机等方式，采用弧形筛污物去除率不如微滤机高，但运行费用低；采用全自动微滤机，自动化程度很高，但消耗一定的动能，养参场应根据具体情况选用。

蛋白质分离器通过泡沫分离能去除水中小于30μm的微小颗粒和有机胶质。蛋白质分离器加臭氧消毒不但能杀灭细菌病毒，而且还能去除可溶性有机物，增加水体溶氧，使水质清新，同时还能去除水系统中的二氧化碳，是循环水养殖海参不可缺少的水处理设备。

生物滤池通过生物载体附着的大量微生物吸收水中可溶性有机物，使水中氨氮大幅度下降。综合生物滤池养殖的大型藻类，不但能吸收水中氨氮放出氧气，而且对养参水体具有调控作用。循环水养参水处理系统最好采用综合生物滤池，即建造独立的透光保温生物净化车间，白天池面阳光照射促进藻类生长，夜间采用启闭式天幕保温。综合生物滤池宜建长方形分段流水池，池内下层吊挂弹性刷状生物载体，上层吊养大型海藻，池底采用微孔管曝气，多斗排污。综合生物滤池的微生物和海藻共同净化、调控养参的水质。

渠道式紫外线消毒池是一种结构简单，操作维护方便的消毒设施，适用于循环水刺参养殖。调温池是冬、夏季刺参循环水养殖不可缺少的设施，冬天采用锅炉升温，夏天采用海水深井水、制冷机等降温。循环水养殖刺参一般采用充空气增氧方式，微孔管曝气器设在生物滤池的池底，曝气不但能增加水系统中的溶氧，而且还能提高生物膜的活性。循环水处理设施设备与养参池一般可布置在同一幢车间内，若生产规模较大，可建多幢一体布置车间，或建设独立的水处理车间分别向多幢车间分路供水，以方便使用与管理。

（五）循环水养参调温设施

为使刺参不夏眠，夏季养殖刺参的有效措施是降低养参的水温；同样，为使刺参快速生长，冬季养殖刺参的有效措施是升高养参水温。

1. 降温方式

（1）经济降温方式　目前最经济的降温方式是利用夏季海带育苗排出的低温废水和地下井水。在规模较大的综合育苗场，可以利用海带育苗排出的低温水进行工厂化刺参养殖，海带育苗排出的低温水经微网过滤、蛋白质分离器及紫外线消毒后输入刺参养殖池，能大幅度降低夏季养刺参的生产成本。

有地下海水源的海区，可在海边建造管井，其井深一般不超过50m，夏季水温在14~17℃，适宜刺参养殖。利用地下井水养殖刺参需注意的问题是，因为刺参属于狭盐性生物，其适宜盐度为27~32，如地下井水盐度较低，则不能直接与养参系统内的水体混合，否则会影响刺参生长，甚至导致刺参生病死亡。

另外，有条件的养参场可在夏季利用废弃的岩石坑道水降温。一般北方坑道内储存海水的底层水温不超过18℃，经长时间储存沉淀，其水质较好，盐度适中，很适宜刺参养殖。

（2）制冷降温方式 养殖刺参的夏眠时间在北方一般不超过三个月，因此可采用制冷降温方式进行刺参养殖，常用的制冷方式是采用全自动制冷机。自动制冷机使用简单，水温可自动控制，使用时将养参系统的循环水直接接入制冷机的进水管即可，参池的水温设定后可实现自动控制。如60~90kW的变功率制冷机能带动800~1 000m^{2}刺参池水面，可实现无夏眠养殖。

海水源热泵是近几年研发的节能环保型新产品，能制冷制热，目前已在沿海城市采暖工程和循环水养鱼中应用，适合于刺参的循环水养殖。使用时，可将空调制冷系统的蒸发器放置到养参系统的调温池中，将散热的冷凝器放置到大水体的海水中，由于夏天海水水温比大气气温低得多，所以极大提高了制冷效率，从而节约了电能。

夏季车间内制冷养殖刺参，车间的结构形式应设计为隔热节能型，避免车间内气温太高导致池内水面能量散发太快。

2. 升温方式

（1）经济升温方式 经济升温方式主要是指利用地下深井水。深井包括海水深井和淡水深井两种，海水深井的井深一般为20~40m，冬天水温13~15℃，水质为海水；淡水深井的井深一般大于1 000m，全年水温在70℃左右，水质为淡水。采用海水深井升温养殖刺参，要求养参场海区地下有充足的海水源；采用淡水深井养殖升温刺参，一是要求养参场地下深层有热水源，二是要求企业能支付打深井高额的费用。如采用淡水深井高温水为热源，可直接利用换热器升温，使用方便。如采用海水深井为热源，则应根据深井水的盐度确定换热方式，若盐度适中，可采用直接将井水加入到刺参养殖的循环水系统中混合升温；若盐度较低，可采用换热器方式升温。

（2）制热升温方式 为了降低生产成本，制热升温一般采用燃煤锅炉，常用的锅炉类型有热水锅炉、蒸汽锅炉和海水直接升温锅炉。热水锅炉和蒸汽锅炉采用换热器升温；海水直接升温锅炉可省去换热器，将养参循环系统的海水直接输入锅炉内，经升温后再流回到循环系统，其水温由锅炉控制，使用管理方便。

第四节　海水工厂化高效养鲍体系构建工程

世界上鲍的种类约有100余种，从热带到寒带都有分布，我国主要种类有6种，北方以皱纹盘鲍为主，南方以九孔鲍为主。鲍是一种食藻性腹足类名贵水产品，自然海区适合鲍生长的环境较少，产量不高，而国内外市场需求量很大，价格昂贵，所以鲍的人工繁育、养殖发展很快。我国从20世纪70年代开始研究养鲍技术，80年代从育苗到养成有较大发展，90年代进入规模化养殖阶段。目前国内养鲍方式主要有陆基工厂化循环水养鲍、海上筏式养鲍、池塘养鲍、海底沉箱养鲍和潜堤拦网养鲍等。

一、循环水养鲍车间设计

（一）循环水养鲍的优点

1. 全年速长养成

北方皱纹盘鲍当水温在7.6℃以下时，基本上不生长，所以7.6℃为皱纹盘鲍的生物学零度。在山东、辽宁省沿海每年有近5个月水温在7.6℃以下，所以海上养鲍一年只有7个月的生长期。而皱纹盘鲍最适宜生长温度为18~22℃，最适宜温度在自然海区只有40~50d。工厂化循环水养鲍，通过水温调控技术，能使鲍全年在最适宜温度中快速生长。

2. 不受海上大风浪影响

海上养鲍主要方式有：筏式网笼养鲍、池塘养鲍及潜堤拦网养鲍。这些养殖设施都受到台风及大风浪的威胁，如果设施设计强度偏低，遇到大风浪天气会出现筏架冲毁，堤坝冲垮，鲍鱼被冲跑，造成巨大经济损失。陆上循环水养鲍则安全稳定。

3. 循环水养鲍可实现海陆轮养

陆基循环水养鲍采用控温技术营造鲍的适宜养殖温度，在夏冬季池可将海上养殖的鲍搬到车间内养殖，而在春秋季海上水温适宜时，再将鲍从车间内搬到海上养殖，实现海陆轮养，达到全年速长高产。

4. 可借助循环水养鱼的水处理技术

目前海水循环水养鱼水处理技术逐渐成熟，循环水养鲍可采用先进的循环水养鱼水处理技术，如采用生物滤池、蛋白质分离器、渠道式紫外线消毒池等，并结合鲍对水环境要求的特点，设计相应的水处理工艺流程，完善和提升循环水养鲍的水处理技术水平。

（二）养鲍车间及养鲍池设计

循环水养鲍首先应修建养殖车间、养殖池、取水构筑物及水处理设施设备等。

1. 循环水养鲍车间

养鲍车间一般设计为低拱单跨或多跨节能型车间，车间整体为立柱、围梁框架结构，外墙采用水泥砂浆砌机砖，屋顶设保温层，窄光带采光，门窗安装保温玻璃及调光帘，白天车间内光照强度一般在300lx以下。循环水养鲍车间设计为节能型车间，以减少池水的热量向外散发，降低能耗。

2. 养鲍池设计

循环水养鲍池一般设计为流水池多层布置和流水池内多层网箱布置两种养殖方式。

（1）流水池多层布置 一般在低拱节能型车间内采用 3 层流水池布置。流水池支架为长方体，常采用钢筋混凝土浇铸或型钢焊接搭建，每排支架安装 3 层，每层安装 2~3 口养鲍池，支架之间留有操作通道，车间纵向总体布置两排养殖池支架、三条走道，车间中间走道设盖板，盖板下面为地沟，纵向两侧走道为操作通道。每口鲍池一般长为 1. 5~2. 0m，宽为0. 5~0. 7m，深为 0. 3~0. 4m，水深为 0. 2~0. 3m。鲍池一般采用工程塑料或玻璃钢材料制作，鲍池层高为 0. 7~0. 8m。每口鲍池安装 PVC 进排水管道，养鲍池一端高位进水以增加池水溶解氧，另一端排水并设水位控制，池底最低处设排污阀门定期排污。上中下 3 口鲍池串联为一组，循环水自上而下流动，一般日换水频率为 3~6 次。

（2）流水池内多层网箱布置 流水池形一般为长方形，池长为 6~8m，池宽为 0. 6~0. 8m，池深为 0. 6~0. 8m。采用水泥砂浆砌机砖结构，池壁厚为 0. 24m，内外池壁砂浆抹面，池内壁及池底五层防水做法。流水池一端设高位布水器进水，另一端低位出水并设水位控制，池底最低处设排污阀门定期排污。

目前市场上有塑料养鲍专用箱及网衣围成的养鲍网箱两类产品。塑料养鲍专用箱是采用工程塑料压制的多孔长方形箱体，有可开启的箱盖，箱长为 0. 6~0. 8m，宽为 0. 5~0. 6m，高为 0. 20~0. 24m。养鲍网箱一般采用工程塑料或金属制作支架，外包网衣组成，其中鲍苗中间培育箱采用 14 目筛网，养成网箱采用 1cm 网衣，并在筛网及网衣上安装特制拉链，方便拆装。养鲍网箱尺寸基本与塑料专用箱相同。

养鲍网箱在流水池内一般上下放置2~3个，纵向放置8~10个，使水流均匀平流过每个箱体，箱内设置黑色波纹板为鲍鱼提供良好生活环境。波纹板波高为5cm，均布直径为2cm的孔，一般采用玻璃钢材料制作。波纹板的长宽根据养殖箱尺寸确定，一般每箱2块。

目前国内南方和北方设计养鲍流水池的规格即网箱的布置存在较大差别，有的流水池太宽、太深，而网箱较小，当流水池放置的养鲍箱太多时，水流不能均匀地流过每个箱体，再加上箱体对水流阻力太大导致水交换不均匀，因此后端布置的网箱内水质较差，影响鲍的正常生长。一般情况下，宜采用较小的长方形流水池和多池并联循环供水方式。

二、循环水养鲍的水处理系统

自然海区鲍的栖息场基本位于周围海藻丛生，水质清新，水流通畅的岩石缝、穴洞、石棚等地方，鲍对养殖水质要求较高，所以循环水养鲍的水处理基本要求是水中微小悬浮物很少，透明度较高，水中可溶性有机物污染物含量较低，溶氧较高等。

（一）取水构筑物

目前我国南方和北方近海海区的水质都受到不同程度的污染，而养鲍的水质要求较高，为确保较好的水质，养鲍用水一般不直接取海区涨落潮水，应在海边修筑取水构筑物，如潮差蓄水池、反滤层大口井、渗水型蓄水池等，通过取水构筑物对外海水进行初级处理，再经养鲍车间水处理系统处理后输入养鲍池。

（二）循环水处理工艺

养鲍车间不管是多层流水池还是多层网箱流水池都应设循环水处理系统，将流水池排出的废水经物理、生物处理、消毒、增氧后，再输送到养鲍池，优化的循环水处理工艺流程为：

养鲍池排出废水→微网过滤→蛋白质分离器（加臭氧）→生物滤池或综合生物滤池→紫外线消毒池→调温池→溶氧器→养鲍池。

其水处理工艺与循环水养鱼基本相同，需重视的是臭氧消毒和生物滤池的设计。养鲍水处理系统中蛋白质分离器需定期开启臭氧消毒，与紫外线消毒相间使用，因为养鲍水处理系统的消毒是养鲍成败的关键。生物滤池最好设计为流水式综合生物滤池，滤池上部吊养大型海藻，下层吊装弹性刷状生物载体，池底设微孔管曝气和多斗排污。特别要利用大型海藻处理和调控养鲍水质。

（三）循环水系统水温调控

养鲍车间若在夏、冬季都进行养殖运行，其循环水系统的水温则需冷、热调控。夏季调温方式主要采用海水深井水、全自动制冷机制冷或海水源热泵等方式进行降温处理；冬季调温方式可采用淡水热水井、海水深井水、燃煤热水锅炉、海水直接升温锅炉等方式进行升温处理。

第五节　海水苗种高效生产体系构建工程

海水苗种高效生产体系的构建工程主要包括节能型车间设计，育苗池、亲鱼池设计及水处理设施设备设计。育苗车间大批量繁育苗种是指利用工业化手段控制育苗的水环境，包括温度、光照及良好的水质和水流等，以满足亲鱼蓄养、产卵孵化、幼体生长发育的要求，达到高效生产健康苗种的目的。目前海水育苗车间繁育的鱼类苗种主要有鲆鲽类、鲷类、石斑鱼、红鳍东方鲀、黑鮶、大黄鱼等；虾类苗种主要有南美白对虾、中国对虾、日本对虾、斑节对虾等；贝类苗种主要有扇贝、鲍鱼等；另外还有海参、海胆等海珍品。

我国海水动物苗种生产的发展历史较短，20 世纪 70 年代开始进入快速发展阶段，特别是 80 年代对虾育苗取得突破性的成果；90 年代以后，开始引进海水鱼类新品种，如 1992 年从欧洲引进大菱鲆，促进了海水鱼苗种生产的快速发展。与此同时，开始引进海水育苗的新技术、新设备，其工程设计与施工也逐渐走向正规。

从育苗车间使用情况看，更多的育苗场采用综合利用育苗车间方式进行苗种生产，即在一幢育苗车间内进行多品种育苗、反季节升温育苗，以提高育苗车间的利用率和生产效益。目前兴建一幢海水育苗车间能实现一年四季多品种的苗种生产。因我国南北方海区的气候、自然条件、育苗品种与方法的不同，育苗车间设计亦不尽相同。本节主要介绍北方海区育苗车间与育苗池设计、大水体育苗水处理设施设备及水处理技术。

一、育苗车间的形式与结构

（一）育苗车间的建筑系数

海水育苗车间的建筑系数是指车间内育苗池有效水体的总容积（m^3）与育苗车间

建筑面积的比值，可按下式计算：

$$i_2 = \frac{V_2}{S_2} \qquad (6-2)$$

式中：i_2——育苗车间的建筑系数；

V_2——育苗车间内有效水体的总容积（m^3）；

S_2——育苗车间的建筑面积（m^2）。

一般育苗车间 i_2 应控制在 0.8~1.2。育苗车间的建筑系数说明了设计的育苗车间对土地的有效利用和合理布置情况。

（二）育苗车间的形式

海水育苗车间的作用是保温、防风雨和调光，并为室内育苗提供最佳的水环境。海水育苗车间一般采用单层结构，但也有企业因地价昂贵，为节约用地采用双层结构，其上层为饵料车间，下层为育苗车间。育苗车间平面形状以长方形为宜，屋顶结构形式一般有低拱形和三角形。根据生产规模的大小，育苗车间可设计为单跨、双跨或多跨结构，一般跨度为 9~18m，长为30~60m。外墙窗户采光面积应少于建筑面积的6%，窗台标高不宜过低。

（三）育苗车间的结构

海水育苗车间一般修建在海边，大风、雨、雪载荷对育苗车间构成很大威胁。因此育苗车间的结构设计应能抵御 30~40 年一遇大风、雨、雪载荷，其使用寿命应不少于 20 年。育苗车间一般设计为抗风力较强的低拱形钢梁架屋顶，车间在块石砂浆的基础上加一道围梁，外墙每隔 5~7m 设一根钢筋混凝土立柱，在屋梁下沿设一道围梁，车间整体由梁、柱组成框架结构。外墙墙体砌 0.24m 厚水泥砂浆机砖，内外墙抹水泥砂浆抹面及刷内外墙涂料。低拱形钢梁架一般采用钢管或型钢焊接，用螺栓固定在围梁上。屋顶采用木檩条或钢檩条安装屋面板和保温层。常用的屋面材料有玻璃钢波纹板及其他软性屋面板加保温层、钢板夹芯保温板等。屋顶保温层设在屋面板下面，常用的保温材料有保温棉、发泡剂及保温板等。钢板夹芯保温板是近几年生产的新型屋面材料，它不但具有抗风、雨、雪载荷，起到良好的保温效果，而且还具有室内免滴冷凝水作用。

由于育苗品种的不同，要求海水育苗车间的光照强度也不同，如鱼类、扇贝育苗要求光照强度较弱，约为 400~500lx；对虾育苗要求光照强度较强，约为 1 500~

2 000lx。单跨与双跨车间一般采用窗户采光，两跨以上的车间多采用窄光带采光。窄光带采光是指在屋顶纵向每隔 12～15m 留 12～15cm 透光带进行采光的方式。由于在冬、夏季也从事育苗生产，育苗车间一般设计为节能型车间，即屋顶及外墙加保温层，门窗采用双层保温隔热玻璃。育苗车间设计为节能型车间，在冬季育苗节能一般可达 25%～30%。

二、不同类型的育苗车间

（一）育苗车间的总体布置

育苗车间的布置取决于育苗规模和不同类型的苗种。若育苗规模较小，可采用 8～10m 小跨度车间；若规模较大，一般采用 14～16m 大跨度车间或多跨车间。根据跨度不同，每跨车间可布置单排池或双排池。如扇贝、对虾育苗车间，一般设计成长方形育苗池，单排池布置，两条盖板走道，盖板下面为地沟，育苗池进水一端走道宽为 1. 1～1. 2m，排水端宽为 0. 6～0. 8m。若双排池布置，设三条盖板走道，中间走道宽度不少于 1. 2m，两边走道不少于 0. 6m，地面标高为育苗车间相对标高±0. 00m。盖板一般可采用钢筋混凝土或木质盖板，进水管、充气管、加热管等在地沟内管道支架上敷设。沟底排水坡度为 0. 3%～0. 5%。如鱼类、海参育苗车间一般采用圆形和长圆形池，根据车间跨度大小可单排或双排池布置。单排池布置为在车间纵向一侧设一条盖板地沟，另一侧设操作走道；双排池布置为两排池中间设盖板走道，两边设操作走道。

若育苗场规模较大，可设计两跨或多跨车间，多跨车间具有占地较少和节约投资的优点。考虑综合利用和多品种育苗，两跨车间中间的隔墙可设面积较大的中旋窗，使两车间的温度环境可以根据情况进行调整。

育苗车间水处理的布置应根据育苗场的总体布置确定，若育苗场设有多套独立系统的水处理车间，则育苗车间只布置育苗池、工作室、化验室及工具室等。若育苗场不设独立的水处理车间，可将育苗水处理设施设备与育苗池一体布置，车间以布置育苗池为主，将水处理设备布置在车间的一角。

我国北方的育苗场经常培育鱼类、扇贝、海参等品种的早茬苗，要求育苗车间和育苗水体升温，其热源一般采用燃煤锅炉，所以育苗车间还要布置采暖设备和水体调温池，水体调温方式常采用板式换热器和盘管换热器。

（二）海水鱼类育苗车间

海水鱼类育苗车间多采用圆形育苗池，主要尺寸有：直径为 2. 5～3. 5m，池深为

0.8~1.0m，池壁厚0.12m。在一跨育苗车间内，育苗池与亲鱼蓄养池两排布置，每4口育苗池为一个单体，周围布置操作走道，每口育苗池进排水管设在育苗池单体之间盖板下面的地沟内。育苗池采用池壁喷洒进水，锥形池底中央排水。亲鱼池多采用方圆形池，鱼池边长为6~7m，池深为1.0m，锥形池底。育苗池与亲鱼池采用水泥砂浆砌机砖结构，池壁厚为12cm，内外池壁水泥砂浆抹面，池底与内壁五层防水做法。亲鱼池与育苗池布置如图6-13所示。

图6-13　亲鱼池与育苗池布置

育苗车间除布置育苗池和亲鱼池外，还应布置上升流孵化装置、工作室、化验室、工具室、调光天幕等。亲鱼蓄养池与成鱼养殖池基本相同，不同之处是亲鱼池应设独立的调温、调光和充气增氧装置。

（三）对虾、扇贝育苗车间

1. 对虾、扇贝育苗池

对虾、扇贝育苗池采用长方形水泥池较多，单池有效水体为30~80m^3，长宽比为2∶1~3∶1，有效水深为1.4~1.8m，池壁设计高度应比池内水面高0.2m。对虾、扇贝育苗池一般采用水泥砂浆砌机砖或钢筋混凝土结构，若育苗池水深大于1.8m，有效水体大于60m^3，则应采用钢筋混凝土结构；若有效水深小于1.8m，有效水体在30~60m^3，则一般采用水泥砂浆砌机砖结构，池壁厚0.24m，并在池顶设钢筋混凝土围梁。为了育苗操作方便和布设充气管，池顶围梁的两侧各挑出宽度为10~15cm的挑檐，以增加池顶宽度。长方形育苗池一端进水，另一端排水，池底排水坡度不小于2%，池底及内壁五层防水做法。

2. 对虾、扇贝育苗车间的布置

对虾、扇贝育苗车间的布置应根据育苗的规模、车间设计跨度及育苗池大小确定。一般小型育苗车间，跨度可设计为8~10m，育苗池单排布置，两条走道。若育苗规模较大，车间跨度可设计为14~16m或多跨车间，育苗池双排布置，三条走道。

在北方培育对虾、扇贝育早茬苗时，育苗车间和育苗水体都应采暖、加热升温。育苗水体的升温一般采用调温池统一供水方式。为提高池水升温的灵活性，也可采用池内安装加热盘管，用阀门控制调温。

对虾育苗车间要求的光照比扇贝强，约为1 500~2 000lx，一般采用低拱形保温屋顶，光带采光；而扇贝育苗车间光照约为400~500lx，一般采用不透光屋顶或窄光带采光，而不透光屋顶常用低拱形保温屋顶或钢板夹芯保温屋顶，窗户采光。如采用不透光屋顶，则育苗车间只能设计为单跨或双跨结构。

（四）海参育苗车间

1. 海参育苗池

海参育苗池多采用圆形或长圆形，圆形育苗池与海水鱼类育苗池基本相同。长圆形育苗池的池长为5~7m，池宽为3.5~4.5m，池深为1.0m，有效水深为0.8m，育苗池两端为半圆形或切角组成的方圆形。两个进水口设在长边处，进水沿一定角度向前下方喷洒，使池水缓慢旋转。排水口设在池底长、宽中心处，池底设8%~10%的排水坡度，向排水口倾斜。长圆形育苗池也可以作为海参养成池综合利用。

海参育苗池的结构一般采用水泥砂浆砌机砖，池壁厚0.12m，内外池壁水泥砂浆抹面，内壁与池底五层防水做法。

2. 海参育苗车间的布置

海参育苗池可兼作养成池，因此经常把海参育苗与养成合建为一个车间，以提高育苗车间的综合利用率。海参陆基循环水养殖可与室外池塘、综合生态池、海区筏式养殖等组成海陆轮养。海陆轮养能使海参全年在适宜温度下生长，达到速长高产的目的。

海参育苗车间的育苗池一般双排布置，三条走道，中间设盖板地沟，两边为育苗操作通道，盖板上面与育苗车间地面齐平。海参育苗车间兼养成车间一般设计为节能型，采用低拱保温屋顶，光带采光。由于海参适宜光照强度为1 500~2 000lx，因此光带宽度为 0.2~0.3m，光带间距为 12~15m。车间外墙可设保温层，门窗安装双层保温玻璃。节能型车间在冬夏季养殖一般节能 25%以上。海参育苗车间进行冬季养殖海参时，一般设调温池，由燃煤锅炉或海水深井供热；夏季可采用海水深井或制冷机调温。调温池采用板式换热器或盘管换热器加热海水。

海参育苗车间兼养成车间时，育苗池经常与水处理设施设备一体布置，使海参育苗车间成为独立循环水系统。育苗池与水处理设施设备一体布置，可在育苗车间纵向一端布置水处理设施设备，如弧形筛或微滤机、水泵、生物过滤池、蛋白质分离器、紫外线消毒器、调温池、充气增氧系统等；而车间大部分面积布置育苗池。海参育苗车间夏、冬季养殖海参时，为了节约能源，其水处理工艺一般设计为封闭循环水系统，与循环水养鱼系统基本相同，但循环频率较低，约为8~10h 循环一次。生物滤池应设曝气系统，保证循环水有充足的溶氧。

三、育苗车间的水处理

育苗水处理可分为水源初级处理和育苗水体深度处理两个环节。目前我国近海水域大部分受到来自工农业、城市及近海高密度养殖的污染，尤其是渤海周围城市附近的海水污染更为严重，使海区鱼虾疾病严重传播。所以苗种生产用水一般不直接取用海区涨落潮水，而是修建取水构筑物进行初级处理，输送到育苗车间再进行深度处理后使用。

（一）水源初级处理

水源初级处理的取水构筑物主要有渗水型蓄水池、反滤层大口井、管井、潮差蓄水池等（详见本书第三章第一节取水构筑物部分）。如北方最大的海水苗种生产基地——瓦房店壹桥水产有限公司，各种育苗车间总面积达 3 万 m^2 余，目前主要生产扇贝、海参苗种。该生产基地距大连湾较近，海滩平缓，海水污染严重，水源初级处理采用潮差蓄水池沉淀，砂坝过滤。水源经沉淀、砂滤初级处理后，水泵提水输入高位蓄水池，自流进不同育苗车间进行深度处理。

（二）育苗水体深度处理

目前海水育苗水体深度处理的供水系统有两种：一种是开放式，海水经深度处理后输送到育苗车间，育苗池排出的废水不回收处理利用，直接排入全场外排废水处理系统；另一种是循环式，亲鱼蓄养池、育苗池及苗种培育池排出的废水回收处理循环利用。苗种生产过程中，虽然换水率较低，但从节能减排考虑，采用循环水育苗并设计节能型育苗车间将是今后的发展方向。

1. 开放式育苗水体处理

由于育苗池排出的水不回收利用，开放式育苗水体处理一般采用砂滤罐、蛋白质分离器（加臭氧）去除悬浮颗粒，紫外线消毒，充空气增氧或充纯氧增氧。

目前海水育苗采用开放式供水较多，其水处理工艺相对较简单，优化工艺流程是：

取水构筑物提水→砂滤罐 →蛋白质分离器（加臭氧）→紫外线消毒池→调温池→充气增氧→育苗池。

由于升温育苗排出的废水不回收利用，热量损失较大，加大了育苗成本。

2. 循环水育苗水体深度处理

（1）循环水育苗水处理工艺 循环水育苗水体深度处理工艺流程一般可分为一、二级两种层次。

一级流程：取水构筑物提水→砂滤罐→高位生物滤池→蛋白质分离器（加臭氧）→紫外线消毒池→调温池→充空气增氧→育苗池。

二级流程：取水构筑物取水→砂滤罐→高位综合生物滤池→蛋白质分离器（加臭氧）→调温池→充气增氧或充纯氧。

水处理工艺中采用综合生物滤池，池内养殖大型藻类和放置生物载体，可利用微生物和大型藻类处理和调控育苗水质。

（2）海藻类对育苗水质的调控作用 海水育苗的水处理系统，由于在综合生物滤池内养殖大量海藻，亲鱼、苗种与藻类构成循环水生态系统，进行着互惠互利的物质循环。亲鱼和苗种体内分泌的黏液物质能抑制水中藻类病害发生机制，而藻类分泌的有机酸等物质能有效地抑制苗种疾病的发生。苗种的排泄物及残饵等有机物又是海藻类的营养物质，通过海藻的根系吸收净化了育苗废水。在循环水育苗系统中，大型藻类不但能净化废水而且还对育苗水环境起到调控作用。研究试验结果表明，大型藻类对鱼类健康生长起到促进作用，孵化的鱼苗若在大量生长海藻的水体中养殖，成活率高，生长速度快。

（3）臭氧在育苗水处理中的应用 在循环水育苗水处理工艺中，应用臭氧消毒是近几年采用的新技术。臭氧是一种强氧化剂，当臭氧分子接触细菌细胞、可溶性有机物时，会导致细胞蛋白质和核糖核酸渗漏、脂类被氧化，并使可溶性的非离子氨转化为离子氨，离子氨再转化为氮气释放到大气中。

利用臭氧对海水消毒，不但能杀灭水体中细菌、病毒，还能去除水中可溶性有机污染物和氨氮，增加水体的溶氧，达到消毒和净化水质的目的。随着臭氧消毒技术在循环水养鱼中的应用，鲆鲽鱼类及南美白对虾等的育苗已开始应用臭氧消毒技术，并取得很好的效果。

在循环水育苗水处理系统中，可设密闭式臭氧消毒池，采用射流器向水体喷射臭氧，并安装臭氧回收装置；也可以向蛋白质分离器内投加臭氧，投加剂量应根据育苗品种、不同发育阶段、水体大小而定。试验表明，水体中臭氧含量为0.001 5%时，15s内可基本杀灭水体中所有细菌、病毒。采用流量为100m^3/h的蛋白质分离器，臭氧投加剂量一般为30~50g/h。

臭氧消毒技术在南美白对虾育苗应用的试验表明，可得到单位水体育苗量15.38万尾/m^3，平均成活率为84.0%，与未使用臭氧消毒相比虾苗成活率提高了35%，而且虾苗生长速度明显加快。试验还表明，加臭氧的育苗池水体中氨氮明显比不加臭氧低，溶解氧比不加臭氧的高，池水细菌总数和弧菌数比不加臭氧低；并且受精卵孵化率高，鱼苗成活率高，经济效益显著。可见采用臭氧处理育苗用水是一项行之有效值得推广的新技术。另外，目前育苗水体采用充纯氧也是一项新技术，其育苗效果明显优于充空气育苗。

第六节　海水饵料高效生产体系构建工程

海水饵料高效生产体系主要包括节能型饵料培养车间、培养池、光生物反应器及水处理系统。海水饵料主要培养植物性饵料和动物性饵料供育苗车间使用。植物性饵料主要是微藻类，它是生存于海水以单细胞为生物体的植物，又称单细胞藻类。微藻多数在水中营漂游生活，又称浮游植物。微藻的种类很多，育苗场经常培养的品种主要有扁藻、盐藻、牟氏角毛藻、三角褐指藻、小新月菱形藻、等鞭金藻、小球藻、微绿球藻、湛江叉鞭藻等。动物性饵料主要是轮虫和卤虫。

微藻类营养价值较高，不仅含有大量的蛋白质、多种维生素，而且还含有促进动物体生长发育的氨基酸，所以海水微藻具有广阔的开发利用空间。目前除了为苗种生产提供饵料外，食品、保健品及医药方面也正在开发利用微藻。

植物性饵料和动物性饵料的培养都要求具有良好的水环境，主要环境因子包括光照、温度、盐度、营养盐、pH值、溶解氧和生物因子等。为高效、节能、规模化生产微藻，必须修建生产车间，设计不同类型的培养池，采用先进的调光、调温、水流、水处理及消毒技术，满足其生长繁殖所需要的水环境。植物性饵料常用的培养方式主要有车间内水泥池、跑道池及光生物反应器等。动物性饵料常用的培养方式主要有车间内水泥池、室外土池等。

一、海水植物饵料高效生产体系构建工程

（一）植物饵料车间的建筑系数

植物饵料车间一般培养硅藻、金藻、扁藻、小球藻等，建筑系数可按下式计算：

$$i_3 = \frac{V_3}{S_3} \qquad (6-3)$$

式中：i_3——植物饵料车间的建筑系数；

V_3——植物饵料池有效水体容积数（m^3）；

S_3——植物饵料车间建筑面积数（m^2）。

植物饵料车间建筑系数一般控制在 0.5~0.8。

（二）植物饵料车间的形式与结构

北方植物饵料车间的形式一般设计节能低拱形透光屋顶，根据饵料培养的规模和土地的价值，其结构可分为单层单跨、单层多跨及双层单跨、双层多跨。饵料车间在块石砂浆的基础上设围梁、立柱与屋梁下沿围梁构成框架结构，外墙采用砂浆砌机砖。屋顶采用轻型钢梁架固定在钢筋混凝土围梁上，钢梁设木檩条固定屋面板。不管是植物性还是动物性饵料车间，屋顶都需采用透光材料，透光率不小于 75%。目前透光材料种类很多，一般多采用玻璃钢 FRP 采光板、碳酸酯 PC 阳光板等，其透光率在 80%以上，使用年限在 10~15 年。也可采用聚酰胺材料，其特点是冲击韧度优良，透光率在 85%以上，可在-60~120℃环境工作。透光屋顶的安装多采用压条、防水垫子及螺钉等将采光板固定在屋顶的檩条上，透光板的连接缝应涂黏合剂，防止漏水。室内设滑轮传动或手动的调光、保温天幕，白天拉开，采光升温培养微藻，夜间闭合保温。车间外墙可采用保温层，门窗安装双层保温玻璃。夏天饵料车间室内温度较高，湿度较大，除开窗通风外，在车间的山墙上应设通风机，对室内空气强制通风。

饵料车间可设计为双层结构，一层布置育苗车间，二层布置饵料车间，屋梁、楼板及立柱均采用承重负荷结构，二层饵料车间生产的饵料可自流输送到一层育苗车间使用。

（三）植物饵料车间布置

植物饵料车间主要用于培养微藻类，按培养方式不同，车间可布置不同类型的水泥池及跑道池。

1. 车间的布置

植物饵料车间一般设计为保温低拱形透光屋顶，长为30~50m，每跨宽度为12~16m，车间一般布置两排微藻培养池，三条走道，中间设盖板走道，宽度为1.2~1.3m，盖板下面为排水地沟，沟内设管道支架，安装供水管、充气管等，两边设操作走道，一般宽度为0.6~0.8m。

饵料车间的布置，总体上应按建筑系数0.5~0.7布置，除布置微藻培养池外，还应布置保种室、化验室、值班室及工具器材室。保种室应有足够的扩种培养面积，一般为30~50m^2。化验室应购置一定的仪器设备，如生物显微镜、电冰箱、干燥箱、无菌接种箱、高压灭菌锅等。

饵料车间培养微藻需要充足的光照，白天阳光通过透光屋顶照射到藻类池面，由于培养不同种类的微藻要求不同的光照，一般采用室内屋梁下沿设置的天幕调光，白天调节光照，夜间闭合保温。

2. 生物效应灯的应用

海水苗种生产需要培养大量的微藻饵料，一般植物饵料车间依靠阳光培养，育苗期间若遇到连续阴天，藻类生长缓慢，易造成微藻供应不足。因此微藻车间应设计安装生物效应灯，晴天时夜间使用，阴天时昼夜使用，以提高光照时间，加快藻类培养。

生物效应灯是一种新型金属卤化物放电灯，它利用充入的碘化镝、碘化铊物质发出特有光谱，具有光效高、显色性好、寿命长等优点。生物效应灯光源从蓝紫光到红橙光的光谱区域内辐射的强度最大，红外辐射较少，其光谱与太阳光类似，是培养藻类的理想人工光源，与白炽灯相比，能节电3/5~4/5。若采用300~400W的生物效应灯培养微藻，则每30~40m^2均布一盏灯为宜，灯距饵料池水面高度应不少于2.0m，灯具吊线采用高强度的防水橡套软线，并安装自在器便于任意调节灯具高度。

（四）植物饵料池设计

1. 开放式培养池

开放式培养池是微藻在敞口培养池内采用充空气交换二氧化碳的培养方式。常用的培养池有玻璃钢槽、塑料槽及不同形状的水泥池。开放式培养设备简单、操作方便、易于生产、成本较低，所以目前海水工厂化养殖生产微藻多数采用开放式培养池。在低拱节能型饵料车间内布置开放式培养池，通过透光屋顶自然采光、调光、升温，并充气或动力搅拌培养液，使池面光照充足，二氧化碳交换较好，微藻生长繁殖很快。

开放式培养池主要缺点是，因池面敞开易受环境污染，培养液不易控制在最佳的生长温度和光照范围内，光照面积与培养液体积比的比值较低，光能和二氧化碳利用率不高，藻液浓度较低，无法实现高密度培养。为获得充分的光照，开放式培养池有效水深较浅，占地面积较大，单位面积生产效率较低。开放式微藻培养池主要有长方形玻璃钢槽或塑料水槽，圆形、长方形水泥池及跑道（水道）水泥池等。

植物饵料车间采用水泥池培养微藻时，常用的有三种规格。第一种是扩种池，为直径 2.5~3.0m 的圆形池，池高为 0.5m，有效水深为 0.3~0.35m，池壁厚为 0.12m，锥形池底，排水设在池底中心处。采用水泥砂浆砌机砖结构，砂浆抹面，内壁与池底五层防水做法。第二种为长圆形或长方形生产池，池长为 4~5m，池宽为 2.5~3.0m，池高为 0.6cm，有效水深为 0.4~0.45m，池底设 5%的排水坡度，结构同第一种水泥池，其一端进水另一端排水。第三种为大型长圆形或长方形生产池，池长为 6m，池宽为 5m，池深为 0.7m，有效水深为 0.5m，池底设 5%的排水坡度。微藻的培养也可以采用两种规格的长圆形或长方形培养池，扩种池采用 0.8~1.0m^3的白塑料桶代替，两种规格的生产池水面面积分别为 10~20m^2、20~30m^2。考虑池内良好的光照，微藻培养池内壁及池底可镶白色瓷砖，其池内光照效果较好，车间整洁，具有可观赏性。一般微藻培养池涂无毒性白色瓷釉（图6-14）。

图 6-14　涂白瓷釉的饵料池

微藻培养池的布置应根据确定培养池的规格和车间的跨度确定，一般两排布置，三条走道。对于小型培养池如直径为2.5~3.0m圆形池，4池布置为一个单体，周围设操作走道。对于一般生产池，2池布置为一个单体，周围设操作走道，车间纵向中间设盖板走道，宽度不小于1.0m，池与池之间的走道及池与墙壁之间的走道，宽度不小于0.6m。

2. 跑道池的结构与布置

目前微藻大规模培养已开始使用开放式跑道培养池，跑道池的面积应根据生产规模确定，在海水苗种生产配套的饵料车间，其面积一般为100~200m^2，可设计大小两种规格，有效水深为20~30cm。在食品、保健品及医药行业，大规模培养微藻的开放式跑道培养池面积一般为1 000~5 000m^2，有效水深30~40cm。

饵料车间修建跑道池可位于地坪以下或地坪以上，采用水泥砂浆砌机砖结构，砂浆抹面，五层防水做法。跑道池是一种浅水环流池，形状为长圆形，长宽比为3∶1~5∶1，在长圆形池内纵向设一隔墙，池内藻液直流环流交替运动，使微藻分布均匀。

跑道池藻液流动的动能主要依靠设计在池内的桨叶搅拌机或空气充气机的动能，使藻液在池内流动。桨叶搅拌机的叶片类似于水车式增氧机，桨叶的轴放置在跑道池的横断面处，通过桨叶旋转推动藻液向前流动，同时又起到搅拌藻液的作用。空气充气机产生的压力空气经微孔扩散器向前喷射，扩散器一般安装在跑道池的横断面处，通过空气向前喷射推动藻液向前流动，同时起到充气增氧混合藻液的作用。跑道池排污口设在池底两端藻液转弯处，此处藻液直流转变为环流并易产生紊流，有助于排污，进水口一般设在跑道池的一端。

跑道池在饵料车间的布置应根据微藻培养量、池形的大小确定，一跨车间内可双排布置或三排布置。双排布置设三条走道，三排布置设四条走道。车间除布置跑道池外，同样应布置保种室、化验室、值班室及工具器材室。跑道池的饵料车间一般设计为低拱透光屋顶，白天池面通过透光屋顶吸收阳光促进微藻的光合作用，同时又能使车间及培养液升温，夜间利用保温天幕保温，早春白天能使藻液升温2~3℃。另外，微藻车间可安装生物效应灯，在夜间或阴天开启以加快微藻的生长。

（五）光生物反应器

光生物反应器（PBR）是指把微藻的培养液封闭在透光的容器中与外界环境隔离进行光合作用的密闭容器。最简单的光生物反应器培养方式是封闭式薄膜袋，在海水育苗饵料培养中有一定的应用。光生物反应器多为管状、箱形、圆柱形等，采用有机玻璃、透光率较高的工程塑料制作而成，可水平、直立或倾斜放置于地面上。其光源为日光或人工光源，采用人工供给方式提供二氧化碳，利用循环泵使培养液搅拌和循环流动。

光生物反应器主要由培养容器、气体交换及控制系统三部分组成，其优点是微藻能生长在最佳环境中，光能利用率高，培养密度大，单位水体产量高，质量好。发达国家早已开始研制易于控制环境的光生物反应器，目前投入使用的类型主要有组合式光生物反应器、密闭管道式光生物反应器、单色光生物反应器等。国内光生物反应器的研究起步较晚，近几年来，微藻在食品、保健品及药品的应用促进了微藻高密度规模化生产的发展，带动了光生物反应器在我国的研究应用。

1. 封闭式薄膜袋

封闭式薄膜袋培养微藻是一种原始简易型的光生物反应器，具有简单可行、成本低、培养密度大、不易污染、生产周期短等优点，在工厂化育苗的微藻培养中有一定的应用。

封闭式薄膜袋一般采用透光率较高的聚乙烯薄膜加工而成，袋的直径为 0.5~1.0m，袋长为 4~8m，装入微藻培养液后，两端扎上进气管、排气管及吊绳，将薄膜袋放在饵料车间平整的地面上或室外地面上，用吊绳将薄膜袋两端吊高，让阳光或人工光源照射，并不断充空气搅拌。封闭式薄膜袋培养微藻，虽然生产中操作麻烦，但生产成本低、易控制、无污染，所以在小规模微藻培养中得到应用。

2. 密闭式管道光生物反应器

密闭式管道光生物反应器按培养微藻的透明管道放置方式不同，一般可分为水平式和垂直式两种。管道光生物反应器与开放式水泥池、跑道池相比具有很多优点，主要是光生物反应器中的藻液与周围环境污染物隔离，有利于纯种高密度培养；密闭系统降低微藻培养液水分的蒸发和盐渍化，易于冷却，降低了呼吸作用的损失；具有较高的光照面积与培养液体积之比；系统容易控制，能缩短培养周期。法国于 1988 年成功设计出年产 6 万 kg 微藻的聚乙烯管道光生物反应器，并采用计算机对 pH 值、CO_2、温度等重要参数进行监控，产品成本降到 2.2~2.9 美元/kg，代表着当时微藻工厂化生产的发展趋势。

① 水平式管道光生物反应器，是将透光率较高的有机玻璃或聚乙烯管道水平放置于涂白色涂料或铺白瓷砖的地面上，采用管道接头相互串联，并连接循环水泵和高位喂料罐，每隔一定时间将培养液提升到喂料罐，再从喂料罐慢慢地流回光生物反应器，

这种脉动混合效果明显优于连续搅拌。管道直径一般不大于0.4m，管道长度应与喂料罐相匹配。

② 垂直式管道生物反应器，由若干根相互连接的透明管道组成，将垂直管道固定在圆锥形支撑盘上，成为一台光生物反应器（图6-15）。垂直式管道光生物反应器配备热交换系统、光源、除气室、循环水泵及二氧化碳钢瓶等，微藻培养效率较高，是一种新型光生物反应器。

图6-15　垂直式管道光生物反应器

3. 发酵罐式光生物反应器

发酵罐式光生物反应器结构形式有轴心式、搅拌式、圆筒式及气旋式。下面介绍常用的圆筒式。圆筒式光生物反应器是采用微生物发酵罐原理设计的一种新型光生物反应器。外形是封闭式圆柱反应器，由内筒、外筒、顶盖和底板四部分组成，藻液在内外筒之间，靠循环水泵流动、气升、搅拌。内、外筒由透光率较高的材料制成，光照设备安装在内外筒壁上，反应器的运行由控制系统操作。

4. 单色光生物反应器

单色光生物反应器的主体采用黑色聚碳酸酯板制作外壳，内壁装有很多发红光的二极管，发光波长为680 nm，发光二极管光照充足并具有较高的光电转化率。内部安装透光材料制作的圆柱体，圆柱体内装藻液，并配有充气、循环水泵、除气及超滤系统，实现微藻高密度养殖。

目前国内海水苗种生产所需的微藻绝大多数仍然采用开放池培养方式，虽然光生物反应器培养微藻具有很多优点，但由于购买或建造密闭式光生物反应器系统的投资及生产成本比开放池高很多，因此目前光生物反应器的应用仅限于一些高附加值产品，如生产保健品、药品、同位素跟踪化学品等。另外，密闭式光生物反应器虽然设计形式有多种多样，但仍然有一些技术问题需进一步研究解决，如温度、pH 值的控制、溶解氧的积累、反应器的生物附着等。

今后研发一种低价格、高效率、易控制操作的光生物反应器应注重以下几方面的问题：具有较高的光照表面积与藻液体积之比、高效的气体交换效率、高效的藻液循环方式、高效的光源、光反应器内的生物附着、溶解氧的积累、应用在线自动监测系统等。密闭式光生物反应器是微藻工厂化大规模生产的发展方向，随着高科技的发展，现存在的技术问题及设备高价格、生产高成本一定会逐渐解决。

二、海水动物饵料高效生产体系构建工程

海水动物饵料高效生产体系包括节能型车间、生产池及水处理系统。动物饵料车间主要培养轮虫、卤虫，作为鱼类、对虾、蟹类等育苗时的饵料。轮虫多数生活于淡水中，海水轮虫只有 50 多种，主要生活在海区的沿岸线，适合大量培养用于人工育苗饵料的品种主要是褶皱臂尾轮虫。褶皱臂尾轮虫适应性很强，易于采用塑料槽、水泥池培养，最大密度可达 5 000 个/mL 以上。

卤虫又称盐水丰年虫，分布甚广，在世界各大陆盐湖、盐田及高盐水域均有分布。卤虫是鱼类人工育苗较好的饵料，适合规模化培养。一般用卤虫卵通过孵化器孵化，采用水泥池、跑道池培养。

动物饵料车间应采用透光屋顶，节能设计，其结构形式与室内布置基本与植物饵料车间相同。

（一）动物饵料车间的建筑系数

动物饵料车间主要培养轮虫、卤虫，建筑系数可按下式计算：

$$I=\frac{V_4}{S_4} \qquad (6-4)$$

式中：i_4—动物饵料车间的建筑系数；

V_4—动物饵料池有效水体容积（m^3）；

S_4—动物饵料车间建筑面积（m^2）。

动物饵料车间建筑系数一般控制在 0.8~1.2。

（二）动物饵料车间的结构形式

动物饵料车间一般设计为节能型低拱单层透光屋顶，采用围梁、立柱框架结构，墙体砌机砖，屋顶一般采用低拱轻型钢梁架，屋面选用透光材料铺设，内设调光、保温天幕。动物饵料车间的大小应根据育苗量、动物饵料需求量确定，设计相应的车间。若规模较小，车间平面布置可采用小跨度单排池布置；若规模较大，可采用大跨度双排池布置，布置方式与植物饵料车间基本相同。

（三）动物饵料池

动物饵料池主要是培养轮虫和卤虫。虫卵孵化器多采用圆形大口玻璃钢桶，体积为0.7~2.0m^3，孵化时将玻璃钢桶布置在车间地面上，并安装进排水、充气系统和光照设备，不孵化时将桶收藏保存。

动物饵料培养池一般采用圆形水泥池，有效水体为15~40m^3，水深为1.4~1.8m，池底设5%~8%的排水坡度，并安装进排水，充气增氧管道，使水体产生一定微流。动物饵料车间的布置与植物饵料车间基本相同。

（四）饵料车间的水处理

不论是植物饵料还是动物饵料的培养，其换水率均较低，用水量相对较少。规模较小的饵料车间，水处理系统可与育苗车间一并考虑，在育苗车间水处理系统中为饵料车间设计一套独立水处理系统；若饵料生产规模较大，则饵料车间的培养池与水处理设施设备一体布置，设多跨饵料车间或专设水处理车间向多幢饵料车间供水。

饵料车间的水处理要求严格，其水处理工艺流程与育苗车间基本相同，对海水源应进行初级处理，在车间内再进行深度处理，并采用紫外线或臭氧消毒及调温、充气增氧等方法处理后方可使用。

第七章
海水工厂化养殖外排水资源化处理与利用

对于海水陆基工厂化养殖用水的排放，目前国家尚未制定强制性排放标准，环保管理部门也没有对养殖用水的排放进行监督检查。因此很多养殖场对外排水的处理利用重视不够，也不投资建设水处理设施，养殖用水随意向海区排放，不但污染海区环境，同时对附近其他养殖场构成威胁，容易导致水域污染和病害传播，严重影响着海水工厂化养殖业的发展。部分养殖企业重视海区环境保护，采用先进的水处理设施与生物工程，对养殖用水进行资源化处理与利用，将水处理后用于综合生态养殖或排入大型氧化池，使养殖用水达到“零排放”，取得很好的经济效益和社会效益，如青岛宝荣水产科技发展有限公司。随着节能减排的实施，养殖外排水资源化利用和达标排放将是海水陆基工厂化养殖发展的必由之路。本章主要介绍海水工厂化养殖外排水资源化处理与综合利用技术及其设施设备与设计计算。

第一节　海水工厂化养殖外排水处理工艺

一、工厂化养殖外排水类型

海水工厂化养殖外排水主要是指养成车间、育苗车间、饵料培育车间及水处理车间等排出的水，主要包括养殖池排水、刷池水、消毒水以及冲刷地面污水等。目前海水工厂化养殖场外排水主要水质指标为：COD 在 5～40mg/L，TN 在 0.4～2.0mg/L，TP 在0.1～1.0mg/L，属于低浓度有机污水，不同于城市生活污水和工业废水等高浓度污水。

养殖场外排水中主要污染物是有机颗粒和可溶性有机物。在鱼、虾、贝类等养殖过程中，养殖池内不仅留下养殖动物粪便、鱼鳞及虾类的脱壳，同时也留下残饵，这些物质在异养细菌的氨化作用下，可使水中积累大量的氮。在微藻饵料培养过程中，不管是光生物反应器还是敞开式培养池，都向藻液中加营养盐类，未吸收的营养盐及因污染死亡的藻类都排放到水中。生物滤池或综合生物滤池海水植物的残叶、脱落的生物膜等随着生物滤池的排污流进水中。所以工厂化养殖外排水中的污染物主要是动植物代谢产物、残饵及可溶性有机物，其浓度低、毒性小，属于低浓度有机污水。

二、养殖外排水处理工艺流程

（一）水处理工艺流程

根据海水工厂化养殖场外排水属于低浓度有机污水的特点，废水处理工艺主要采用低能耗的物理与生物工程技术进行资源化处理与综合利用，实现养殖外排水达标排放或“零排放”，优化设计的水处理工艺流程如图 7-1 所示。养殖场各车间的水从底沟排出，经沟、渠汇集流进沉淀分离池，沉淀分离后，水中养殖对象的排泄物、残饵等有机颗粒沉淀在池底的积泥区，澄清的污水流进氧化池、综合生态池或人工湿地。沉淀池的污泥经浓缩池及消化池处理后干化外运用作肥料。

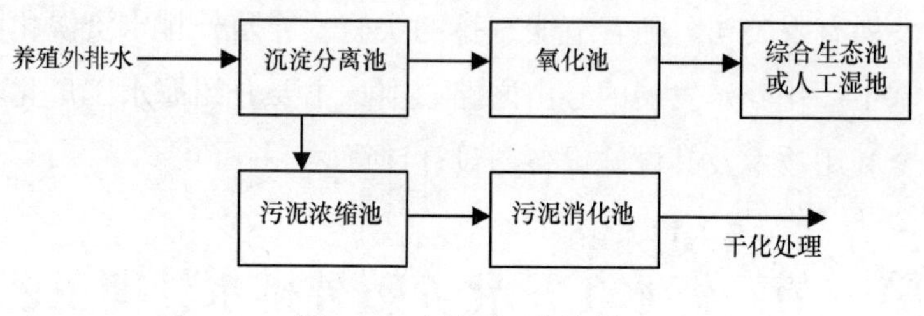

图 7-1　水处理工艺流程

（二）主要废水处理设施的特点

1. 沉淀分离池

沉淀分离池工作原理采用平流式沉淀池原理。根据工厂化养殖外排水中大颗粒污染物较多，易沉淀的特点，设计时缩小了一般平流式沉淀池的长度，减少了储水体积。池内分进水区、沉淀区、出水区及沉泥区，其结构简单，投资较少，排泥方便，运行无费用。

2. 氧化池

氧化池又称稳定塘，一般是在海边潮上带的低洼盐碱地、荒滩等区域经人工开挖的大型土质池塘，并设矮围堤避免高潮水和地面雨水流入。污水流进氧化池并经较长时间的停留，在阳光照射下，并通过池塘土壤及水中的微生物、藻类、原生动物、水生植物等多种生物综合作用，使有机污染物降解，污水得以净化。大型氧化池可作为水处理的终极池，使水处理达到“零排放”。

3. 氧化沟

养殖场为了减少氧化池的占地面积，可以修建氧化沟。氧化沟属于环流型水处理池，平面形状为椭圆形、圆形或长圆形，池内设隔墙组成环流池，一般采用水泥砂浆砌砖石结构。氧化沟主要由沟体、曝气设备、进出水设施、导流混合设施和附属构筑物等组成，其特点是：能承受较高浓度的污水冲击，占地面积较小，造价较高，需配备小型动力设备，昼夜运行消耗一定动能。

氧化沟与氧化池相比，氧化池污水在池内停留时间长，相对静止，主要依靠自然生物净化，不设动力设备，而氧化沟是通过活性污泥与废水混合液在曝气的条件下不停地循环运动，使微生物获得充足的溶氧去氧化有机污染物。虽然两者都是依靠生物净化技术处理污水，但氧化池管理方便，无运行费用，所以目前工厂化养殖外排水处理很少采用氧化沟，故不作详细介绍。

4. 综合生态养殖池

综合生态养殖池是在潮上带的低洼盐碱地、荒滩等区域修筑的大型土质池塘，池水允许有少量的渗漏。在综合生态池内采用碎石修筑礁栅，移植大型海藻，养殖一定量的海参、贝类及鱼、虾等经济海产品。综合生态池在一定光照、风力、温度条件下，水中的细菌、藻类、原生动物、养殖的海产品与有机负荷发生着各种物理、化学及生化反应，使这个复杂的生态系统达到相对平衡。经初级处理的废水不断流进综合生态池，其中一部分自然蒸发和植物蒸腾，一部分渗漏，可用池水深度调节养殖场不同养殖周期的外排水量和不同季节的蒸发量，保持池内的水量达到相对平衡，实现养殖场外排水“零排放”。

5. 人工湿地

养殖场附近大面积的低洼盐碱地可修筑成海水人工湿地，将初级处理的水排放进人工湿地内自然净化，同样也能达到养殖场外排水“零排放”。人工湿地是一种由人工修筑的与沼泽地类似的大面积浅水洼地，在洼地内由底层土壤和一定级别的填料（碎石等）构成不同的基质组成。湿地的水可在基质缝隙中或表面流动，并在湿地内种植大型海水植物，如海藻类，形成一个独特的动植物生态环境，利用生态系统中的物理、化学和生物三重协同作用实现对养殖水的有效处理。海水人工湿地可作为养殖场水处理系统的终极池，也可以作为养殖水资源化处理池代替氧化池。作为养殖场水处理系统的终极池，人工湿地可采用简单的水处理工艺，即养殖场外排水流入沉淀分离池，经沉淀分离后直接流入人工湿地。终极池人工湿地的面积应根据外排水浓度、流量、基质数量、当地气候条件等因素确定。一般表面流人工湿地系统的水力负荷可达 150~200m^3/(10^4m^2·d)。

6. 污泥浓缩池

污泥浓缩池是圆柱形或长方形的水泥池，一般采用水泥砂浆砌机砖结构，圆柱形池底呈锥形，长方形池底设一定坡度。沉淀分离池的污泥采用阀门排放或污泥泵定期输送到污泥浓缩池，污泥在池内经长时间的静态放置，在重力作用下，水与污泥产生沉淀分离，浓缩池上层出现上清液，启开阀门将上清液排回沉淀分离池。中下层的污泥定期采用污泥泵排入污泥消化池。

7. 污泥消化池

污泥消化池是圆柱形带盖的水泥池，一般采用水泥砂浆砌机砖或钢筋混凝土结构，池底为圆锥形。污泥经浓缩后输入消化池，在消化池内经长时间消化（发酵）后其体积能缩小 50% 左右，变成消化的有机肥，采用人力或机械运到干化场地干化处理，或直接运到农田作基肥。污泥在消化的过程中，由于不断放出沼气，若消化池较大、产生的沼气量较多时，可回收利用，而一般规模养殖场的消化池较小，产生少量的沼气不必回收利用。

第二节　沉淀分离池

一、层流沉淀分离原理

海水工厂化养鱼场废水中有机颗粒状污染物，残饵占 35%、排泄物占 50%、其他污染物（鱼、虾身体脱落物等）占 15%。有机物颗粒浓度不高，而且不具有凝聚的性能，在沉淀过程中颗粒不改变形状和大小，也不聚合，所以属于自由沉淀。在颗粒自由沉淀中，沉淀速度是起决定性作用的参数。根据斯托克斯层流颗粒自由沉降理论，颗粒沉降速度与颗粒直径的平方成正比，所以含有较大颗粒污染物的废水，采用简单的沉淀分离方法很容易去除有机颗粒，得到较好的处理效果。

沉淀分离池是根据养鱼场废水特点和平流式沉淀池的原理，采用较小的长宽比进行设计，并改进污泥排放方式使沉淀分离池结构简单，投资较少，管理方便，适用于海水养殖场外排废水的初级处理。

养殖场的水经排水沟渠不断地流进沉淀分离池的进水口，经溢流堰均匀地流进进水区。由于过水断面面积增大了几十倍，所以水在池内向前流动的速度大为降低，水中的残饵、粪便等大颗粒在重力和水流的水平力作用下慢慢地向前下方运动，根据力的合成法则，颗粒运动的轨迹类似抛物线，颗粒物在沉淀区沉淀，最后落进积泥区。废水中的颗粒经沉淀分离后，其上清液进入出水区，经管道或沟渠流进氧化池（图7-2）。积泥区的污泥堆积在斗形的排泥口上方，定期启动阀门或污泥泵将污泥输送进污泥浓缩池。

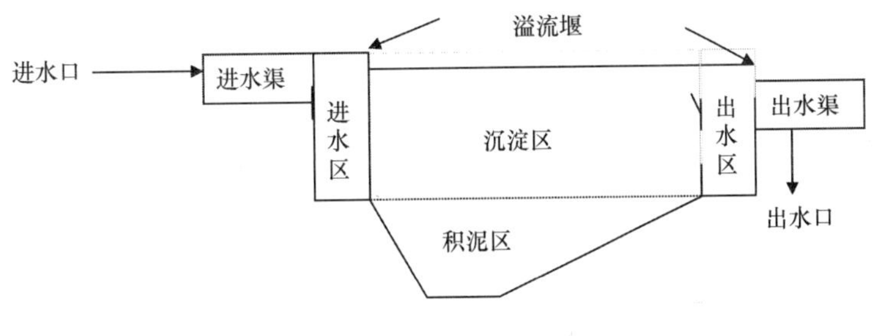

图 7-2　沉淀分离池示意

水在沉淀分离池中流动过程中，在同样的条件下，水平流速越大则沉淀的污泥量越少，同时较小颗粒的污染物不易沉淀。因此池内的水平流速，即进水口面积与沉淀分离池的过水断面面积之比，是设计不同类型沉淀分离池的重要依据。当废水流量一定，过水断面越大，即池宽及池深设计尺寸越大，其造价越高，所以池内平均流速应根据水特点，并结合造价综合考虑确定，一般池内平均水平流速应不大于 8mm/s。

水在池内从进水口流到出水口经过的时间为停留时间，它也是设计沉淀分离池的重要依据。停留时间越长，沉淀分离效果越好。当流量一定时，停留时间越长，要求沉淀池容积越大，造价也越高。因此停留时间一般不大于 1h。

二、沉淀分离池设计与计算

根据各部分的不同作用，沉淀分离池分为进水区、沉淀区、积泥区和出水区（图7-2），各部分的设计应以工厂化养殖场外排废水的性质与特点为依据。养殖场外排废水属于低浓度有机污水，主要是鱼类粪便、残饵、鱼鳞及虾壳等，都是大颗粒的有机物，较容易沉淀分离。

（一）计算公式

沉淀分离池的长、宽用下式计算：

$$L = 3.6VT \tag{7-1}$$

式中：L——池长（m）；

V——平均水平流速（mm / s），一般不大于 8mm/s；

T——停留时间（h），一般不大于 1h；

3.6——系数。

$$B = \frac{Q}{3.6VH} \tag{7-2}$$

式中：B——池宽（m）；

Q——废水设计流量（m^3/h）；

V——平均水平流速（mm/s）；

H——池内有效水深（m），一般不大于 3m。

计算公式求得的数据，因取参数值的不同其结果相差较大，计算数据可供设计验算参考。为更准确获得设计参数，可根据海水养殖场废水的特点先做沉淀试验，取得颗粒最小沉降速度，确定沉淀分离池的表面负荷，再计算相关数据。

（二）进水区

进水区的作用是将养殖场外排水平稳地引入沉淀分离池的沉淀区，要求进水口能均布进水，不能采用跌水方式，因为跌水产生的湍流、紊流易把积泥区的沉积物冲起上浮。沉淀分离池的进水口一般可设计为溢流堰进水、底孔进水和挡流板进水。

1. 溢流堰进水

溢流堰设在沉淀池的进水端，沿池宽方向修筑进水渠，渠道内壁和沉淀池宽边的池壁合为隔墙，在隔墙顶面修筑溢流堰堰口，要求堰口水平长度等于沉淀分离池的内宽；同样，沉淀池的出水口也设计为溢流堰。进水溢流堰堰口高程与出水溢流堰堰口高程一般齐平。养殖水进入进水渠后渠内水位升高，当高于溢流堰堰口高度时，养殖水就均匀地流入进水区，不产生紊流。一般进水渠宽、深以 0.5m 为宜，渠底设一定坡度，渠底高程低的一端设排污口，定期将渠底污物排入沉淀分离池。

2. 底孔进水

底孔进水是指在进水渠与沉淀分离池宽边隔墙上，均匀布置进水孔，进水孔断面形状有方形、长方形或圆形，一般方孔和长方孔施工方便。进水孔的顶面高程应在沉淀池水面以下 5~10cm，进水孔的流速一般应小于 0.2m/s。根据水设计流量和进水孔水流速度，计算过水断面面积，设计的进水孔总断面面积应大于计算面积，以适应水量的变化。

3. 挡流板进水

挡流板进水是在沉淀分离池的进水口前方，设置挡流板，减缓废水在池内的流速。挡流板设置高度应高出沉淀池水面 0.10~0.15m，挡流板淹没深度应根据沉淀池深度而定，一般不小于 0.3m。挡流板设置位置距进水口不小于 0.5m。

（三）沉淀区

沉淀区是沉淀分离池的主体，沉淀池越大，沉淀区越长，沉淀效果越好，但投资也越大。沉淀分离池主要设计尺寸应权衡沉淀效果与投资额确定。

养殖外排水排水口标高一般较低，沉淀分离池下接氧化池或综合生态池，要求自流进水，并且要求综合生态池的水在大潮汛低潮位时能排干，所以沉淀分离池的水面高程，应根据养殖外排水排水口标高、沉淀分离池设计水深及大潮汛低潮位高程，按水位推算确定。池长及池宽根据养殖外排水排放流量按计算公式确定，并根据养殖外排水特点、地形及投资的具体情况做适当调整。

（四）积泥区

积泥区用以积存沉淀分离出的污物，即污泥，以便用人工或机械方式及时排除。积泥区的污泥大部分沉积在距沉淀池进水端 1/3~1/5 的池长范围内。沉淀分离池运行后，由于沉淀的污泥不停地堆积，所以及时排除污泥是沉淀池极为重要的管理工作，如长时间不排除污泥，可导致过水断面的缩小，使水平流速提高，缩短了废水在池内的停留时间，降低沉淀分离效果。排污泥方法一般有人工停池排泥、多斗重力排泥和多孔管排泥等。

1. 人工停池排泥

如采用人工停池排泥，一般需建双池并设漏斗状的池底，其位置距沉淀分离池进水端 1/3~1/5 池长处，池底纵向坡度为 2%~3%，横向坡度为 5%向漏斗倾斜。人工排泥池底构造简单，投资少，但靠人力排除污泥，其劳动强度大，仅适用于小型养殖场。

2. 多斗重力排泥

多斗重力排泥是指在池底布置多个小漏斗，小漏斗接近方形，斗底斜角一般在 30°~

45°，在每个小漏斗的下端连接排泥管，排泥管的外端设排泥阀。小漏斗的个数根据沉淀池的大小确定，一般为8~16个。启开排泥阀，利用池内水深产生的重力，将沉淀在小漏斗内的污泥排除。

多斗重力排泥的优点是排泥时不需停止运行，耗水量较少，操作方便，节约劳动力；缺点是池底结构复杂，投资较大，每次排泥不够彻底，需定期停止运行清理污泥。

3. 多孔管排泥

多孔管排泥是指将沉积污泥较多的池底用水泥砂浆及砖石修筑成波浪形的池底，通过PVC管管壁沿长度方向等距离钻一排孔形成多孔管，把多孔管管孔向上预埋在波浪形池底的波谷下面，孔口与波谷底面齐平，2~4根多孔管的一端垂直地连接在较粗的排泥管上，粗管一端封闭，另一端外接排泥阀。两相邻波谷距离不大于1m，管上钻孔间距为0.2~0.3m，孔径不小于20mm。多孔管排泥不但适用于沉淀分离池排泥，也适用于海水工厂化养虾池排污及生物滤池池底排污。沉淀分离池的排泥管接排泥阀或污泥泵，将污泥直接输送进浓缩池。采用多孔管排泥需在沉淀废水进水口处设拦污网，拦网的2a（目大）应小于18mm。多孔管排泥，波谷排泥孔附近，在池内水头的静压力下，产生一定的涡流，使波浪形池底沉淀的污物能彻底排除。

（五）出水区

出水区是汇集沉淀分离后的水，并排出池外输送到氧化池等再处理利用。出水区的出水口应确保表层水能均匀平稳地流出，避免紊流把沉淀的污物随水流带出池外。出水口的结构常用溢流堰出水和底孔出水。

溢流堰的结构与进水口溢流堰相同，溢流堰长度与沉淀池内宽相同，堰面施工时要求水平，表层水能均匀地流入排水管渠。

底孔出水是将出水孔均匀布置在沉淀分离池出水端宽度边的池壁上，外设排水渠，设计尺寸与底孔进水基本相同，出水孔下端高程与进水孔上端齐平，确保池内有较高的水位。

三、沉淀分离池的结构

规模较小的海水养殖场的沉淀分离池多为半埋池或地下池，一般池深不超过3m，各车间的废水能自流进沉淀分离池。建筑结构为水泥砂浆砌砖石，池顶浇铸钢筋混凝土围梁，池内壁及池底五层防水做法，防渗施工要求按规范操作。沉淀区的池底采用多斗及多孔管排泥方式，预埋件较多，结构复杂，要求施工认真、规范。特别是PVC

多孔管的预埋，要求砂浆饱满，振动密实，波形池底面抹平压光。

大型养殖场外排水量大，沉淀分离池的池深一般超过 3m，若设计地上池，应采用钢筋混凝土结构；若建半地下池，可采用水泥砂浆砌砖石结构，池底基础、池高的中间及池顶设钢筋混凝土围梁。沉淀分离池若采用人工除污泥，一般修建两个沉淀分离池，一个运行，另一个清除污泥；也可合建为一体，中间用隔墙隔开，设两套进出水口。若采用多斗或多孔管排污泥，可只建一个沉淀分离池，定期用阀门和污泥泵排除污泥。沉淀分离池除平流式外，还有竖流式和斜板式等，后两种因结构复杂，造价较高，海水养殖场很少使用，故不介绍。

第三节　污泥浓缩池

脱水干化是污泥处理中的一个普遍问题，由沉淀分离池积泥区排出的污泥含水率很高，一般在 98%～99%，并且体积很大，存放、运送和利用都不方便，而浓缩后的体积能缩小 1/3～1/2。因此污泥的浓缩处理显得很重要。工厂化养殖外排水沉淀分离出的污泥主要由残饵、鱼虾排泄物、鱼鳞及虾壳等有机物质组成，这些有机污染物经浓缩、消化与干化后，是很好的有机肥料。若不处理利用，直接排入海区则会对海水造成严重污染。

污泥脱水浓缩常采用污泥浓缩池，浓缩池一般有圆形和长方形两种，其中长方形浓缩池是一种小型简易的沉淀浓缩池，适用于小规模养殖场。

一、圆形污泥浓缩池

（一）圆形污泥浓缩池设计

圆形污泥浓缩池是圆柱形沉淀池，利用静止沉淀原理使有机污染物颗粒与水分离。从斯托克斯沉淀理论公式可知，沉降速度与污染物颗粒直径平方成正比，颗粒直径越大，沉降速度的数值成平方关系越快，沉降时间极大地缩短。而养殖场废水特点是污染物颗粒较大，污染物在一般的浓缩池内沉淀浓缩都能获得较好的效果。

根据水处理系统的高程，圆形浓缩池可建在地面以上或半埋于地下，小型浓缩池一般采用水泥砂浆砌机砖修筑，大型浓缩池多采用钢筋混凝土结构。地上小型圆柱浓缩池有效水深一般为 2m 左右，若采用水泥砂浆砌机砖结构，圆柱池体的基础与池顶应浇铸钢筋混凝土围梁，内壁与池底采用五层防水做法以防止渗漏，池顶一般不设池盖。底部为圆锥形，圆锥倾斜角为50°~60°，圆锥底部连接直径不小于200mm的排污泥管，并安装阀门。进泥管一般设在圆柱池体高度的中上部，直径为160~200mm，并连接沉淀分离池的污泥输送管。污泥经浓缩后，在池底密实堆积，上层澄清区的上清液用排水管排出。排水管设在从池顶向下1/3池高处，等距间隔30cm设一个排水管及阀门，这些排水管连接总排水管，每个排水管用于不同水位上清液的排出，最后将上清液排至沉淀分离池的进水区。

（二）圆形浓缩池的计算

圆形浓缩池一般为间歇型浓缩池，其平面面积应根据养殖场的规模、废水中有机颗粒物的数量、沉淀分离池定期排污泥的间隔时间及污泥量确定，也可以按重力浓缩池计算：

$$A = \frac{CQ}{M} \tag{7-3}$$

式中：A——浓缩池的面积（m^2）；

Q——污泥量（m^3）；

C——污泥固体浓度（g/L），一般为6~12g/L；

M——浓缩池污泥固体通量［$kg/(m^2 \cdot d)$］，一般为20~25$kg/(m^2 \cdot d)$。

若采用两个浓缩池，则每个浓缩池的直径用下式计算：

$$D = \sqrt{\frac{2A}{\pi}} \tag{7-4}$$

式中：D——浓缩池直径（m）；

A——浓缩池的面积（m^2）；

π——圆周率。

二、长方形污泥浓缩池

长方形污泥浓缩池实际是一种简易型沉淀浓缩池，污泥经浓缩后在池内储存。储存的污泥可用简单的设备如污泥泵等输送到污泥消化池，或用人力运到干化场地干化。长方形污泥浓缩池具有操作简单、管理方便、投资较少的特点，适用于小型养殖场使用。根据废水初级处理系统的高程，浓缩池宜建半地下池，池高不超过1.5m，污泥深不超过1.0m。池内有效容积应根据沉淀分离池每次排放的污泥量、干化场地大小、储泥时间及运输能力确定，一般不少于20m^3，长方形浓缩池宜修建两个以便倒换使用。浓缩池的结构多采用水泥砂浆砌机砖，为防止池底局部下沉，应铺设 15cm 厚钢筋混凝土基础，池底设 5%～10%向出泥口倾斜的排水坡度，内壁与池底五层防水做法。

进污泥管一般设在池高 1m 处，采用直径为 160～200mm 的 PVC 管；出污泥管设在池底最低处，并加阀门或污泥泵，采用直径不小于 200mm 的 PVC 管。池内设不同高度的排水管，基本与圆形污泥浓缩池相同，定期将上清液排入沉淀分离池。

第四节　污泥消化池

污泥的消化是污泥中有机物的厌氧分解，一般分为水解发酵转化、产乙酸与产甲烷三个阶段。污泥消化主要目的是杀灭病菌及有害细菌，改善污泥的卫生条件，易于脱水，减少污泥体积等，污泥消化池是常用的消化设施。

一、污泥消化池设计

污泥消化池一般设计为圆柱形，直径为 3～6m，圆柱高与直径的比为 0.8～1.0。消化池池底为圆锥形，圆锥坡度为 20%～25%，有利于排出污泥。污泥消化池一般都设固定顶盖，以保持池内的消化温度，减少池表面的蒸发、臭味散发及保证良好的厌氧条件。顶盖形状宜采用圆形拱或锥形拱，材料可采用钢板冲压焊接或抗老化的塑料材料，固定方式宜用防锈螺栓固定。顶盖设通气孔、观察孔，消化池柱体中上部同样设观察孔。根据废水处理系统的高程，消化池宜建半地下池，有利于消化过程的保温。

小型污泥消化池一般采用水泥砂浆砌机砖结构，圆柱池体的基础、柱体高度的中间及池顶浇铸钢筋混凝土围梁，池内壁与池底五层防水做法。高度大于 3m 的大型消化池应采用钢筋混凝土结构。消化池侧墙与池底交接处设直径为 0.5～0.6m 的工作孔，方便维修和池内清刷。

一般消化池进泥口设在池内泥位上层，小型池进泥管设一根为宜，最小直径不小于 160mm，用于连接浓缩池的出泥管。消化池的出泥管设在锥形池底的底部，并与污泥泵连接，污泥泵的出口设两根管道，其中一根用于将污泥输送到干化场地或外运车辆；另一根与进泥管相接，并设控制阀门，用于消化池内污泥循环搅拌。消化池柱体上部设清洗水管，锥形池底设排污管，将清洗污水排入浓缩池。

二、污泥消化池设计计算

消化池的有效容积可按间歇浓缩池一次投入的污泥量确定，也可以按加入的污泥量及污泥的投配率（每天加入的污泥量占消化池有效容积的百分数）进行计算：

$$V = \frac{G}{P} \tag{7-5}$$

式中：V——消化池有效容积（m^3）；

G——新鲜污泥量（m^3/d）；

P——污泥投配率（%），一般为 3%~5%。

消化池污泥停留时间一般为 20~30d，考虑污泥消化停留时间较长及需检修等因素，消化池的个数一般不能少于两个。为使投入的新鲜污泥充分消化，消化池一般设搅拌设备，常用的主要有污泥泵、搅拌机械等。小型消化池多采用污泥泵循环搅拌。

由于海水工厂化养殖外排水中沉淀污泥量较少，污泥在消化池内停留时间较长，因此采用中、低温消化，不设加热设备和沼气回收设备，常采用半埋式消化池，并用土壤保温方式。

三、污泥干化处理

污泥干化场地是污泥经浓缩、消化后进一步降低含水率的简易设施。污泥干化场地一般修建在渗水性良好的砂质土壤上或砂土平地上，污泥的干化主要依靠自然蒸发和污泥中的水分向砂土中的渗流作用。干化后的污泥含水率降到 75%以下时，污泥密实、体积减小并失去流动性，可以任意堆放，便于运输。

在渗水性良好、地面平坦的砂土地上，可采用壤土修筑围堤修筑干化场地，其堤高一般不小于 0.4m，顶宽 0.3m 左右，围堤两面坡度为 1∶2；围成的干化场地一般应不少于两块小型场地，小型场地形状多为长方形，其面积可根据每次消化的污泥量确定，一般每块不小于 30m^2。若修筑干化场地的地面渗水性较差，应进行人工修筑，底层采用碎石、砾石填料，铺平厚度不小于 0.2m，中层采用卵石、粗砂填料，铺平厚度不小于 0.1m，上层采用细砂，铺平厚度不小于 0.1m。

污泥干化场地适用于处理浓缩后和浓缩消化后的污泥，启用时采用污泥泵或人力将污泥输送到干化场地，污泥的厚度一般为 0.2~0.3m。干化若干天后，污泥密实，含水量大大降低，可以外运或取出堆放。未消化而干化的污泥应堆放继续消化处理。

污泥干化周期受到季节、气象等因素影响较大，在北方春、秋季气候条件较好情况下，自然蒸发量与渗透量较大，干化周期较短，一般 10d 左右；在北方冬季时，污泥易冻结，影响自然蒸发量和渗透量，干化周期较长，一般大于 15d；夏季蒸发量与渗透量较大，干化周期较短，一般少于 10d。若遇到降雨天，不但延长干化周期，而且当降雨量较大时，每小块干化场地还要排水处理。在设计干化场地时应充分考虑这些不利于污泥干化的因素。

污泥干化场地在干化过程中，易产生臭味，诱引蚊蝇，因此修建污泥干化场地应远离城镇。距城镇较近的养殖场，其浓缩、消化的污泥可外运干化处理，或采用先进的机械脱水处理。

第五节　氧化池

氧化池又称氧化塘、稳定塘、菌藻池，北方称氧化池。氧化池按水系可分为淡水氧化池和海水氧化池。海水氧化池是在海区潮上带的低洼盐碱地或荒滩等不可耕种的土地上人工修筑的池塘。池塘设围堤以防止大潮汛高潮位时海水涌入池内，或地表大量雨水流入池塘。氧化池因投资少，运行费用低，管理方便，处理废水效果好，被广泛用于海水循环水养殖外排废水处理。

世界上第一个有记录的大型氧化池处理污水系统于1901年修建在美国得克萨斯州的圣安尔尼奥市。由于造价低，运行费用少，维护管理方便，对污染物去除率较高等优点，被越来越多的地方采用。到20世纪50年代，由于受到全球能源危机影响，国际上对氧化池能耗低而运行稳定的污水处理技术给予了足够的重视和肯定，并在实践中大范围推广。如美国1980年建成大型氧化池7 000多座，至今已达20 000余座。

早期氧化池主要用于小城镇生活污水处理，以后逐渐用于食品工业、造纸、纺织、化工等工业废水处理，目前世界已有40多个国家应用氧化池。实践证明，氧化池能够有效地处理生活、工业及养鱼的有机废水，然而氧化池自身也存在一些弊端，如占地面积大，小者几公顷，大者几十公顷；净化效果受气温、阳光等自然因素影响；长时间运行时池底淤积严重等。由于海水工厂化养殖场大多建在海区潮上带，其周围一般有很多不可耕种的低洼盐碱地或荒滩，征地容易，地价便宜，修建氧化池有一定优势。

一、氧化池的类型

氧化池是利用光合细菌、异养微生物、微藻等共同作用处理废水的池塘系统。根据池塘中微生物优势群体类型和溶解氧状态，氧化池可分为好氧池、兼性池、厌氧池及曝气池等。

（一）好氧池

好氧池又称好氧塘，池深一般比较浅，阳光能照射到池底，池内藻类生长茂盛，光合作用旺盛，全部池水呈好氧状态，主要通过好氧微生物对有机污染物进行降解，使污水得到净化。污水能在池内停留3~6d，其BOD去除率高达80%以上，是一种投资较少、运行费用低廉的废水处理设施。

（二）兼性氧化池

兼性氧化池又称兼性池，池水比较深，一般在1.5m以上，池内从水面到池底存在不同区域，水面至阳光能透入的水层中藻类生长旺盛，溶解氧充足，呈好氧状态；池底为沉淀污泥，处于厌氧状态；介于好氧和厌氧层之间为兼性区，存在大量兼性微生物。兼性池污水处理是由好氧、兼氧及厌氧微生物共同完成的。兼性池污水处理效果较好，并对水量、水质的冲击负荷有一定的适应能力，在同等的处理条件下，建设投资与维护管理费用低于其他生物处理工艺。所以，海水工厂化养殖场宜建设兼性氧化池处理养殖废水。

（三）厌氧池

厌氧池又称厌氧稳定塘，池内有效水深一般大于2.0m，池水有机负荷率较高，透明度较低，阳光照射深度浅，主要利用厌氧异养菌在池内进行水解、产酸及产甲烷等厌氧反应处理污水，其上层较浅光合区的主要作用为了减少池中臭味溢出。厌氧池的净化速度低，污水在池内停留时间长，因此一般作为高浓度有机废水的首级处理池，之后再设好氧池或兼性池。厌氧池一般不适用于海水工厂化养殖外排水处理。

（四）曝气池

曝气池一般水深大于1.5m，池内水面设曝气器对池水进行搅动增氧，曝气装置多为浮式水面机械曝气，如水车式、叶轮式、射流式等曝气机。曝气池虽然是一种氧化池，但又不同于以自然净化污水的氧化池，它是介于延时曝气活性污泥工艺与氧化池之间的工艺。由于采用机械曝气，曝气池的净化功能、净化效果及处理污水效率方面都明显优于一般类型的氧化池。因曝气池污水在池内停留时间较短，所以设计的曝气池一般容积不大，占地面积较小。由于曝气池多采用环流池和机械曝气，因而建池投资增大，运行费用提高。海水循环水养殖场可根据土地与经济状况权衡考虑，土地较充足的企业不宜采用。

根据水处理的出水方式，氧化池可分为连续出水、控制出水和储存水三种方式。氧化池连续进出水方式主要用于废水经氧化池处理后，继续深度处理或综合利用，如海水工厂化养殖场的废水经沉淀分离后流进氧化池处理，流出的水进入综合生态池再利用。氧化池控制出水主要在综合利用用水量不均衡的情况下发挥作用，如年内某时期用水量较少时，水在池内储备；某时期用水量增多时，加大排放量，池内储水量的多少可人为来控制。储存池是只有进水而无排水，其池塘面积一般较大，主要依靠自然蒸发和少量渗漏减少池水，储存池水深大于1.5m时为兼性氧化储存池。

海水循环水养殖场的废水经沉淀分离处理后，流进大型氧化池储存处理。该处理工艺可实现养殖外排废水“零排放”，如青岛市宝荣水产科技有限公司采取该种方法处理循环水养鱼场和养虾场的废水，其养殖废水经沉淀分离处理后，采用土质沟渠流入大型氧化池储存处理，达到了外排废水“零排放”。该氧化池设计新颖，池塘面积很大，约为15hm^2，放养少量的梭鱼及中国对虾。池中心采用钢筋混凝土框架结构修建一幢有特色的办公、实验、水质监测及旅游观光综合楼，楼与岸边修建栈桥，池塘周围修筑人行道、绿化带及停车场。楼房周围修建瞭望台、观光台和垂钓台，办公环境清静、优美。该氧化池的设计不但具有处理废水的功能，而且具有美化环境、旅游观光及娱乐休闲等多种功能。

二、氧化池处理外排水机理

氧化池是一种大型土质池塘，其处理外排水的机理主要有以下几方面。

（一）废水的稀释作用

外排水流进氧化池后，在水流、风力及污染物的扩散作用下，与池内已有的水体进行混合，使进池的水得到稀释，从而降低了各项污染指标的浓度。这种稀释作用仅是物理过程，尽管不减少废水中污染物的总量，却为对污水进一步处理创造了条件。

（二）沉淀和絮凝作用

在氧化池处理外排水的过程中，废水进入氧化池后，由于过水断面面积增大，流速相当缓慢，停留时间较长，废水中的小颗粒悬浮物在重力的作用下慢慢地沉入池底，废水的SS、COD等各项指标开始下降。另外，氧化池水中的各种生物在生长繁殖过程中分泌大量具有絮凝作用的物质，通过这些物质的絮凝作用，废水中的细小颗粒开始絮凝成较大的颗粒，沉淀于池底。因此氧化池中存在着自然沉淀和絮凝沉淀双层作用，有利于池水澄清。

（三）好氧微生物的代谢作用

氧化池的上层生长着大量的藻类和蓝细菌等微生物，它们在阳光照射下进行光合作用形成好氧环境，废水中绝大部分的有机污染物可在好氧细菌的代谢作用下得以去除。氧化池由于池型大，水较浅，停留时间长，光合作用强，废水中有机污染物去除率很高，其中 BOD 可达 90%以上、COD 可达 85%以上。

（四）厌氧微生物的代谢作用

氧化池池底处于厌氧环境，厌氧微生物对有机污染物的降解作用一般是厌氧硝化（发酵）过程，主要包括三个阶段：首先是有机污染物的水解阶段，主要是非溶解性的聚合物转化为简单的溶解性物质过程；其次是酸化阶段，是将溶解性有机物转化为挥发性脂肪酸过程，主要通过乙酸菌等作用继续转化为乙酸、氢气和二氧化碳，此过程主要由多种多样的发酵细菌完成；最后是产生甲烷阶段，其中 70%由乙酸歧化菌产生，30%是通过甲烷微生物将氢气和二氧化碳转化为甲烷。氧化池内有机污染物在好氧微生物、兼性微生物及厌氧微生物的协同作用下得以降解，很少有某一种微生物单独完成降解。如厌氧降解生成的有机酸，扩散到好氧层或兼氧层后，由好氧微生物或兼氧微生物进一步分解；同时在好氧层或兼氧层内难以降解的污染物，在能沉入池底后可通过厌氧微生物的作用下进一步降解。

（五）浮游动植物的作用

氧化池内生长着大量的浮游动植物，其中藻类的光合作用可向水中提供氧气，同时在生长过程中可吸收污染物中的氮、磷等生源物质；而原生动物、后生动物及枝角类浮游动物能产生具有絮凝作用的黏液，并能吞食游离细菌和细小悬浮状污染物，使池水进一步澄清。

（六）水生植物的作用

氧化池中水生植物的光合作用能向水中放出氧气，使水中溶解氧提高；同时在生长过程中可吸收废水中的氮、磷等为营养元素，使池水得到净化；水生植物的根部具有富集重金属离子的作用，可提高重金属的去除率。近几年国内外研究者提出的生物除铁、除锰理论说明，水中细菌菌群中有铁细菌存在，铁细菌的生物作用能有效去除水中的铁、锰等重金属。

另外，在不投加消毒剂的情况下，氧化池能有效地去除水中的病原菌，如大肠杆菌群等，这对海水养殖外排水经资源化处理后流进综合生态池再利用是非常重要的。氧化池系统中大肠杆菌群的去除率一般较高，大肠杆菌群数量的减少是多种因素共同作用的结果。

三、氧化池设计与计算

（一）氧化池设计

1. 氧化池类型选择

氧化池类型应根据海水工厂化养殖场的土地资源、投资状况、水处理工艺要求等权衡确定。养殖场外排废水经沉淀分离初级处理后，绝大部分的残饵及排泄物等被分离去除，初级处理的低浓度有机废水流入氧化池，处理后的水流进综合生态池养殖海珍品及大型藻类。氧化池处理后的水也可以再用于循环水养殖的补充水。氧化池既可作为废水处理的终极池也可为非终极池，大型氧化池作为水处理的终极池可实现养殖场外排水处理达到“零排放”。

一般养殖场在选择外排水处理的氧化池类型时，以好氧池或兼性池为宜，不宜选用厌氧池和曝气池。

2. 氧化池设计

海水工厂化养殖场采用氧化池或兼性氧化池处理养殖外排水时，一般可修建在海边潮上带的低洼盐碱地、不宜耕种的荒滩及砂土地等区域。终极氧化池允许池水少量渗漏，若土质是砂土或砂壤土，渗漏严重时，池底和池堤内坡需设计黏土防渗层或铺设塑料地膜，地膜上面应铺10~20cm 厚的砂土保护层。

池形设计主要有长方形、正方形，以长方形为宜，长宽比为2∶1~3∶1。有效水深：氧化池 0.7~1.5m，兼性氧化池 1.0~2.0m。池堤坡度为 1∶2~1∶3，池内四个角设计为圆弧形。池堤顶修筑宽度不少于1m的人行道，堤顶高出地面不少于 0.4m，以防止大潮汛时高潮水或强降雨时地表径流水涌入池内。池堤的内坡水面以下可采用碎石护坡，内设反滤层。碎石护坡不但能防止大风天气池内波浪对坡面的冲刷，还能起到生物过滤作用，因为碎石、砾石、砂粒等构成良好的生物载体。池堤外坡和内坡水面以上部分应植草护坡，避免暴雨冲刷坡面。

当氧化池或兼性氧化池不作为终极池时，以修筑两池为宜，中间设隔堤，并联或串联运行。修筑两池的主要目的是用于干池排除池底污泥、检查池底渗漏、维修进排水管渠及闸门，一旦一池运行出问题，可暂用另一池塘；若某一时期氧化池处理废水指标达不到要求，两池可串联运行，方便操作与管理。氧化池若设计为终极池时，以修建一池为宜。

在进行氧化池的给排水设计时，给排水构筑物宜采用管、渠无压流，每个进排水口处应设置闸门，其设计与计算见本书第三章第二节给水构筑物部分。进水方式宜采用多口进水或淹没式进水，使进水均匀，不冲刷池底；出水方式多采用取表层水方式，可将表层集中浮游藻类的水体排入下一级综合生态池，为养殖生物提供饵料。进水口与出水口应相互远离布置，以避免进入的废水近路排出，一般可分别设在长方形氧化池的两个短边。对于非终极氧化池，每池应设池底排水管及闸门，用于定期排干池水清除池底污泥、维修防渗设施及进出水系统等。池底应设一定排水坡度，排水口设在池底最底处，并在氧化池外设闸门井用于启闭排水闸门。

（二）氧化池的设计计算

氧化池的设计计算主要是根据废水进池的流量、主要水质指标、池塘 BOD 表面负荷率等因素，确定氧化池水面面积、容积及停留时间。氧化池内污染物降解反应过程复杂，很难建立准确的数学模型进行计算，一般在给出主要设计参数的允许范围内采用经验公式计算，若计算结果偏离允许范围，则需重新取值计算，直到计算值在允许范围内为止。

氧化池处理低浓度有机废水常用的设计参数如下：

BOD_5表面负荷率：0.000 6~0.008kg/（m^2 · d）；

水力停留时间：5~20d；

有效水深：0.6~2.0m；

BOD_5去除率：60%~80%；

藻类浓度：5~10mg/L。

好氧池水面面积用下式计算：

$$A = \frac{QS}{N} \tag{7-6}$$

式中：A——氧化池水面面积（m^2）；

Q——废水设计流量（m^3/d）；

S——原废水 BOD_5浓度（kg/m^3）；

N——BOD_5表面负荷率［kg/(m^2·d)］。

根据上式确定的氧化池水面面积和养殖场外排废水的设计流量及从设计参数中选用有效水深，可采用下式计算确定氧化池的水体容积和水力停留时间：

$$V = AH \tag{7-7}$$

$$t = \frac{V}{Q} \tag{7-8}$$

式中：V——氧化池有效水体的容积（m^3）；

H——氧化池有效水深（m）；

t——水力停留时间（d）。

将计算求得的水力停留时间与给出的设计参数相比较，若计算值不在设计参数之内，应重新选择表面负荷率进行计算，直到水力停留时间在设计参数之内为止。

（三）兼性氧化池的设计计算

兼性氧化池可作为养殖外排水处理系统的终极池，称兼性氧化储存池。也可以作为养殖外排水资源化处理系统的非终极池，将处理的中水供给综合利用。兼性非终极氧化池的设计计算主要根据经验数据确定的设计参数，计算确定兼性池的水面面积、有效水体容积及水力停留时间。

兼性氧化池处理低浓度有机废水的设计参数如下：

BOD_5表面负荷率：0.003 ~0.010kg/(m^2·d)；

池水有效深度：1.5~2.5 m；

污泥层厚度：0.2~0.6m；

水力停留时间：10~180d。

因表面负荷率和水力停留时间与地区气温有关，在北方地区设计参数一般取低值，南方地区相应取高值。平均气温在8~16℃，表面负荷率取50~70kg/(10^{4}m^2·d)，水力停留时间取15~20d；平均气温<8℃，表面负荷率取30~50kg/(10^{4}m^2·d)，水力停留时间取20~30d。兼性氧化池的水面面积、有效容积及水力停留时间可用下式计算：

$$A = \frac{10\ QL}{I} \tag{7-9}$$

$$V = AH \tag{7-10}$$

$$t = \frac{V}{Q} \tag{7-11}$$

式中：A——兼性池水面面积（m^2）；

Q——废水设计流量（m^3/d）；

L——进池水 BOD_5（mg/L）；

I——进池水 BOD_5表面负荷［$kg/(10^4m^2 \cdot d)$］；

V——兼性池水体容积（m^3）；

H——兼性池有效水深（m）；

t——水力停留时间（d）。

将计算值与给定的设计参数进行比较，若计算值不在设计参数内，应重新选择表面负荷率进行计算，直到水力停留时间的计算值在设计参数范围内为止。

第六节　综合生态池

海水综合生态池是近几年通过试验研究设计出的多功能生态养殖池，用于海水工厂化养殖外排水经资源化处理后进行再利用。它具有对海珍品及大型藻类的养殖功能和水质综合处理的功能。通过科学设计与管理，综合生态池可使池内养殖对象的排泄物、养殖场外排水经资源化处理的中水、池内利用移植的大型水生植物、水中的浮游生物及各种微生物等，实现协同降解作用达到生态相对平衡，达到海水工厂化养殖水“零排放”，并获得较好的养殖效益。

一、综合生态池构建

（一）综合生态池设计

海水综合生态池是在海边潮上带低洼盐碱地、荒滩及不可耕种的土地上人工开挖的大型土质池塘，它既是低浓度废水处理池，也是生态养殖池。池塘水面面积的确定，目前尚未有理论性的计算，主要根据养殖场每天排出的废水量、经沉淀分离和氧化池等处理的中水量、养殖对象的数量、移植的水生植物量、生态池生物载体的布置等综合分析确定。池形多为长方形或正方形，一般水面面积不少于 1.5hm^2，池内有效水深不小于 1.5m。池堤可设计为土质或浆砌石结构，土堤设计见氧化池。浆砌石堤一般用于中、小型生态池，要求周边环境良好、企业资金充足，建成后体现水处理水平及生态养殖的优美环境。浆砌石堤的池壁有垂直型和倾斜型两种，垂直池壁在池内每隔一定间距设浆砌石支撑柱，防止暴雨时池壁倒塌。倾斜池壁设一定坡度，堤坡一般在1：

0.8～1∶1.0。浆砌石池壁采用水泥砂浆砌甲、乙级石，要求砂浆饱满，振动密实，不能渗漏。浆砌石池堤堤顶应高出地面 0.3～0.5m，防止地表的雨水流入池内，堤顶以上部分，设石条或金属护栏，既安全又美观，如海阳市黄海水产有限公司修建的综合生态养殖池（图 7-3）。综合生态池周围若集雨面积较大，不但堤顶应高于地面，而且还应修筑排洪渠，防止强降雨地表洪水冲毁综合生态池。据国家洪水灾害统计报道，2007 年 8 月 7 日山东省因普降特大暴雨，沿海因暴雨洪水冲毁的养殖池达 58 万 hm^2，包括鲍鱼池、海参池、对虾池及综合生态养殖池等，经济损失达 1.3 亿元。

图 7-3　海水综合生态池

综合生态池池底若是砂土或砂壤土类，渗漏严重时应设计防渗层，主要采用黏土防渗或塑料地膜防渗，若采用地膜防渗，上面应铺设15～20cm 厚砂土保护层。综合生态池一般是水处理系统中的终极池，允许池水有少量渗漏，池水的减少主要通过常年水面的蒸发、植物的蒸腾和池底适量的渗漏等作用。

综合生态池池底一般设 1%～2%的排水坡度，向排水口倾斜。进水一般采用管、渠无压流，淹没式进水，进水口设在池内大型藻类养殖区，为藻类提供营养物质。综合生态池的排水主要用于干池收获水产品、重新布置养殖设施、清理池底污泥等。排水宜设管道排放，排水口设在池底最低处，排水口前面应设拦网，防止鱼、虾在排水时外逃。在排水管池外部分设阀门井，井内安装阀门，方便启闭。排水管道设计计算见本书第三章第二节给水构筑物部分。综合生态池干池排水可排到附近低洼处蒸发、渗入地下或直接排入海中。

综合生态池也可以用于海水循环水养殖水处理及综合利用，如大连太平洋海珍品有限公司在室外修筑的大型综合生态池，池内布置沉淀过滤区、生物净化区和综合养殖区，在养殖区内养殖一定数量的裙带菜、海藻、海参、海胆及中国对虾等，主要通过将鲍鱼和鱼类育苗车间的外排温水输入海参、海胆及鱼类养成车间，再将养成车间外排废水流入室外综合生态池处理，综合生态池的过滤池由水泵提水，经消毒、调温等处理后输入养成车间再利用，多年运行结果表明，其环境效益和经济效益良好。

（二）池内养殖设施布置

综合生态池内除养殖不同品种的海珍品，如海参、对虾、鱼类及贝类等，还应移植大型藻类，如江蓠、马尾藻、龙须菜等，为使养殖对象具有良好的生活环境，池内需布置一定的养殖设施。若养殖海参，应在池底铺设砂、砾石，并用块石搭建礁棚，保证海参有良好的栖息环境，当中午太阳光很强时，海参可爬进礁棚石块的缝隙里，避免阳光的直射；如养殖大型藻类，需在池内采用球形浮子、聚氯乙烯绠绳及块石搭建成排的筏架实施筏式养殖；如移植马尾藻、鼠尾藻及石莼等，可种植在礁棚的碎石上。

二、海珍品与大型藻类多样性养殖

海水循环水养殖场外排水属于低浓度有机污水，经沉淀分离及氧化池处理后流入综合生态池，在多种大型藻类及池水上层的浮游生物，池底砂、石中生长的各种微生物等协同降解作用下，保持综合生态池清洁。

（一）海珍品养殖

根据不同生态池的特点，可在综合生态池选择养殖一定数量的海参、对虾、牡蛎及鱼类等。目前修建的综合生态池中，以养殖刺参居多。海参喜欢生活在水环境平静、海藻生长茂盛的岩礁地带或大叶藻类丛生的泥沙地带，因此综合生态池内的生态环境与海参的生活习性应相符合；海参主要以小型动植物如孔虫、腹足类、桡足类、硅藻等及混在泥沙中的有机物质为饵料，并同时将泥沙一并吞入，所以海参对池底有一定的清洁作用。综合生态池内海参养殖密度为：对体长5~6cm的大苗种，一般不超过 5 头/m^2。

另外，海参的鲜品和干货在市场上销量大、价格高，促进了综合生态池养殖海参的快速发展。生态池若池水较肥，浮游生物较多时，可养殖牡蛎，一般一只牡蛎的滤水量为 5~20L/h，可利用牡蛎对微藻的高滤水性使池水进一步净化，但由于牡蛎价值不高，不宜养殖过多。生态池除养殖海参、牡蛎外，还可养殖少量底层、上层鱼类及中国对虾。合适的底层鱼类主要包括大菱鲆、星鲽及半滑舌鳎等；上层鱼类主要包括梭鱼、鲈鱼等。

（二）大型藻类养殖

综合生态池适养的大型藻类主要有江蓠、龙须菜、马尾藻、裙带菜及石莼等。江蓠是多年生藻类，南北方有不同的品种，其中粗江蓠较好，是多年生暖温带大型藻类，高 20~50cm。江蓠、裙带菜、龙须菜等适合在池内设置浮筏，采用筏式吊养（图 7-4）。在池内大型藻类养殖区，江蓠筏式养殖密度一般不大于 1kg/m^2，根据生长情况，定期收获，能获得一定的经济效益。

图 7-4　筏式养殖江蓠

综合生态池的动植物多样性、养殖数量及生长情况，应根据池内水质指标的变化进行调整，使池内水质始终保持相对平衡。

三、综合生态池生态环境的平衡

综合生态池内保持生态环境的平衡，主要利用生物学方法调整生态系统的结构与功能，建立动、植物复合养殖系统，实施养殖系统的生物修复（bio-emediation）与自我控制（self-manipulation），使综合养殖过程中水环境得以恢复，实现池内水环境相对平衡。综合生态池生态环境的平衡，包括水质平衡、池水容量平衡及生物多样性平衡。

（一）水质平衡

综合生态池本身具有兼性氧化池处理水的功能，生态池对低浓度污水具有稀释和沉淀作用，还有好氧及厌氧微生物的代谢作用、浮游动植物及大型藻类的吸收作用。在复杂的物理、生物及生化协同作用下，池内水质得到进一步净化；同时池内多样性养殖海珍品（不投饵料）的排泄物对池水又产生一定的污染。牡蛎、海参等不停地吞食浮游动植物、泥沙中的有机物，使池水具有澄清作用。养殖的大型藻类，一方面向池水放出氧气使水体溶氧量增高，另一方面吸收水中的氮、磷等营养物质利于水质净化。

大型海藻在生态池综合养殖系统中对水质的平衡起到很大的作用。近几年的研究表明，大型藻类在生长过程中对微藻有一定抑制作用。目前大型海藻类对微藻的抑制作用机理尚处于实验研究阶段，可能是营养盐竞争所致也可能是化感作用所致。从实际情况看，大型藻类对微藻的抑制作用，有利于水质的平衡，能防止微藻类繁殖过盛导致水质变差。

综合生态池是水处理系统的终极池，始终要保持水质指标达到海水养殖用水的要求并保持水质相对平衡。若某时期水质恶化，除检查沉淀分离池、氧化池处理效果外，还要检查养殖的海珍品是否超量，若超量则应适当调整，如微藻繁殖过盛，则应加大牡蛎养殖量，以提高水质透明度，增加阳光的照射深度。通过多方面的科学调控，综合生态池可以始终保持水质稳定和平衡。

（二）水容量平衡

综合生态池是养殖场外排水资源化处理后综合利用的终极池，一般流进生态池的水不再流出（干池排水除外），但由于综合生态池不能溢流，其池水的容量不能太多或太少，池内水位允许在一定范围内波动，但水容量应保持相对平衡。

生态池不停地进水，而水容量的减少主要依靠池塘水面的蒸发、大型植物的蒸腾、池底适量的渗漏实现，因此水量的调整主要依靠改变池水的深度。

（三）生物多样性平衡

综合生态池内除自然生长的多种生物外，如浮游动植物、原生动物、池底土壤及污泥中生长的好氧细菌、厌氧细菌等，还养殖多品种的海珍品、大型藻类。这些不同类型的生物在生长过程中对水环境产生不同的作用。如养殖的海珍品对池水环境造成污染；养殖的大型藻类对水环境起到净化作用，同时对微藻有一定的抑制作用；各类浮游动、植物及微生物等对池水中的污染物产生降解作用。为使综合生态池的水环境保持相对平衡，必须经常检查各类生物的生长繁殖状况，某种生物不能过量繁殖或大量死亡，应采取科学调控方法进行管理，如微藻类过盛，应适当增加牡蛎或海参的养殖量，使微藻降到正常数量，以保持综合生态池生物多样性的平衡。

综合生态池应加强各方面的调控和管理，始终保持水质、水量及生物多样性相对平衡，从而保持良好的生态环境，确保安全运行，实现养殖场的废水“零排放”，并取得较好的经济效益。

四、综合生态池经济效益分析

综合生态池除具有兼性氧化池处理有机水的功能外，主要用于海珍品和大型藻类的养殖，养殖的海珍品大部分是经济价值较高的品种，如海参、海胆、对虾、鱼类等。如在综合生态池中养殖海参，其养殖密度一般为 4 头/m^2。目前，4~8 头的鲜品海参，价格为 140 元/500g；40~60 头的干品海参，每 500g 价格为 1 500~2 000 元。因此每平方米海参收益约为 70~140 元，并且销路很好。

综合生态池养殖的大型藻类主要有江蓠、龙须菜、裙带菜、马尾藻、石莼等，江蓠、龙须菜属于红藻类，裙带菜、马尾藻属于褐藻类，石莼是绿藻类。经济价值较高的江蓠有十多种，其中真江蓠、粗江蓠及扁江蓠种植较多，江蓠及龙须菜含藻胶，是制作琼胶的原料。龙须菜除用于制作琼胶外，还可以食用、药用，也是养殖鲍鱼、海胆的饵料。裙带菜、马尾藻含有褐藻胶，是制造褐藻胶、甘露醇和碘的原料，也是养殖鲍鱼、海胆的饵料。石莼又称绿菜，可食用和药用。在综合生态池养殖大型藻类，除具有净化水质、平衡池内水环境功能外，一般 1hm^2 水面还能收获 4~6t 鲜品，能获得一定的经济效益。

五、水处理系统控制水位的推算

水处理系统控制水位推算的目的是为保证自流输水，推算水处理系统中各设施的水面高程。为降低废水处理的能耗，从养殖外排水排水口到末端综合生态池均采用自流输水，并尽量减少系统中各设施之间的高程差，以提高终极池池底高程使其不低于海区大潮汛低潮位线高程，确保综合生态池能自流排干池水。

养殖外排水排水口水面高程通过养殖车间设计确定，输水构筑物一般采用管、渠无压流，将废水输送到沉淀分离池。因采用无压流，管、渠底应设一定纵向坡度，底坡 i 为 1∶500~1∶800，管长 L 与底坡 i 的乘积为管、渠的落差。进水口预留水面超高为 b，一般 b 为 0.1~0.2m。因为综合生态池为终极池，为了调节池内水容量，其水面高程允许在较大范围内波动，一般进水口水位预超高 h_1 为 0.6~1.0m。废水处理系统控制水位的推算可用下式表示：

$$控制水位高程 = H + h_1 + \sum Li + \sum b \qquad (7-12)$$

式中：H——综合生态池水面高程（m）；

h_1——综合生态池确保较大范围调节池水容量预留的超高（m）；

$\sum Li$——各类水处理设施之间输水管、渠落差总和（m）；

$\sum b$——保证自流输水，各进水口水位预留的超高总和（m）。

水处理系统控制水位的推算，应以养殖场外排废水口水面高程为准，一直推算到终极池水面高程，再加上终极池水深，推算出综合生态池池底高程，并通过测量确定该高程是否在大潮汛低潮位线高程之上，若在大潮汛低潮位线高程之下，则应重新确定各设施之间的高差，然后进行推算。因养殖场地形原因，水处理系统自流排干终极池确实有困难，可采用水泵提水干池。

第七节　海水人工湿地构建与应用

一、耐盐植物的选择

人工湿地系统中植物一方面自身可以吸收和利用废水中的一部分有毒有害物作为营养物而参与物质的地球化学循环，另一方面它的根区为微生物提供了必要的附着和形成菌落的场所，促进微生物的发育，并通过根茎向下传送氧，给根系微生物提供良好环境，促进微生物对根际周围沉积物的生物化学反应，从而间接地提高湿地对废水的处理效果。此外，植物代谢物或残体及溶解的有机碳为湿地微生物提供食物源，湿地植物还可以增加或稳定土壤的透水性。

（一）湿地植物选择的原则

人工湿地系统的植物一般要满足：①耐污能力强，净化能力强；②根系发达，茎叶繁茂；③抗病虫害能力强；④适应当地气候条件；⑤有一定的经济价值，如景观价值。为选择高效、生态适应性强的湿地植物，国内外专家学者做了大量的研究，综合几十年来的研究，国内外研究较多且对水体污染有显著效应的水生植物有：红蓼、两栖蓼、凤眼莲、喜旱莲子草、满江红、芡实、水葱、浮萍、紫背浮萍、善菜、宽叶香蒲、狐尾藻、金鱼藻、大藻、眼子菜、范草、灯芯草、苦草、水鳖、菱白、芦苇、香根草、风车草、多花黑麦草等，这些湿地植物对废水处理都具有良好的净化效果。湿地植物又分浮水植物、沉水植物和挺水植物，挺水植物具有同化吸收污染物和拦截、过滤的作用，被认为是构建人工湿地植被系统的主要类型植物。不少学者认为，选择当地优势挺水植物，突出生物多样性特色是提高人工湿地净化能力的关键措施。

（二）耐盐植物

对于海水体系的人工湿地系统，植物选择首要的一点是要具有耐盐性。在我国主要的耐盐植物有芦苇、碱蓬以及沉水的海藻等（表 7-1 和表 7-2）。王卫红和季民（2007）比较了生长在天津滨海湿地中的 9 种沉水植物的耐盐性，结果表明，将植物直接种植在河道底泥中，只有川蔓藻（*Ruppia maitima*）和篦齿眼子菜（*Potamogeton pectinatus*）能够存活。使用逐渐增加盐度的水培养方法发现，不同植物耐盐性有较大差异，菹草（*Potamogeton cispus*）和线叶眼子菜（*Potamogeton pusillus*）能耐受的盐度在 5.3g/L 以下，金鱼藻（*Ceatophyllum demesum*）在 7.6g/L 以下，狐尾藻（*Myiophyllum spicatum*）在 10.1g/L 以下，而川蔓藻和蓖齿眼子菜的耐盐性最高，达 10.1g/L 以上。9 种植物耐盐性依次为：川蔓藻>篦齿眼子菜>狐尾藻>金鱼藻>菹草>线叶眼子菜>马来眼子菜（*Potamogeton malainas*）>黑藻（*Hydrilla verticillata*）>苦草（*Vallisneria asiatica*）。这表明，川蔓藻和篦齿眼子可以作为滨海高含盐水体沉水植物重建的先锋植物。Tilley 等（2002）采用了 10 种耐盐的植物包括川蔓藻（*Ruppia maritima*），轮藻（*Chara spp.*），黑孢藻（*Pithophora spp.*），香睡莲（*Nymphaea odorata*），南方水草（*Hydrochola carolinensis*），香蒲（*T. latifolia*），灯心草（*Juncus effusus*），响铃豆（*Sesbania drummondii*），滨菊（*Borrichia frutescens*）和黑红树（*Avicennia germinans*）（Valenti，2000）。

表 7-1　中国海洋沿岸和河口的湿地及耐盐植物

省（市）区	名称	面积/hm^2	盐碱植物	已记录鸟及生态
辽宁	鸭绿江河口地区	21 730	芦苇 11 000hm^2	繁殖和越冬地，70 多种
	庄河县的滩涂地区	22 070	芦苇 13 000hm^2	繁殖地和驿站，41 种
	大连湾地区	17 000	426 种维管植物、碱蓬、芦苇	繁殖地和驿站，249 种
	辽河三角洲地区	120 000	苇田 67 000hm^2，碱蓬、盐角草	繁殖地和驿站，137 种
河北	北戴河地区	7 000	芦苇	觅食，驿站，295 种
	滦河地区	8 000	盐碱植物	驿站
	南堡沼泽地	32 400	芦苇、盐碱植物	驿站，繁殖地
	南大港沼泽区	10 200	盐碱植物	驿站
山东	黄河三角洲和莱州湾地区	450 000	芦苇	越冬及过境鸟
	长山列岛地区	5 250		鸬鹚和海鸥繁殖地，226 种
	福山、芝罘、夹河和伟德山地区	30 000		鹭、雁、鸭越冬地，驿站
	堵垛山和荣城滩涂地区	3 500		大天鹅，中华秋沙鸭越冬
	母猪河河口和搓山海湾地区	100 000		驿站，越冬地
	黄垒河和乳山河河口地区	10 000		越冬地
	五龙河河口和招虎山沼泽区	35 000		越冬地和驿站
	大沽河口和胶州湾地区	50 000	芦苇、碱蓬、盐角草	206 种
	日照海滩地区	22 300	芦苇	越冬和驿站
江苏	盐城海滩地区	243 000	芦苇，白茅	丹顶鹤等越冬 大量雁鸭类，104 种
上海	崇明东部滩涂区	16 000	芦苇，三棱藨草	重要驿站，繁殖地，299 种
	长兴岛和横沙岛	12 000		繁殖和越冬地，115 种
	南汇滩涂区	1 800		驿站
	奉贤滩涂区	1 250		驿站
	前三岛地区	32		繁殖地，驿站，100 多种

续表

省(市)区	名称	面积/hm^2	盐碱植物	已记录鸟及生态
浙江	杭州湾地区	62 500	芦苇、藨草	驿站，越冬和繁殖地
	庵东沼泽区	11 000	芦苇，藨草，盐蒿	驿站和越冬地
	象山港地区	3 000	海三棱藨草	驿站和越冬地
	三门湾地区	3 600	苔草，海三棱藨草	驿站和越冬地
	台州湾地区	4 500	苔草	驿站和越冬地
	乐清湾地区	3 200	光滩	驿站和越冬地
	灵昆岛东滩	1 599	苔草	驿站和越冬地
福建	三沙湾地区	45 100	秋茄	驿站
	罗源湾地区	14 500	秋茄	驿站和越冬地
	福清湾地区	1 500	秋茄	繁殖和越冬，208 种
	晋江河口和泉州湾地区	1 200	桐花树，白骨壤，秋茄	繁殖和越冬
	九龙江河口地区	6 000	秋茄等 6 种红树植物	繁殖和越冬
	东山湾地区	21 400	6 种红树植物	繁殖和越冬
广东	陆丰海滩地区	2 000	红树植物	驿站和越冬地
	福田自然保护区	304	红树植物	驿站，繁殖和越冬地，189 种
	珠江三角洲地区	475 000	红树植物	驿站，繁殖和越冬地，102 种
	北津港地区	1 500	红树植物	驿站和越冬地
海南	东寨港自然保护区	5 240	红树林保护区	驿站，越冬地
	津澜港和文昌地区	5 733	红树林保护区	驿站，越冬和繁殖地
	洋浦港地区	1 200	红树植物	驿站和越冬地
广西	铁山港和安铺港地区	35 000	红树植物	驿站和越冬地
	钦州湾地区	21 000	红树植物	驿站和越冬地
香港	米埔沼泽地及深圳湾	11 500	红树林保护区	驿站，越冬和繁殖，251 种
台湾	淡水河河口	733	秋茄等红树植物，芦苇	驿站和越冬，204 种
	兰阳溪河口	数百	芦苇	驿站和越冬，159 种
	大肚溪河口	7 000	芦苇，雀稗等 58 种	驿站和越冬，168 种
	东石红树林沼泽区	30	白骨壤，秋茄	驿站和越冬，102 种

表 7-2　大型藻类在综合海水养殖系统中的应用

大型藻类种类	养殖规模或类型	实验时间/月	应用系统	参考文献
角叉菜 *chondrus*/石莼 *Ulva*	实验室/水池	3-6	贝、藻	*Ryther* 等
石莼 *U. lactuca*	实验室规模	12	养殖废水、藻	*Cohen* 等
石莼 *U. lactuca*	实验室/水池	12	鱼、贝、藻	*Shpigel* 等
江蓠 *Gracilaria*	水箱	12	鱼、藻	*Buschmann* 等
石莼 *U. lactuca*	循环水	> 12	鱼、藻	*Krom* 等
石莼 *U. lactuca*	100m^3	> 12	鱼、藻	*Neori* 等
卡帕藻 *Kappaphycus alvarezii*	实验室和现场	3-6	贝、藻	*Qian* 等
江蓠 *Gracilariales*	开放式/网箱	1-3	鱼、藻	*Troell* 等
石莼 *U. lactuca*	实验室/水族箱	12	鱼、鲍鱼、藻	*Neori* 等
江蓠 *Gracilariaopsis*	池塘/水族箱	1-3	鱼、藻	*Alcantara* 等
紫菜 *Porphyra*	开放式/网箱	> 12	鱼、藻	*Chopin* 等
红皮藻 *Palmaria*	实验室规模	3-6	鲍鱼、藻	*Evans* 等
石莼 *U. lactuca*/江蓠 *G. conferta*	实验室/水族箱（3.3m^3）	12	鱼、贝、藻	*Neori* 等
江蓠 Gracilaria	实验室	6-12	鱼、贝、海胆、藻	*Chow* 等
江蓠 G. pavispora	两阶段混养	> 1	虾、藻	*Nelson* 等
江蓠 G. edulis	试验室规模	< 1	虾、贝、藻	*Jones* 等
江蓠 G. lemaneiformis	实验室	3-6	鱼、藻	胡海燕等
红皮藻 P. mollis	实验室规模	1	鲍鱼、藻	*Demetropoulos & Langdon*
江蓠 G. lemaneiformis	现场	> 12	贝、藻	杨洪生等

二、基质材料的选择

（一）基质吸附氮磷性能

选择利用沸石、细沙、麦饭石陶粒、蛭石、砾石、高炉矿渣、珊瑚石等 7 种基质材料（图 7-5）来进行氮、磷的吸附实验。

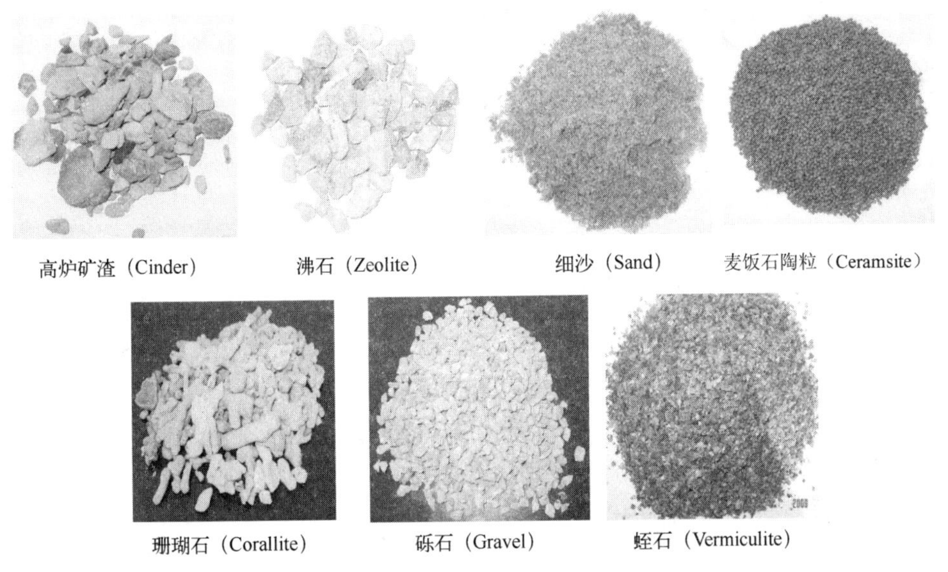

图 7-5　人工湿地基质

实验结果表明，7 种基质对氨氮的吸附性能蛭石>沸石>砾石>珊瑚石>细沙>麦饭石陶粒>高炉矿渣，其中细沙、麦饭石陶粒、砾石、高炉矿渣和珊瑚石对氨氮的去除效果较小，72h 对氨氮的去除率在 10%以下，而蛭石和沸石 72h 对氨氮的去除率分别为 31.7%和 24.9%。7 种基质对磷酸盐的吸附，72h 对磷酸盐的去除率高炉矿渣>蛭石>沸石>珊瑚石>细沙>麦饭石陶粒>砾石，72h 高炉矿渣对磷酸盐的去除高达 79.5%、蛭石为 57.0%、沸石为 36.5%、珊瑚石为 31.0%、细沙为 13.5%，麦饭石陶粒和砾石对磷酸盐没有去除效果。

因而，从吸附性能上讲，蛭石、沸石是人工湿地中吸附氨氮的良好基质，高炉矿渣、蛭石、沸石是吸附磷酸盐的良好基质（图 7-6）。

（二）基质氮磷吸附的动力性特征

7 种人工湿地基质对氨氮的吸附动力学特征见图 7-7。由图可以看出，相同条件下，不同基质吸附能力有很大不同，达到吸附平衡所需的时间也不相同。蛭石、沸石对氨氮的吸附能力较强，其他基质的吸附能力较弱。利用一级反应方程 $X=a+(1-e^{-kt})$ 拟合不同基质吸附量与时间的关系，可以看出沸石、细沙、陶粒的符合程度较好，相关系数 $R^2>0.95$，蛭石拟合方程的相关系数 $R^2>0.80$（表 7-3）。沸石、蛭石对氨氮的吸附动力学曲线可分为快、中、慢三段反应，说明从时间角度看，基质固相表

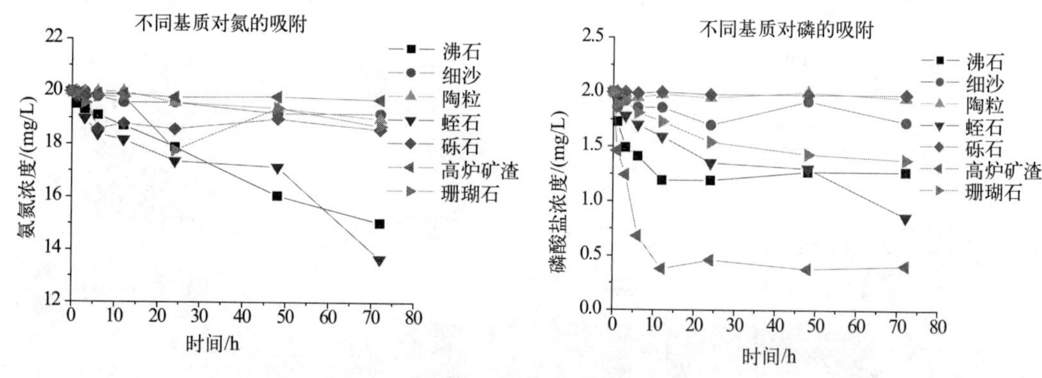

图 7-6　不同基质对氮、磷的吸附

面存在着高、中、低能量的吸附点位。72h 沸石、蛭石尚未达到吸附平衡，说明沸石、蛭石对氨氮还有一定的吸附能力。

表 7-3　氮磷吸附动力学方程（$X=a+(1-e^{-kt})$）拟合参数及相关系数（R^2）

		沸石	细沙	陶粒	蛭石	砾石	高炉矿渣	珊瑚石
吸附氮	a	117.631	15.478	234.023	175.536	22.182	3.984	20.809
	b	0.017	0.034	0.001	0.011	0.211	0.075	0.081
	R^2	0.984	0.955	0.956	0.853	0.810	0.367	0.474
吸附磷	a	12.684	3.356	0.554	17.895	0.376	26.712	10.460
	b	0.351	0.235	0.392	0.038	0.042	0.274	0.053
	R^2	0.972	0.394	0.378	0.921	0.786	0.980	0.981

7 种人工湿地基质对磷酸盐的吸附动力学特征见图 7-8。由图可以看出，相同条件下，不同基质对磷酸盐的吸附能力有很大不同，达到吸附平衡所需的时间也不相同。高炉矿渣、蛭石、沸石、珊瑚石对磷酸盐的吸附能力较强，细沙的吸附能力较弱，麦饭石陶粒和砾石对磷酸盐的吸附能力很小。利用一级反应方程 $X=a+(1-e^{-kt})$ 拟合不同基质吸附量与时间的关系，可以看出高炉矿渣、沸石、蛭石、珊瑚石的符合程度较好，相关系数 $R^2>0.90$（表 7-3）。在反应时间上，高炉矿渣、沸石对磷酸盐的吸附较快，12h 即可达到吸附平衡，72h 蛭石、珊瑚石尚未达到吸附平衡。

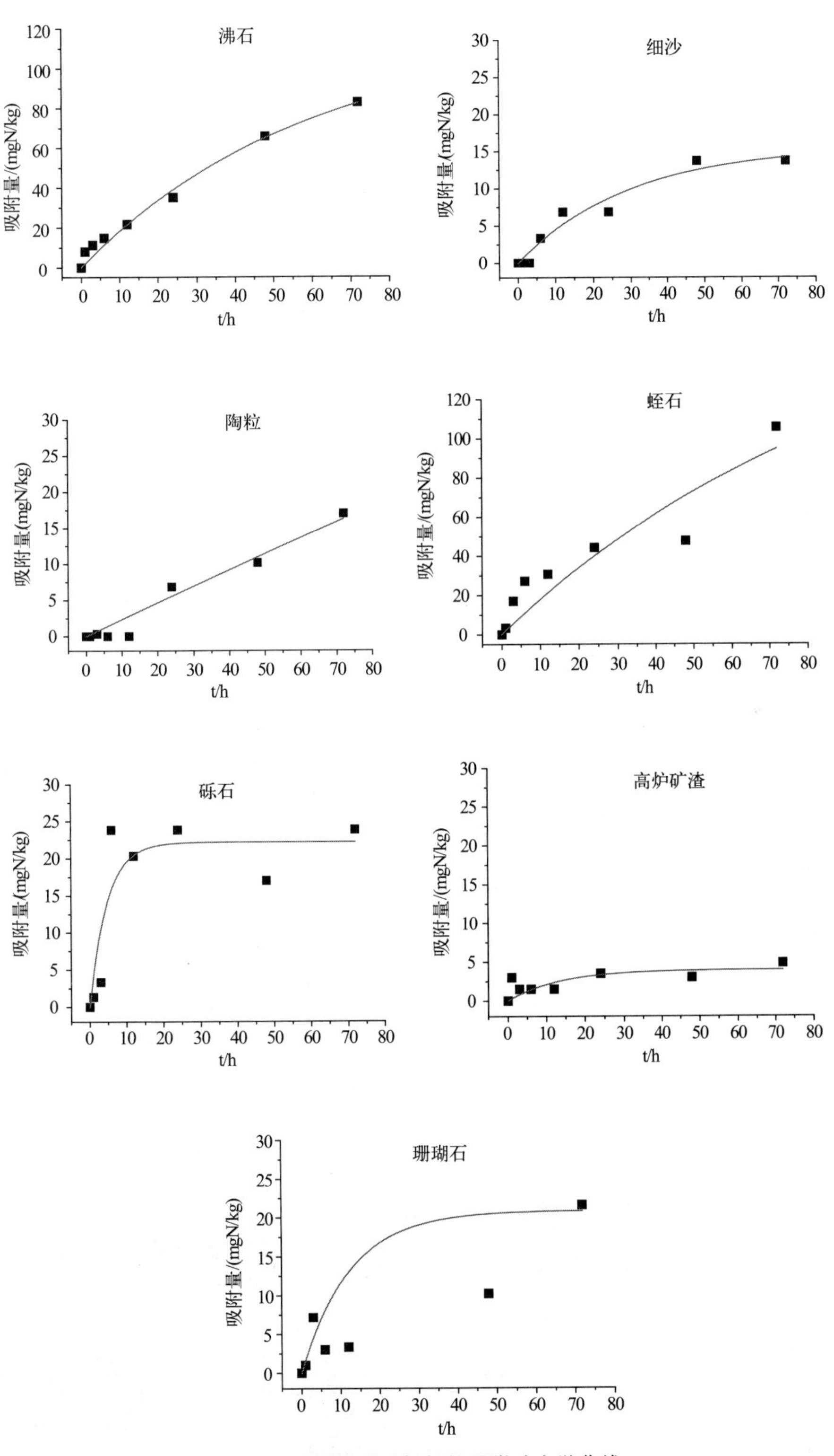

图 7-7　不同基质对氨氮的吸附动力学曲线

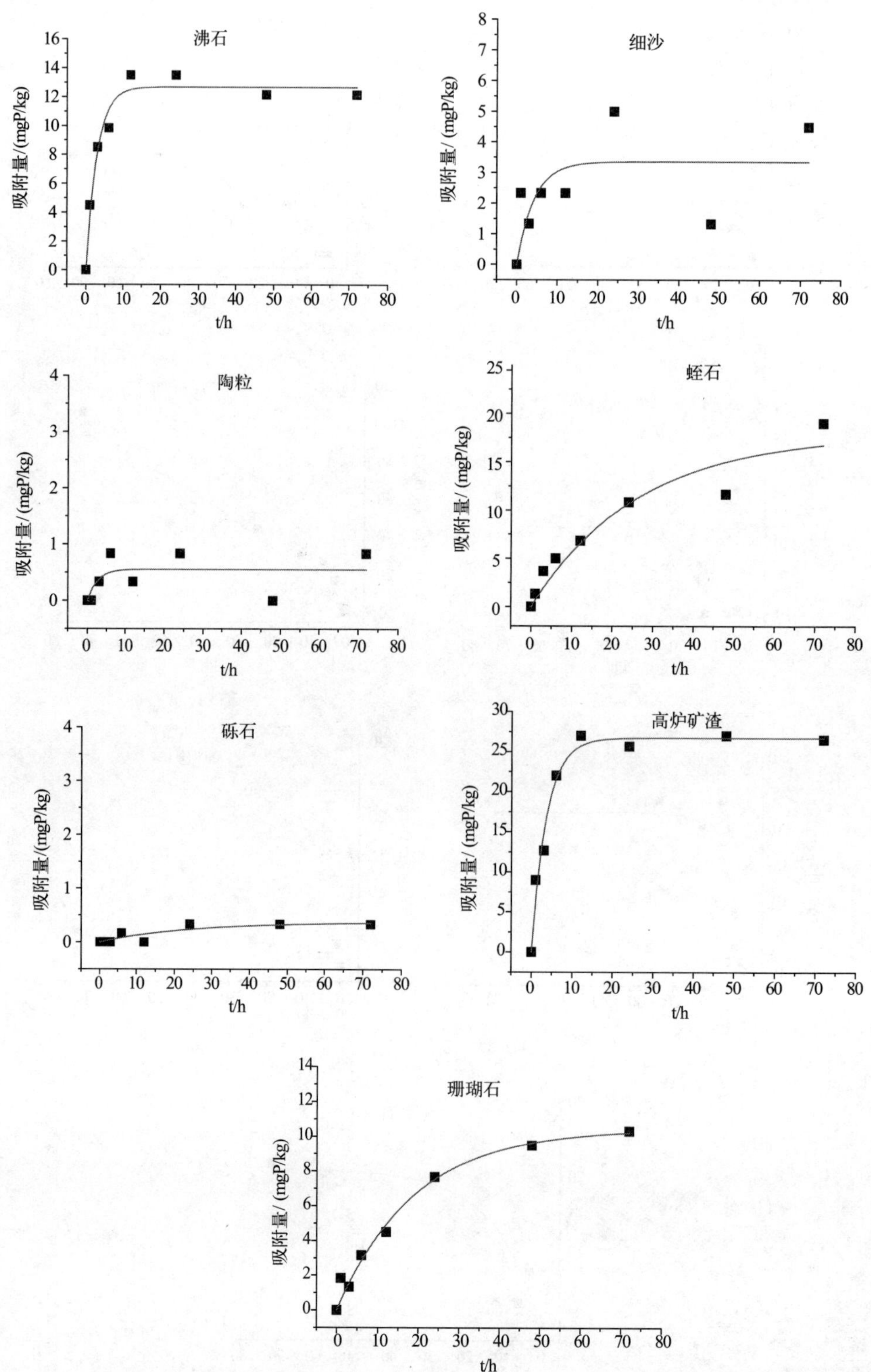

图 7-8　不同基质对磷酸盐的吸附动力学曲线

（三）基质材料吸附性能影响因素

1. 粒径的影响

粒径对基质的吸附性能有较大的影响，粒径越小，基质对氮、磷的吸附效果越好。108h 0~0.2mm 粒径的沸石对氨氮的吸附效率是 20~25mm 粒径的 2.1 倍，对磷酸盐的吸附效率是 2.3 倍。108h 0.5~1mm 粒径的高炉矿渣对磷酸盐的吸附效率是 20~30mm 的 1.3 倍（图 7-9）。尽管，人工湿地基质的粒径减少可增加污染物的去除效率，但人工湿地基质的粒径太小可导致堵塞，因而人工湿地的基质构建要综合考虑基质材料、粒径和填充厚度等问题。

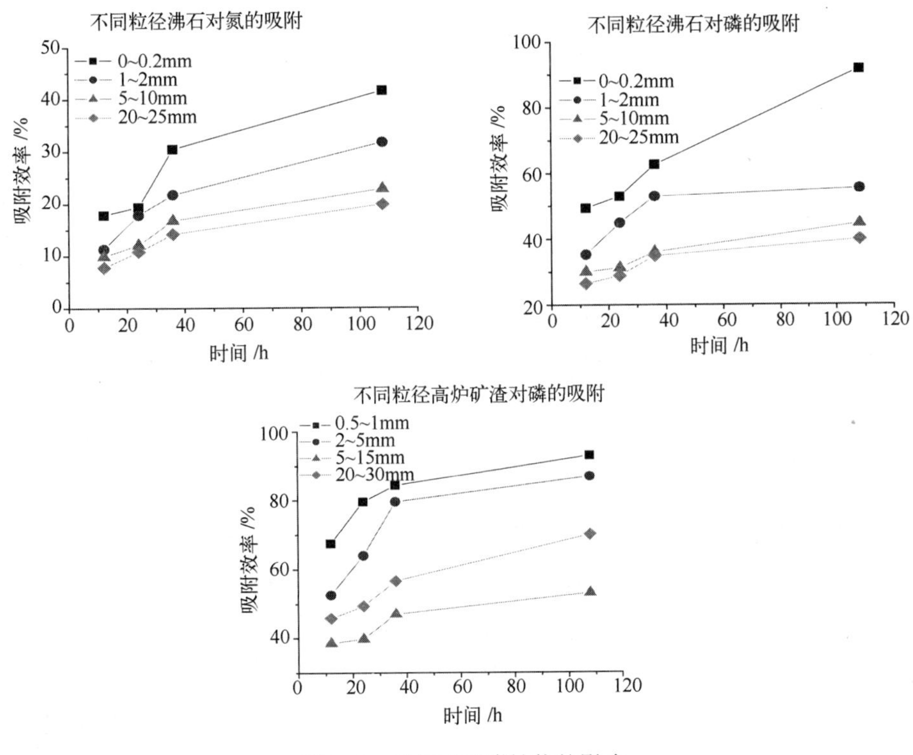

图 7-9　粒径对吸附性能的影响

2. 盐度的影响

实验结果表明，盐度对人工湿地基质材料吸附氮、磷有一定的影响，盐度越大，吸附效率越低。24h 在 35 盐度条件下比 0 盐度条件下，蛭石对氨氮的吸附效率降低 67.1%。24h 在 0~20 盐度条件下，高炉矿渣对磷酸盐的吸附基本不受影响，而在 35 盐度条件下比 0 盐度条件下要降低 40.7%（图 7-10）。

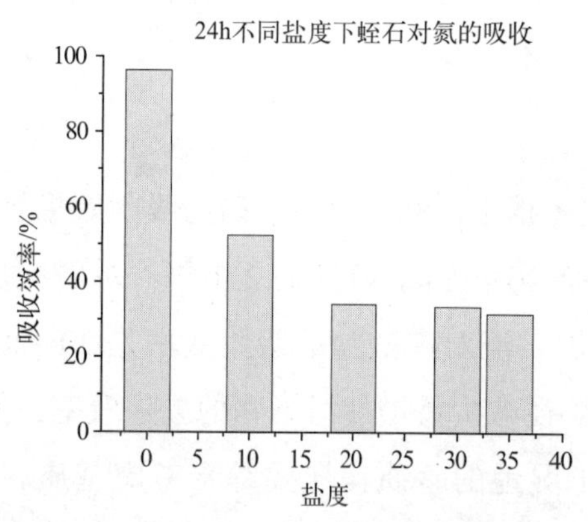

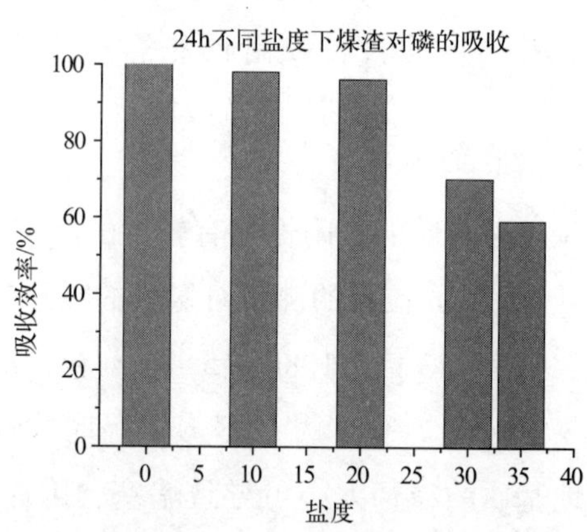

图 7-10　盐度对吸附性能的影响

三、人工湿地净水效果及其影响因素

（一）氮的去除及其影响因素

1. 氨氮

人工湿地系统稳定运行期间进水氨氮浓度范围为 1.29～2.41mg/L，平均浓度（1.74±0.22）mg/L，系统出水浓度范围为 0.13～0.96mg/L，平均浓度（0.48±0.27）mg/L，去除率范围为 44.91%～92.21%，平均 72.83%±14.22%（图 7-11）。我国渔业水质标准中虽没有对氨氮做明确的规定，但要求非离子氨≤0.02mg/L，凯氏氮≤0.02mg/L，根据氨氮和非离子氨的换算关系，在 pH＝8，温度 20℃，渔业水质标准中要求氨氮的浓度≤0.52mg/L。日本对虾养殖技术规范（TDS）规定养殖回用水的标准氨氮的浓度≤0.5mg/L。因而，氨氮基本符合养殖用水回用标准。

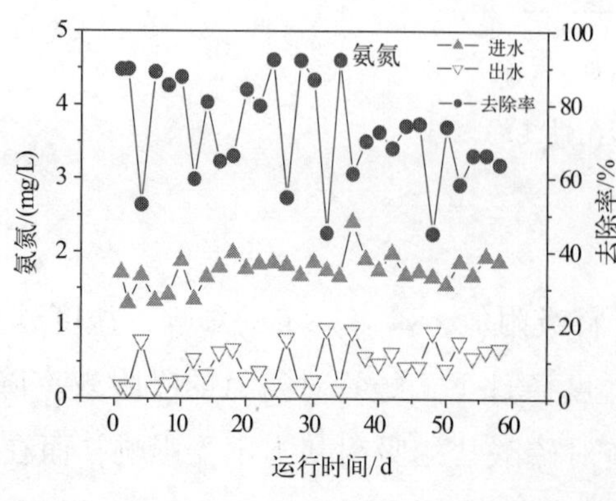

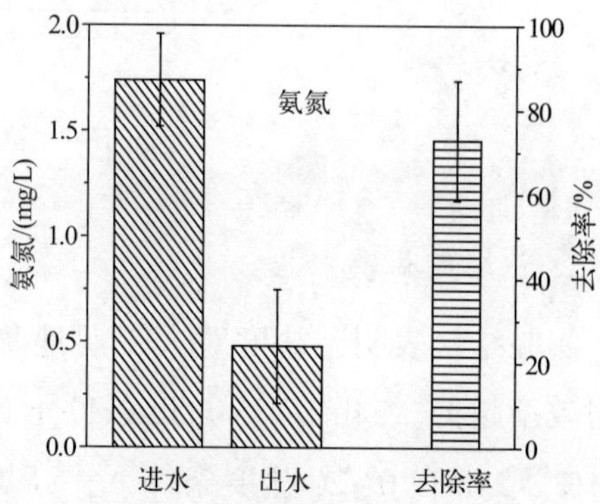

图 7-11　氨氮的去除情况

2. 亚硝氮

进水亚硝氮浓度范围为 0. 17~0. 50mg/L，平均浓度（0. 32±0. 08）mg/L，系统出水浓度范围为 0. 05~0. 38mg/L，平均浓度（0. 15±0. 08）mg/L，去除率范围为 11. 81~82. 99%，平均 53. 27%±17. 85%（图 7-12）。出水全部小于 0. 4mg/L，符合 TDS 养殖用水回用标准。

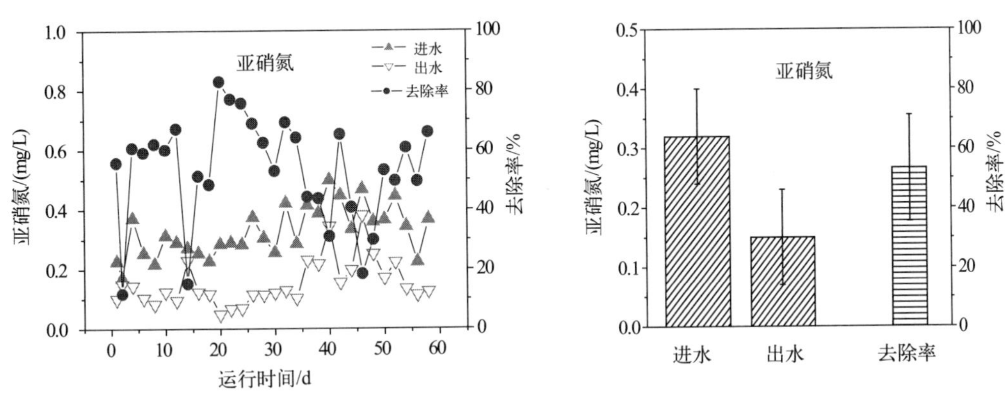

图 7-12 亚硝氮的去除情况

3. 硝氮

进水硝氮浓度范围为 0. 65~1. 68mg/L，平均浓度（1. 15±0. 26）mg/L，系统出水浓度范围为 0. 18~1. 20mg/L，平均浓度（0. 81±0. 28）mg/L，去除率范围为 1. 22%~84. 69%，平均 28. 49%±21. 90%（图 7-13）。

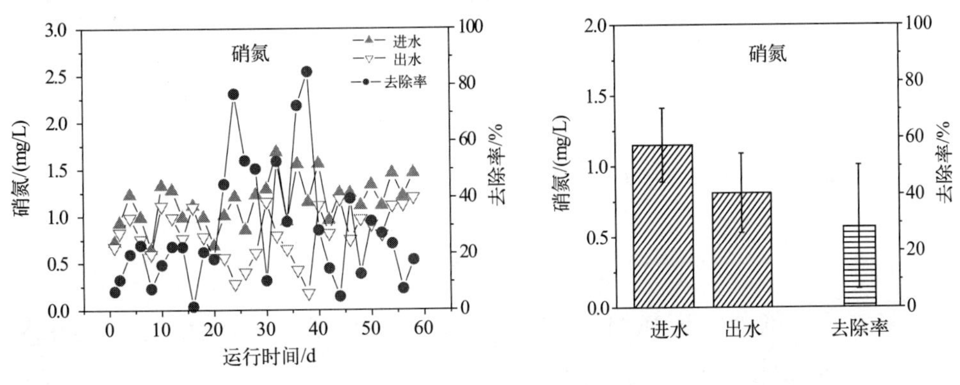

图 7-13 硝氮的去除情况

4. 总氮

进水总氮浓度范围为 3. 95~6. 32mg/L，平均浓度（5. 24±0. 66）mg/L，系统出水

浓度范围为 1.83～3.83mg/L，平均浓度（2.76±0.50）mg/L，去除率范围为 23.04%～59.87%，平均 47.08%±8.70%（图 7-14）。

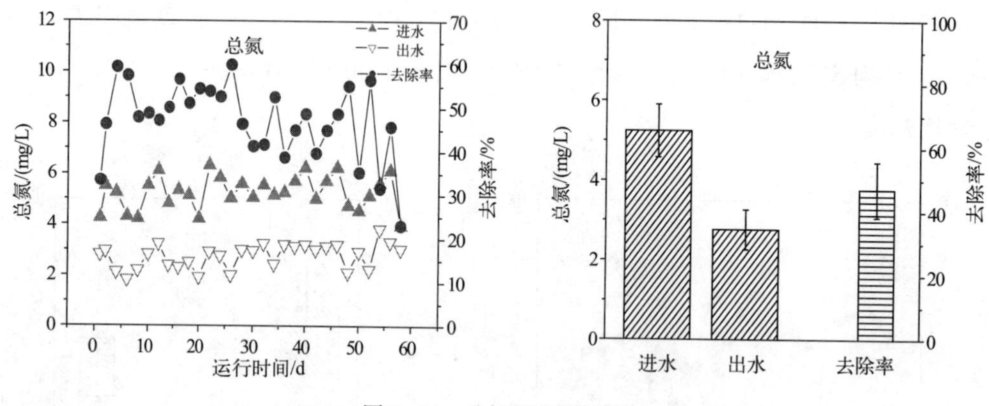

图 7-14　总氮的去除情况

5. 影响因素

人工湿地脱氮效率受到许多因素的影响，如植物、基质、微生物、温度、pH、溶解氧、C/N 比以及湿地结构、操作和运行条件等。盐度影响着植物生长、酶的活性以及细菌的生长，对人工湿地系统环境造成一定影响，进而影响着系统脱氮效果，因此在实验过程中应控制好盐度。其中植物种植密度及丰度对人工湿地的脱氮效果及与氮转化相关的微生物种群数量、特性有一定影响，微生物的种类和数量因植物丰度增加而增大。此外，系统植物根部区域泌氧及自身光合作用产生的氧，能够对系统中的硝化和反硝化过程产生影响，进而影响系统的脱氮效率。人工湿地系统中微生物群落及酶的活性对温度、盐度、DO 以及 pH 等环境因素比较敏感，进而影响着湿地系统脱氮效率。

（二）磷的去除及其影响因素

1. 磷酸盐

进水磷酸盐浓度范围为 0.41～0.72mg/L，平均浓度（0.51±0.06）mg/L，系统出水浓度范围为 0.16～0.33mg/L，平均浓度（0.25±0.04）mg/L，去除率范围为 28.15%～66.33%，平均 49.76%±10.52%（图 7-15）。

2. 总磷

进水总磷浓度范围为 0.47～0.85mg/L，平均浓度（0.61±0.08）mg/L，系统出水

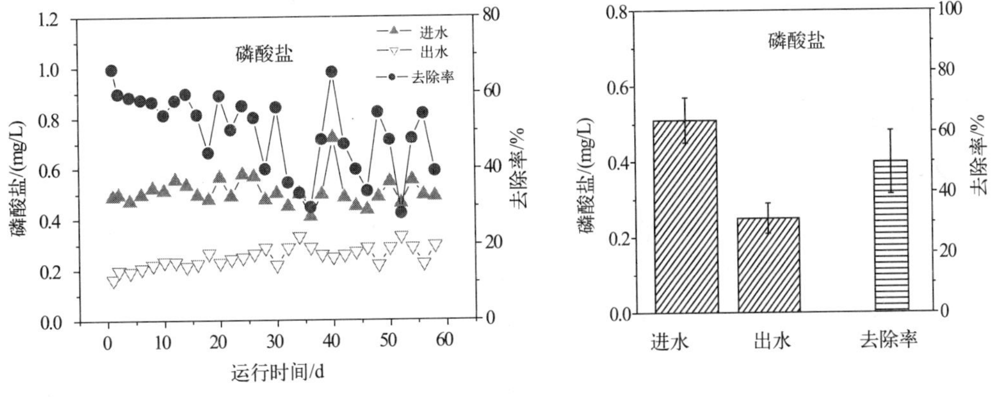

图 7-15 磷酸盐的去除情况

浓度范围为 0.17~0.51mg/L，平均浓度（0.31±0.08）mg/L，去除率范围为 13.56%~77.36%，平均 48.72%±12.75%（图 7-16）。

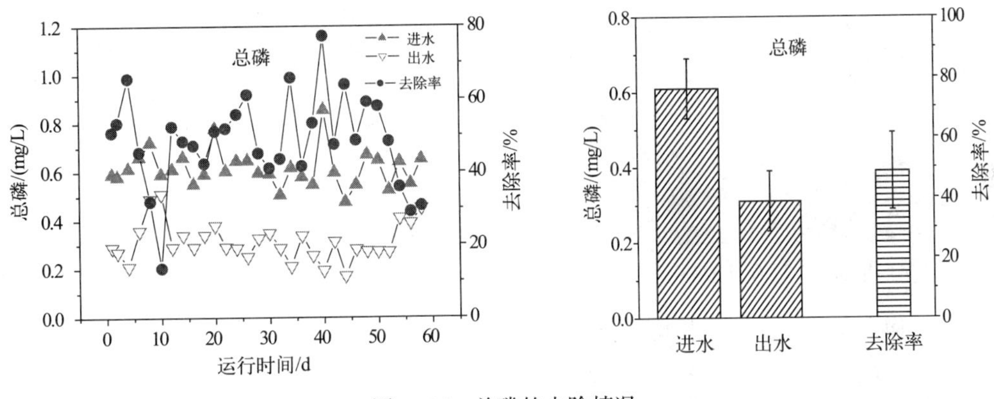

图 7-16 总磷的去除情况

3. 影响因素

人工湿地对磷的去除主要通过基质吸附沉降、植物同化吸收和微生物降解三条途径，其中基质的吸附和沉降是最主要途径，70%~87%的磷都是通过这种途径去除的。湿地植物一方面可以通过错综复杂的根系直接吸收同化污水中的无机磷为自身体内的 ATP、DNA、RNA 等有机成分，再通过植物的收割将其去除；另一方面，它的错综复杂的根系为微生物的生存和降解营养物质提供了必要的场所和好氧、厌氧和缺氧条件，有利于磷的过量积累与释放。近年来的大量研究表明，植物根系的一些分泌物如有机酸、还原糖和氨基酸、磷酸酶具有溶磷的作用。人工湿地对磷的去除作用不仅与系统本身有关，还受一些外界环境因素如温度、季节、pH 值、水力负荷等影响。如气温升高会导致植物、微生物生理活性提高，有利于磷的去除。

（三）有机物的去除及其影响因素

1. COD

进水 COD 浓度范围为 9.70～15.78mg/L，平均浓度（11.10±1.40）mg/L，系统出水浓度范围为 3.11～5.50mg/L，平均浓度（3.88±0.62）mg/L，去除率范围为 44.44%～79.80%，平均 64.40%±7.88%（图 7-17）。

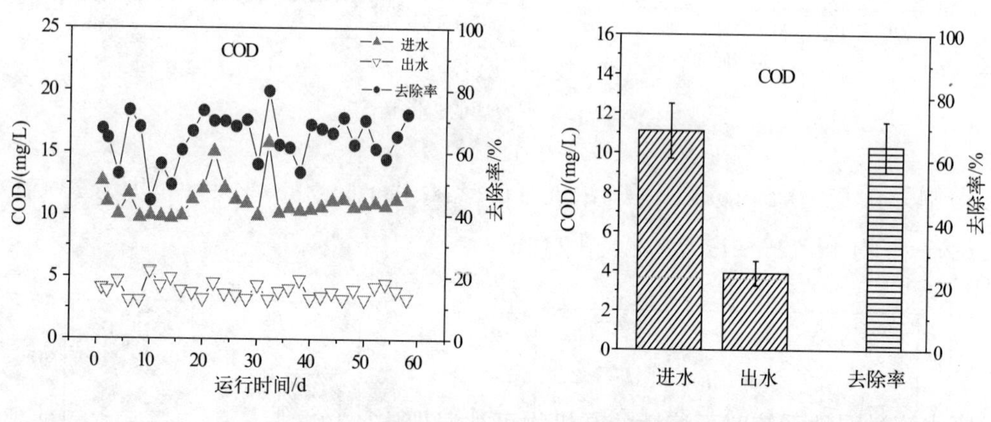

图 7-17　COD 的去除情况

2. BOD_5

BOD_5浓度范围为 6.13～9.46mg/L，平均浓度（8.00±1.06）mg/L，系统出水浓度范围为 1.14～5.64mg/L，平均浓度（2.30±1.35）mg/L，去除率范围为 40.19%～86.13%，平均 71.51%±14.60%（图 7-18）。

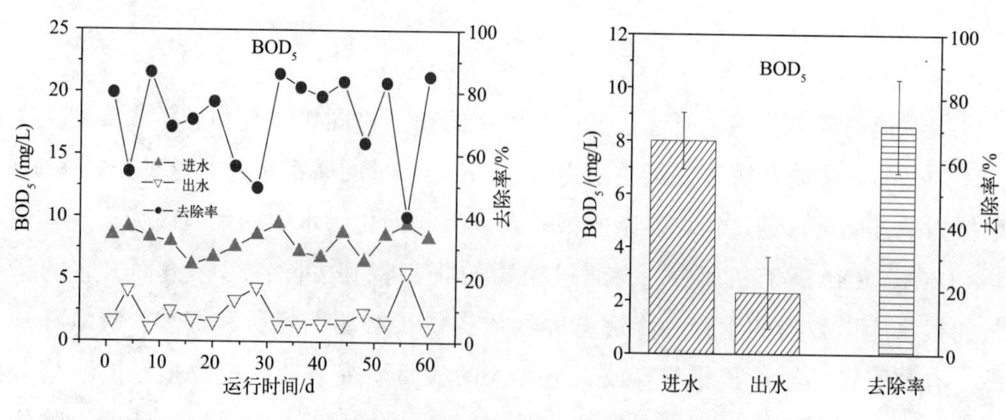

图 7-18　BOD_5的去除情况

3. TOC

进水 TOC 浓度范围为 5.46～19.44mg/L，平均浓度（10.34±3.67）mg/L，系统出水浓度范围为 2.43～8.22mg/L，平均浓度（4.97±1.82）mg/L，去除率范围为 11.59%～80.92%，平均 50.24%±14.79%（图 7-19）。

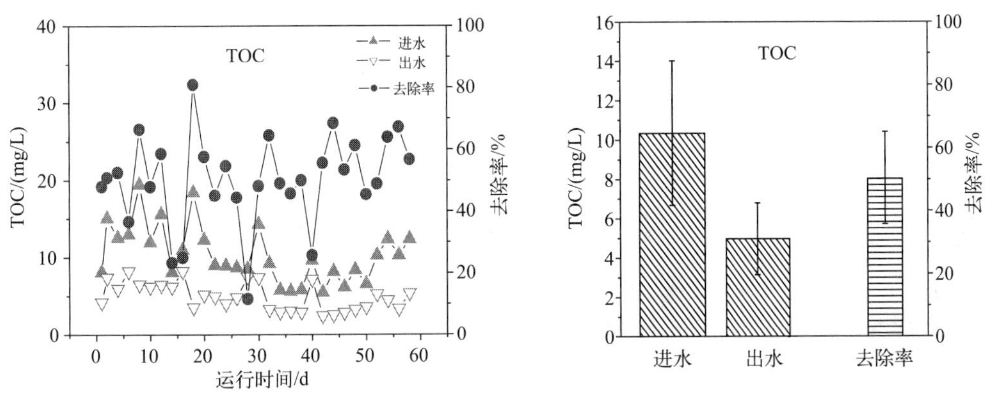

图 7-19 TOC 的去除情况

废水流过湿地系统时不溶性的有机物可被湿地床中的基质截留，进一步可被部分兼性或厌氧微生物所利用，可溶性有机物则可通过基质表面和植物根系上大量微生物生长形成的生物膜的吸附、吸收、同化及异化作用去除。这些污染性有机物经过微生物的作用降解成终极产物后主要有以下几个去处：固定于土壤中、释放到大气中、转化为植物和微生物可吸收利用的营养物质或者是对水环境无毒或弱毒的物质，但其最终归宿是被异养微生物转化为自身物质及二氧化碳和水，并最终通过更换基质将其从系统中去除。另外，植物为满足自身生长需要而对水体中可利用态的有机营养物质的吸收以及湿地系统中基质对一些小分子有机物的吸附也对人工湿地去除污水中的有机物有一定的贡献。

（四）悬浮物的去除及影响因素

稳定运行期间进水悬浮物浓度范围为 56.0～120.0mg/L，平均浓度（86.8±23.3）mg/L，系统出水浓度范围为 5.0～11.0mg/L，平均浓度（5.8±1.5）mg/L，去除率范围为 87.50%～95.69%，平均 92.89%±2.13%（图 7-20）。

基质和植物根系形成的复杂网络结构的过滤和阻截作用是人工湿地去除悬浮物的主要途径。废水中的悬浮物依靠人工湿地中填料和植物根系的吸附、过滤功能以及自身的沉淀而去除，胶体状的悬浮物主要依靠微生物的作用和土壤的渗滤作用去除。被

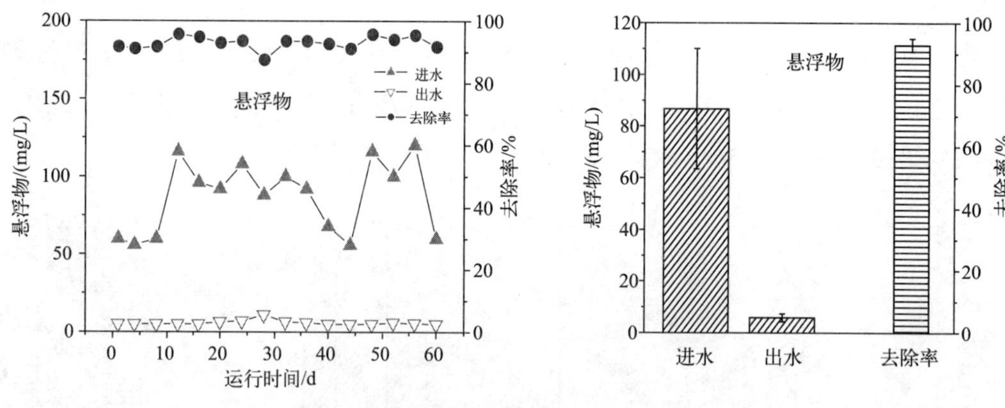

图 7-20 悬浮物的去除情况

截留的悬浮物在湿地中积累会造成基质的渗透能力逐渐下降，最终导致湿地的堵塞，这是人工湿地的一大缺点。人工湿地阻塞可以通过对湿地进行定期的翻底清理、更换基质来解决，但这样不仅耗资大，还会破坏湿地的稳定结构，处理性能短期内难以恢复。或者是设计一段干化期，使积累的悬浮物逐渐分解，但缺点是耗时较长。另外可以通过改变水流方向（如将下行流池和上行流池的水流方向调换）的交替运行方式消除堵塞，提高湿地使用寿命。在进行湿地设计时，除了选择合适的基质组合，按照基质粒径从上而下依次增大填充湿地系统的工艺方式也可以在一定程度上减缓湿地的堵塞。

四、人工湿地净水机制

（一）酶活性

人工湿地系统内的基质酶是一种生物催化剂，它们的存在加速了系统内部有机物质的化学反应，基质酶同微生物共同推动着物质转化，各种酶在系统内部基质表层的附着积累是基质微生物、动物、耐盐植物生命活动的结果体现。脲酶可以酶促含氮有机物的水解。脱氢酶作为湿地系统内一种重要的有机质转化酶，能促使碳水化合物、有机物等发生脱氢反应，起着氢的中间传递体的作用。因此，人工湿地中脲酶和脱氢酶活性的变化在很大程度上影响着系统对污染物的去除效果。

海水人工湿地系统中不同采样点的基质脲酶活性见图 7-21。不同水力停留时间系统内脲酶活性随着基质的深度增加而呈下降趋势，这与李智等（2005）对人工湿地净化污染淡水基质酶研究中的脲酶空间分布特征类似，特别是在下行池的 S1、S2、S5、

S6 采样点脲酶活性较高，下行池的 S3 和上行池的 S4 脲酶活性相对较低，差异显著（$p < 0.01$）。造成这种现象的原因可能是系统中上层微生物数量及有机物含量较高，另外下层温度较低也是造成活性较低的原因之一。上层区域的互花米草产生大量根际分泌物刺激了较为敏感的脲酶，使其活性大小比较为 S2>S1，S6>S5，所以植物根区的分泌物在系统净化机理中不容忽视。

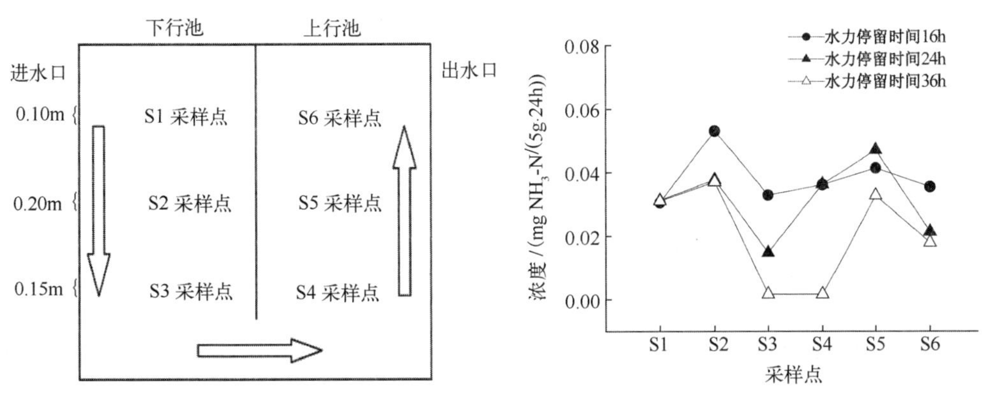

图 7-21　复合垂直流人工湿地系统不同采样点脲酶活性对比

人工湿地系统基质脱氢酶活性下行池和上行池几乎是 S1、S2、S5、S6 高于 S3、S4，特别是水力停留时间为 16h 条件下的 S2 区域内的脱氢酶活性达到最高，为 2.5μg TPF/(10g · mL · 24h) 以上，这是由于系统中、上层基质是粒径较小的细珊瑚石、细砂，所以比表面积远远大于下层的粗珊瑚石，增大了内部脱氢酶附着点，另外互花米草的根区主要位于 S1、S2、S5、S6，这部分区域由于进水溶氧和根部泌氧的原因造成溶氧含量较高，形成了好氧环境，同时植物根区分泌物会刺激微生物的生命活动和生物量的增加，适合系统中好氧微生物的新陈代谢和生命活动，而微生物作为系统胞外酶的生产者，使系统中、上层酶活性较高。在水力停留时间为 24h 和 36h 条件下，下行池 S1、S2 与上行池 S5、S6 层脱氢酶活性相当，差异不显著（$p > 0.05$）（图 7-22）。

水力停留时间 16h 条件下系统各层次脲酶活性明显高于 24h 和 36h 条件下的脲酶活性，差异极显著（$p < 0.01$），可能是由于开始阶段植株生长逐渐茂盛，植株根系发达，上层根区氧化还原电位也出现增高的趋势，所以整体提高了上层区域基质脱氢酶活性，可以说互花米草的生长刺激了系统基质脱氢酶活性。随着水力停留时间为 24h 和 36h 阶段植物生长缓慢，可能造成了植物根区氧化还原电位较低，使得脱氢酶活性明显下降。

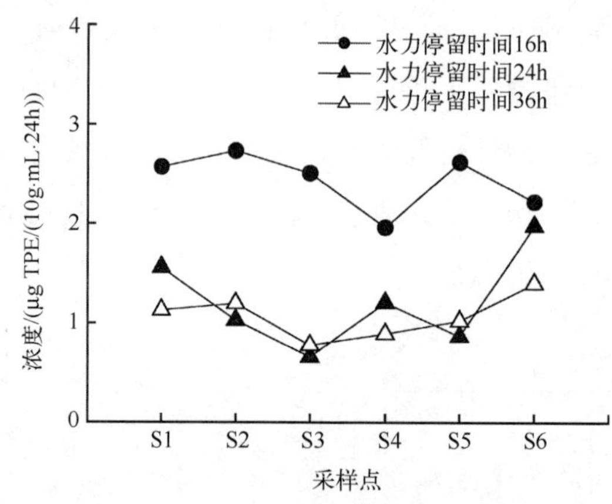

图 7-22　人工湿地系统不同采样点脱氢酶活性对比（TPE：三苯基甲臜）

水力停留时间为 16h、24h、36h 条件下，上、下行池间脱氢酶活性基本一样，差异不显著（$p > 0.05$）。停留 16h 条件下系统下行池脱氢酶活性明显高于 24h、36h，分别是其 2.41 倍、2.51 倍。下行池脱氢酶活性明显高于 24h、36h，分别是其 1.22 倍、2.05 倍。不同水力停留时间下，停留 16h 系统内脱氢酶活性远远高于停留 24h、36h 脱氢酶活性，分别是其 2.00 倍、2.28 倍，差异极显著（$p < 0.01$）。

（二）微生物分布

微生物是人工湿地净化废水的主要作用者，它们把有机质作为营养源转化为组成物质和能量。人工湿地处理污水时，有机物的降解和转化主要由植物根区微生物生命活动来完成。耐盐植物通过通气组织的运输，将氧气输送到根区，在植物根须周围微环境中依次出现好氧区、兼氧区和厌氧区，为好氧微生物和厌氧微生物大量存在提供了条件。人工湿地中微生物的种类和数量极其丰富，这为人工湿地污水处理系统提供了足够的分解者。图 7-23 显示了水力停留时间 16h、24h、36h 海水人工湿地基质表层微生物数量的空间分布，其中下行池亚硝酸细菌、硝酸细菌和氨化细菌数量高于上行池，差异不显著（$p > 0.05$）。外排水刚进行入系统时，主要发生硝化反应，氨氮和亚硝酸盐被氧化，硝化细菌得到增殖，位于中上层的 S1、S2、S5、S6 硝化细菌的数量远远高于反硝化细菌，故在好氧环境的表层附近硝化细菌增多，这与好氧微生物自身生命活动有直接关系。下行池 S3 区域内反硝化细菌明显高于上行池 S4，由于实验中添加的适量饵料和葡萄糖，随着系统内基质的吸附阻截，有机物含量逐渐降低，严重影响了厌氧型反硝化细菌的有机碳源供给。水力停留 36h 系统内部 S3、S4 反硝化细菌数量高于停留 24h、36h，表明在此流量条件下湿地系统内部存在一定的厌氧区域，正好有利于反硝化细菌的形成，作用于 NO_3-N 的去除（将 NO_3-N 转化为 N_2）。

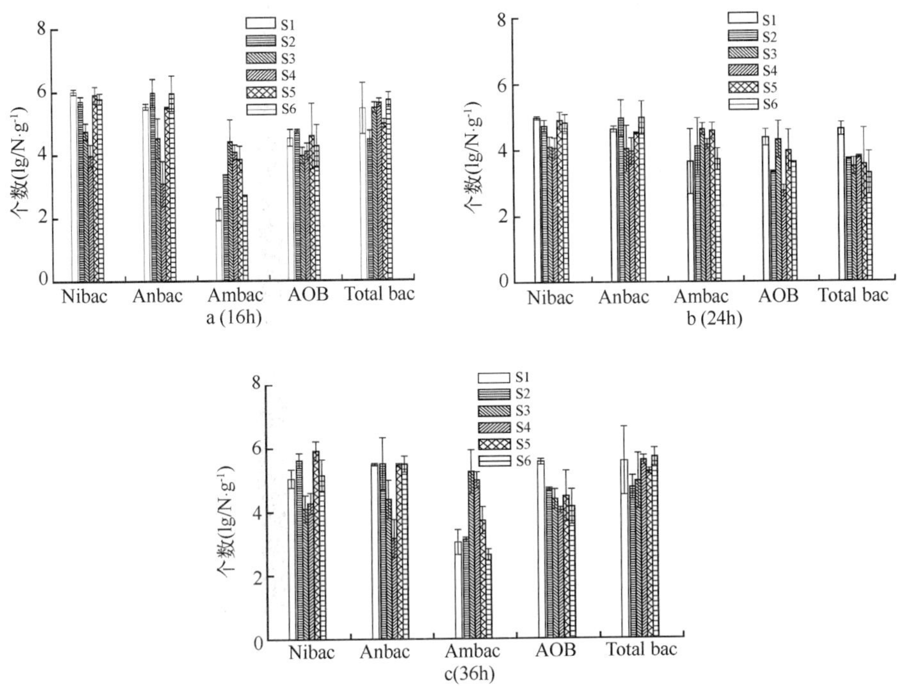

图 7-23　海水人工湿地系统内微生物空间分布

（Nibac：亚硝化细菌；Anbac：硝化细菌；Ambac：反硝化细菌；AOB：氨化细菌；Totalbac：细菌总数）

在门水平上，样品中微生物群落的 Heatmap 分析结果见图 7-24。其中，每个小格代表样品中某种 OTU 的相对丰度，上方树状图表示样本差异关系，左方树状图表示样本序列中的菌种进化信息，颜色梯度表示相对含量大小。

由图 7-24 可以看出，在门水平上，人工湿地系统中的微生物种类主要有变形菌门（*Proteobacteria*）、拟杆菌门（*Bacteroidetes*）、绿弯菌门（*Chloroflexi*）、放线菌门（*Acidobacteria*、*Actinobacteria*）、浮霉菌门（*Planctomycetes*）、蓝细菌（*Cyanobacteria*）、芽单胞菌门（*Gemmatimonadetes*）、*Latescibacteria*、*Parcubacteria*、*Gracilibacteria*、脱铁杆菌门（*Deferribacteres*）、*Acetothermia*、疣微菌门（*Verrucomicrobia*）、硝化螺旋菌门（*Nitrospirae*）、衣原体门（*Chlamydiae*）、*Saccharibacteria*、厚壁菌门（*Firmicutes*）、绿菌门（*Chlorobi*）、*Hydrogenedentes*、螺旋体门（*Spirochaetae*）、黏胶球菌门（*Lentisphaerae*）和一些其他含量较低或者未命名的菌种等，说明湿地系统中微生物群落丰富度很高，丰富的微生物菌群中含有着丰富的与系统脱氮有关的菌群，这与系统具有较高的脱氮效率具有一致性。变形菌门、拟杆菌门是人工湿地系统中的优势菌种，这与王加鹏等的优势菌种类似；变形菌门、拟杆菌门分布在海水人工湿地系统的每层基质和湿地植物的根部中，变形菌门分布广泛，包含了一些固氮菌，其中的硝化菌在硝化作用中起到重要作用；拟杆菌门在植物根部及室外系统表层基质中的相对风度较其他样本的高。绿弯菌门、放线菌门、浮霉菌门、*Latescibacteria*、*Parcubacteria*、蓝细菌、芽单胞菌门、硝化螺旋菌门、*Acetothermia* 是人工湿地系统主要组成菌种。脱铁杆菌门主要分布在室内人工湿地的各层基质中，疣微菌门主要分布在室外复合垂直流海水人工湿地系统表层基质及湿地植物根部中，互氧菌门（*Synergistetes*）、热袍菌门（*Thermotogae*）主要分布在室内海水人工湿地系统根部。

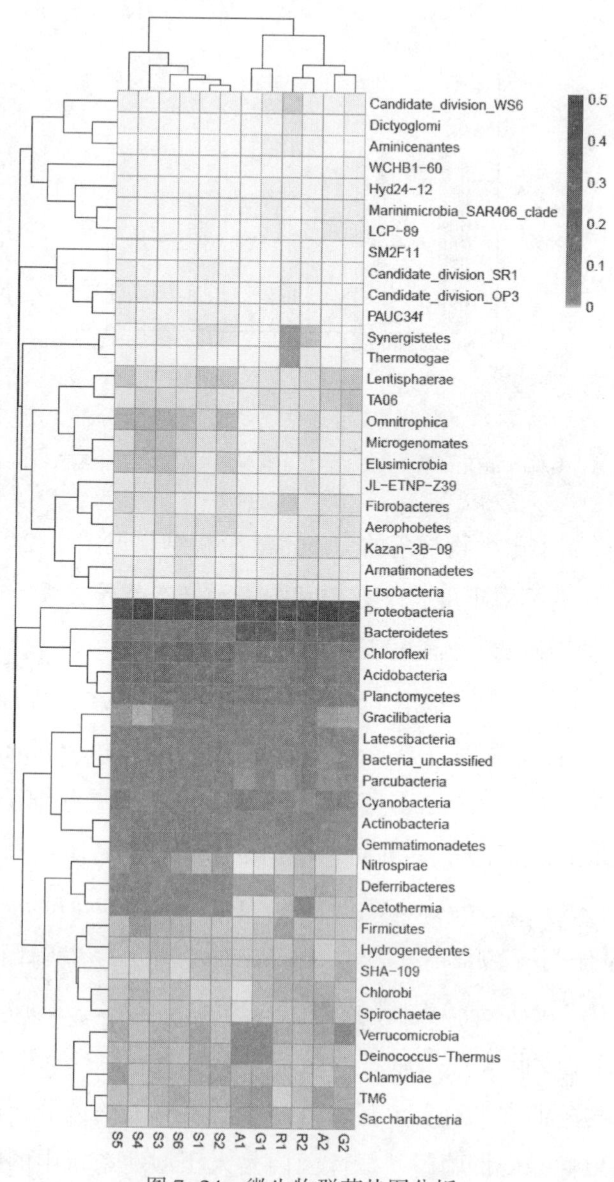

图 7-24　微生物群落热图分析

五、人工湿地系统设计与构建

（一）人工湿地系统设计

人工湿地系统的设计涉及水力负荷、有机负荷、湿地床的构形、工艺流程及布置、进出水系统和湿地植物种类等，由于地区气候条件、植被类型及地理条件各有差异，因而大多根据现场条件，经小试或中试取得相关数据后进行设计。

（二）工艺流程

常用的人工湿地工艺流程有四种形式：推流式、阶梯进水式、回流式和综合式，人工湿地的具体运行方式可根据其处理规模的大小进行多种方式的组合，一般可以有单一式、并联式、串联式和综合式等（图 7-25）。本系统根据实验要求、地形地势和花费成本采用二级湿地串联的推流式。

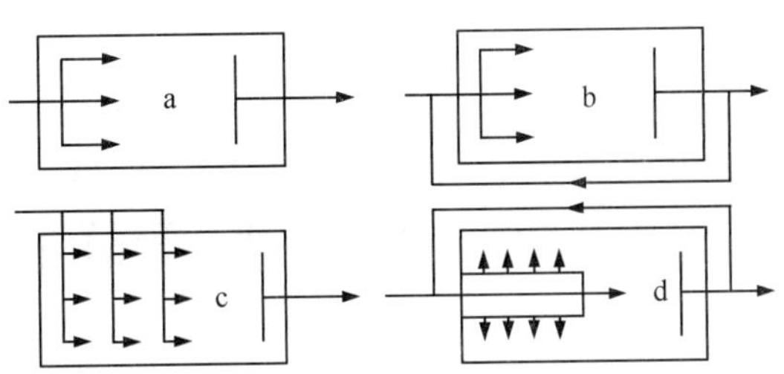

图 7-25　人工湿地工艺流程

a 推流式；b 回流式；c 阶梯进水式；d 综合式

（三）湿地床构型与构建

湿地床长度一般为 20~50m，太长易造成湿地中的死区，且使水位难以调节，不利于植物的栽培，太短，处理废水的质量数量都难以达到要求。湿地床的长宽比也不宜太大，建议控制在 3∶1 以下，通常采用 1∶1，对于以土壤为主的系统其比值应小于 1∶1。湿地床深度一般根据植物种类和根系的生长深度确定，以保证湿地床中必要的好氧条件。对于芦苇湿地处理低浓度污水，一般取 0.6~0.7m，而处理较高浓度的废水时一般 0.3~0.4m。湿地床的横截面面积根据填料的水力学特性确定，通过填料横截面的平均流速以不超过 8.6m/d，以避免对填料根茎结构的破坏，湿地床底坡一般取 1%~8%，须根据填料性质和湿地尺寸加以确定，以砾石为填料时一般取 2%。湿地要求的地面积是传统二级生物处理的2~3倍，应尽量选择有一定自然坡度的洼地或经济价值不高的荒地，一方面可以减少土方工程，利于排水，降低投资；另一方面，可减少对周围环境的污染。

（四）人工湿地面积确定

人工湿地的表面积根据以下几种方式确定：①根据水力负荷计算。$As=Q/\alpha\times1\ 000$。式中：As为人工湿地的表面积，m^2；Q为污水的设计流量，m^3/d；α为人工湿地的水力负荷，mm/d。根据水力负荷确定表面积计算简单，但是合理的水力负荷较难确定。相关文献推荐的取值范围为80~620mm/d。②根据BOD降解计算。可以采用Kikuth推荐的设计公式计算构建湿地的表面积：$As=5.2Q\ (\ln C_0-\ln C_t)$。式中：As为人工湿地的表面积，$m^2$；Q为污水的设计流量，$m^3/d$；$C_0$为系统进水平均$BOD_5$浓度，mg/L；$C_t$为出水平均$BOD_5$浓度，mg/L。

六、人工湿地技术应用案例

（一）工艺路线设计

本系统是一种基于人工湿地的工厂化海水养殖用水循环利用的系统，依据地形、地势设计，包括养殖车间、沉淀池、一级表面流人工湿地、二级垂直上行流人工湿地、蓄水池、污泥收集池、污泥处理池和蔬菜种植区等，其中沉淀池、一级表面流人工湿地、二级垂直上行流人工湿地、蓄水池依次串联并与养殖车间组成外排水的循环利用系统；二级垂直上行流人工湿地、沉淀池、生物堆肥处理池和蔬菜种植区依次串联组成剩余污泥的循环利用系统（图7-26）。海水养殖外排水由养殖车间排出，在重力作用下经跌水曝气充氧后自由流入沉淀池实现泥水分离；外排水进入一级表面流人工湿地经过耐盐植物的吸收、基质吸附以及微生物降解进行一级处理；经一级表面流人工湿地处理的外排水自底部进入二级垂直上行流人工湿地经过基质过滤、吸附，植物吸收，微生物降解进行深度的处理；处理后的水流入蓄水池；蓄水池的水可通过水泵回用至养殖车间，在沉淀池产生的剩余污泥可以通过底部的排泥管不定时排入污泥收集池，通过再次沉降、脱水后转移到污泥处理池，经氧化、发酵制成有机肥料后在蔬菜种植区使用。二级垂直上行流人工湿地底部安装排泥管并与沉淀池相连，通过反冲洗原理不定时排泥。

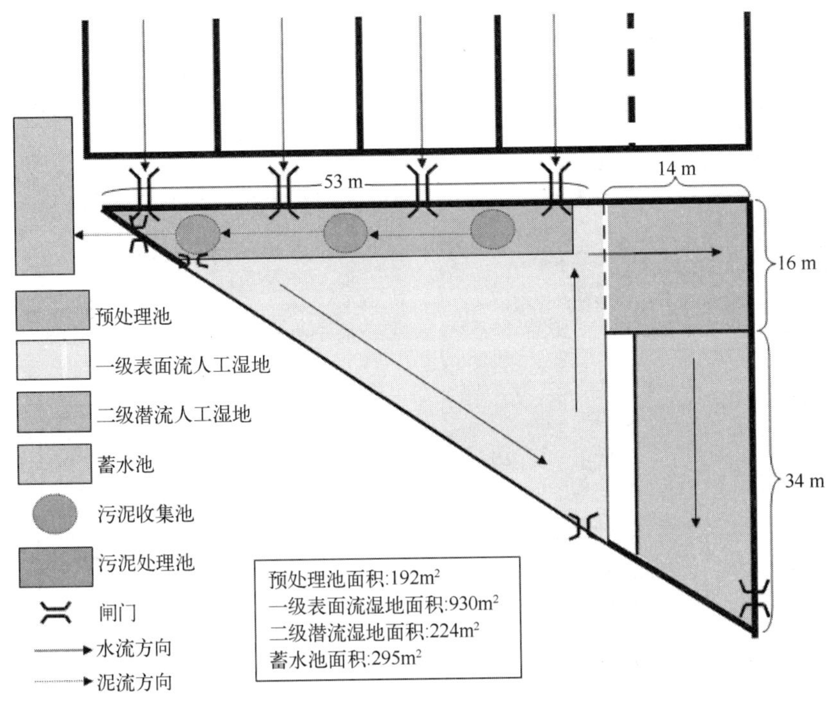

图 7-26　人工湿地系统平面图

（二）人工湿地系统构建

1. 隔墙与管道铺设

该人工湿地循环利用系统包括养殖车间、沉淀池、一级表面流人工湿地、二级垂直上行流人工湿地、蓄水池、污泥收集池、污泥处理池和蔬菜种植区等，其中沉淀池、一级表面流人工湿地、二级垂直上行流人工湿地、蓄水池依次串联并与养殖车间组成外排水的循环利用系统；二级垂直上行流人工湿地、沉淀池、污泥收集池、污泥处理池和蔬菜种植区依次串联组成剩余污泥的循环利用系统。各个系统之间用水泥砌墙分别隔开，并设置闸门控制水量。

在沉淀池和二级垂直上行流人工湿地底部铺设管道，用来排泥；其他部分不铺设管道，水流通过重力作用自然在系统中运行。养殖外排水、残饵和粪便在沉淀池实现泥、水的分离，在沉淀池产生的剩余污泥可以通过底部的排泥管（图 7-27）不定时排入污泥收集池、处理池。二级垂直上行流人工湿地底部安装排泥管可直接与沉淀池底部管道相通，通过反冲洗原理不定时排泥，以防止二级垂直上行流人工湿地的阻塞。

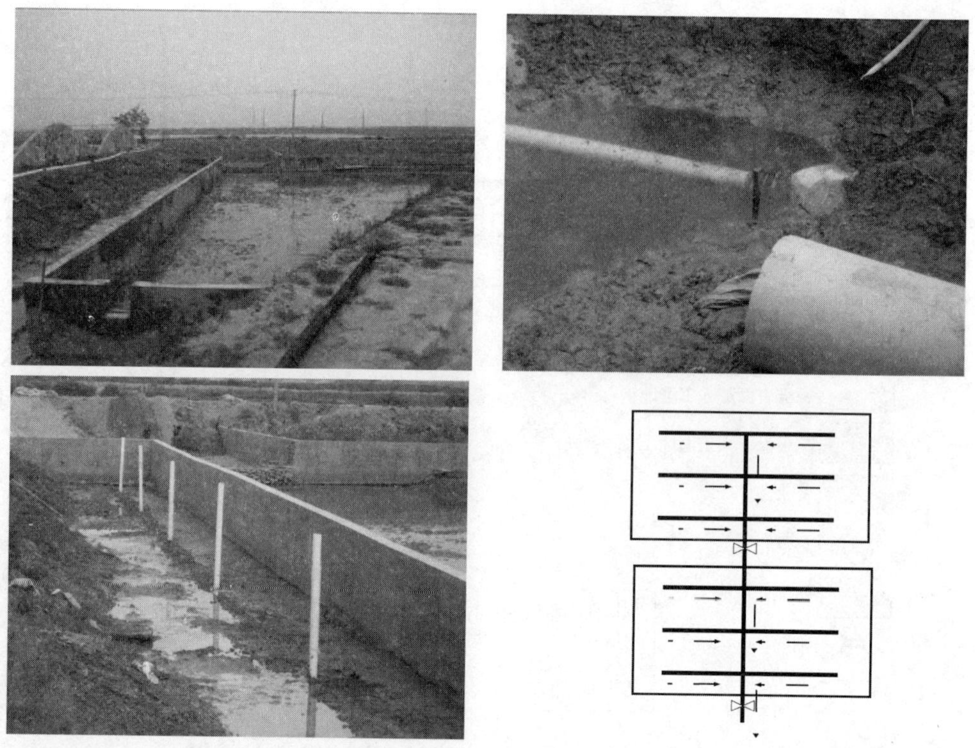

图 7-27　隔墙和管道铺设

2. 基质填充与植物种植

一级表面流人工湿地底部是土壤基质，不填充任何其他基质材料，二级垂直上行流人工湿地填充的基质材料由下到上分别为厚度为 20cm 的砾石（5~10cm）、厚度为 40cm 的高炉矿渣（1~5cm）、厚度为 10cm 的细沙（0~1cm）。基质填充数量按如下方法计算：

需砾石（按照 10%损耗）：$200\times0.2\times(1+0.1)=44m^3$；

需煤渣（按照 20%损耗）：$200\times0.4\times(1+0.2)=96m^3$；

需细沙（按照 10%损耗）：$200\times0.1\times(1+0.1)=22m^3$。

基质上面种植经驯化的耐盐植物，芦苇或香蒲，株距 15~20cm/株。植物除了种植以外还有注意植物的养护。例如植物的季节生长、植物的衰退、杂草的去除和植物根系不能到达底部等问题（图 7-28）。

3. 护堤与系统运行

为防止雨水对堤坝的冲刷，需对人工湿地的堤坝进行防护。本系统的斜坡利用水泥，堤上面种植草坪来进行防护。护堤完成后开始进水，系统运行（图 7-29）。

图 7-28 基质填充和植物种植

图 7-29 护堤和系统运行

根据所处的地形地势，本系统一级表面流人工湿地大体上呈三角形长约50m，宽约36m，面积约900m^2；二级垂直流人工湿地为矩形，长为16m，宽14m，面积约200m。为满足蓄水要求，整个系统床体深约2m，床底坡度约2%。防渗处理直接采用粘土夯实。

（三）环境经济价值评估

采用沈万斌等（2005）权变评价法对人工湿地环境经济价值进行评价。人工湿地总价值（V总）等于环境经济价值和成本价值之和，即：

V总$=V_1+V_2+V_3+V_4+V_5$

人工湿地经济效益（V效益）等于环境经济价值和成本价值之差，即：

V效益$=V_1+V_2+V_3-V_4-V_5$

式中$V1$为环境容量价值，$V_1=\sum_{i=1}^{n}P_{1i}\times S_i$；$V_2$为资源价值，$V_2=\sum_{i=1}^{n}P_{2i}\times S_i+L_i$。$V_3$为社会价值；$V4$为维护价值，$V_4=\sum_{i=1}^{n}F_i\times S_i$；$V_5$为人工改造价值，$V5=A+\sum_{i=1}^{n}B_i$。其中$P_{1i}$为第$i$年公众对人工湿地容纳污水的支付意愿，元/$m^3$；$P_{2i}$为第$i$年公众对人工湿地出水售价的支付意愿，元/$m^3$；$L_i$为第$i$年人工湿地产出物价值，元；$S_i$为第$i$年人工湿地实际处理污水量，$m^3$；$F_i$为第$i$年人工湿地运行费用，元/$m^3$；$A$为人工湿地建设投资，元；$B_i$为第$i$年原有环境使用费用，元；$n$为人工湿地服务年限，$a$。

1. 环境容量价值V_1

公众对人工湿地处理污水的最大支付意愿均值P_{1i}为0.55元/m^3，假设人工湿地使用20年，则$V_1=0.55\times65\ 280\times20=71.81$万元。

2. 资源价值V_2

对人工湿地出水利用的最大支付意愿均值P_{2i}为0.6元/m^3，则$V_2=0.60\times65\ 280\times20=78.34$万元。

3. 社会价值V_3

社会价值视为0。

4. V_4为维护费用

工湿地运行费用F_i为0.1元/m^3，主要定期的清理，湿地植物的虫害防治和收割，基质和填料的更换等。则维护费用$V_4=0.1\times65\ 280\times20=13.06$万元。

5. V_5

A 为人工湿地建设投资 12. 28 万元，土地使用费视作 0 元，则，V_5 = 12. 28 万元。

则总价值为：

$V_{总}$ = 71. 81+78. 34+0+13. 06+12. 28 = 175. 49 万元。

经济效益：

$V_{效益}$ = 71. 81+78. 34+0−13. 06−12. 28 = 124. 81 元。

成本效益比：

投资成本：总经济效益 = （13. 06+12. 28）：124. 81 = 1：4. 9。

第八章
节能环保型海水工厂化循环水养殖系统

第一节　养殖用水预处理技术研发与集成

一、养殖用水预处理技术与设备研发

（一）养殖用水预处理内容

海水养殖用水预处理包括：①固体颗粒物去除。去除养殖水中大型漂浮物、泥沙、悬浮颗粒物、有机碎屑、单细胞藻类等固体颗粒物，提高养殖用水透明度。②有机物去除。去除养殖水中可溶性有机物、油脂等，降低养殖用水黏度。③重金属、氨氮、亚硝酸盐、硫化物等可溶性有毒、有害无机盐的去除。④病原菌、病毒、寄生虫等致病微生物的去除。⑤温度、盐度、溶氧调节。

（二）固体颗粒物去除

根据各地养殖用水污染程度的不同，同时兼顾养殖品种对水质的不同要求及预处理成本，固体颗粒物去除包括沉淀（室外大型蓄水兼沉淀池、高位暗沉淀池）、过滤（砂滤坝或砂滤井、无阀过滤罐、重力砂滤池、高压过滤罐）等设施设备（表 8-1）。

表 8-1　不同固体颗粒物去除技术与装备比较

处理设备	处理精度	单位处理量	能耗	特点与功能
大型沉淀池	150μm	72h 以上	—	占地大，处理时间长，通常兼顾蓄水功能
暗沉淀池	15μm	48h 以上	—	主要用于去除单细胞藻类和原生动物
过滤坝（井）	100μm	$20m^3/m^2.h$	—	主要用于外源水透明度非常低的地区
无阀砂滤罐	100μm	$20m^3/m^3.h$	7.5kW	处理能力强，无需人工冲洗，占地小，应用广

续表

处理设备	处理精度	单位处理量	能耗	特点与功能
重力砂滤池	20μm	$1m^3/m^2.h$	4kW	过滤精度高，处理量有限，需定期冲洗，常用于育苗用水处理
高压过滤罐	50μm	$10m^3/m^3.h$	7.5kW	处理量小，能耗高，占地小

（三）有机物去除

有机物去除常用方法是活性碳吸附和气浮，气浮是利用微气泡表面张力来吸附水中的有机颗粒，再以泡沫形式排出，常用气浮设备有蛋白质泡沫分离器、潜水式多向射流气浮泵、叶轮式气浮泵和叶轮式机械气浮机。

（四）有毒、有害无机盐的去除

受自然海水污染和自然海水温差变化大的影响，在我国北方沿海，工厂化养殖用水主要依赖地下海水，但多数地下海水存在不同程度的铁、锰等重金属含量偏高或氨氮、亚硝酸盐、甚至硫化氢偏高的问题（图 8-1）。

对于铁、锰偏高，过去常用的处理方法有活性碳吸附、石英砂或锰砂过滤、曝气等，反应出的问题：①水处理投入大；②处理不彻底；③处理后温度变化大。为此，课题组开展了“电化学法”去除重金属、氨氮、亚硝酸盐、硫化氢等有毒、有害无机盐的实验。原理：电解地下海水产生氧自由基、次氯酸根和氢氧根，氧自由基和次氯酸根具有强氧化性，可以将 Fe^{2+}、Mn^{2+} 氧化成溶解度低的 Fe^{3+}、Mn^{4+}，同时与氨氮、亚硝酸盐及硫化氢等发生化学反应，从而减少这些可溶性无机盐的危害。

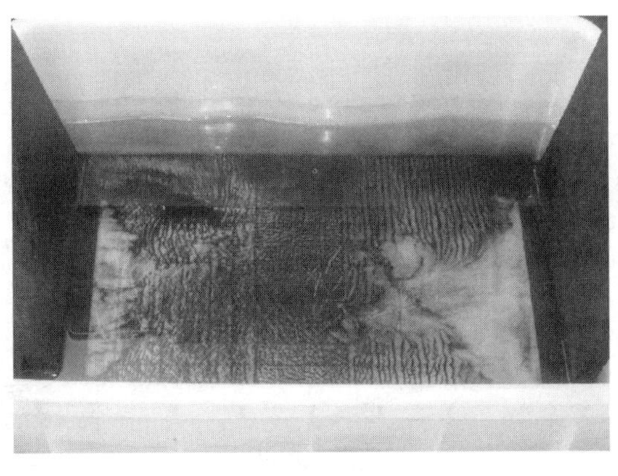

图 8-1　净化过程中产生的铁、锰沉淀

（五）病原菌、病毒、寄生虫等致病微生物的去除

紫外消毒器可以杀死90%以上的弧菌、球菌、杆菌，是源水处理常用消毒手段，但紫外线对霉菌、寄生虫的作用很小，而臭氧不但对病原菌有很好的杀灭作用，而且可杀灭多数寄生虫的虫卵和孢子体，臭氧的作用取决于与水的混合度，为了提高臭氧的消毒效率，臭氧通常与气浮一起使用。

（六）温度、盐度、溶氧调节

目前国内工厂化养殖用水来源广，有自然海水、地表海水、卤水、地下热水等，其温度、盐度、溶氧存在很大差别，为满足养殖要求，必须进行适当调节。其调节方法根据养殖品种要求、水源特征等变化很多。例如，利用自然海水、地表低温海水和地下热水养殖半滑舌鳎的水调节方法。春末、夏初与夏末秋初气温适宜时，直接使用自然海水；夏天高温期，使用自然海水与地表低温海水勾兑，勾兑比例根据自然海水温度变化而变化；冬天低温期，根据盐度要求，采用自然海水与地下热水勾兑或自然海水经换热器经地下热水加温后使用。

二、养殖用水预处理工艺优化与应用

根据不同养殖区养殖用水的特点，集成与研发了砂滤坝（井）、无阀过滤罐、高压过滤罐等固体颗粒分离物设备（施），蛋白质泡沫分离器、潜水式多向射流气浮泵等有机物去除设备，去除有害重金属离子的点解分离设备，悬垂式紫外消毒器、臭氧发生器等消毒杀菌设备，平板换热器等控温设备。制定了多套养殖用水预处理工艺（图8-2）。

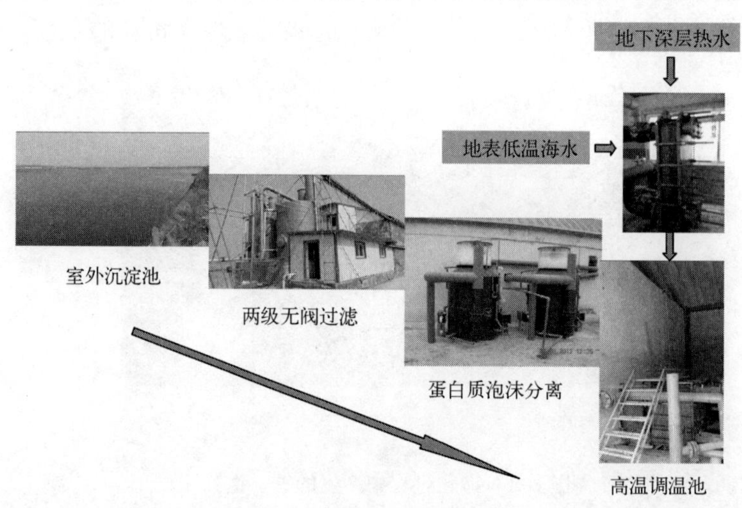

图8-2　养殖用水预处理工艺

第二节　关键技术与装备研发

一、高效溶氧设备与快速增氧技术

（一）高效溶氧器

比较研究了以罗兹鼓风机、分子筛制氧机、工业液氧为氧源，以锥式溶氧器、管道式溶氧器和纳米板气水对流增氧为增氧方式的增氧效果。研发的管道式溶氧器增氧效率达到90%以上（图8-3），纳米板气水对流增氧具有建设成本低、流量大、运行成本低等显著优势。

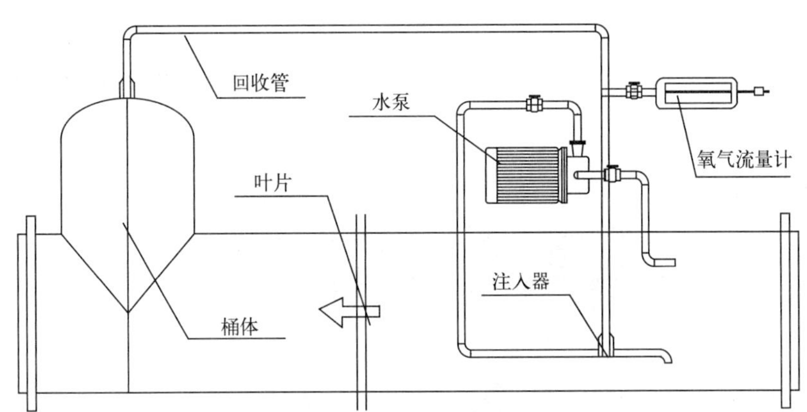

图8-3　管道式高效溶氧器设计图

高效溶氧器是工厂化高密度养殖的根本保障，研发了3种型号（DHT 150m³/h、300m³/h、500m³/h）的高效溶氧器，具有如下性能和优点：①溶氧效率高，同样的水体达到相同的溶氧值，与其他溶氧方式相比，仅需1∶3~1∶6的纯氧气体；②体积小，安装方便，只需加在供水管路即可；③运行稳定可靠，使用寿命长，无需人员值守；④>99%气体利用率，不浪费纯氧；高效溶氧器出水口含氧量>16mg/L（水温20°）。

（二）微气泡增氧装置

微气泡增氧装置水中产生大量的直径可达20μm微气泡，这样的微气泡将长期留在水中，直至被水吸收。这样的微气泡有效地给水提供了大量的氧提高了水处理中需要的溶解氧，从而大大增加了酸化效果，保持水质要求。具体性能和指标如下：①微细气泡 20~30μm，气液溶解效果好；②可克服传统方式供气不稳及大气泡翻腾的问题；③空气气源溶解氧可达到 8mg/L 以上；④可长时间持续工作无人看守；⑤应用广泛，可用于水产高密鱼虾养殖、苗种培育、室内外暂养等。

二、脱气技术与设备

针对以往循环水工艺流程中“总气体水平平衡处理”阶段对 CO_2、N_2等气体处理效果不理想问题进行了改进，利用大量净水微生物降解氨氮，利用抽气装置去除水体中 CO_2、N_2等有害气体。由于负压下，养殖水体中 CO_2、N_2等有害气体的溶解度降低，明显提高了有害气体去除效果。综合充氧、氧化还原电位（ORP）控制和总气体平衡等一系列技术手段来优化水质。优化了水处理流程，增加了系统稳定性。使得处理后海水各项理化指标接近新鲜海水水平。

比较研究了脱气塔（图8-4）、滴流曝气（图8-5）和微孔曝气的脱气效果。研发的滴流曝气和微孔曝气装置具有建设成本低、损失水头小、维护保养方便等特点。

图8-4　脱气塔

①脱气塔：造价高、脱气效率高、养殖密度 $80kg/m^3$、水头损失大。

②滴流曝气池：造价适中、脱气效率适中、养殖密度 $60kg/m^3$、有点水头损失、限制流量。

③微孔曝气池：造价便宜、脱气效率低、养殖密度 $40kg/m^3$、无水头损失。

图 8-5　滴流曝气池

三、高效生物滤器与生物膜水质调控技术

（一）生物滤器填料

生物滤器用于去除氨氮和降低 COD，是循环水工厂化养殖系统的重要装置。采用独特的生物滤料和工艺流程 COD 去除率达到 90%；SS 去除率达到 80%；保证水质稳定。目前研发的主要生物滤料：刷状填料、模块填料、微孔净水板、生化球、环状陶瓷填料、烧结陶粒、轻体浮石等（图 8-6）。

（二）生物膜培养

生物净化是水处理的核心，生物净化是指以细菌、微藻、大型海藻或水生植物等生命体为介质来吸收、分解养殖水中氨氮、亚硝酸盐、磷酸盐、有机物等的水处理过程。在循环水养殖系统中，生物净化是附生在生物填料表面的生物膜完成的，生物膜是指由微生物、原生动物、多糖组成，具有生物降解、硝化功能、亚硝化功能及硫代谢功能的生物絮团。生物膜是通过人工培养起来的，生物膜培养是循环水安全运行的重点和难点。目前，常用的生物膜培养方法有预培养法和负荷培养法两种。

生物膜预培养法是指在系统启动前，在生物净化池接种相关菌种，并通过添加人工氮源，事先培养具有一定消氮能力的菌膜以后再放养养殖生物，实验表明：高温、高氨氮、高有机物环境有利于生物膜培养，生物膜预培养时间一般需要 20~45d，预培养的生物膜在系统启动以后，由于人工氮源培养的微生物不能很好地适应养殖生物代谢氮源，系统运行 20d 左右往往会发生一次“脱膜”现象。

图 8-6　不同生物滤器填料

a. 刷状填料；b. 微孔净水板；c. 生化球；d. 环状陶瓷填料

生物膜负荷培养法是指系统建好后，直接放养养殖生物，通过控制投喂量、补充新水量和养殖密度，把养殖水中的氨氮、亚硝酸盐浓度控制在既满足生物膜生长所需的营养条件，又不影响养殖物生长的安全浓度，生物膜负荷培养大约需要 50~80d，初始养殖密度应控制在 $10kg/m^3$ 以下，初始补充新水量应控制在 50%左右，随着水质指标的好转而逐渐加大养殖密度、减少新水补充量。

课题组以添加葡萄糖、氯化铵等营养物质的深井海水为处理对象，试验在不同氨氮初始浓度下，以微生物制剂作为挂膜菌种，将爆炸棉作为生物载体，探讨微生物在生物载体上形成生物膜的过程、周期及变化规律。通过测定挂膜过程中不同阶段生物膜上总异养细菌、氨氧化细菌及硝化细菌数量，以及挂膜启动阶段水中氨氮、亚硝氮及硝氮含量的变化，探讨了氨氮初始浓度对挂膜的影响，从而确定合适挂膜的氨氮浓度。

氨氮初始浓度为 0.5mg/L 和 1.0mg/L 的生物滤池挂膜成功分别需要 45d 和 40d，氨氮初始浓度为 2.0mg/L 和 4.0mg/L 的生物滤池挂膜启动成功需要 34d 和 28d，氨氮初始浓度为 8.0mg/L 的生物滤池中生物膜成熟需要 26d。随着挂膜时生物滤池中氨氮初始浓度的增大，生物滤池启动时间随之减短。当氨氮初始浓度为 4.0mg/L 时，生物膜成熟需要 28d，氨氮初始浓度为 8.0mg/L 的生物滤池中生物膜成熟需要 26d，在这两组不同氨氮初始浓度下，挂膜成熟时间并无明显区别，由此可以得出，生物滤池启动阶段合适的氨氮初始浓度为 4.0mg/L（图 8-7）。

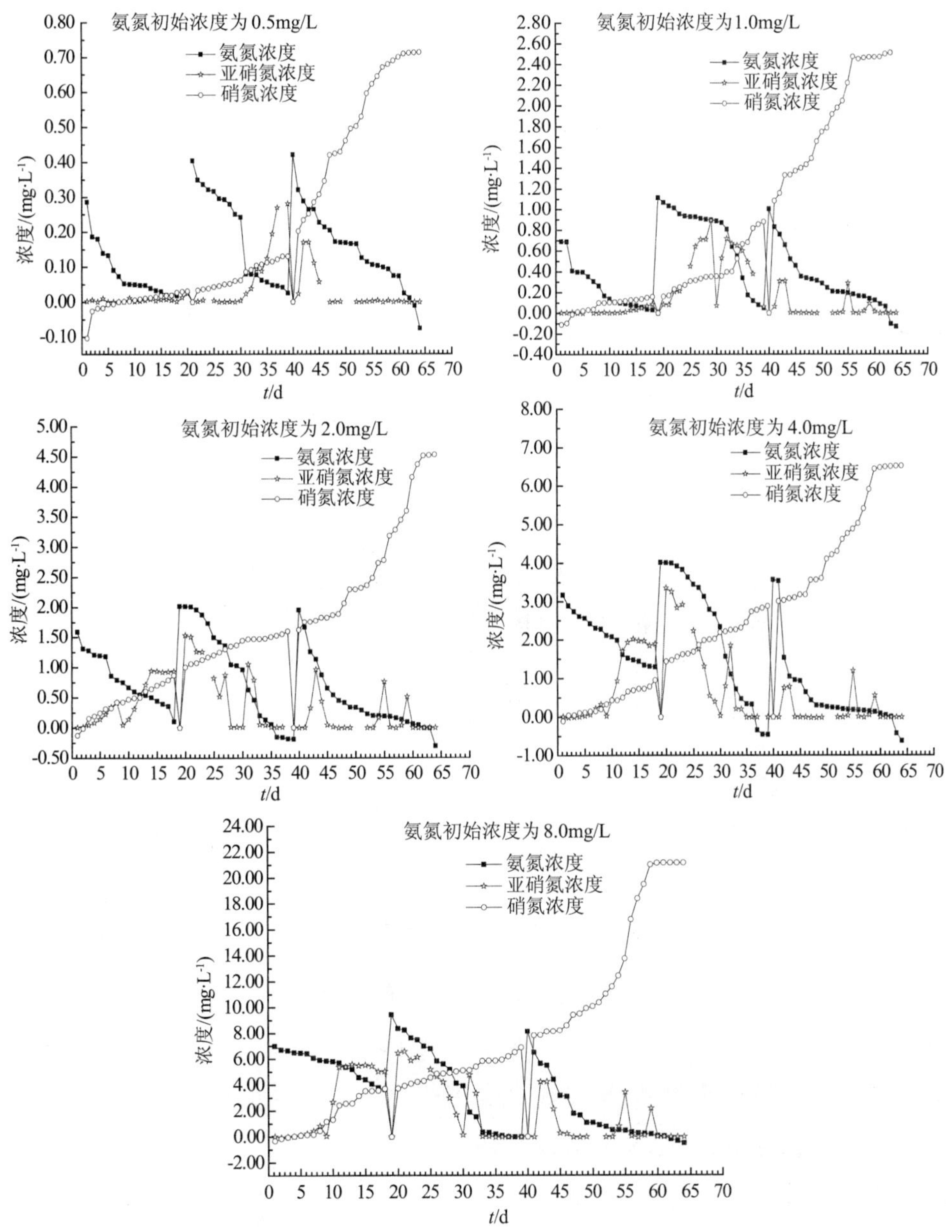

图 8-7　生物膜培养过程中总氨氮（TAN）、亚硝氮、硝氮浓度的变化

（三）水质调控对生物膜净化效率影响

1. 碳氮比（C/N）对氨氮去除效果的影响

研究了氨氮初始浓度为2.5mg/L和5.0mg/L，不同C/N对氨氮降解速率的影响。从图8-8可以看出：①不同滤料生物膜的氨氮降解速率：滤料C：珊瑚石+爆炸棉>滤料B：火山岩>滤料A：生物滤球；②滤料生物膜的氨氮降解速率均随着C/N的增大而增大，在C/N为2，氨氮初始浓度为2.5mg/L时，A、B、C滤料的硝化速率分别为0.095，0.137，0.148，氨氮初始浓度为5.0mg/L时，A、B、C滤料的最高硝化速率依次为0.066、0.080、0.140；③对比不同氨氮初始浓度下各组滤料在相同碳氮比下生物膜的氨氮降解速率，得出3组滤料均在初始浓度为2.5mg/L时比5.0mg/L时的氨氮降解速率高。

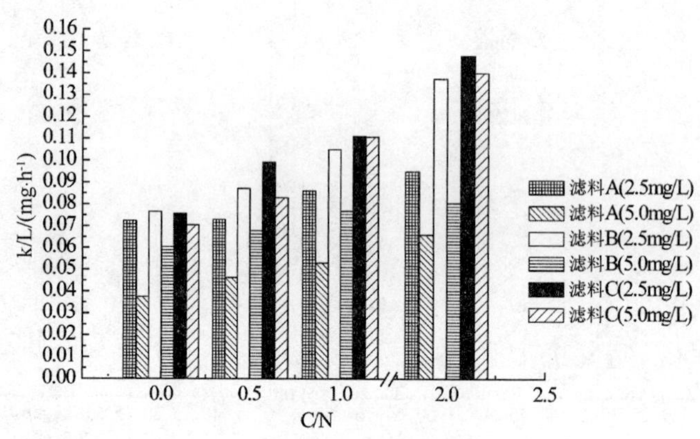

图8-8　不同C/N比下不同氨氮浓度下的降解速率常数

2. 不同气水比条件下生物膜对TAN的平均去除率

生物滤器在不同气水比下对TAN的平均去除率如图8-9所示。不同的生物滤器在不同气水比条件下对TAN的去除率有所不同。此试验中B、C、D、E滤池在生物膜培养阶段采取的进水废水氨氮浓度不一致，从图可以得出，同一气水比条件下，不同的生物滤器对TAN的去除率没有明显差异。结果表明，各生物滤器对TAN的平均去除率随着气水比的增大呈先增大后降低趋势。在气水比分别为3∶1，4∶1，5∶1，6∶1，8∶1，10∶1，12∶1时，四个生物滤池对TAN的平均去除率依次为58.45%，74.99%，77.81%，81.33%，85.14%，88.15%，84.70%。可以看出，在气水比为10∶1时，滤池对TAN的去除率最高。数据经

SPSS 软件统计分析，结果显示，5：1，6：1，8：1，10：1，12：1 五个气水比梯度下的 TAN 去除率没有显著性差异，而在此五个气水比和气水比梯度为 10：1 梯度与 3：1 的气水比条件下有显著性差异（$p<0.05$），且气水比为 4：1 与气水比为 10：1 有显著性差异（$p<0.05$）。

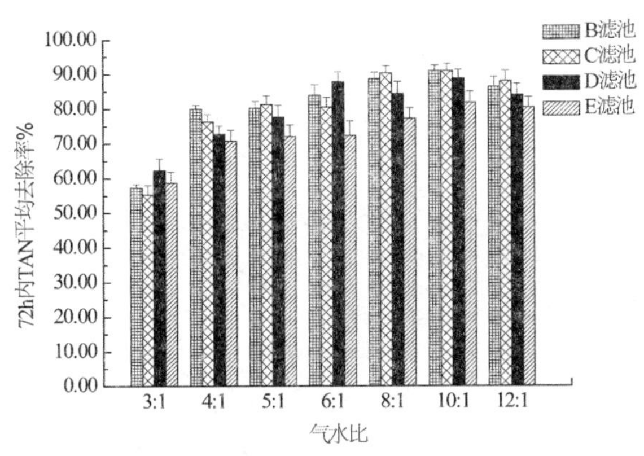

图 8-9　不同气水比条件下不同生物滤器的 TAN 平均去除率

在本实验条件下，各生物滤池运行的合适的气水比条件为 5：1~12：1，在此气水比条件下，各生物滤器对 TAN 的去除率均达到 80%以上。在气水比为 10：1 时，各生物滤器的去除率均达到最大，在气水比为 12：1 时，去除率有所下降，这可能是由于气水比过大，对生物膜的冲刷起副作用，使生物膜的活性降低导致的。综上，在本实验条件下，考虑到运行成本等条件，维持气水比在 5：1 就可以使各生物滤器对 TAN 有较好的去除率（图 8-10 和 8-11）。

3. 不同滤料生物挂膜对水质与养鱼效果影响

探讨了 PE 环、珊瑚石和 PP 方便面净水板 3 种生物滤料对氨氮的吸附性能，获得了动态吸附的穿透曲线（8-12）。研究了 3 种滤料的生物挂膜情况以及挂膜成熟后在不同水力负荷下的净水效果。实验结果表明，珊瑚石滤料的挂膜成熟时间明显短于 PE 和 PP 材质的滤料，生物膜厚度与水流流速呈负相关；水力负荷对三种滤料生物滤器的净水效果有显著影响。研究结果为海水循环水养殖系统中固定床生物滤器的滤料选择提供理论依据和参考。

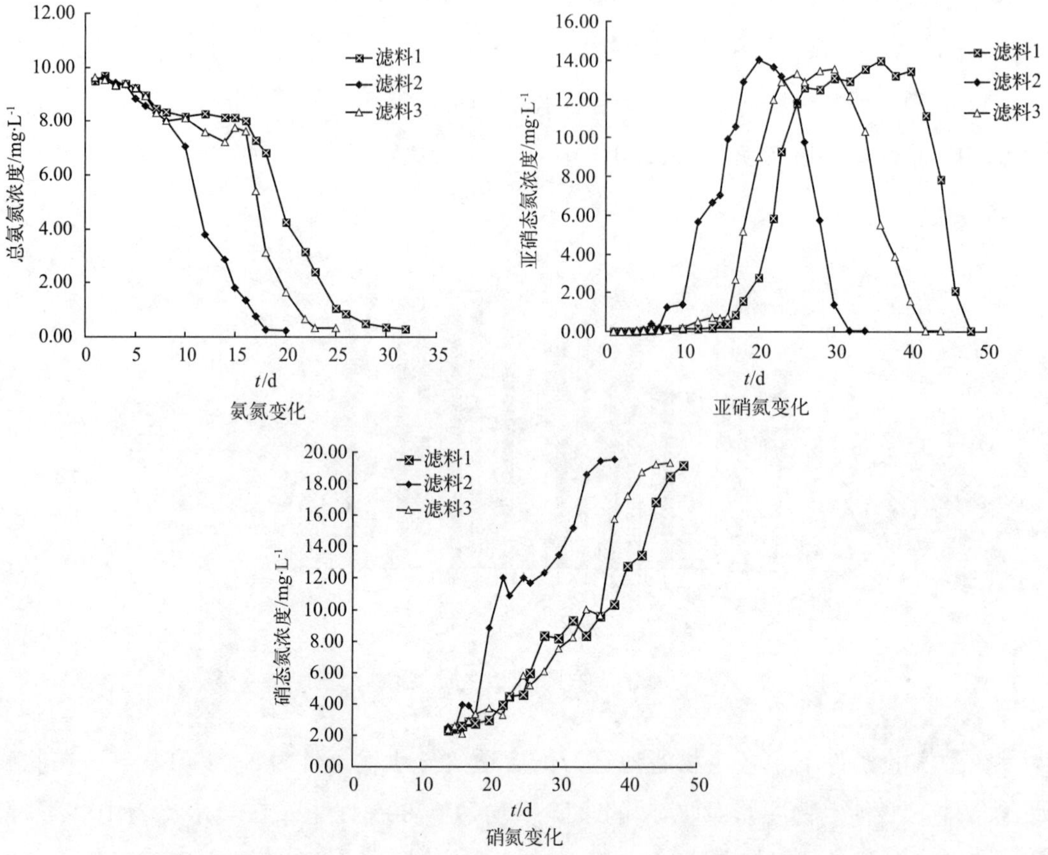

氨氮变化

亚硝氮变化

硝氮变化

图 8-10　生物膜培养过程中氮浓度的变化

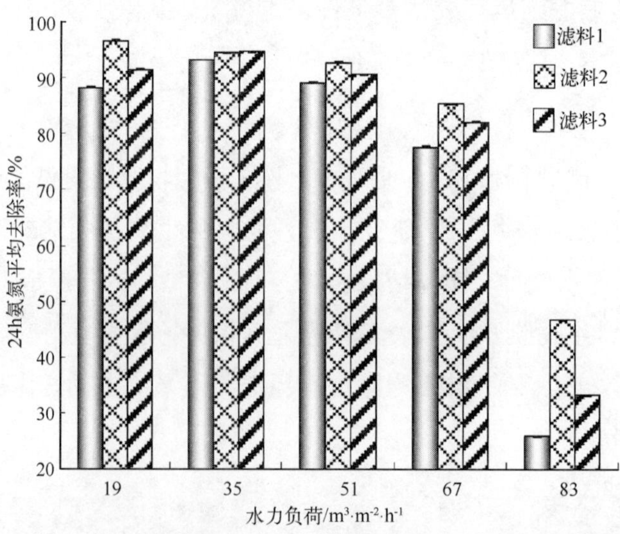

图 8-11　不同滤料生物滤器在五种水力负荷下的 24h 总氨氮平均去除率

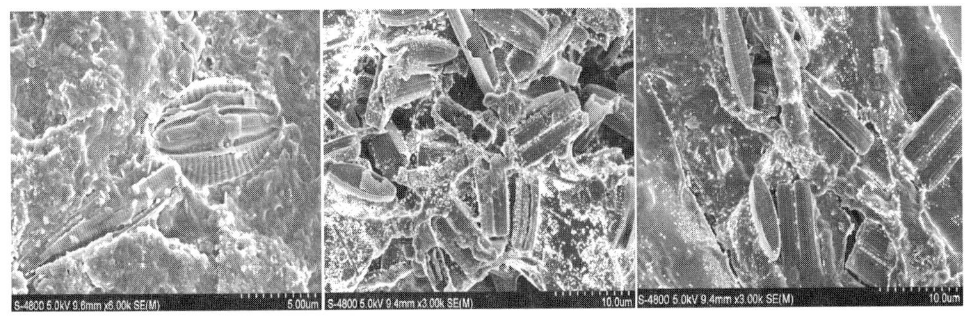

图 8-12　生物膜的扫描电镜照片（从左到右依次为 PE 环、珊瑚石和 PP 方便面净水板）

采用微生态净水剂作为菌种，对陶环、弹性毛刷和爆炸棉三种不同材质和形状的生物滤料进行生物膜培养，挂膜成熟之后进行黑鲷幼鱼的养殖效果实验。结果显示：在相同挂膜条件下，三种滤料分别经过 25d、32d 和 28d 挂膜成熟。在本实验设计的简易循环水系统条件下，黑鲷幼鱼养殖效果良好，经过 40d 的饲喂，三个实验组鱼的体重与对照组相比，呈显著性差异（$p<0.05$），成活率均达到 95%以上（图 8-13）；实验组鱼体血清 LSZ 酶活性和肝组织 T-SOD 酶活性均显著高于对照组（$p<0.05$）；实验组鱼体消化道内菌群数量及其多样性要明显高于对照组。

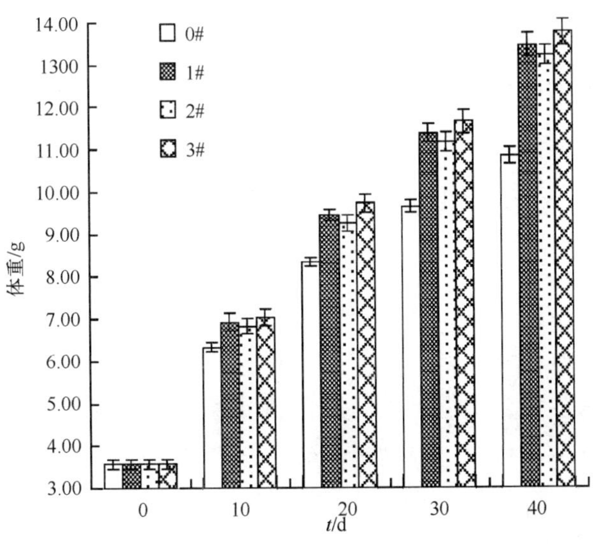

图 8-13　养殖期间黑鲷体重的变化

第三节　系统集成与优化设计

一、水处理工艺集成与优化

（一）水处理工艺优化内容

目前，国内外所建循环水养殖系统的水处理工艺多种多样，但均采用了沉淀、过滤、气浮、生物净化、消毒杀菌、脱气、消毒等关键水处理技术。我国的循环水养殖起步晚，“九五”至今，突破了快速过滤、生物净化和高效增氧三项关键技术，研发了一大批具有自主知识产权的水处理设备，并形成了针对不同养殖品种的形式多样的循环水处理系统。水处理工艺优化主要体现在以下几个方面：①节能优化。在不影响水处理关键环节和水处理效果的基础上，对主要水处理设备进行了节能改造和设施化改造。以无动力设备或低能耗设备取代高能耗设备，如以弧形筛取代滚筒微滤机、以低扬程变频离心泵或轴流泵取代潜水泵和管道泵、以气浮泵替代了蛋白质泡沫分离器、以微孔曝气池取代脱气塔、以悬垂式紫外消毒器替代了管道式紫外消毒器、以工业液氧罐取代分子筛制氧机、以气水对流增氧池取代管道溶氧器和锥式溶氧器，最大限度降低系统造价的同时，大幅降低了系统的运行能耗。通过合理的高程设计，采用一级提水后梯级自流完成养殖水在系统内的循环，大大降低了系统的水动力能耗。②水处理工艺优化。关键水处理环节都由多个部件协同完成，如固体颗粒物分离由弧形筛、气浮和生物净化池截留沉淀三部分协同完成，消毒由紫外线和臭氧两部分协同完成，脱气增氧由气浮、生物净化池曝气、微孔曝气池和气水对流增氧池四部分协同完成，有效提高了系统的处理精度和抗风险能力。③功能优化。通过对生物净化池池底斗状排污槽和多孔管排污设计，使生物净化池具有截留沉淀功能，优化了生物净化池与养殖水体的配比、截污排污能力和养殖水在生物净化池内的流态，系统运行更加平稳。设计的新型回水装置，不但可以任意调节养殖池水位，而且使系统内任一养殖池可以脱离系统外进行流水养殖，提高了系统多品种养殖的兼容性和系统的防病、治病功能。

（二）节能环保型循环水养殖系统水处理工艺

“十二五”期间，课题组在“十一五”工作基础上，从生产实践和广大养殖企业的实际需求出发，研发了节能环保型循环水养殖系统，该系统由弧形筛、潜水式多向射流气浮泵、三级固定床生物净化池、悬垂式紫外消毒器、臭氧发生器、以工业液氧罐为氧源的气水对流增氧池组成，具体工艺流程如图 8-14。

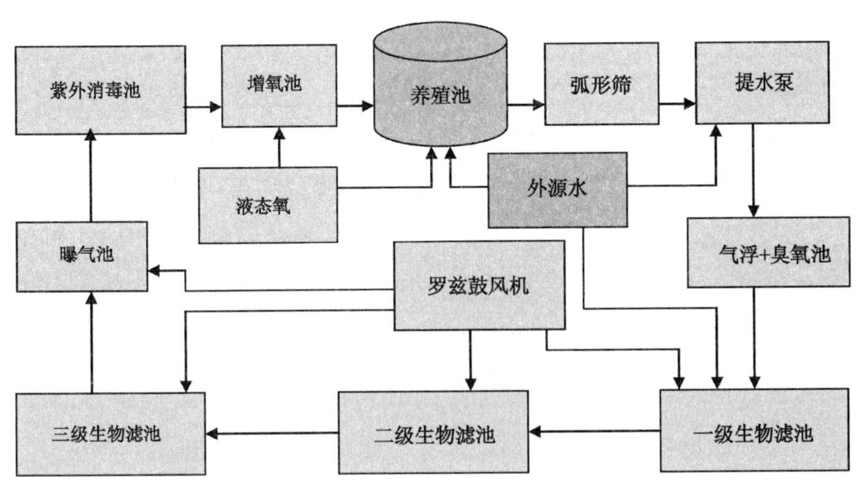

图 8-14　节能环保型循环水养殖系统水处理工艺流程

根据养殖水的特点，水处理系统共分为固体颗粒物分离、生物净化、消毒杀菌、脱气、增氧和控温五部分。固体颗粒物分离由弧形筛（过滤 70μm 以上的固体颗粒物）、气浮池（分离 20μm 以下的固体颗粒物和水中的黏性物质）和生物净化池（截留沉淀 20μm 以上的固体颗粒物）三部分组成。生物净化固定床生物净化池，以立体弹性填料为附着基。消毒杀菌采用紫外消毒与臭氧消毒协同作用。脱气由气浮、生物净化池曝气、微孔脱气池和增氧池四部分共同完成。增氧采用气水对流增氧，氧源为液态氧控温由保温车间和水源空调共同完成。

通过对蛋白质泡沫分离器、高效溶氧器与脱气塔等主要水处理设备的设施化改造，以弧形筛替代微滤机、以气浮泵替代蛋白质泡沫分离器、以纳米增氧板替代了高效溶氧器，优化了生物滤池结构，强化了生物滤池排污，增设了脱气池，不但大幅降低了循环水养殖系统造价与运行能耗，而且有效提高了水处理能力和系统运行的平稳性、可操作性，具有造价低、运行能耗低、功能完善、操作管理简单、运行平稳等显著特点。该工艺在沿海循环水养殖企业进行了广泛的应用。

二、节能环保型循环水养殖技术对比分析

（一）养殖效果比较分析

循环水养殖系统内的养殖微生态环境（水温、溶氧、密度、水流、水质、光照等）全部可控，从而为养殖生物提供了一个最适宜、最稳定的生长环境，养殖生物在循环水养殖下的生长速度比流水养殖提高20%～100%以上（图8-15）、养殖密度是流水养殖的3～5倍。如大菱鲆流水养殖密度一般为10～15kg/m^2，商品鱼养殖周期12个月，而循环水养殖密度可达40～50kg/m^2，养殖周期缩短为10个月；红鳍东方鲀流水养殖密度15kg/m^{3}左右，商品鱼养殖周期需18个月，成活率50%左右，而循环水养殖密度可达45～55kg/m^3，养殖周期缩短为12个月，成活率提高至90%以上。虽然，目前我国的循环水养殖密度与国外相比还存在一定差距，但经过近几年的生产实践，循环水的增产效应得到广大养殖企业的广泛认同。

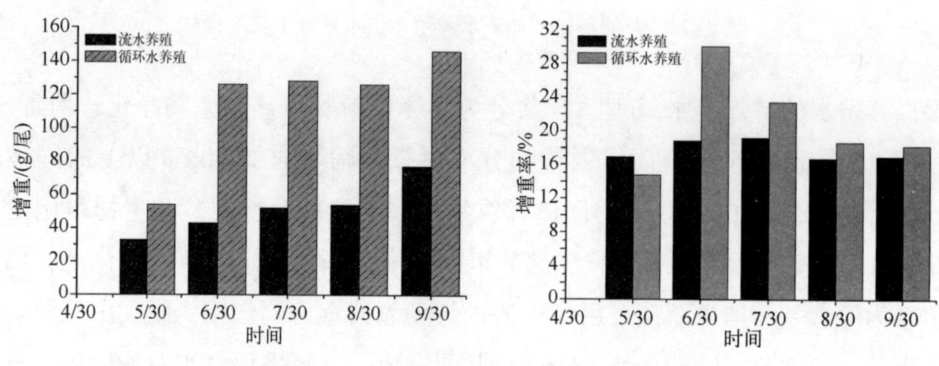

图8-15　养殖效果对比分析

（二）养殖系统构建成本分析

节能环保型循环水养殖系统构建成本由养殖车间建设成本和水处理系统建设成本两部分组成。

1. 养殖车间建设成本

循环水养殖车间一般由养殖池、水处理系统组成为了维持养殖水温的恒定、降低控温成本，节能环保型循环水养殖车间与传统流水养殖车间比较，车间土建成本差距不大，一般在250元/m^{2}左右，但由于节能环保型循环水养殖车间对车间墙体、顶棚的

保温性能有着更高的要求，尤其是车间顶棚保温材质的不同造成了车间主体造价的显著差别，目前，养殖车间顶棚保温有如下几种形式，见表 8-2。

表 8-2　不同保温材料性能与价格比较

保温材质	结构说明	单位造价/元/m^2	特点
双层塑料膜	多用于低拱圆弧顶，以钢筋或钢管为圈梁，钢管或竹、木为檩条；保温采用内外两层塑料薄膜，两层塑料薄膜间留有 20cm 左右的空气隔热层	50~60	外观差，使用寿命短，抗风、抗压能力差，极易破损，外层膜需要经常更换
保温棉	多用于低拱圆弧顶，以钢筋或钢管为圈梁，钢管或竹、木为檩条；保温层采用内层无滴膜，中间为玻璃丝或石棉，外层采用塑料薄膜外覆盖一层毛毡起到保护作用	70~80	性价比高，但外观差，一般 2~3 年需更换外层薄膜和毛毡
聚氨酯	低拱圆弧顶和三角坡顶均可采用，屋面采用玻璃钢波纹瓦或彩钢瓦，根据不同养殖区的气温特点可选择在屋面内侧喷涂 3~8cm 聚氨酯保温层	120~150	车间的密闭性好，使用寿命长，但对喷涂的均匀度和保温材料与屋面的粘合度要求较高
保温彩钢板	多用于钢结构三角坡顶，根据不同养殖区的气温特点，保温层可选择厚度为 8~15cm 的保温彩钢板	200~250	外观漂亮，但对彩钢板接缝的密闭性要求较高，保温板内侧最好做防腐处理

“十二五”期间，在循环水养殖车间建设过程中，我们注重加强了车间保温性能建设，虽然由此带来了建设成本的提高，但车间保温是维持养殖环境稳定的重要手段，这不仅大大提高了系统运行的稳定性，而且有效降低了养殖过程中用于水温调控的能源消耗，节能效果明显（表 8-3）。

表 8-3　保温大棚与普通大棚对养殖水温、补水量的影响

	保温大棚	普通大棚
建设成本/元/m^2	300~450	250
水温日波幅/℃	0.5	2
补充水温差/℃	4	4
日补充新水量/%	小于 10	大于 30

2. 水处理系统建设成本

循环水处理系统通常由固体颗粒物去除、泡沫分离、生物净化、脱气增氧、消毒杀菌、水动力设备和控温设备组成。节能环保型循环水养殖系统主要针对我国工厂化养殖的实际需求，在“十一五”研究工作的基础上，对固体颗粒物去除、泡沫分离、脱气增氧等高能耗水处理设备进行了设施化改造，对生物净化、杀菌消毒、控温等关键环节进行了工艺优化，如以弧形筛替代微滤机、以多向射流潜水式气浮泵替代蛋白质泡沫分离器、以纳米增氧板替代了高效溶氧器、以微孔曝气池替代脱气塔等，优化了生物滤池结构，强化了生物滤池排污，以悬垂式紫外消毒器替代管道式紫外消毒器，把臭氧添加与气浮泵紧密结合在一起，通过车间保温和补充新水来调节养殖水温等举措，不但大幅降低了循环水养殖系统造价，而且有效系统运行能耗，大幅提升了系统的水处理能力，提高了运行平稳性和系统运行管理的可操作性，目前，该系统已在辽宁、河北、天津、山东、江苏、浙江、福建、海南等沿海省市进行了大面积推广应用，推广面积近 30 万 m^2，受到广大养殖户的一致赞誉。

（三）养殖系统运行能耗分析

循环水养殖系统的运行能耗主要包括系统内水处理设备的功率配置和调节系统内养殖水温的能耗，节能环保型循环水养殖系统通过对关键水处理设备的设施化改造和节能优化，在不影响系统功能和处理精度的前提下，该系统配置的水处理设备功率低，单位能耗只有 35W/m^3。

目前，我国循环水养殖控温主要依赖地下冷、热水资源，对于缺乏地下冷、热水资源的地区来说，控温依然是系统最大的能源消耗。目前最主要的供热方式有燃煤锅炉、燃油锅炉、电加热，随着太阳能、水源热泵等新能源应用技术的逐步成熟，越来越多企业开始选择新能源作为循环水养殖热源，从表 8-4 中可以看出：水源热泵的热效率最高，达到 325%，运行费用显著低于燃油（气）锅炉、电加热，略低于太阳能，显著高于燃煤锅炉，但水源热泵具有高、低温双向调节功能，无废弃物，更加环保。

表 8-4　几种供热方式的热效率与运行能耗

供热方式	燃煤锅炉	燃油锅炉	燃气锅炉	电锅炉	太阳能	水源热泵
燃料种类	煤	柴油	天然气	电	电	电
是否污染环境	非常严重	有	不严重	无	无	无

续表

供热方式	燃煤锅炉	燃油锅炉	燃气锅炉	电锅炉	太阳能	水源热泵
有无危险性	有	比较危险	非常危险	有	无	无
热效率	64%	85%	75%	95%	95%	325%
燃料单位	0.45 元/kg	5.8 元/kg	3 元/m^3	0.8 元/kW · h	0.8 元/kW · h	0.8 元/kW · h
每 10t 水需用燃料	163.5kg	51.9kg	66.7m^3	551kW · h	151kW · h	130kW · h
每 10t 水燃费/元	73.58	310	200	440.6	120.7	104.7
年燃料费用/万元	2.7	11	7.3	16	4.38	3.7
人工费用/万元	4（2人）	4（2人）	2（1人）	无	无	无

（四）养殖系统运行成本分析

虽然我们针对我国工厂化养殖的基本国情和养殖企业的实际需求，对循环水养殖系统水处理设备进行了大量的设施化改造，对水处理工艺进行了优化，但循环水养殖车间的建设成本与运行能耗要高于流水养殖是一个不争的事实，这也是影响循环水养殖普及推广的重要原因。然而，通过我们对天津立达海水资源开发有限公司、青岛卓越海洋科技有限公司大菱鲆养殖及大连天正实业发展有限公司河鲀越冬养殖的跟踪调查，受养殖密度增高和养殖周期缩短的影响，大菱鲆循环水养殖的单位运行成本只有7.28 元/kg，相比流水养殖下降了 14.05%，河鲀循环水越冬养殖的单位运行成本相比换水越冬养殖更是下降了 25.02%（表 8-5）。因此，从单位运行成本来看：循环水养殖节能效果非常明显，并且随着水处理技术和系统管理水平的提高，循环水养殖节能空间巨大。

表 8-5　循环水养殖与传统流水养殖单位运行成本比较

养殖品种与养殖方式	大菱鲆养殖		河鲀越冬养殖	
	循环水养殖	流水养殖	循环水养殖	流水养殖
功率配置/kW	13.95	8.0	13.95	5.0
水交换频次/次/d	18	6	18	1
新水补充量/%	10	600	10	100
控温方式	30kW 水源热泵 *	-	2t 燃煤锅炉 *	2t 燃煤锅炉 *

续表

养殖品种与养殖方式	大菱鲆养殖		河鲀越冬养殖	
	循环水养殖	流水养殖	循环水养殖	流水养殖
养殖水温/℃	18	18	21	18
养殖密度/kg/m^3	30	15	35	20
养殖周期/月	10	12	5	5
成活率/%	95	95	90	50
单位运行成本/元/kg	7.28	8.47	6.80	9.07

注：日运行 4h，使用期 5 个月。

从表中可以看出：河鲀循环水越冬养殖的成活率显著高于换水越冬养殖，这将会大大降低单位产品的苗种成本和饲料成本，另外，循环水养殖密度通常是流水养殖的 2~3 倍，养殖密度的提高带来的是单位产品设备占用率和设备折旧率的降低；同时，循环水养殖还具有节水、低排放等显而易见的优势。

三、应用案例

（一）示范应用情况

在国家十二五科技支撑计划课题“节能环保型循环水养殖工程装备与关键技术研究（2011BAD13B04）”支持下，课题组针对我国循环水养殖产业面临的“建设成本高、运行能耗高、水处理精度低、系统运行不稳定、单位产出与国外同类产品存在一定差距和未能实现真正意义上的零排放”等实际问题，开展了节能型设施设备研发与循环水处理关键技术、工厂化循环水高效养殖生产关键技术等相关研究。课题组利用现代工程技术与现代生物技术相融合的技术手段，采用产、学、研有机结合方式，以节能减排与环境质量安全控制技术为核心，通过自主创新和集成创新，建立节能环保型海水工厂化高效养殖生产技术（图 8-16），该技术使循环水养殖系统的水循环频次提高到 1 次/h，水循环利用率达到 95%以上，鲆鲽鱼养殖产量达到 40kg/m^2，游泳性鱼类养殖单产达到 50kg/m^3，单位能耗比传统流水养殖降低 17%~23%，是国外同类产品的 1/5，并形成工厂化养殖标准体系雏形，目前已在国内沿海建立示范养殖基地 20 余家，示范面积近 30 万 m^2（图 8-17 和表 8-6）。

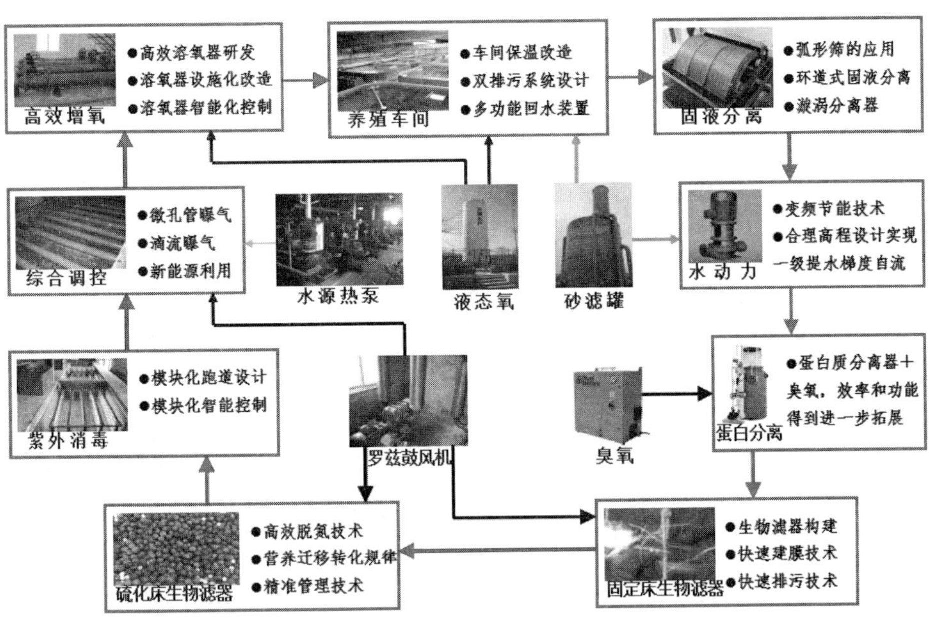

图 8-16　节能环保型海水工厂化高效养殖生产技术

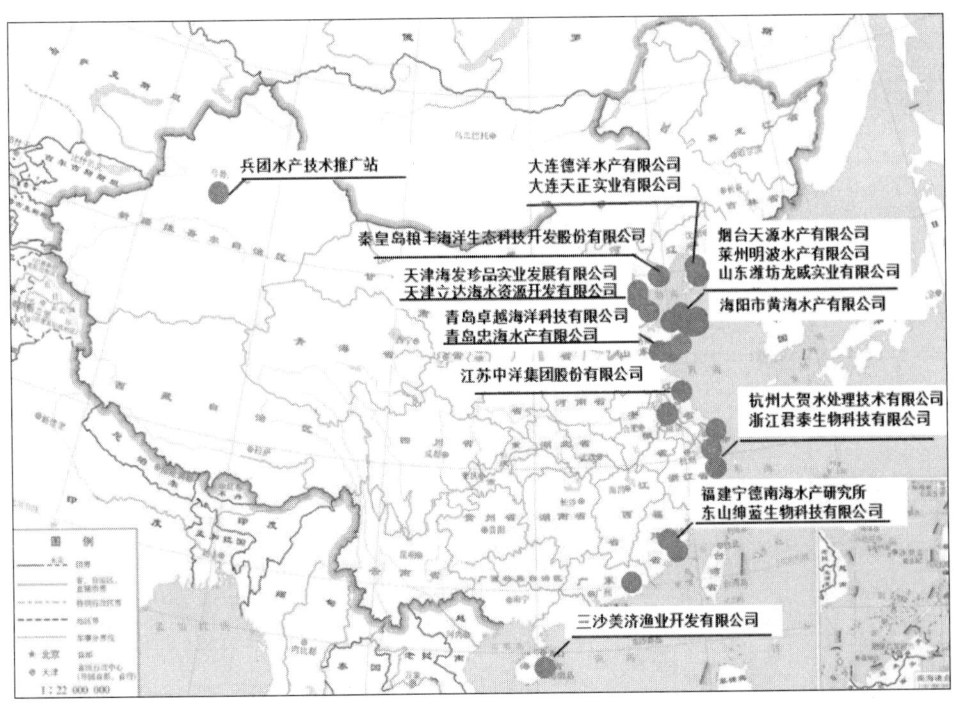

图 8-17　主要应用示范基地

表 8-6　主要应用示范基地

序号	示范基地名称	养殖对象	系统		系统运行与水质状况
			数量/个	面积/万 m^2	
1	大连天正实业有限公司	红鳍东方鲀	8	0.55	系统启动 6 个月以来，运行平稳，主要水质指标：DO>6mg/L，TAN<0.5mg/L，NO_2-N<0.3mg/L，COD<4mg/L，单位水处理能力 400m^3/h，日新水补充量 10%，单位产量 35.4kg/m^3，养殖成活率 99%。运行能耗低于 0.014kW/（m^2·h）
2	汕头市华勋水产有限公司	卵形鲳鲹	1	0.02	运行能耗 0.0036kW/m^3/h，水处理能力 60m^3/h，日新水补充量 10%，水质符合渔业水质标准：SS<8.5mg/L，DO > 6mg/L，单位养殖密度 35.3kg/m^3，养殖成活率 95%
3	莱州明波水产有限公司	半滑舌鳎、红鳍东方鲀	10	1.3	系统平均运行能耗 0.021kW/(m^2·h)，半滑舌鳎养殖密度 40kg/m^3，红鳍东方鲀养殖密度 40kg/m^3；循环水养鱼主要水质指标：DO≥10mg/L，NH_4-N≤0.15mg/L，NO_2-N<0.02mg/L，COD< 2mg/L，日新水补充量≤系统水量的 5%
4	山东东方海洋科技股份有限公司	鲆鲽鱼类	1	4	残饵、粪便等颗粒有机物去除率 60%以上
5	江苏中洋集团	暗纹东方鲀	1	0.294	养殖期水质指标：DO>6.5mg/L，TAN<0.5mg/L，NO_2-N<0.1mg/L，SS<10mg/L，COD<10mg/L
6	烟台开发区天源水产有限公司（招远发海海珍品养殖场）	鲆鲽类、游泳鱼类	4（基地）	3.2	DO>6.5mg/L，TAN<0.4mg/L，NO_2-N<0.1mg/L，SS<8mg/L，COD<6mg/L。排放水水质指标：BOD_5<4mg/L，COD<6mg/L，TN<3mg/L，TP<1mg/L，SS<8mg/L

续表

序号	示范基地名称	养殖对象	系统		系统运行与水质状况
			数量/个	面积/万 m^2	
7	大连德洋水产有限公司	育苗、鲆鲽类	16	1.5	DO≥8.5mg/L，NH_4-N≤0.3mg/L，NO_2-N<0.1mg/L，COD< 5mg/L，SS<10mg/L，杀菌率 98.4%
8	天津立达海水资源开发有限公司	育苗、鲆鲽类	/	1.56	DO>5.6mg/L，TAN<0.002mg/L，NO_2-N<0.001mg/L，SS<3mg/L，COD<2mg/L
9	天津市海发珍品实业开发有限公司	育苗、鲆鲽类	/	3.5	DO>5.6mg/L，TAN<0.002mg/L，NO_2-N<0.001mg/L，SS<3mg/L，COD<2mg/L
10	天津海升水产养殖有限公司	育苗、鲆鲽类	/	1.2	DO>5.6mg/L，TAN<0.002mg/L，NO_2-N<0.001mg/L，SS<3mg/L，COD<2mg/L
11	秦皇岛粮丰海洋生态科技开发股份有限公司	半滑舌鳎、红鳍东方鲀	40	3.0	减排养殖污水 95 000m^3/d，半滑舌鳎养殖 5 个半月的平均体重 133g，平均养殖密度达到 92 尾/m^2；红鳍东方鲀养殖 7 个半月的平均体重 337g，平均养殖密度达到 79 尾/m^3，生长速度优势明显，养殖密度较高
12	天津海升水产养殖有限公司	半滑舌鳎、红鳍东方鲀	14	0.9	系统设计合理、功能齐全，系统造价 168 元/m^2，运行能耗 15W/m^2，养殖期间养殖水的氨氮浓度 0.2~0.4mg/L，亚硝酸盐浓度 0.01~0.02mg/L，系统运行情况良好
13	山东潍坊龙威实业有限公司	大菱鲆	6	0.4	系统运行情况良好，杀菌效率 99.9%。通过 8 个月养殖，大菱鲆平均体重 370g（起始体重 2~3g），养殖成活率达到 89.2%，养殖密度 27.7kg/m^2；日补充新水 8%，饲料利用率 0.98

续表

序号	示范基地名称	养殖对象	系统		系统运行与水质状况
			数量/个	面积/万 m^2	
14	厦门小嶝水产科技有限公司	珍珠龙胆	2	0. 19	养殖密度 $24kg/m^3$，成活率达到 98%，出水 DO 6. 21～10. 04mg/L，总氨氮 0. 019～0. 79mg/L
15	莱州明波水产有限公司	斑石鲷、云纹石斑鱼、赤点石斑鱼、珍珠龙胆等	6	2	养殖成活率 95%以上，养殖密度 $40kg/m^3$ 以上

（二）烟台开发区天源水产有限公司

根据烟台开发区天源水产有限公司养殖水的特点，水处理系统由养殖池、海水节能型微滤机、管道泵、多功能蛋白质泡沫分离器+臭氧、跑道式多级固定床生物净化池、渠道式紫外线消毒杀菌装置、高效溶氧器组成，系统节能 30%。鲆鲽类工厂化养殖单位产量 $38kg/m^2$，饵料系数 1. 2；游泳鱼类工厂化养殖单位产量 $36kg/m^3$，循环水水质指标：DO>6. 5mg/L，TAN<0. 4mg/L，NO_2-N<0. 1mg/L，SS<8mg/L，COD<6mg/L。排放水水质指标：BOD_5<4mg/L，COD<6mg/L，TN<3mg/L，TP<1mg/L，SS<8mg/L。此外，还构建了“一级筛滤+四级藻贝参生物净化”的清洁模式（图 8-18 和图 8-19）。

图 8-18　工厂化循环水养殖车间

图 8-19 “一级筛滤+四级藻贝参生物净化”的清洁模式

(三) 莱州明波水产有限公司

在莱州明波水产有限公司构建封闭式节能高效工厂化海水鱼类循环水养殖系统见图 8-20 和图 8-21。养殖状况指标：①系统的生物承载量：鲆鲽类≥60kg/m²，游泳鱼类≥80kg/m³；②日增重率：240g/m³；③水质指标：$NH_4-N \leq 0.15mg/L$，$NO_2-N \leq 0.02 mg/L$，COD≤ 2mg/L，SS≤ 10mg/L，pH＝ 7.5～8.2，DO（养殖池出水）≥10mg/L；④每昼夜最大水循环量次≥24 次（8～24 次可调）；⑤系统自维护回流水量15～30%；⑥每昼夜新水补充添加量≤系统水量的 5%。

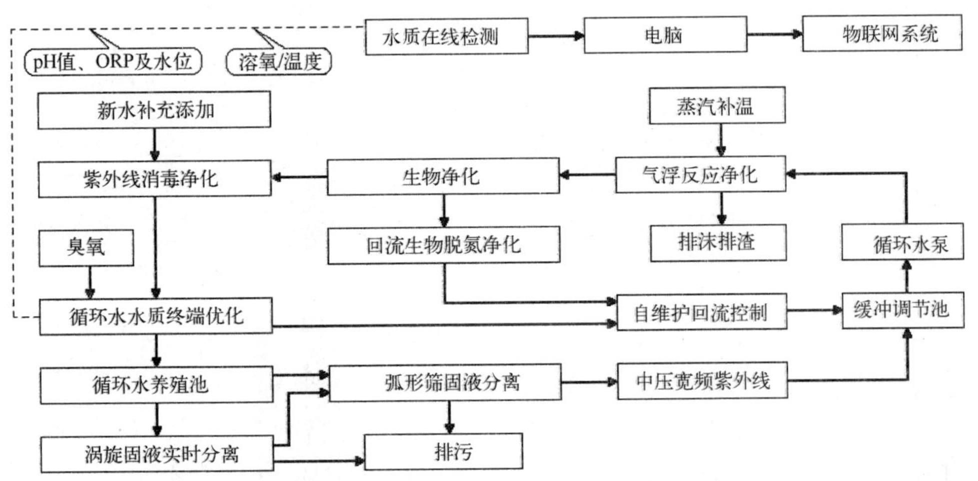

图 8-20 海水鱼封闭式循环水养殖系统工艺流程图

系统建设参数见表 8-7。

表 8-7　以半滑舌鳎等鱼类循环水养殖系统建设参数

指标	参数
养殖池数量	32
养殖池面积	$40m^2$
养殖总面积	$1\ 280m^2$
养殖池水体积	$640m^3$
循环水泵设计最大水流量	$160m^3/h\times8$
生物滤料体积	$696m^3$
养殖区面积	$1\ 800m^2$
水处理区面积	$360m^2$

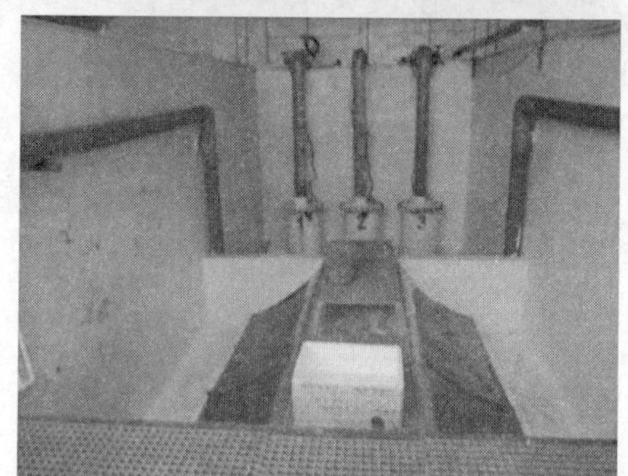

图 8-21　莱州明波海水鱼封闭式循环水养殖系统

（四）大连天正实业有限公司

在大连天正实业有限公司推广应用节能建立工厂化循环水养殖系统 10 套（图 8-22），建筑面积 13 000m^2；系统平均运行能耗 0.021kW/(m^2·h)，半滑舌鳎和红鳍东方鲀养殖密度 40kg/m^3；循环水养鱼主要水质指标：DO≥10mg/L，NH_4-N≤0.15mg/L，NO_2-N<0.02mg/L，COD< 2mg/L，日新水补充量≤系统水量的 5%。

图 8-22　海水鱼类工厂化循环水养殖系统

（五）天津海升水产养殖有限公司

天津海升水产养殖有限公司工厂化循环水系统固体颗粒物分离设备为无动力弧形筛，气浮设备为大气量潜水式多向射流气浮泵，生物净化设备为以立体弹性填料为附着基、加装漏斗状排污槽的固定床生物滤池，并对生物滤池流态、与养殖水体的配比进行了优化；养殖水进入生物净化池前采用“臭氧+气浮”处理，养殖水从生物净化池流入养殖池之前再经过紫外线消毒处理，杀菌效率 99.9%，并且具有去色、除味功能；脱气设备为微孔曝气池，增氧设备为以液态氧为氧源的气水对流增氧池，控温主要依赖车间保温和补充新水，整个系统采用一级提水后梯级自流完成内循环；研发了多功能回水装置。系统设计合理、功能齐全，系统造价 168 元/m^2，运行能耗 15W/m^2，养殖期间养殖水的氨氮浓度 0.2~0.4mg/L，亚硝酸盐浓度 0.01~0.02mg/L，系统运行情况良好。

半滑舌鳎养殖水温 21℃，养殖密度 23.4kg/m^2，日补充新水 5%，全程采用“七好”牌半滑舌鳎专用颗粒饲料，早晚各投喂1次，日饲喂量由苗期的30g/kg逐渐调整至成鱼期的11g/kg，通过12个月养殖管理，半滑舌鳎养殖成活率达到93%，饲料利用率0.89。红鳍东方鲀养殖水温21℃，养殖密度42.8kg/m^3，日补充新水12%，全程采用“海旗”牌红鳍东方鲀专用颗粒饲料，早晚各投喂1次，日饲喂量由苗期的60g/kg逐渐调整至成鱼期的17g/kg，通过10个月养殖管理，红鳍东方鲀养殖成活率达到86%，饲料利用率1.07。

公司新建水鱼类循环水养殖车间2栋，共14套循环水养殖系统，车间建设面积9 000m^2，有效养殖面积5 600m^2；车间屋顶采用“双层塑料膜+15cm厚玻璃丝膨胀棉”的保温设计，养殖水日温差小于0.5℃，以地下深层热水和地表低温海水为调控养殖水温的冷热源，清洁高效（图8-23）。

图8-23　工厂化循环水育苗

（六）天津立达海水资源开发有限公司

课题组在天津立达海水资源开发有限公司集成开发沉淀池+沙滤坝+无阀过滤、沙滤坝+暗沉淀、电化学分离+无阀过滤、蛋白质分离器+臭氧、砂滤池+蛋白质分离器+臭氧、自然海水+地表海水+地下热水调节养殖用水温度等多种养殖用水预处理技术（图8-24）。根据天津地区养殖用水特点，构建了室外土池沉淀、砂滤坝、无阀过滤、蛋白质泡沫分离+臭氧、自然海水+地表海水+地下热水调节养殖用水温度、再经过紫外线消毒杀菌后进入养殖车间的养殖用水预处理工艺。对循环水养殖用水中的固体颗粒物、有机物、重金属、氨氮、亚硝酸盐、硫化氢等有毒、有害物质，病原菌、病毒、寄生虫等致病生物的去除技术进行了研究，养殖期水质指标：DO >5.6mg/L，TAN<0.2mg/L，NO_2-N<0.1mg/L，SS<3mg/L，COD<2mg/L，推广

示范 15 600m^2，并在天津市海发珍品实业开发有限公司推广示范 35 000m^2。

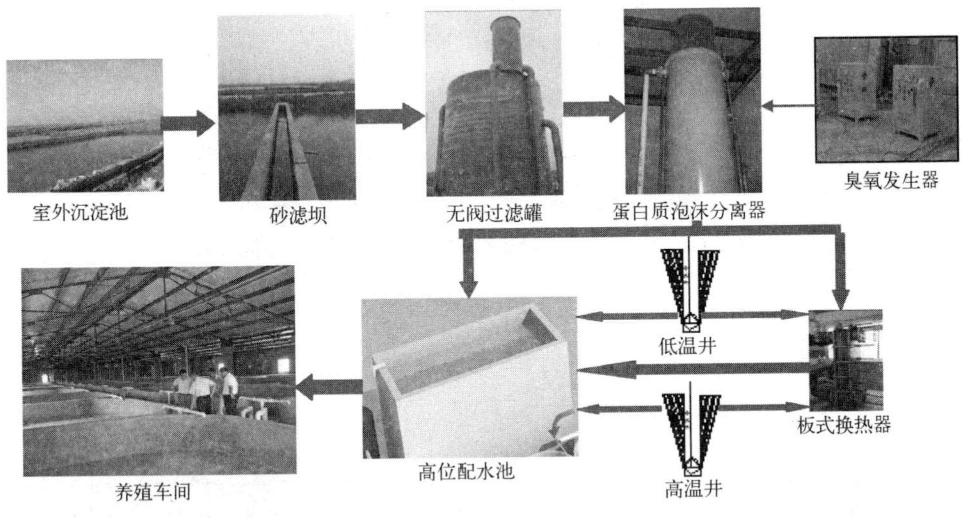

图 8-24　天津立达海水资源开发有限公司养殖用水预处理工艺

（七）秦皇岛粮丰海洋生态科技开发股份有限公司

秦皇岛粮丰海洋生态科技股份有限公司在课题组大力协作下，建设高标准循环水养殖车间 30 000m^2，车间建设、水处理系统设计与外源水预处理系统设计大量采用了课题的最新研究成果，不仅系统造价低、运行能耗低，而且在养殖密度、养殖鱼的生长速度、系统管理与操作等方面优势明显。目前，公司养殖半滑舌鳎 140 万尾，红鳍东方鲀 7 万尾，半滑舌鳎养殖 5 个半月的平均体重 133g，最大体重达到 178g，平均养殖密度达到 92 尾/m^2；红鳍东方鲀养殖 7 个半月的平均体重 337g，最大体重达到 509g，平均养殖密度达到 79 尾/m^3；与传统流水养殖比分别提高 30%与 100%，生长速度优势与养殖密度优势明显。

（八）江苏中洋集团

课题组对江苏中洋集团固体颗粒物分离、生物净化、杀菌消毒、脱气增氧和进排水管路等关键水处理设备及水处理工艺进行了节能与功能优化，提高了水处理精度，系统运行平稳。养殖期水质指标：DO>6.5mg/L，TAN<0.5mg/L，NO_2-N<0.1mg/L，SS<10mg/L，COD<10mg/L。开展了不同规格暗纹东方鲀循环水养殖温度、溶氧、密度、营养与饲喂方法及主要病虫害防控试验，养殖密度是原有大棚养殖的 3~4 倍。新

图 8-25　海水工厂化循环水处理系统

建暗纹东方鲀循环水养殖车间 2 940m^2；养殖车间采用保温设计、以水源空调作为控温手段，节能效果显著（图 8-25 和图 8-26）。

图 8-26　养殖车间与养殖状况

（九）山东潍坊龙威实业有限公司

公司新建海水鱼类循环水养殖车间 1 栋，共 6 套循环水养殖系统，车间建设面积 4 000m^2，其中养殖面积 2 900m^2，水处理系统面积 480m^2，车间屋顶采用“双层塑料膜+15cm 厚玻璃丝膨胀棉”的保温设计；采用水源热泵+板式换热器以地下深层热水和地表低温海水为调控养殖水温的冷热源，全年养殖温度控制在（18±0. 5）℃。系统造价 168 元/m^2，运行平均能耗 15W/m^2，养殖期间养殖水的氨氮浓度 0. 1～0. 3mg/L，亚硝酸盐浓度 0. 01～0. 02mg/L，系统运行情况良好。

通过 8 个月养殖，大菱鲆平均体重 370g（起始体重 2～3g），养殖成活率达到 89. 2%，养殖密度 27. 7kg/m^2；日补充新水 8%，全程采用“七好”牌大菱鲆专用颗粒饲料，早晚各投喂 1 次，日饲喂量由苗期的 130g/kg 逐渐调整至成鱼期的 20g/kg，饲料利用率 0. 98。

第九章
国内外工厂化循环水养殖系统

第一节　国内循环水养殖系统

一、鲆鲽类半封闭循环水养殖系统

养殖池设计有 2 个出水口：上溢水通过循环，经水处理后回到养殖池；底部出水口设置在鱼池中央，供排水、排污用。通过及时补充新水进行调节，使总悬浮颗粒物、含氮污染物、pH 值等水质指标控制在合理范围内。物理过滤分为前后 3 个环节以强化处理效果。转鼓式微滤机负责前道粗过滤，用以去除 200 目以上的大型颗粒物；机械气浮机采用气浮原理可有效去除大部分 30μm 以上的悬浮颗粒物；最后，利用臭氧的强氧化作用将微小颗粒物分解去除。系统增氧环节使用的是国内自主研发的 DP130-F 型多腔喷淋式纯氧混合装置，可同时通入纯氧和臭氧。装置出水自流回入养殖池，完成循环。系统设计最高养殖密度 20kg/m^2，有效养殖水面 630m^2，最高养殖负荷 1.9t（图 9-1）。

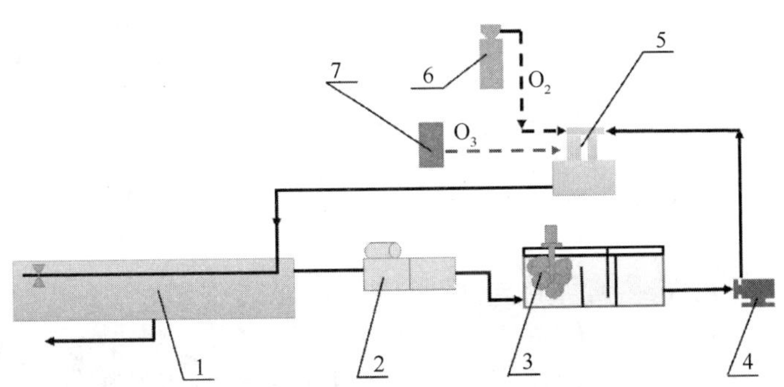

图 9-1　鲆鲽类半封闭循环水养殖系统

1. 养殖池；2. 转鼓式微滤机；3. 机械气浮机；4. 循环泵；

5. 多腔喷淋式纯氧混合装置；6. 液氧罐；7. 臭氧发生器

二、莱州明波半滑舌鳎循环水养殖系统

该系统包括28个圆形培养池、弧形筛、水池、6个泵、泡沫分馏塔、生物滤池、臭氧接触室、除气单元（滴滤器）、紫外线和溶解氧接触装置（图9-2）。每个养殖池水体约40m^3，一个外立管连接到池底部用于控制水位。水由位于养殖池上部的两个相互对称的喷口注入池内。整个系统流量为21.3m^3/min养殖池水量每天约循环20次（每72min 1次）。所有水由养殖池底部的排水沟排入弧形筛，筛孔尺寸为0.25mm，过滤筛每周用高压水冲洗一次。过滤后的水泵入泡沫分馏塔。空气是由文丘里管件输送的。泡沫分馏塔的水力停留时间约为1min。臭氧是以纯氧为原料气体产生的，并通过文丘里管注入泡沫分馏塔。循环系统采用了三个不同生物介质的浸没式生物滤池，三种介质分别为弹性聚酰胺和聚烯烃的媒体（100m^2/m^3），bio-blok© 元素（200 m^2/m^3），与聚丙烯多孔介质（380m^2/m^3），水力加载速率约为2 340L/m^2min。所有循环水增压通过脱气装置，液压负荷480m/min。紫外灯室用于杀菌，有20个53W的紫外灯组成，可提供150mWs/cm^2的剂量。最后，水流向增氧装置，系统溶解氧输入速率约为7.36kg/h。

系统总共养殖33 073条半滑舌鳎。初始平均体重为（305±57）g/鱼，放养密度为10.8kg/m^3。经过8个月的养殖，平均体重（1 246±166）g，成活率超过97%，环比增长率为1.2%体重/d，食物转化率1∶1。

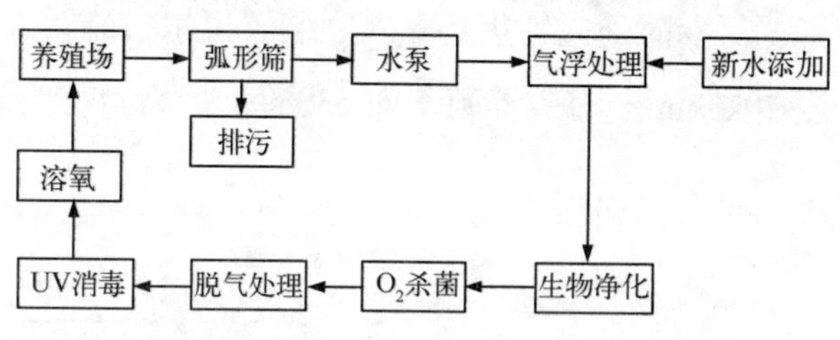

图9-2　莱州明波半滑舌鳎循环水养系统

三、青岛通用大菱鲆循环水养殖系统

该系统核心工艺源自美国西弗吉尼亚淡水研究所的冷水性鲑鳟类（淡水）循环水养殖系统，通过企业自身的海水化技术改进，在物理过滤中增加了泡沫分离和臭氧杀菌工艺，形成了一套适合大菱鲆成鱼和苗种生产的先进技术系统（图9-3）。该系统最大特点是工艺环节完整，装备化程度高。先进的流化沙床、二氧化碳脱气器、低压溶氧装置等三个工艺均是代表了国际先进水平，高密度（50kg/m^2）养殖时的水处理和

养殖效果也反映出系统的完整性和先进性。成鱼系统设计养殖密度为 50kg/m²，水体循环率为 20~24 次/d，育苗系统循环率为 12~16 次/d。

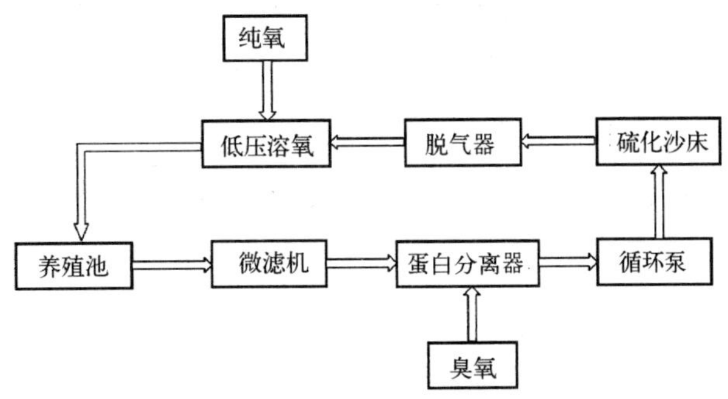

图 9-3　青岛通用大菱鲆循环水养殖系统

四、光唇鱼封闭循环水养殖系统

该系统位于上海的水产养殖工程研究中心，由一个网格尺寸 100 μm 的转鼓式过滤器，两个生物过滤器和 6 个 2m³的养殖池（图 9-4）。系统每天循环 12 次，日换水率为 5%。系统初始养殖密度 400 条/m³，光唇鱼初始体重 28~42g，收获体重 30 ~51g。每日喂食率为 1%。

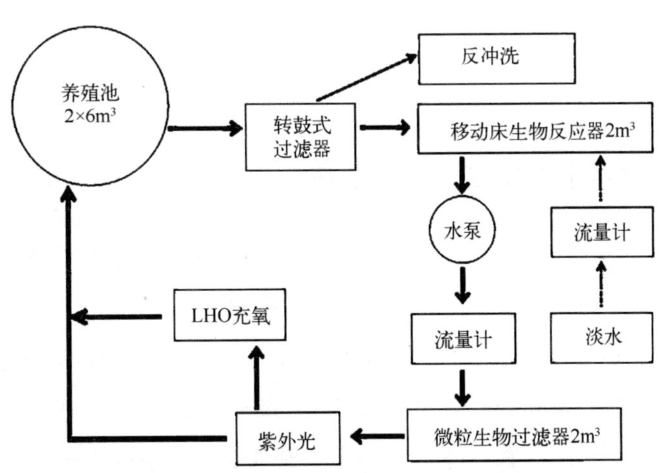

图 9-4　光唇鱼封闭循环水养殖系统

五、罗非鱼循环水养殖系统

鱼池内设有调节水温的加热器，底部安装颗粒收集装置；进出水口均铺设滤棉以去除固体颗粒物，调节池内设有曝气增氧装置，生物过滤柱采用珊瑚石为滤料。鱼池采用双排水的方式，中上层的清水通过管路直接流到调节池中。鱼粪、残饵通过旋转水流聚集到鱼池底部中央，在水流带动下，经颗粒收集器后流入漩涡分离器，经过沉淀分离，底部的鱼粪、残饵可以从漩涡分离器底部的排水阀收集，上层清水从设在漩涡分离器上部的出水口流出经过滤棉过滤后流入生物过滤柱，之后进入调节池，再由水泵抽回鱼池，回水沿池壁切向进入，从而实现水的循环利用。起始养殖密度 8kg/m^3，投饲率 2%，系统循环量 1m^3/h，总水量 0. 8m^3（图 9-5）。

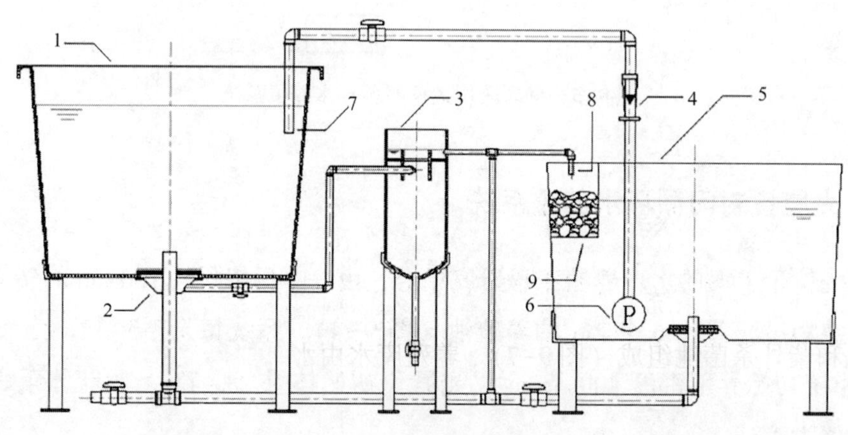

图 9-5　罗非鱼循环水养殖系统

1. 鱼池；2. 颗粒收集器；3. 漩涡分离器；4. 流量计；5. 调节池；
6. 水泵；7. 进水口；8. 出水口；9. 生物过滤柱

六、罗非鱼循环水生物技术养殖系统

该系统为实验室规模的循环水养殖系统（图 9-6）。罗非鱼平均初始体重（65. 5±0. 5）g，养殖密度为 4kg/m^3。每天喂食两次，约为生物总量的 2%～5%。在最佳 C/N 比为 15 的条件下，在养殖水中加入有机碳（红糖）。育苗槽高 630mm，底径 420mm，顶径 500mm，平均水深 550mm。所有鱼池的底部中心都有一个直径 25mm 的排水管，而直径 20mm 的入口位于每个水箱的壁面上，在水面下 10mm。每个鱼池中，有一个环形空气扩散器和一个 2-HP 曝气器（鼓风机），以提供空气和保持固体悬浮。循环泵为系统的循环提供了动力，通过阀门调节进水流速。入水口速度可以改变鱼池中水的的流动方式，影响了生物颗粒的分布。在一定的进水速度和气泡尺寸下，可以使养殖池中的悬浮颗粒物均匀分布。由于均相分布，水动力垂直分离器能够有效、准确地排放悬浮颗粒，使养殖池的总悬浮颗粒物将下降到预期水平。

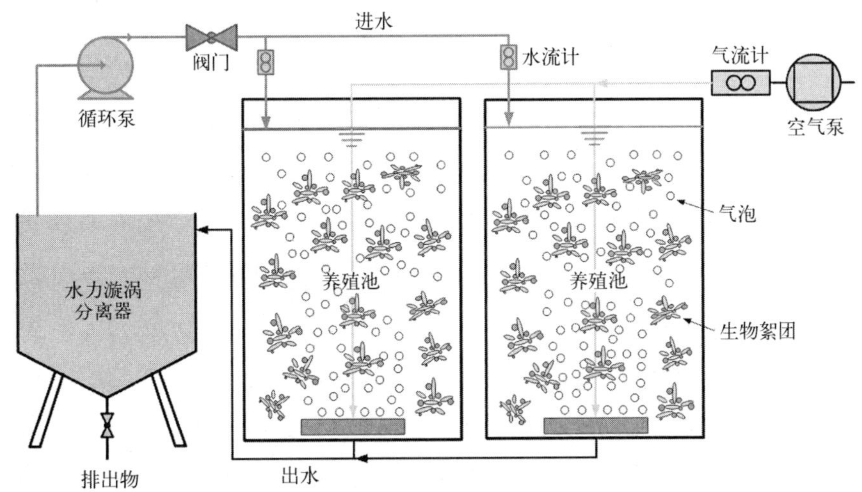

图 9-6　罗非鱼循环水生物技术养殖系统

七、中华鲟循环水养殖系统

该套循环水养殖系统主要由养殖池、蓄水沉淀池、一级过滤池、二级过滤池、曝气增氧池和紫外杀菌池组成（图 9-7）。养殖废水由水泵抽入蓄水沉淀池，经过初级沉淀后进入一级过滤池，一级过滤池的作用主要是沉淀、过滤大颗粒有机物，过滤装置为 3 个由砾石组成的过滤墙，每个过滤墙间距为 5m。养殖水经一级过滤池的沉淀和过滤后，进入二级过滤池，即生物滤池，再进入紫外杀菌池、曝气增氧池，最后经过多重处理的养殖水流回养殖池实现循环利用。该系统养殖水总体积为 1 200m^3，设计废水处理能力约为 300m^3/h，循环次数为 6 次/d，每补充总水体量的 5%～10%。

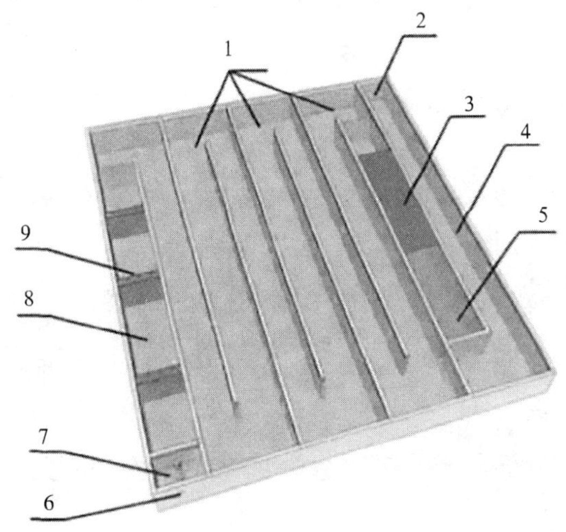

图 9-7　中华鲟循环水养殖系统

1. 生物滤池；2. 出水管；3. 紫外杀菌系统；4. 曝气增氧池；5. 紫外杀菌池；6. 进水管；7. 蓄水沉淀池；8. 一级过滤池；9. 过滤墙

八、鳜鲮循环水养殖系统

鳜鲮循环水养殖（图 9-8）是将鳜鱼池塘与鲮鱼池塘通过一定的方式连通，定期进行水体交换，结合使用微生态制剂调水，加快水体物质循环和能量流动，促进池塘排泄废物的高效转化与有效利用，进而实现鳜鱼和鲮鱼高产高效的养殖模式。鳜鱼主要以鲮鱼为食，排放出粪便与含氮废物。氨氮可以直接被藻类吸收，也可以被细菌转化，最终转化为有机氮或者氮气。而粪便则在微生物作用下被分解为无机物或形成微生物絮团被鲮鱼摄食。适时、适量补充有益菌菌种和营养元素可以加快生物转化进程。通过水体交换可以将鳜鱼池塘中过高的有机废物转移到鲮鱼池塘，经过分解与转化，产生的藻类或微生物絮团被鲮鱼摄食，得到净化的水流再回到鳜鱼池塘中。同时水体流动还能提高水体的溶氧量、增加池塘生物活性。鳜鲮循环水养殖可以有效解决鳜鱼池塘高污染问题，提高水体净化能力，同时有机废物被鲮鱼利用，变废为宝，实现养殖生态的高效转化。

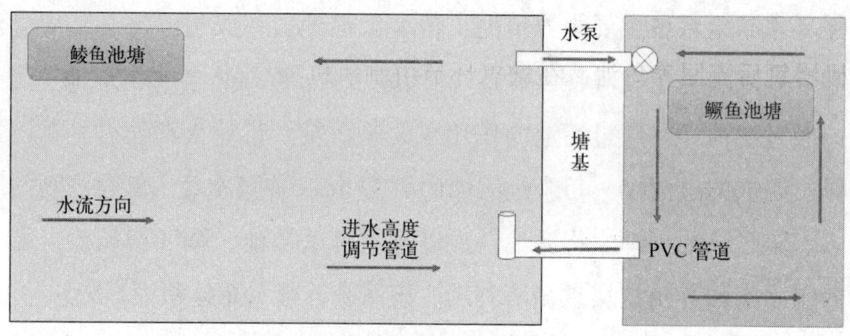

图 9-8　鳜鲮循环水养殖系统

九、凡纳滨对虾封闭循环水养殖系统

该封闭循环水水处理系统（图 9-9）选择的工艺流程设计合理，各项水质指标均可控制在要求范围内，水温的平均值为（28.4± 1.3）℃、pH 值为 7.90±0.14、溶氧为（7.27 ± 1.36）mg/L、铵态氮为（0.356 ± 0.180）mg/L、COD 为（6.57 ± 0.39）mg/L，水质稳定。该系统耗水少，产量高，在 86d 的养殖时间内，对虾体重从 0.3g 增加到（10.4 ± 2.0）g，平均产量达到 5.85kg/m^3，是池塘养殖产量的 6~11 倍。封闭循环水养殖系统的饵料系数和成活率分别达 1.76% 和 67%，这些指标与高产养殖池塘接近。

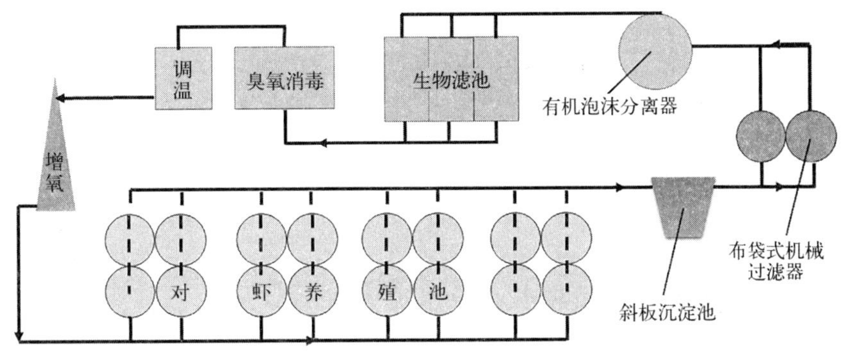

图 9-9　凡纳滨对虾封闭循环水养殖系统

十、多层抽屉式循环水幼鲍养殖系统

养鲍箱排出的养殖污水首先进入沉淀池，然后由循环泵将沉淀池内上部较清的海水泵入高位微滤机进行过滤，过滤后的海水由高向低先后流进泡沫分离器进行泡沫排污，生物滤器氧化，管壳式紫外线消毒机杀菌消毒，海水热泵调节水温，最后经氧/水混合溶解机增氧后流回养鱼池，在增氧环节由制氧机为氧/水混合溶解机提供纯氧。系统适宜的幼鲍养殖密度为 150 个/屉（70cm×40cm×10cm/屉），换算成单位水体养殖密度为 7 500 个/m^3，为流水式养鲍密度的 6~9 倍。试验过程中水温、溶解氧、pH 值、盐度、NH_{4+}-N 和 NO_2^--N 指标均达到幼鲍生长条件，NH_{4+}-N 和 NO_{2-}-N 体积质量基本稳定在 0.023~0.065mg/L 和 0.014~0.041mg/L 范围内。试验期间总耗电量为 688.88kW·h，其中海水加热占总耗电量 19.62%，相当于每天 1.287kW·h 耗电量，大约是流水式养殖加热耗能的 1/7。该研究表明，多层抽屉式循环水养鲍系统是一种安全、高效、节能减排的养殖模式（图 9-10）。

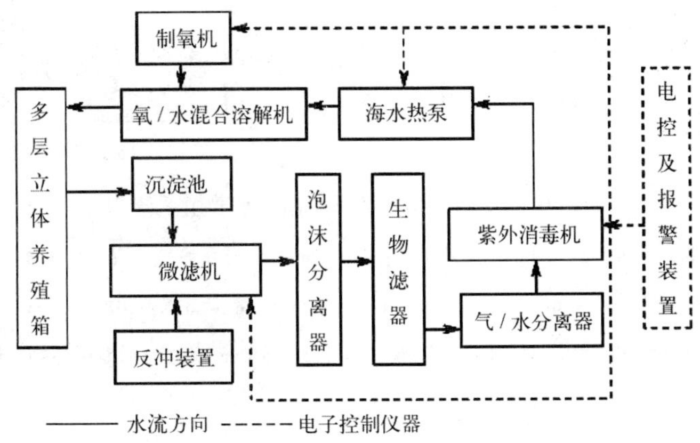

图 9-10　多层抽屉式循环水幼鲍养殖系统

第二节　国外循环水养殖系统

一、美国

（一）金头鲷陆基海洋循环水养殖系统

该系统（图9-11）为典型的海水封闭循环水养殖系统，设计了相应的反硝化系统，每天的补水量小于1%。经130d，金头鲷从61g长到412g，成活率99%。利用移动床反应器作为硝化反应器的水处理设备，移动床对氨氮降解速率达300g/m³/d。移动床反应器分离出来的有机颗粒物则转化为沼气或者二氧化碳。整个系统中的氨氮、亚硝酸盐氮和硝酸盐氮的含量始终分别保持低于0.8mg/L、0.2mg/L和150mg/L。该封闭循环水养殖系统养殖的金头鲷平均体重从61g经过131d长到412g，成活率达99%，收获量为1.7t。该系统的特点是进行好氧硝化作用的同时，再进入反硝化反应器产生沼气。该系统金头鲷养殖可达50kg/m³。

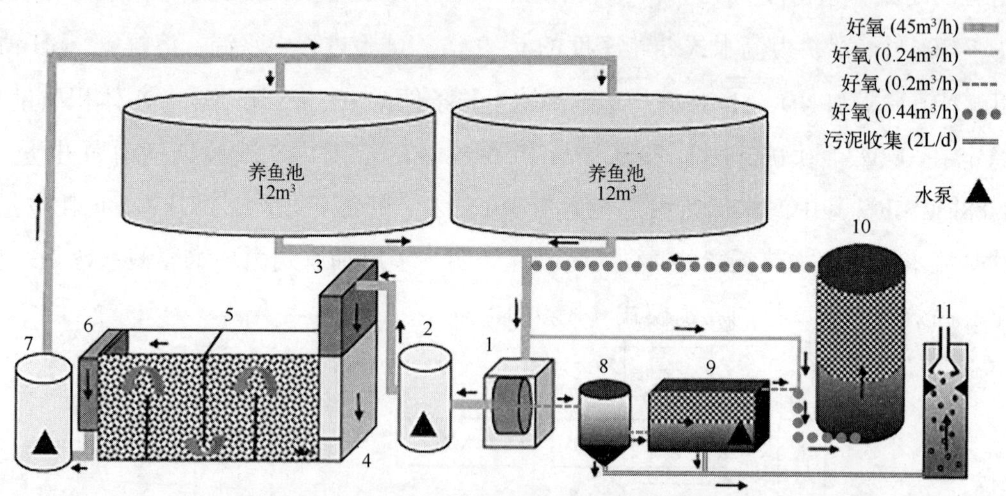

图9-11　金头鲷陆基海洋循环水养殖系统

1. 0.3m³转鼓式微滤机；2. 0.4m³水泵蓄水池；3. 0.9m³二氧化碳脱气装置；4. 1.5m³蛋白分离器；5. 8m³移动床硝化反应器；6. 1m³ LHO增氧装置；7. 0.6m³水泵蓄水池；8. 0.15m³污泥收集箱；9. 0.5m³污泥硝化箱；10. 3m³固定床生物反应器；11. 0.02m³带气体收集的生物气体反应器

（二）商业循环水养殖系统

该系统（图 9-12）有 5 个养殖池，每个 39.2m^3，系统总容量 249.9m^3。5 个培养池的容积占系统总容积的 78.5%，管道和处理部件的体积为 21.5%。从侧壁排水管流经转滚筒过滤器，直接进入污水池，两个 7.5 马力（1 马力=0.735kW）的电动离心泵将水输送到流化砂床生物滤池底部。水在重力作用下从生物滤池顶部流过一个增压通风的级联曝气塔，一个多级低压增氧装置，然后流入一个高位水池再流回养殖池。从养殖池流出的水通过三立管（TSP）捕获，滚筒过滤器过滤（60μm）的悬浮固体。三立管最短的立管从养殖池的中心排水处接收水流。在最短立管下 26L 的静止区化粪池，收集一些较重的颗粒物。中间高度的立管控制了养殖池内的水位及其溢流，将养殖池出水引入至 60μm 滚筒过滤器。最高的立管每天手动拉开 10s，5s 即可从 TSP 中排水 340L。在接下来的 5s 里，流出 TSP 的是来自养殖池的水流。拔出最高的立管水流产生的冲击力会清除掉静置沉积较重的固体，以及从培养槽中心到 TSP 的水平管道中累积的固体。每个池的水力停留时间为 50min，侧壁排水管占 78.7%的流量，而中心排水占 21.3%。补充水约占总体积的 1.6%。

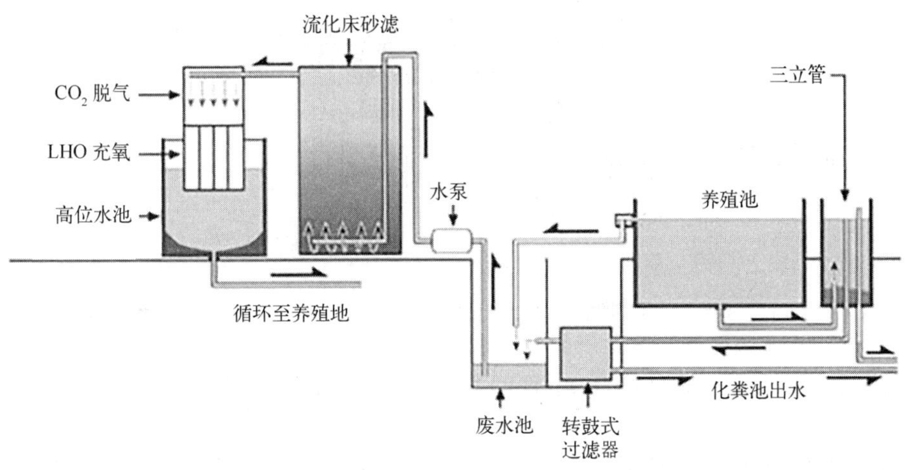

图 9-12　商业循环水养殖系统

（三）西弗吉尼亚 11 300L/min 的北极红点鲑循环水养殖系统

该系统（图 9-13）包含 4 个直径为 6.1m 的水池和一个直径为 9.1m 的水池，总养殖水体为 300m^3。系统使用两个水泵，水循环速度 11 300L/min，池内的水每小时可循环 2 次以上。大约 60%的循环水是通过流化床生物过滤器，而剩下的 40%水则直接通过水泵进入曝气塔的顶部。该系统没有安装紫外线杀菌系统和旋流分离器，每个养殖池底部中心排水口排出的水不返回循环系统。水中的氨、溶解的二氧化碳和溶解氧浓度均控制在安全范围内。在充氧过程中加入臭氧以保持较低水平的悬浮固体和亚硝酸盐氮浓度（<0. 1mg/L）。系统使用 400～2 400L/min 的速度补水，相当于总循环流量的 1%～7%。该系统每年可生产 200t 规格 1. 3kg 的北极红点鲑。

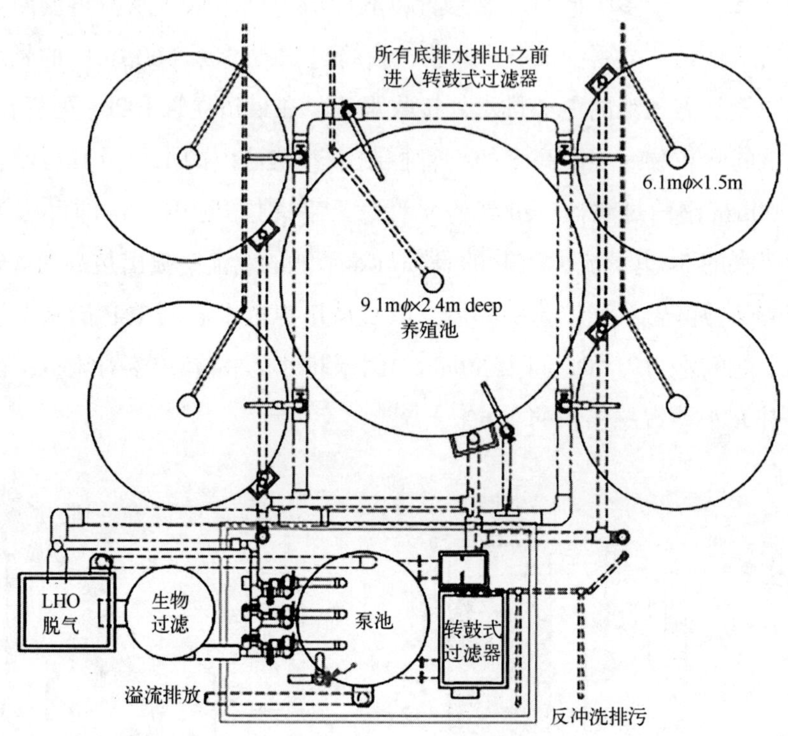

图 9-13　弗吉尼亚 11 300L/min 的循环水养殖系统

（四）美国 CFFI 北极红点鲑封闭循环水养殖系统

美国自然保护基金会淡水研究所（CFFI）的北极红点鲑淡水封闭养殖系统（图 9-14）总养殖水体约 150m³，循环速率 2 次/h。养殖水体的 7%通过底排水进入旋流分离器，上层水进入微滤机，底部污物排放进入污物浓缩池。通过采用选择性捕捞管理方式，该系统养殖密度保持在 100～150kg/cm³。生物过滤采用流化床，通过二氧化碳脱气装置和低压溶氧器的组合化配置实现脱气和增氧。

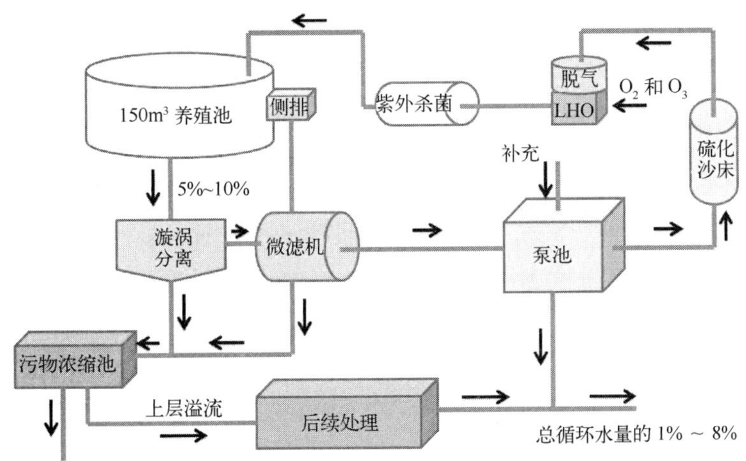

图 9-14　美国 CFFI 北极红点鲑封闭循环水养殖系统

（五）大西洋鲑循环水养殖系统

该系统（图 9-15）总水量为 56.2m^3，包括 10 个 3.3m^3的养殖池，一个带式过滤器，三个离心泵，移动床生物反应器，一个增压通风的叶栅式曝气塔用于从水中分离二氧化碳。三个离心泵，从曝气底部的水池中以 0.75m^3/min 的流量将水泵入 12~13m 的塔顶。一个流式气泡接触器用于给每个养殖池增氧。每个移动生物反应器包含三个 7.0m^3的空间，每个空间包含 3.5m^3的介质，其比表面积为 900m^2/m^3。

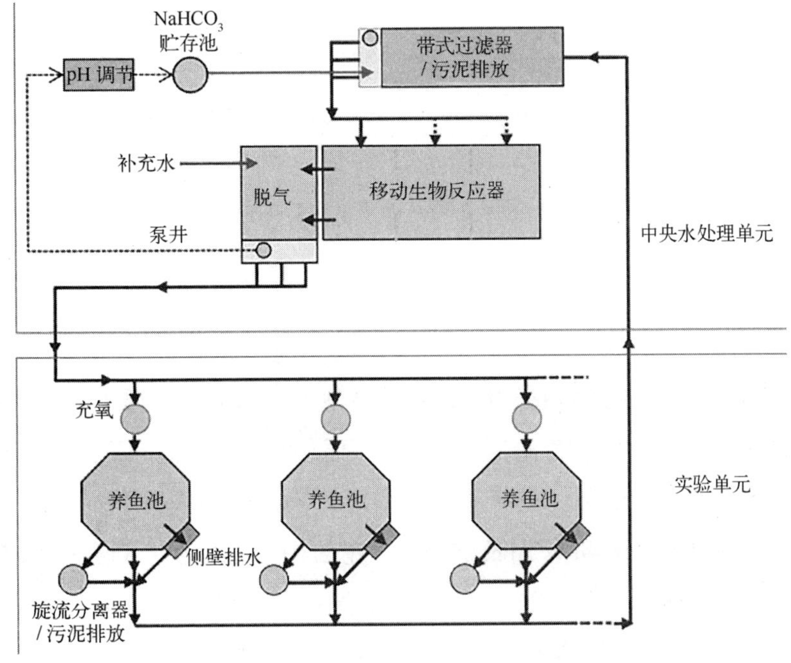

图 9-15　大西洋鲑循环水养殖系统

（六）虹鳟鱼循环水养殖系统

该系统（图9-16）由双排水5.3m^3养殖池，筛孔60 μm转鼓式过滤器，流化砂床滤池，地热交换器，二氧化碳汽提塔和低压增氧装置LHO组成，循环速率380L/min。养殖池里的水每15min循环一次。以1L/min的流速向泵池中注入补充水，相当于总循环流量的0.26%，平均系统水力停留时间约为6.7d。饲料平均进料率均保持3.30kg/m^3水体，最大进料负荷率达到5.14kg/m^3。碳酸氢钠（$NaHCO_3$）添加到系统保持碱度约200mg/L。虹鳟鱼初始平均体重（214±3）g，初始养殖密度为57kg/m^3，最大养殖密度100kg/m^3。

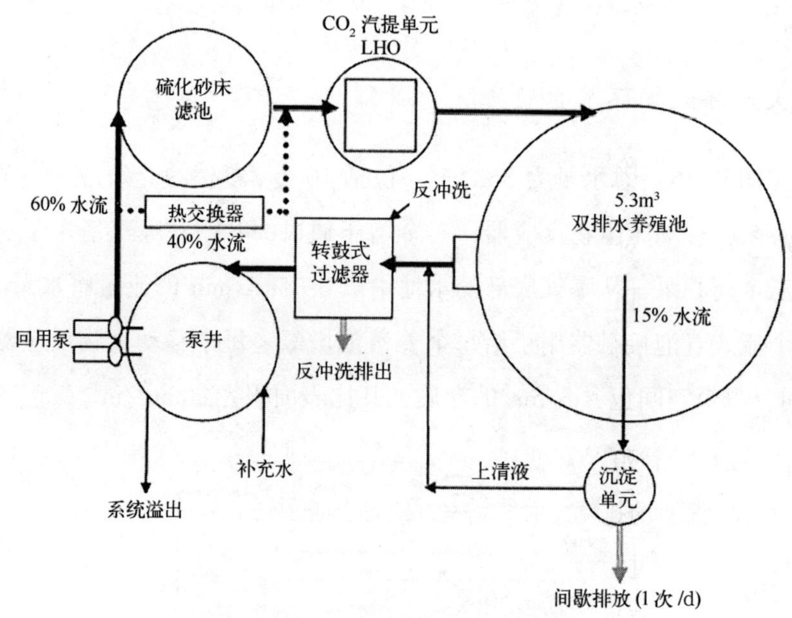

图9-16　虹鳟鱼循环水养殖系统

（七）德州跑道式养虾系统

该系统（图9-17）主要包括：跑道式养殖池、充氧装置、固体悬浮物去除设备（滚筒微滤机和蛋白分离器）。养殖用水通过滚筒微滤机、蛋白分离器、生物过滤器及臭氧反应装置处理后循环使用，在养殖池中利用射流器将纯氧溶解到水中，并形成一定方向的水流。Reid和Arnold使用长13.0m、宽2.53m、高为0.85m的跑道式对虾养殖池进行南美白对虾养殖，在放养密度为2 132尾/m^3的情况下，养殖146d，单位面积产量为11.4kg/m^3，收获时虾体平均体重14g，存活率为48%。

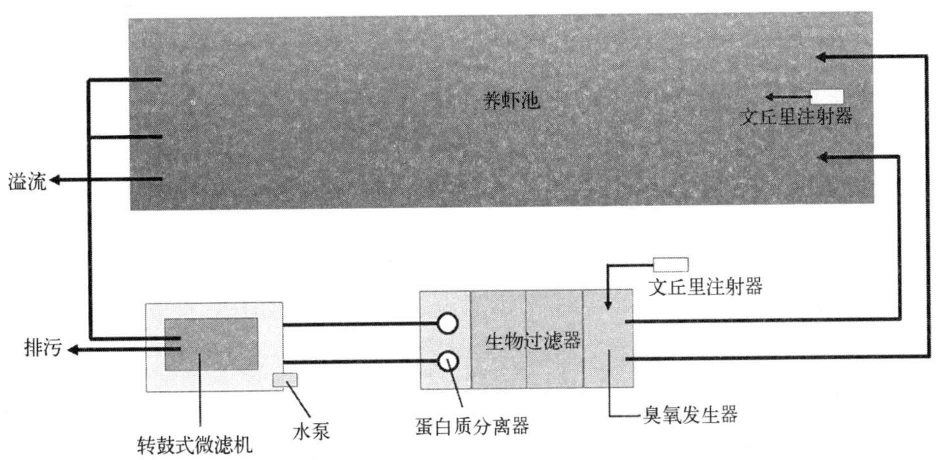

图 9-17　美国德州跑道式养虾系统

（八）佛罗里达三阶段对虾养殖系统

系统（图 9-18）将对虾养殖过程分为幼期、中期、成虾期 3 个独立的养殖阶段。每个阶段是在系统中不同的养殖池完成。幼虾最初放在一个小的养殖池内，面积占系统总面积的 10%~13%。养殖 50~60d 后，长大的虾被转移到第 2 个养殖池，池面积占总面积的 27%~30%，50~60d 后，虾最终被转移到最大的养殖池，池面积占总面积的 60%。再经过 50~60d 养殖，虾就可以达到上市规格。养殖池采用环道式，利用循环回水的推流，促进虾池的排污，使虾池中的残饵和粪便能及时排出系统。循环水处理主要采用砂滤器和生物过滤器，并且在养殖池中保持一定的微藻浓度。该系统采用连续批量生产，在整个养殖过程中系统的总生物量保持相对稳定，有利于充分发挥水处理系统的功效，降低能耗。

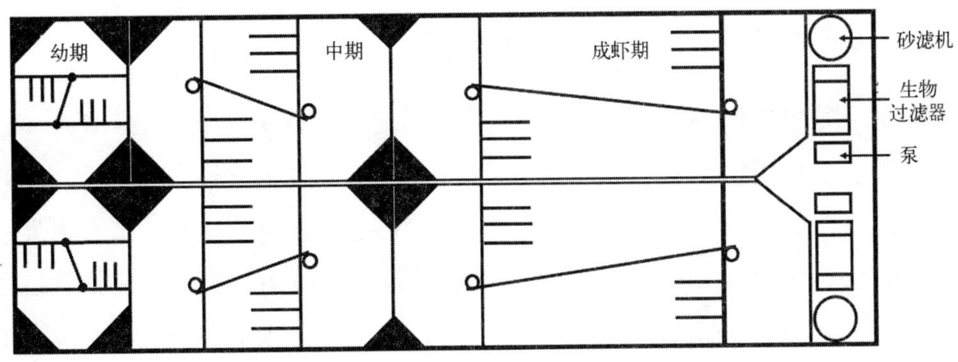

图 9-18　美国佛罗里达三阶段对虾养殖系统

（九）夏威夷基于微藻的循环水对虾养殖系统

虾、微藻和贝共生在连续运行的水循环养殖系统中（图 9-19）。利用微藻吸收虾池中溶解在水里的总氨氮，而微藻又作为系统中贝的饵料，以保持系统生物总量的平衡。利用高密度微藻水养殖对虾可以抑制对虾病毒性疾病的发生和传播。该系统包括 4 个直径 20m 的虾池，4 组 30m×6m 矩形养贝池以及配套的水泵和管路。利用硅藻（硅藻属）的光合作用吸收因虾的排泄和残饵分解产生的氨氮；硅藻还可以通过水循环供给菲律宾蛤。美国夏威夷科纳海湾海洋资源公司正在运行的虾—藻类—贝循环水养殖系统，已经证实，每天仅以 10%的换水率就能实现正常运行。该系统每年每平方米水面能生产 25 对亲虾和 60 万只 6~8mm 的菲律宾蛤中间体。

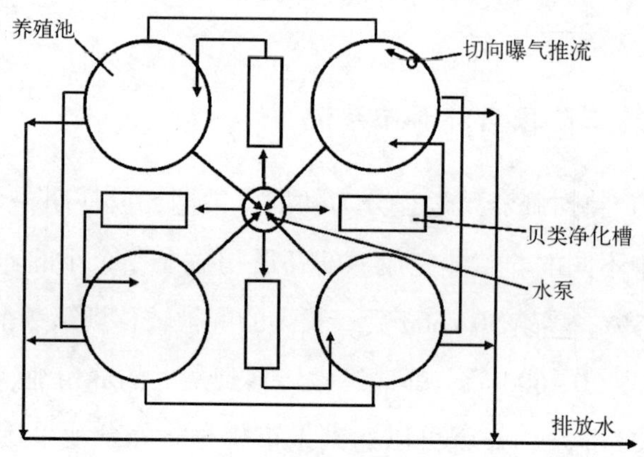

图 9-19　夏威夷基于微藻的循环水对虾养殖系统

二、加拿大

（一）丹尼尔港红点鲑循环水养殖系统

该循环（图 9-20）系统位于纽芬兰丹尼尔港，包括 12 个圆形养殖池（直径 5m，深 2m），总可用饲养量约 424m^3。每个培养槽都配备了三根中央立管。中间的立管（倒置）将水和固体（粪便、饲料等）从鱼缸底部抽出，送到旋流分离器。第二根管道位于中心附近，从表面抽水，直接输送到水池中的泵房。第三根管道用于将污泥排到外部的沉淀池。一个沉淀池蓄水量为 43. 6~54. 5m^3（约为一个养殖池体积的 1. 5 倍），用作储水池的备用水池，容纳泵房，并有人看管，以便于固体清除。

两个 1 893L/min 的潜水泵将水从泵房抽到两个流化砂床生物滤池中。流化砂床生物滤池直径为 1. 83m，高为 4. 42m，位于水池内，采用多孔板将水流均匀分布在砂床下。水以大约 1. 2cm/s 的表面速度从砂床上升到每个生物滤池的顶部。氨和亚硝酸盐在流化砂床生物滤池中被去除。在离开每个生物滤池的顶部后，水通过一个水槽流入曝气系统。离开每个生物滤池的水首先通过一个级联脱气装置，该装置有 8 个穿孔板（级联柱）和一个 Enka 型曝气器，用于从水中移除溶解的二氧化碳。然后，水通过一个低压增氧装置，增氧后水通过重力流向 12 个培养池。

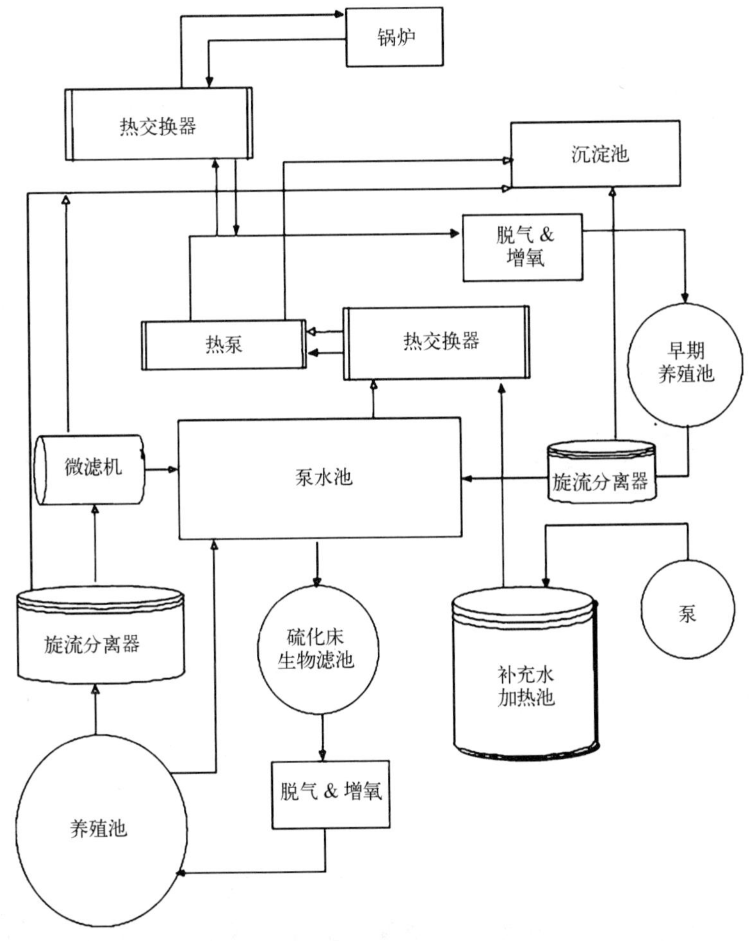

图 9-20　北美红点鲑循环水养殖系统

（二）4 800L/min 的全循环水系统

该循环系统（图 9-21）使用两个 5 马力的水泵，使水循环速度达到 4 800L/min。水通过 5. 6 bar 的压力泵进入直径 2. 7m、高 6. 1m 的流化床生物过滤器。经生物过滤器上部的水流分别进入曝气系统、充氧装置、紫外线杀菌系统，之后流入 150m^{3}的养殖池。养殖池里的水大约每 30min 更新一次。养殖池内大约 93%的水通过“康奈尔式”侧墙排水系统排出，经微孔筛过滤器过滤后流回泵池。大约有 7%的水通过其底部排水管流出养殖池，然后流到旋流分离器。通过旋流分离器处理后的水一部分被排出系统，一部分与经过微孔过滤器的水一同流回系统。一套机械冲淤系统用于快速的冲洗每天产生的沉积物。该系统养殖密度为 100~130kg/m^3。

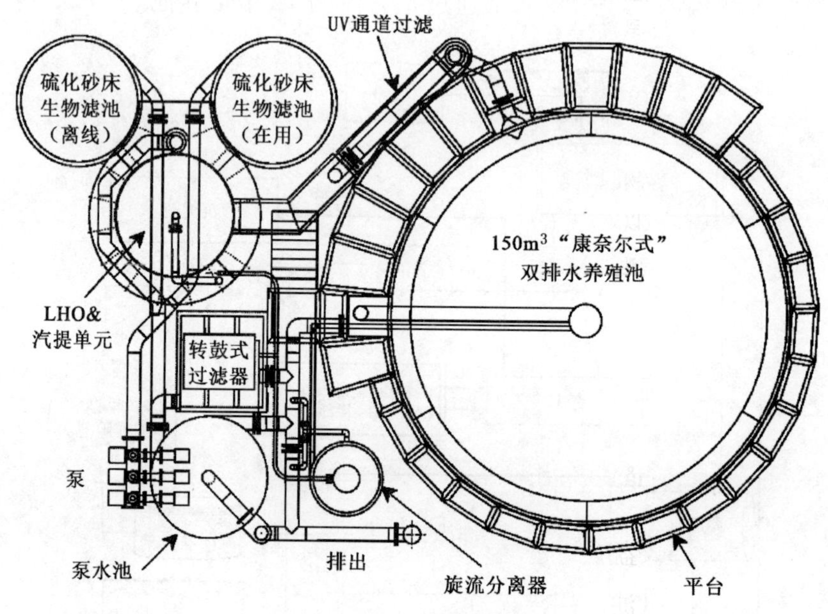

图 9-21　4 800L/min 的全循环水系统

（三）半循环水育苗系统

该系统（图 9-22）由 3 个直径 3.7m、深 1.1m 的圆形“康奈尔式”双排水养殖池组成，系统总流量为 1 200~1 850L/min，每 15~24min 循环一次，由养殖池底部流出的水直接排出系统。从“康奈尔式”侧壁排水系统流出的水通过旋转滚筒过滤器进入泵池。水流通过水泵到达通风曝气塔顶部。由低差充氧后，从曝气柱重力流回到养殖池。该系统没有使用生物滤池，总氨氮累积量控制在 1.7mg/L 以下。

“康奈尔式”双排水池每天清除通过水槽底部排水管产生的 80%的总悬浮固体。离开系统的排放量相当于水池总水量的 12%~15%，排水将大部分颗粒物从系统中排出，并在 1~2min 沉积到收集池。“康奈尔式”培养罐内的固液分离非常有效。在高养殖密度下，通过 3 个收集池底部排水管排出的总悬浮固体浓度大约是通过 3 个培养罐侧壁排出的总悬浮固体浓度的 10 倍，平均为 1.5~2.5mg/L。

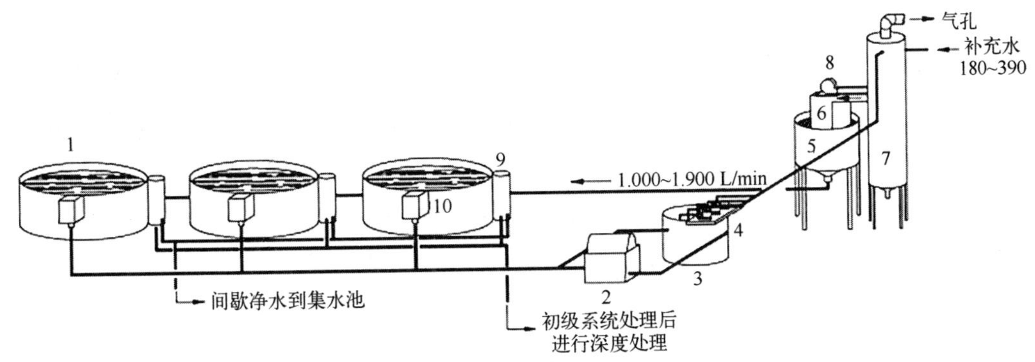

图 9-22　半循环水育苗系统

1. 3.7m×1.1m 养殖池；2. 滚筒微滤机；3. 1.8m×1.2m 泵池；4. 3 台 1.5 马力循环泵；5. 集箱（有锥底以改善清洗）；6. LHO；7. 二氧化碳去除装置；8. 低磁头大容量风扇；9. 三层立管池（直接底部流动和观察废物进料）；10. "康奈尔式" 侧壁排水

三、丹麦

（一）Stensgårdenååleopdræt 欧洲鳗鲡封闭循环水系统

通过自然水流进入盘式过滤器可减轻残饵粪便等颗粒有机物的破碎程度，从而提高去除能力。生物过滤采用浸没式生物滤器去除氨氮，滴滤池在脱气的同时也具有生物过滤的作用。该系统（图 9-23）特点是在浸没式生物滤器后设反硝化支路，反硝化反应器上层清水回流至泵池；采用盘式过滤器过滤颗粒有机物。其中仅 40 %的水体通过锥式溶氧器来增氧，其余 60 %的水体经紫外杀菌器杀灭细菌和病毒后回流到养殖池。

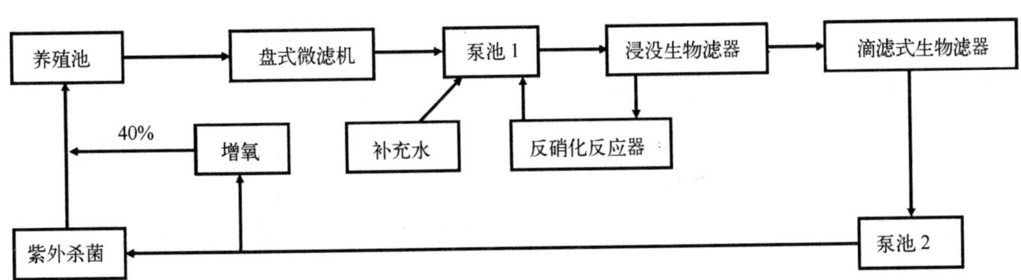

图 9-23　丹麦 Stensgårdenååleopdræt 欧洲鳗鲡封闭循环水系统

（二）Billund 欧洲鳗鲡封闭循环水系统

该系统（图 9-24）已成功运营多年，小规格欧洲鳗鲡养殖密度可达 60kg/m^3，成鳗密度可达 250kg/m^3。生物滤器有滴滤式生物滤器、移动床生物滤器和浸没式生物滤器。生物滤器顶端状排气扇去 CO_2。幼鱼池水体循环速率为 2 次/h，成鱼池为 1~2 次/h。系统 30%的循环水体进行紫外处理。盘式过滤器有自动反冲洗功能，每周人工清洗一次。经小型转鼓式微滤机处理后，污水进入 600m^3的沉淀池，上层溢流水进入土池。土池中的水用于农田灌溉。丹麦环保政策要求淡水养殖中的废物必须用于农业肥料。

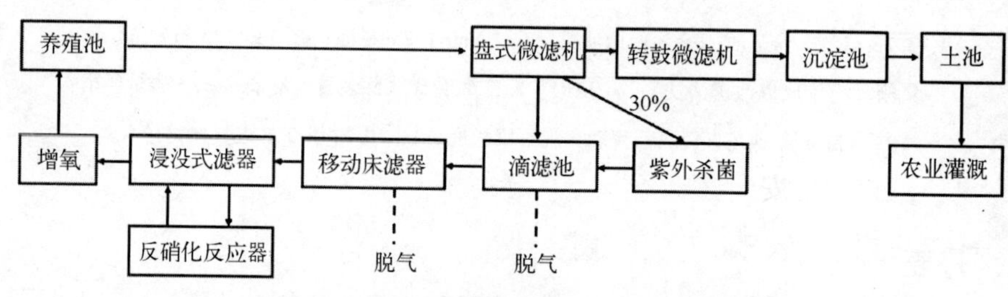

图 9-24　Billund 欧洲鳗鲡封闭循环水系统

（三）虹鳟幼鱼循环水养殖实验系统

该循环（图 9-25）水系统日换水量为 80L，对应于每天 160~640L/kg 饲料投喂率，更新水的累积饲料负荷（CFB）为 1.6~6.3kg/m^3。每天从旋流分离器排出 40L 水，并以 80L 无氯化自来水代替，多出的 40L 通过溢流和蒸发排出。相当于系统总体积的 4.7%。系统水池内使用加热元件，水温保持在 18.0℃左右。氧浓度在 7.2~8.5mg/L，在饲养池内通过曝气和（或）添加扩散器维持氧浓度。pH 值保持在 7.2~7.4，每日加入碳酸氢钠（约 20%w/w 的投料），以补偿生物滤池硝化过程中碱度的损失。

（四）中试规模的虹鳟循环水养殖系统

该系统（图 9-26）为 1 700L 中试规模的循环水产养殖系统，包含一个底部装有旋流分离器的 500L 鱼池、一个 290L 的蓄水池、一个 760L 生物滤池和一个 0.17m^3的滴滤器。每天有 73m^3的水由蓄水池泵入生物滤池，其中 44m^3的水由滴滤器流到鱼池，29m^3的水由滴滤器流回蓄水池。鱼缸最初有 25kg 虹鳟鱼，投饵率为 300g/d。水温保

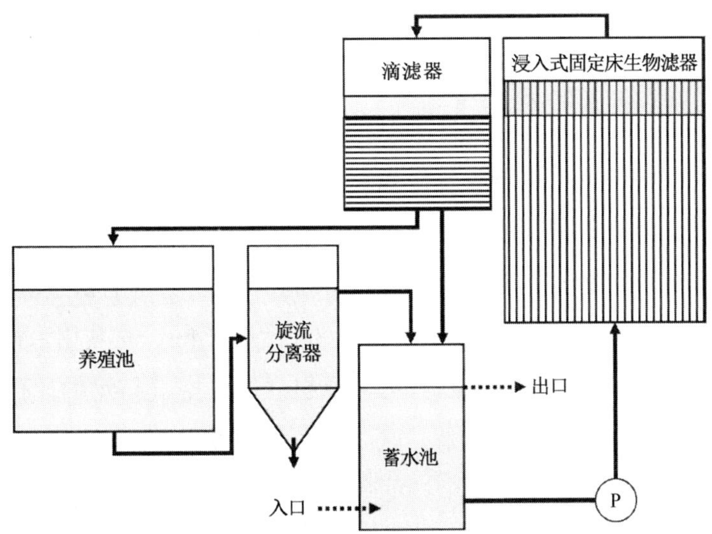

图 9-25　虹鳟鱼幼鱼循环水养殖系统

持在 18℃，恒温热水器安装在储水池中。系统每天换水 80L，约为总水量的 4.7%，其中 60L 从过滤器底部排入蓄水/平衡池，以供给反硝化反应器，其余 20L 由蓄水池溢流排出。旋流分离器去除的固体收集在分离器底部的 2.2L 容器中，每日排出。

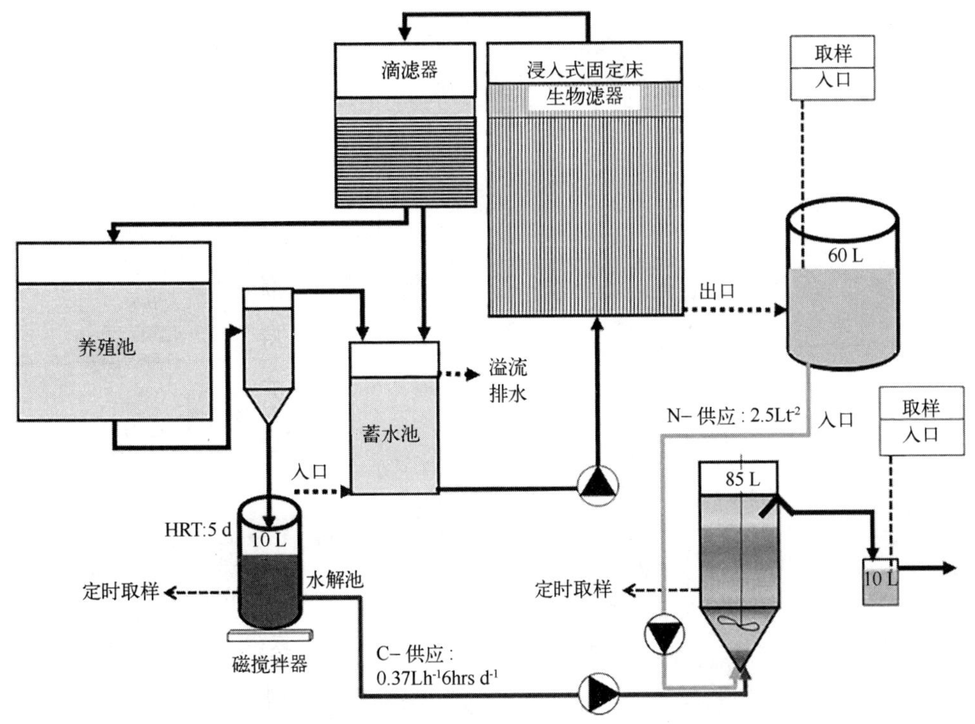

图 9-26　中试规模的虹鳟鱼循环水养殖系统

四、挪威

挪威比较典型的是北极红点鲑冷水循环养殖系统（图 9-27）。四个养殖池底部中央都装有沉淀物收集装置，用于收集沉淀物，并检测沉淀物产生和饲料损失量。由养殖池排出的水立即经过机械筛滤，去除大于 60 μm 的固体颗粒物。机械筛处理后的水流入一个共用水池进行曝气，之后泵入生物滴滤塔顶部，经生物过滤后泵入养殖池。该公用水池用聚乙烯板制成长度 9m，水深 0.8m，宽 1.4m。在共用水池底部安装了 60 个扩散器，用于增氧和二氧化碳去除，由鼓风机送风。空气与水的比例为 5∶1，脱除的 CO_2 由外壁通风管道排出。两台泵并联工作，将水泵入生物滴滤池顶部。生物滴滤池由 7 个 3 层的模块组成，每层 2 个过滤单元，每个单元 0.55m 大小。水在生物滤池顶部通过 7 层分配，旋转供水管道，每个模块一管，将水分配到过滤区域。当两台泵正常工作时，水力表面负荷为每平方米 472L/min。两台泵安装在共用水池的另一端，将水泵入实验装置水池。水在再次进入水池之前，通过每个水池上的不同氧气单元进行增氧。然后，水通过距离水池边 25cm 的垂直管道（160mm）分配到池内。每个水池的水流速为 1 000L/min，实验水池为 350~500L/min。在该系统中，水交换量每天约为 100%，补充水是地下水。

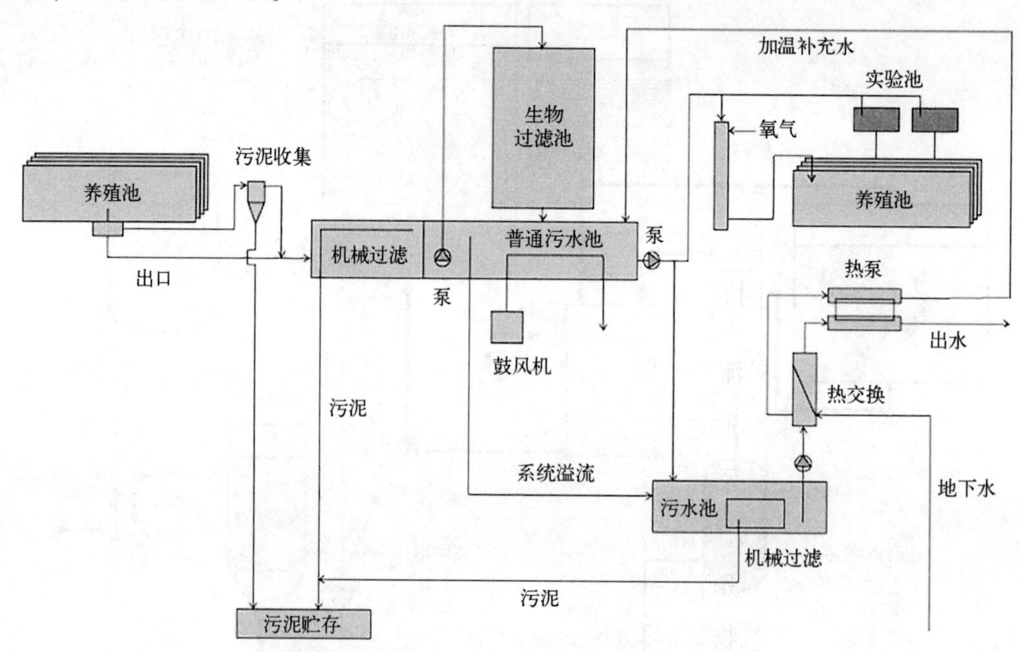

图 9-27　北极红点鲑冷水循环养殖系统

五、瑞典

（一）伟伦万特（Wallenius Water）循环水养殖系统

伟伦万特针对不同的养殖对象和规模，研发了小型循环水系统、单层循环水系统和多层循环水系统（图 9-28）。Wallenius 循环水养殖系统由 6 个主要部件组成，水在这些部件中循环进行过滤、微生物处理、CO_2去除、杀菌、加氧、温控等处理。通过多层水路养殖实现生产率的提高。Wallenius 多层循环水系统具有较强的氧合作用和较高的流动性，适合比目鱼（如多宝鱼）的高密度养殖。该系统占地面积小，所需人工少且水头损失极小，因此具有耗水量低且能耗低的特点。

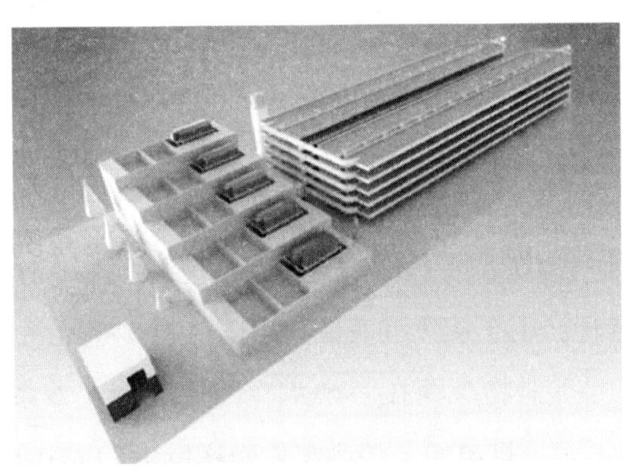

图 9-28　Wallenius Water 多层循环水系统

（二）BIOFISH 封闭循环水养殖系统

BIOFISH 系统工艺流程（图 9-29）是采用双回路设计，循环水回路系统和排污系统。其中养殖池上层通过池中心立管流到移动床生物滤器，再流回到养殖池，形成循环水回路系统。移动床通过射水器来曝气增氧，同时带动滤料反转。底部排污通过涡旋分离器分离后，在经过微滤机、弧形筛过滤和紫外消毒，形成排污系统。该系统的特点是每个养殖池的操作使用具有独立的灵活性，控制病菌在池与池之间的传染。在使颗粒有机物破碎之前快速、高效的去除颗粒有机物，提高了系统的可控性。采用该模式，以大西洋鲑鱼为养殖对象的商业化实践表明，该系统的养殖密度可达 $88kg/m^3$。

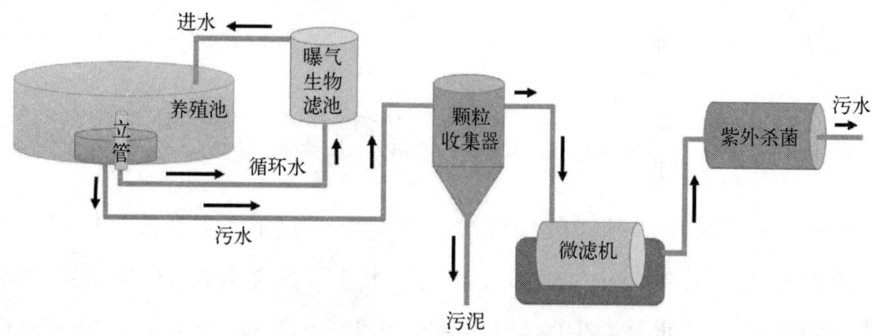

图 9-29　瑞典 BIOFISH 封闭循环水养殖系统

六、荷兰

（一）虹鳟鱼循环水养殖系统

该系统（图 9-30）由一个圆形鱼缸（V = 300L），一个沉淀锥（V = 75L），油底壳（V = 75L）和两个大小相同的滴过滤器（15.8m^2）。一个生物过滤器安装在水池旁路，流速为 6~7L/min，其他过滤器位于鱼缸的上方，流速为 20L/min。该 RAS 系统的总量是 460L 。鱼缸配备了双竖管，用于从鱼缸底部排出固体物。鱼缸污水通过沉降锥，损失极小。附着在圆锥体底部的排泄物沉淀在一个水冷的玻璃瓶。该系统的供水连接到水池，交换水是用水槽底部的水龙头排出的。该系统养殖密度大约为 9.5kg/m^3。

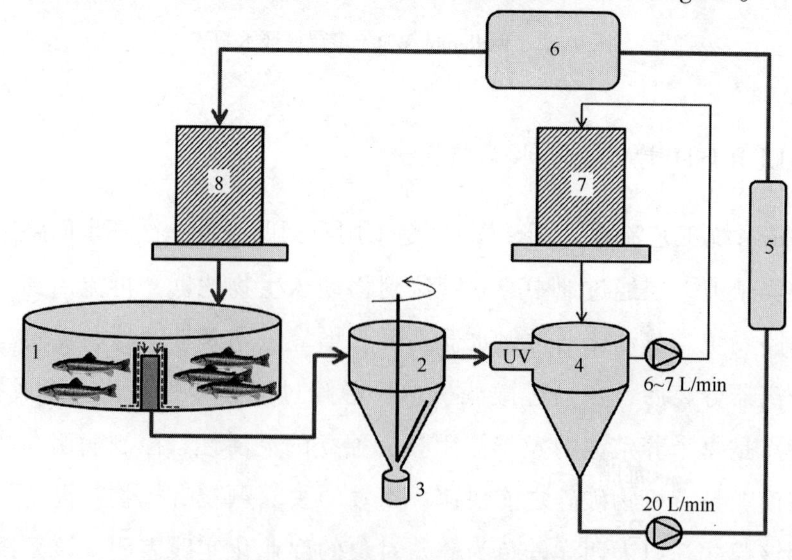

图 9-30　虹鳟鱼循环水养殖系统

1. 双立管鱼池（V=300，=0.72m^2）；2. 沉淀池（V=75L，HSL：150m^3/m^2/d）；3. 收集瓶（V=250mL）；4. 污水池（V=75L）；5. 流量计；6. 冷却器-加热器；7、8. 生物滤池

（二）罗非鱼循环水养殖系统

该系统（图 9-31）将利用内部碳源的反硝化反应器整合到常规的 RAS 中。在 600t/年尼罗罗非鱼养殖场中，水交换率低至 30L/kg 饲料，相当于 99% 的再循环。与传统 RAS 相比，最新一代 RAS 减少了用水量，减少了 NO_3 和有机物的排放。反硝化的 RAS 系统对热、水和碳酸氢盐的要求较低。尽管反硝化的 RAS 对电力、氧气和劳动力（和投资）的需求较高，但每千克捕捞鱼的实际生产成本约比常规的 RAS 低 10%。通过优化整合减少了废物排放。

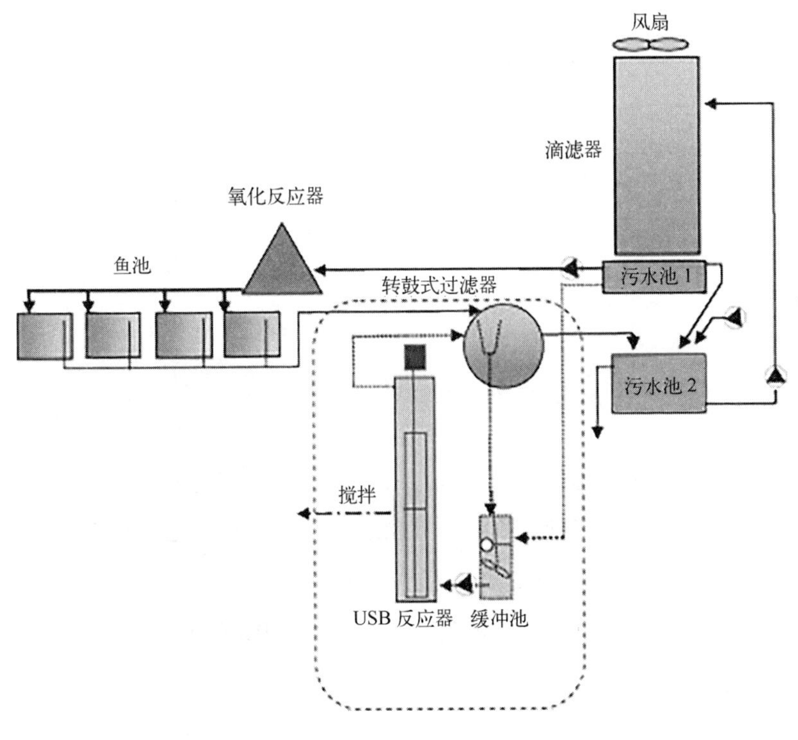

图 9-31 罗非鱼循环水养殖系统

七、意大利

意大利设计了一种海胆循环水养殖系统（图 9-32）。在该循环水养殖系统中，海胆养殖在 50cm× 35cm× 25cm 大小的吊篮里，采用低流量（2% ~3%）补充海水。系统有两个方形的水池，每个水池可以放置 4 个吊蓝，每个吊蓝可养殖 50 只海胆。一个集成式生命支持系统（LSS）用来维持最佳的海水条件，包括一个装备了筒式过滤器、蛋白质分离器、紫外线杀菌器和冷却器的蓄水池，水池中水的循环速度为 7.5L/min。池内的曝气提供了额外的水运动和空气供应。

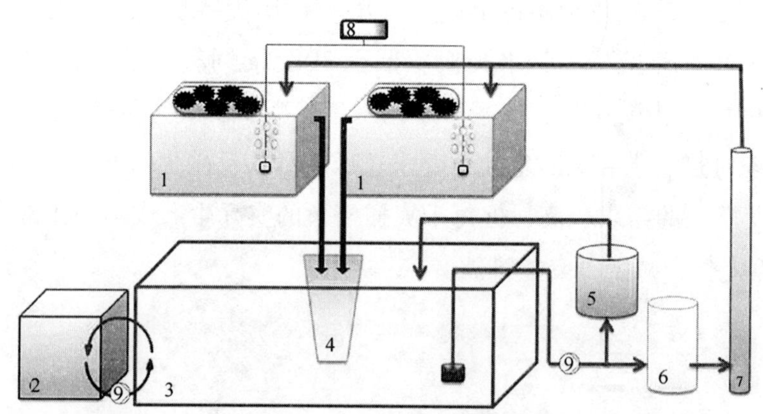

图 9-32　海胆循环水养殖系统

1. 水池；2. 冷水机组；3. 蓄水池；4. 袋式滤器；5. 蛋白质分离器；
6. 滚筒过滤器；7. 紫外线消毒器；8. 鼓风机；9. 离心泵

八、以色列

（一）尖齿胡鲶循环水养殖系统

该系统（图 9-33）运行了 147 天，尖齿胡鲶存活率为 95%，饵料系数 1.47。收获的平均鱼重量是 810g，养殖密度 267.8kg/m^3。每天的水交换率小于系统的 2%，每天的体积和水质都很高，适合鱼类生长。鱼缸里的溶解氧保持在 5mg/L 以上。由于生物过滤器中的快速氧化作用，鱼缸中亚硝酸盐和氨氮总量通常低于检测范围（<0.1mg N/L）。

（二）零排放循环水养殖系统

该系统（图 9-34）在不排放水和污泥的情况下，通过两个单独的处理环循环，使污水回流。在一个循环中，来自鱼池的排放水被注入一个滴流过滤器，而底部的水则通过沉淀池循环，然后在另一个处理回路中流化床反应器。1 年多的系统运行表明，磷酸盐的浓度不超过 15mg/L。大部分的磷被保留在沉淀池和流化床反应器内，这两者处理系统中有机物中磷的含量分别为 17.5%和 19%。

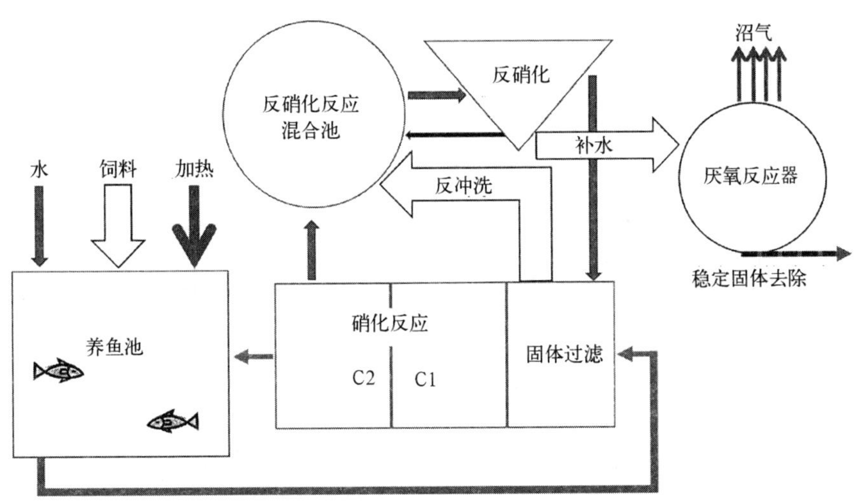

图 9-33　尖齿胡鲶循环水养殖系统

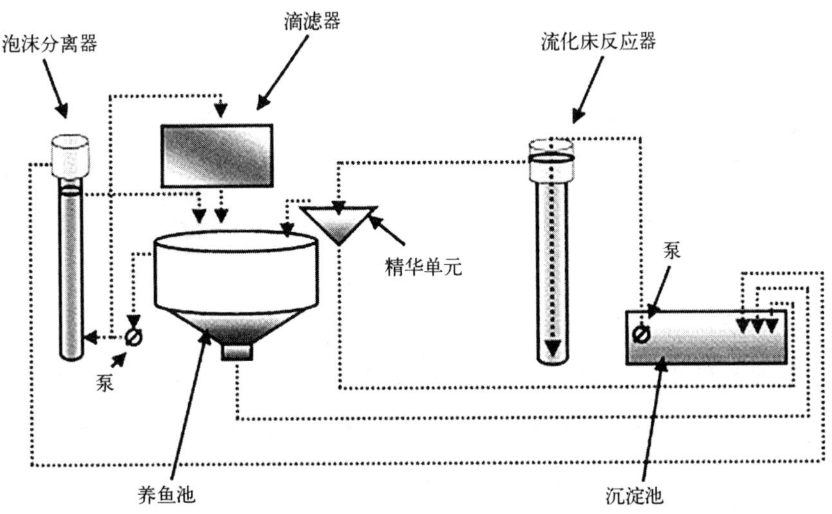

图 9-34　零排放循环水养殖系统

（三）金头鲷循环水养殖实验系统

该系统（图 9-35）采用单循环泵，流速为 2 500L/h，支持双回路水循环：一条通过固液分离器回到池塘，另一条通过两个 110L 的中型水池回到鱼池。固液分离装置由一个折叠六次的幼虫网组成，每天清洗两次，每周使用次氯酸钠溶液消毒两次。两个中型水池交替运行，或为间歇电解槽，或为水循环的一部分。鱼池水体约为 750L，可养殖 205 条金头鲷。

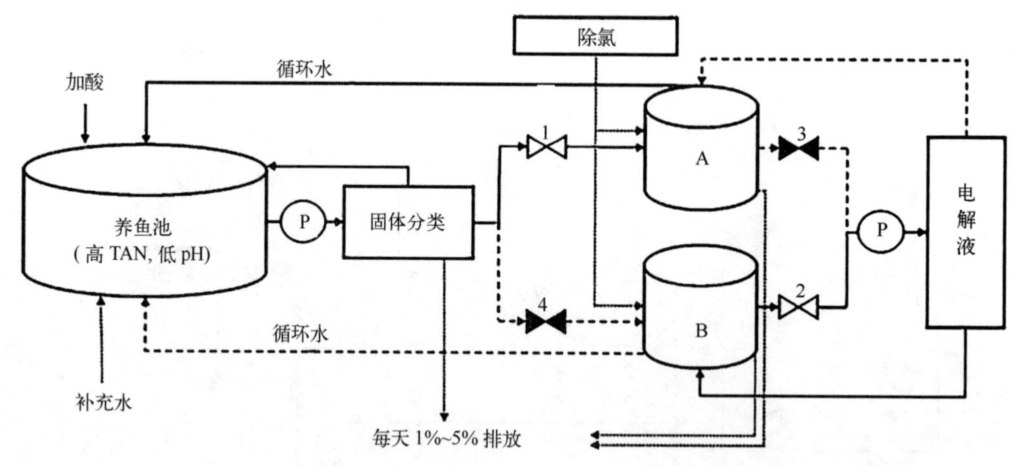

图 9-35　金头鲷循环水养殖实验系统

九、西班牙

西班牙设计了一种鲷和鲈循环水养殖系统（图 9-36），该循环水养殖系统位于坎塔布里亚（西班牙北部海岸），年产量约 1 800 万尾。系统是由 40 个 $5m^3$ 的育苗池，8 个 $20m^3$ 的跑道式养殖池和一个中央水处理系统组成。每个育苗池配备一个水循环系统提供合适的育苗条件。鱼池的海水经过筛孔尺寸为 40 μm 的滚筒筛过滤器，去除悬浮固体。滚筒过滤器的自动反冲洗每隔几分钟启动一次，并每周进行高压水射流的额外清洗，以保证系统固液分离性能。在固液分离过程中，水被抽到生物处理，收集，然后再用第二个泵抽回水箱。氧气接触器在鱼缸中加入纯氧。生物处理包括 3 个循环硝化过滤器（NTF），总体积为 $200m^3$（其中两个体积为 $50m^3$，第三个体积为 $100m^3$），填充球形和表面粗糙的塑料介质，比表面积为 $160m^2/m^3$。

十、日本

（一）银汉鱼封闭循环水养殖系统

由于银汉鱼是河口鱼类，该系统盐度为 7，属半咸水系统（图 9-37），主要是通过机械式微滤机和泡沫分离器去除水体有机悬浮物。微滤机可以去除大于 45μm 的颗粒有机物，再通过泡沫分离更好地去除有机悬浮物。生物过滤采用转盘式生物接触反应器和硫化砂床去除氨氮等物质，运行期间氨氮浓度约为 0. 18mg/L。反硝化单元采用 $740m^2/m^3$ 的毛刷状填料，流量控制在 2. $1m^3/h$。该系统特点是在转盘式生物滤器环节

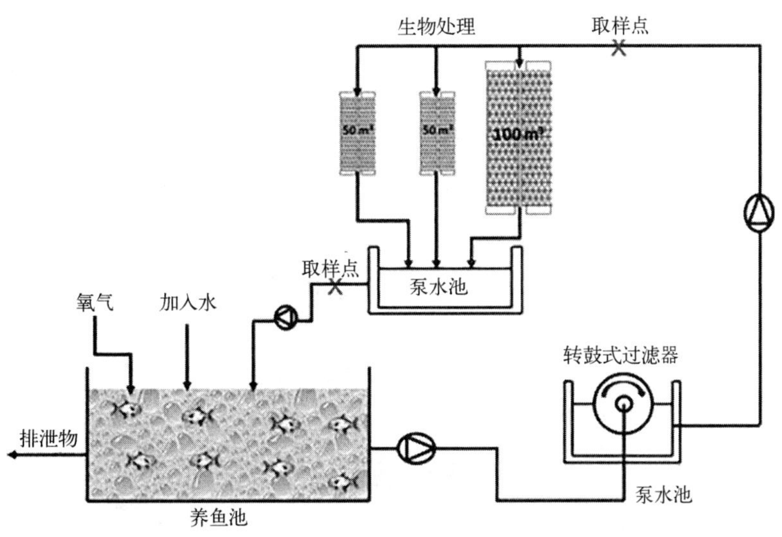

图 9-36　鲈、鲷循环水养殖系统

分别设硫化砂床支路和反硝化支路，从而实现高效去除氨氮，反硝化单元采用毛刷状填料。该系统养殖密度达到 27kg/m^3。

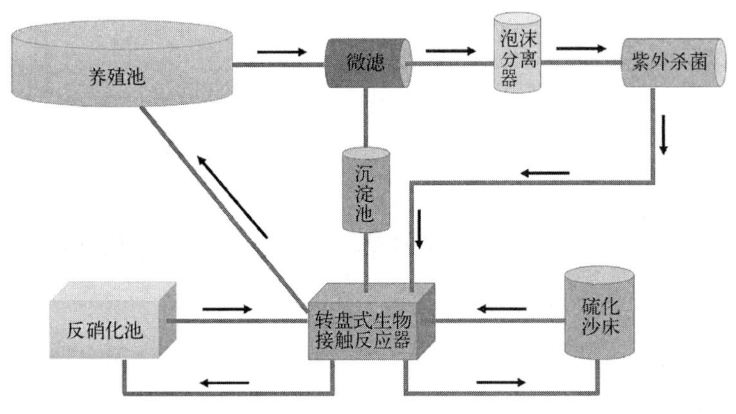

图 9-37　日本银汉鱼封闭循环水养殖系统

（二）零排放鳗鱼循环水养殖实验系统

该系统（图 9-38）由养鱼池（体积 0.5m^3，水量 0.43m^3，水面面积 1.0m^2）、泡沫分离池（0.25m^3）、吸入式曝气装置（200V，0.2kW）、硝化池（0.16m^3）和反硝化池（0.21m^3）组成。该系统的总水量为 1.05m^3。在泡沫分离槽中设置了加热器（100V，1kW）和 pH 控制泵来调节适宜的养殖水体条件（28℃和 pH=7.5），并在循环管道上设置了水调节器。首先，在系统中引入自来水，在 56L/min 时进行一次循环

15min。用循环泵将养殖水输送到泡沫分离池，并利用该装置同时进行供氧和泡沫分离处理。然后将养殖水引入硝化池，并将处理后的养殖水流回养殖池。鳗鱼初始养殖体重约20g/尾，养殖104d，存活率91%，饲料转化率67%。

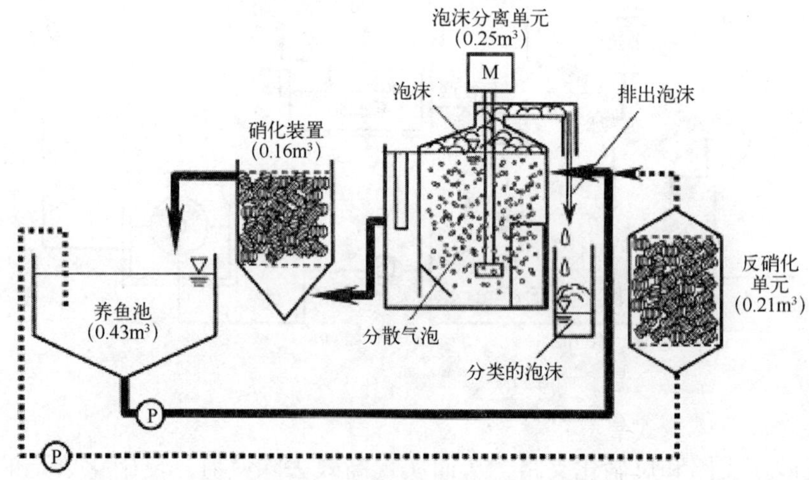

图9-38　零排放鳗鱼循环水养殖实验系统

十一、韩国

（一）IBK罗非鱼封闭循环水养殖系统

由韩国学者Kim（1990）提出的并不断改善的淡水鱼IBK系统（图9-39）在韩国使用范围较广。该系统每个养殖池旁设有双排水装置及时去除颗粒有机物。该系统的特点是通过泵台高效去除溶解有机物和颗粒悬浮物，同时实现增氧和二氧化碳的去除，并起到推动水流的作用。滤池和养殖池之间水头损失很小，通过采用大水量小扬程的轴流式垂直泵可低成本实现系统加大的循环量。生物滤器在硝化反应的同时，可有效去除部分悬浮颗粒物。该模式3 500m^{2}的商业化罗非鱼养殖系统，养殖密度达到67kg/m^2。

（二）黑鲷循环水养殖系统

该系统（图9-40）由四个方形的养殖池，一个泵池，两个固液分离器、泡沫分离塔，装有泡沫聚苯乙烯介质的生物滴滤塔和一台0.75kW的离心泵组成。系统水每天循环36次。天然海水从韩国东北海岸的东海抽水，经过砂滤（40 μm）、机械滤筛（10 μm）进入系统。水从养殖池一侧的排水装置排出，通过泡沫分离器，然后泵入生物滴

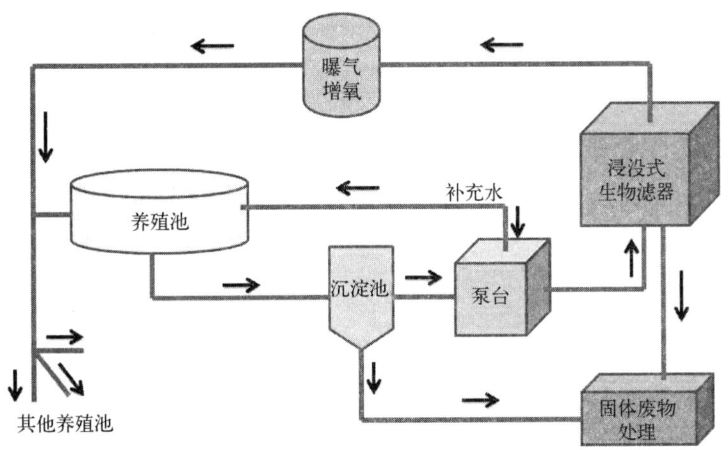

图 9-39　IBK 罗非鱼封闭循环水养殖系统

滤塔，最后流回养殖池。悬浮固体由养殖池底部中心的固液分离器去除。由氧气发生器产生的纯氧通过逆流式氧气接触器充入生物滤池和养殖池之间的管路。臭氧由纯氧为原料气体制备，通过文丘里管注入离心泵与泡沫分馏塔之间的通道。通道长 15m，与气体接触时间为 4min。

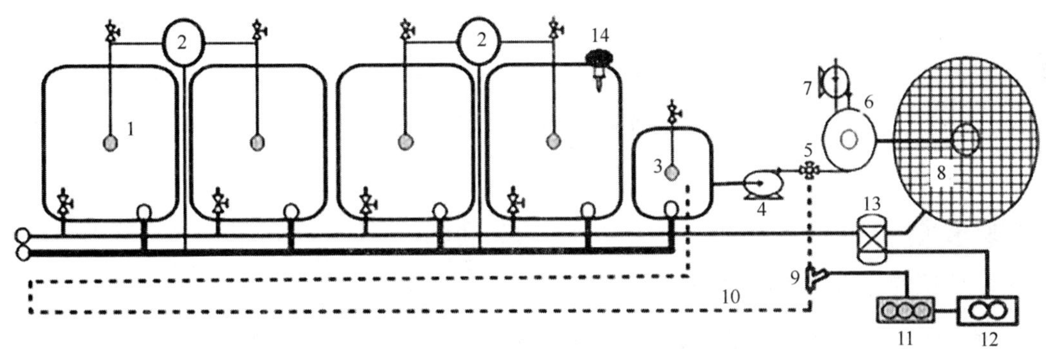

图 9-40　黑鲷循环水养殖系统

1. 养殖池；2. 固液分离器；3. 水池；4. 循环泵；5. 三通阀；6. 泡沫分离器；7. 文丘里泵；8. 生物滴滤器；9. 文丘里泵；10. 管状臭氧接触器；11. 臭氧发生器；12. 制氧器；13. 氧气接触器；14. ORP 探针

十二、其他系统

（一）蓝标（Blue Label）欧洲鳗鲡封闭循环水养殖系统

蓝标欧洲鳗鲡封闭循环水养殖系统（图 9-41）是通过滴滤式生物滤器进行硝化反应。给反硝化反应器供应微滤机过滤的污泥和 5%的水量实现反硝化反应。从反硝化反应器排出的水经絮凝剂处理后进入带式过滤器，过滤后并经过氮磷净化的水进入排水沟。系统优点是实现所有水处理过程的连续处理，通过反冲洗实现水质稳定和减少污染负荷。增氧通过下沉式溶氧器实现，从而减少水头损失和增大循环量。

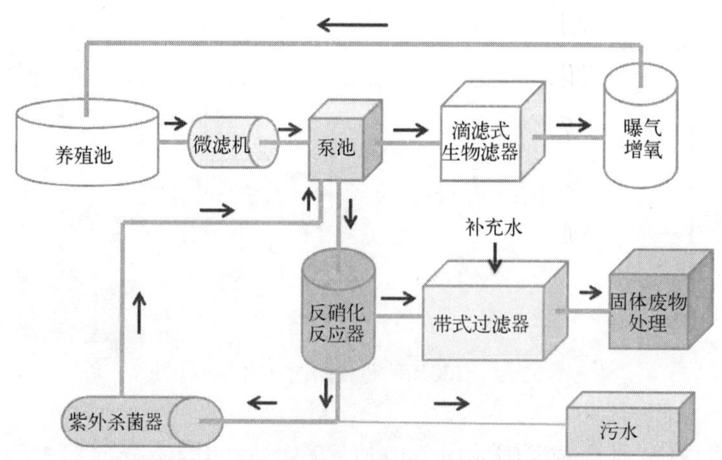

图 9-41　蓝标欧洲鳗鲡封闭循环水养殖系统

（二）鲆鲽类浅水跑道式循环水养殖系统

封闭循环水技术和浅水跑道池养殖技术的结合在保证生长率的同时能够养殖更高的密度，提高生产率，是循环水养殖的发展方向之一。该系统（图 9-42）养殖池规格 5m×0. 8m×0. 4m，水深约 0. 2m。养殖池进水口设一布水版，出水口设 V 型挡板促进排污。该系统采用填充柱曝气生物滤器进行生物过滤，同时起到脱气和曝气作用。机械过滤使用快速砂滤去除 180μm 以上的颗粒有机物，结合射水器的泡沫分离器进一步去除更小颗粒的有机物，同时添加臭氧杀菌并改善水质。该系统养殖规格为 5. 6g 的大菱鲆鱼苗，池底覆盖率达到 262%，养殖密度约 8kg/m^2。

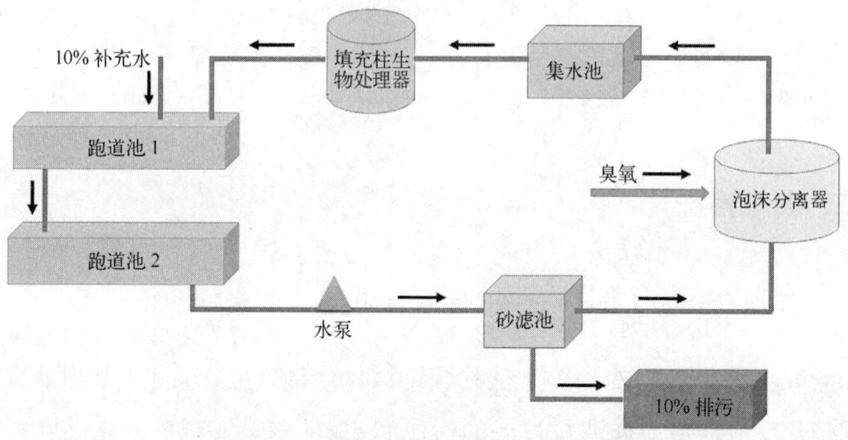

图 9-42　鲆鲽类浅水跑道式循环水养殖系统

（三）SUNFISH 封闭循环水养殖系统

该系统（图9-43）适用于海水养殖品种。以大菱鲆为例，据物质平衡估算，饲料干物质的70%被大菱鲆同化吸收，8%被生物滤器去除，18%通过泡沫分离去除，该系统并非真正的封闭循环水系统，却是一个较有意义的水处理工艺。对于鲆鲽类等比目鱼类，鱼池可采用多达9层的隔板来提高养殖容量。该系统特点是每个养殖池是一个独立的水处理系统，主要通过中空吸泡沫去除颗粒悬浮物。

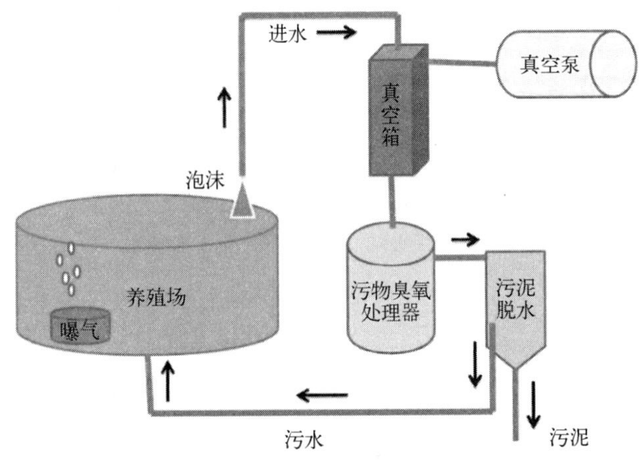

图9-43　SUNFISH 封闭循环水养殖系统

（四）大西洋鲑幼鱼淡水封闭循环水养殖系统

大西洋鲑幼鱼淡水封闭循环水养殖系统（图9-44）的养殖池采用双排水系统。该系统养殖池中设有3个立管，中心立管用于从池底排污至旋流分离器，中心管旁的立管从表面排水至泵池，还有一个立管用于直接排污至外部。其中底部排水经过旋流分离器后，再经微滤机过滤进入沉淀池。其中补充水是由井水抽上来后，经臭氧杀菌并加热后，加入沉淀池。脱气置于流化沙床后，经低压溶氧器（LHO）增氧后进入养殖池。该系统养殖密度可以达 20kg/m^3。

（五）35m^{3}半封闭循环水养殖系统

该对虾封闭循环水养殖系统（图9-45）是系统通过一系列的气体泵推动水流，流速约 280L/min。养殖池排水进入微滤机经物理过滤处理，通过气提分别进入两个并联泡沫分离器。水体经过沉淀区沉淀澄清，进入逆流式生物滤池，再经二级沉淀池脱气和臭氧杀菌，最后回流到养殖池。

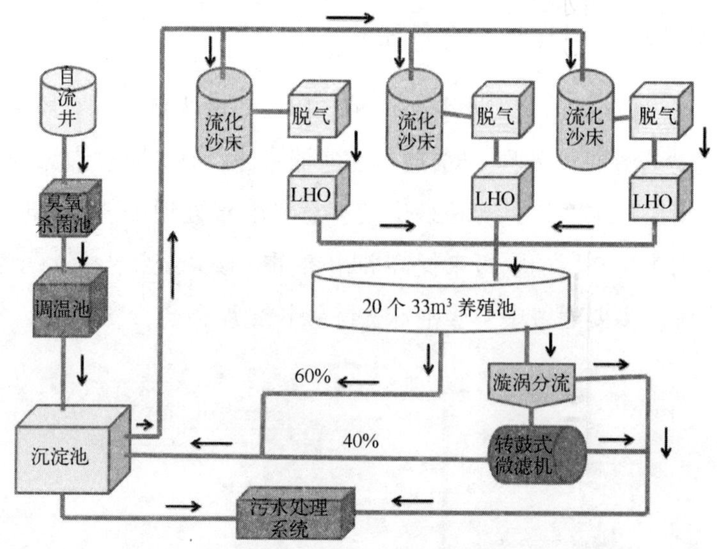

图 9-44　大西洋鲑幼鱼淡水封闭循环水养殖系统

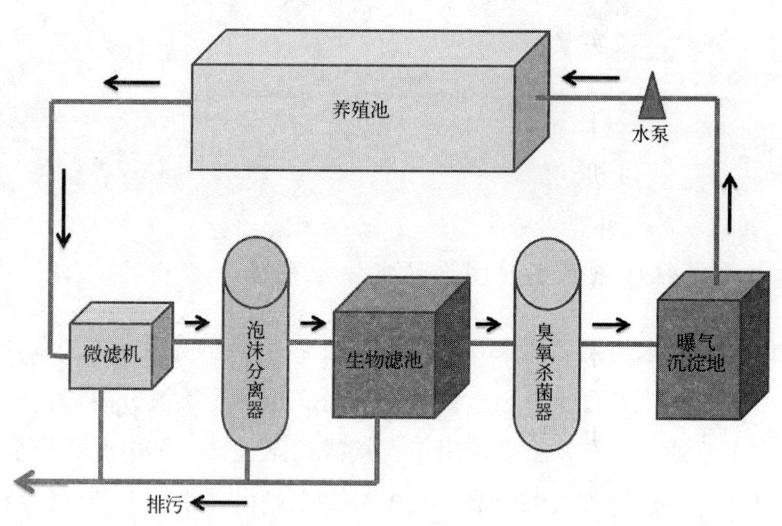

图 9-45　35m^{3}半封闭循环水养殖系统

（六）72m^{3}跑道式循环水养殖系统

该对虾封闭循环水养殖系统（图 9-46）是通过一系列的气提泵推动水流，流速约 720L/min。养殖池出水通过微滤机或者绕过微滤机直接进入沉淀池。向沉淀池通入臭氧，促进颗粒有机物絮凝聚集。沉淀的颗粒有机物通过沉淀池底部排出。水体沉淀后通过气提通入 3 个并联的生物滤池，然后进入泡沫分离/臭氧反应器。臭氧通过文丘里喷射器摄入反应器。最后水体都进入脱气沉淀池，然后回流到养殖池。该养殖系统的对虾养殖密度可高达 10kg/m^3。

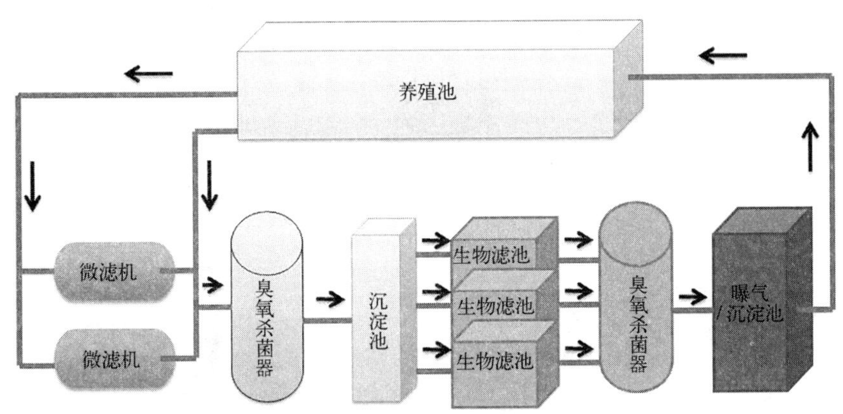

图 9-46　72m^{3}跑道式循环水养殖系统

（七）循环水养殖实验系统

该循环水养殖系统（图 9-47）总水体积 9.5m^3，由 5.3m^{3}圆形双排水槽、径向流分离器、60μm 滚筒微滤机、流砂过滤器、脱气塔和低氧纯氧混合装置组成。总的水循环流量为 380L/min，补充水冲洗率占总循环流量的 1%。系统水力停留时间（HRT）为 1.54d，养殖池水力停留时间为 15min。

（八）罗非鱼循环水养殖实验系统

该 RAS 系统（图 9-48）有三个 0.20m^{3}塑料水池，底部装有中央排水管。中央排水管由一个直径 100mm 的聚氯乙烯管制成的半圆形排水沟连接到废水池，用于收集废水，保持水池的水位不变；沉淀池是用 2.0m 长、1.0m 宽的钢板建造的，其表面有 1.0m 宽，有效体积 1.4m^3。好氧三相流化床反应器，外径 0.25m，高度 2.60m；内径 0.10m，内高 2.17m。反应器的上部有一个沉淀装置和一个排水口。反应器由直径 0.40m 和高 1.60m 的聚氯乙烯管制成，用于增氧和脱出 CO_2。一台装有压力调节阀的 7.5hp 压缩机；两个流量计，其中一个用来控制 AAFBR（600L/h）中央底部的空气注入速率。一个 0.25m^{3}的抽水池来泵出处理后的废水。两个离心泵将处理的水泵入一个 0.050m^{3}的恒定水位分配箱中，之后分流到三个养殖水池；由直径 25mm 的 PVC 管组成的管路系统，将水分配到养鱼池，并在各处理单元之间输送废水。一台 1/2hp 鼓风

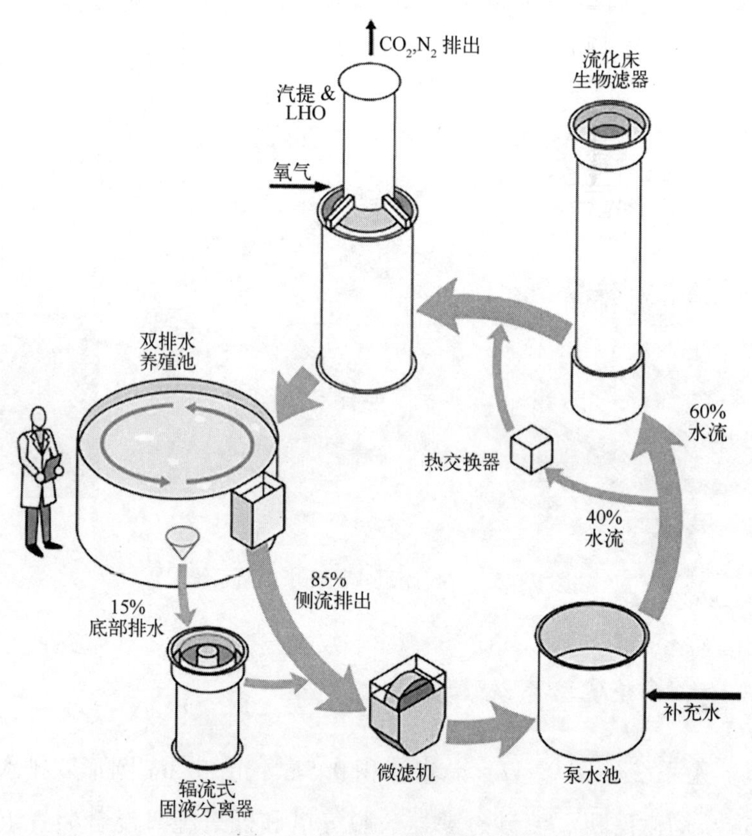

图 9-47　循环水养殖实验系统

机用于曝气，通过扩散石向鱼池内注入空气，脱氯槽为 1.0m^3 和 0.5m^3；该系统养殖密度为 30kg/m^3。

（九）湿地式对虾封闭循环水养殖系统

该系统（图 9-49）封闭循环水系统养殖池为 12m^3，自流式湿地为 4m^3，潜流式湿地约为 4m^3，对照组为一个相同的养殖池，但水体不循环。自流式湿地由 0.3m 的土层和 0.4m 深的自流水组成。潜流是湿地含 0.6m 厚的卵石和 0.4m 深的潜流水层。自流式湿地高出潜流式湿地约 0.3m。两块湿地都种植水草芦苇，芦苇密度为 100 株/m^2。系统水体流速约 0.12m^3/h，水力停留时间约为 18h。该系统的优点是不需要机械设备（除水泵外），节约耗能，运行维护简单方便。缺点是湿地占用较大的养殖面积。

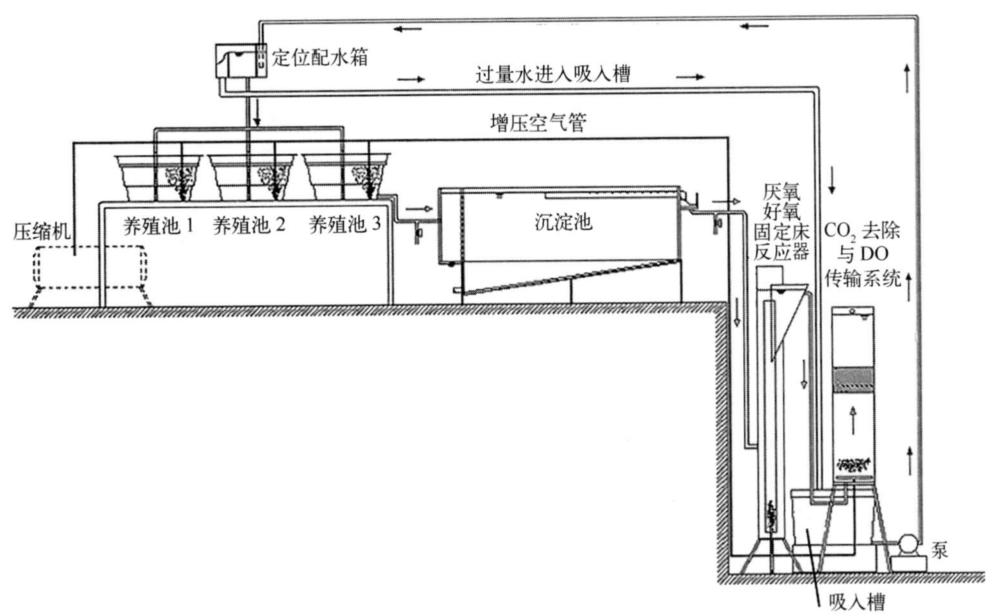

图 9-48　罗非鱼循环水养殖实验系统

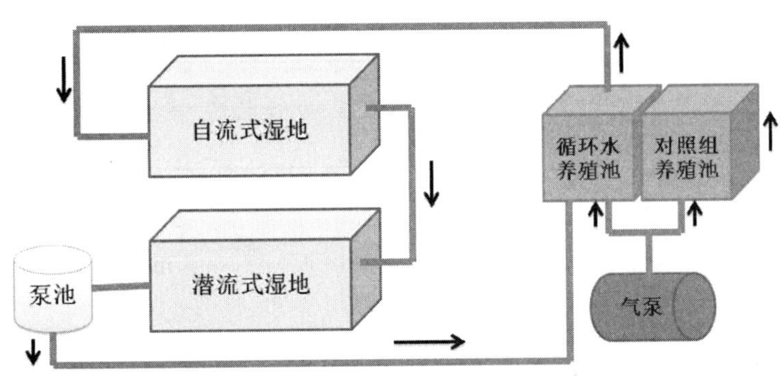

图 9-49　湿地式对虾封闭循环水养殖系统

（十）对虾亲虾封闭循环水养殖系统

该亲虾封闭循环水养殖系统（图 9-50）采用珠式生物滤器有效去除大于 15 μm 的颗粒有机物，同时有一定的生物过滤作用。珠式生物滤器可高效去除颗粒有机物，反冲洗用水少，不易堵塞，适合对虾养殖水处理。通过硫化沙床进行生物过滤。该系统生物安全性好，亲虾产卵率和孵化率显著提高。

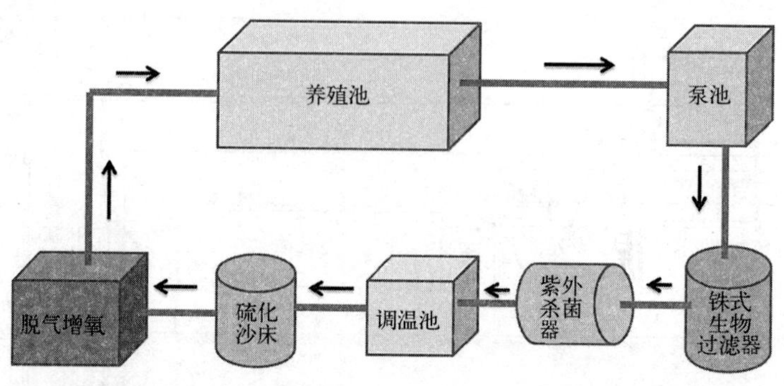

图 9-50　对虾亲虾封闭循环水养殖系统

第十章
循环水养殖技术专利

第一节　国内专利

一、悬浮去除与排污技术

（一）海水苗种培育用水超细悬浮物去除工艺及其设备

专利号：ZL200510104236. 0

授权日期：2007. 11. 28

专利权人：中国科学院海洋研究所

发明人：刘鹰，杨红生，张涛，刘石林，周毅，刘保忠，张福绥

本发明公开了一种海水苗种培育用水超细悬浮物去除工艺及其设备，首先将育苗水采用石英砂过滤器滤掉直径大于200μm的悬浮物，石英砂粒径为0. 4~0. 8mm，砂层厚度为600~658mm，石英砂层的表面水压力为0. 1~0. 15kN/m^2，最后再采用蛋白泡沫分离器滤除掉直径小于144μm的悬浮物，蛋白泡沫分离器的产生的气泡直径为50~120μm，气源压力为39~45kPa，水流量与气流量的体积比为1∶2~1∶3，石英砂过滤器、微滤机和蛋白泡沫分离器之间采用管道连接。本发明应用于封闭循环水育苗的方法中，能够保证海水苗种的水体质量，从而较大幅度提高海水苗种培育的效率和生产的稳定性等（图10-1）。

（二）一种工厂化鱼类养殖双管排污装置

专利号：ZL200710015759. 7

授权日期：2009. 05. 27

专利权人：中国科学院海洋研究所

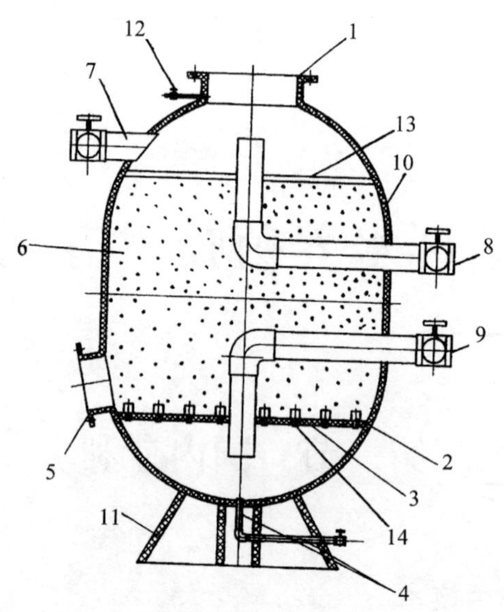

图 10-1　海水苗种培育用水超细悬浮物去除工艺设备

1. 盖板；2. 滤水帽；3. 石英砂承托板；4. 排污管；5. 掏砂孔；6. 石英砂；7. 反冲洗排水管；8. 进水管；9. 排水管；10. 壳体；11. 过滤器支架；12. 排气阀；13. 石英砂层上表面；14. 孔

发明人：刘鹰，杨红生，王朝夕，刘光辉，程波，刘石林，张明珠，周毅，张涛，张福绥

本发明涉及一种工厂化鱼类养殖双管排污装置，适用于养殖废水中悬浮颗粒物的快速分离处理。该装置包括内、外管和过滤网，外管上带有过滤网和外接过滤水管，过滤网通过弹性扎带捆扎在外管的外周；内管一端与养殖池排污管通过管道连接件连通，另一端通过内箍将过滤网固定在内管内，外管和内管通过焊接材料将密封内板固定在外管和内管之间，形成密封空间。在正常使用时，从养殖池排放的养殖废水沿养殖池排污管通过内管流至滤网，在滤网处，养殖废水中大于滤网孔径的悬浮颗粒物均被滤网拦截过滤，被过滤的水进入外管和内管的密封空间内，再流至外接过滤水管进入总排水管，实现养殖颗粒物从养殖废水中的分离。该装置无能耗、过滤迅速、管理方便简单等（图 10-2）。

（三）养鱼池循环水多功能固体污物分离器

专利号：ZL200810014133. 9

授权日期：2009. 12. 23

专利权人：中国水产科学研究院黄海水产研究所

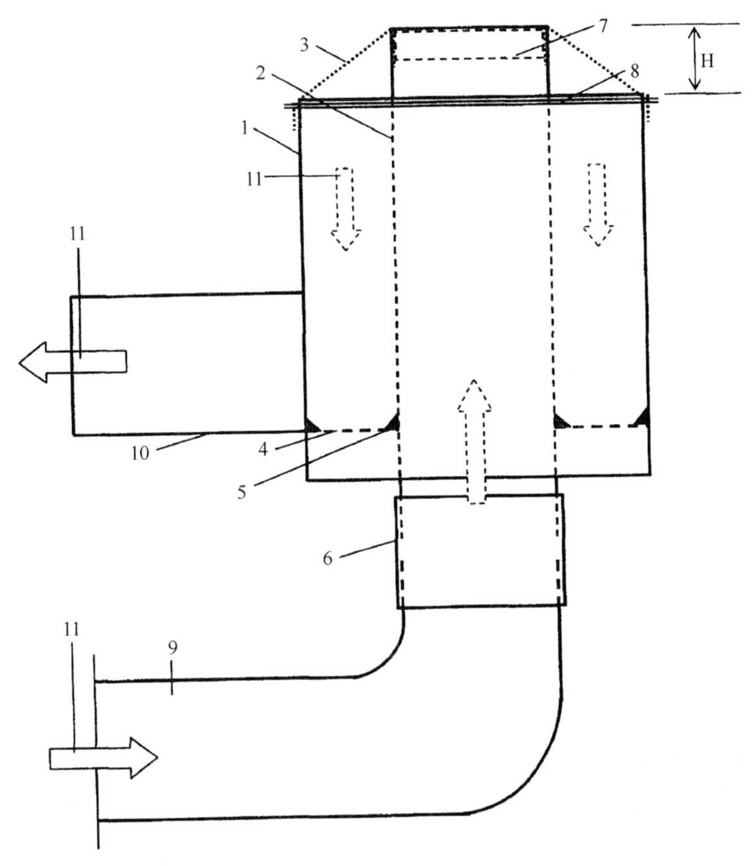

图 10-2　工厂化鱼类养殖双管排污装置立体图

1. 外管；2. 内管；3. 尼龙材料滤网；4. 密封内板；5. 焊接材料；6. 管道连接件；7. 内箍；8. 弹性扎带；9. 养殖池排污管；10. 外接过滤水管；11. 水流方向

发明人：曲克明，桑大贺，赵俊，马绍赛，徐勇，王印庚

一种养鱼池循环水多功能固体污物分离器，是由箱体、网筛、低速电机和排污系统构成；网筛固定位于箱体内的中心位置，由圆筒框架和滤网组成，圆筒框架由长形板条和圆条环焊接而成，滤网镶嵌并固定于圆筒框架的外面；低速电机和排污系统的冲刷装置、臭氧管路和吸水管位于箱体的外面；臭氧管路与位于箱体内、网筛上方的喷淋管相连接；吸水管接入箱体内下方；排污管轴向位于箱体内、网筛的中轴处，排污兜配装位于网筛内排污管的上方；本装置结构设计简单，成本低，耗水率较低，机械性能稳定，便于生产管理和维护，是工厂化养殖水质处理的实用装置，可解决循环水体中的固体污物，以保持循环水的水质清洁、使循环水重复使用（图 10-3）。

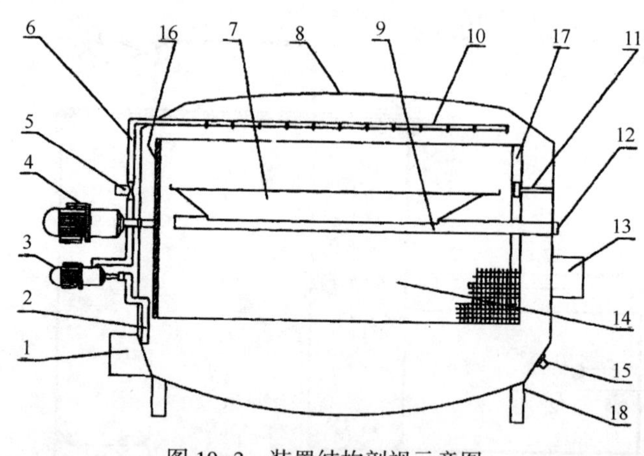

图 10-3 装置结构剖视示意图

1. 出水口；2. 吸水管；3. 冲刷装置；4. 低速电机；5. 臭氧进口；6. 臭氧管路；7. 排污兜；8. 箱体；9. 排污管；10. 喷淋管；11. 支撑轴轮；12. 排污口；13. 进水口；14. 网筛；15. 污水口；16. 圆形面板；17. 圆环；18. 支腿

（四）循环水水产养殖池固液分离装置

专利号：ZL200910015888.5

授权日期：2011.10.05

专利权人：烟台泰华海珍品有限公司

发明人：赵学政，江声海，王秉心，吕建国

本发明涉及循环水水产养殖池固液分离装置，主要应用于工厂化循环水养殖系统养殖池的新建和改建，属于水产养殖池结构技术领域。循环水水产养殖池固液分离装置，其特征：养殖池内的养殖池中心排水立管上下两端分别连有清排水兼拦沫管和排污管，养殖池中心排水立管的管壁上均匀排列有管孔，沉淀于池底部的残耳粪便等杂质通过下方排污管排出，较清的水由上部的清排水兼拦沫管通过回水总管进入到循环水处理系统内进行处理。本发明利用养殖池中心排水立管分上下两路排水的方法，养殖池的排水经排水立管杂质沉淀于下部经排污管排出，较清的水经排水立管上部的回水管流至循环水处理系统，排水立管上部的回水管同时还是一个拦沫排沫管，将养殖池水面上的浮沫拦截并排出，使池水更加清澈（图 10-4）。

（五）环流式养殖水固液分离装置

专利号：ZL201010157908.5

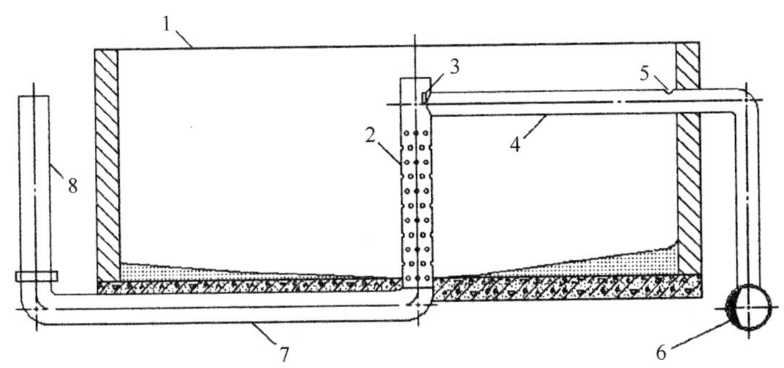

图 10-4 循化水水产养殖池固液分离装置结构示意图

1. 养殖池；2. 养殖池中心排水立管；3. 浮沫排出口；4. 清排水兼拦沫管；5. 排气排沫孔；6. 回水总管；7. 低位排污管；8. 高位排污管

授权日期：2011. 11. 16

专利权人：中国水产科学研究院黄海水产研究所

发明人：朱建新，黄滨，曲克明，刘慧，王印庚

一种环流式养殖水固液分离装置，它外设环流水道外池壁，内设内水池；流水道外池壁和内水池之间形成环流水道，环流水道外池壁上方设有 2 个相对并与池壁切向放置的进水管；环流水道池底砌有 8 个排污槽，排污槽底部设置排污管和排污环管；内水池位于本装置的中央，内水池池壁上方设置均布 4 根立拄，并配装环形滤网；本装置设置大小可以根据水处理量来设计规划，构件简单，材料来源丰富，成本低，固体颗粒物去除率 76. 7%，处理精度 110μm。本装置是利用养殖水在装置内的环流，通过滤网的过滤作用，实现对养殖残饵、粪便等固体颗粒物的快速分离，维护方便，使用寿命长，适用于海水鱼类、对虾工厂化养殖循环养殖水的处理（图 10-5）。

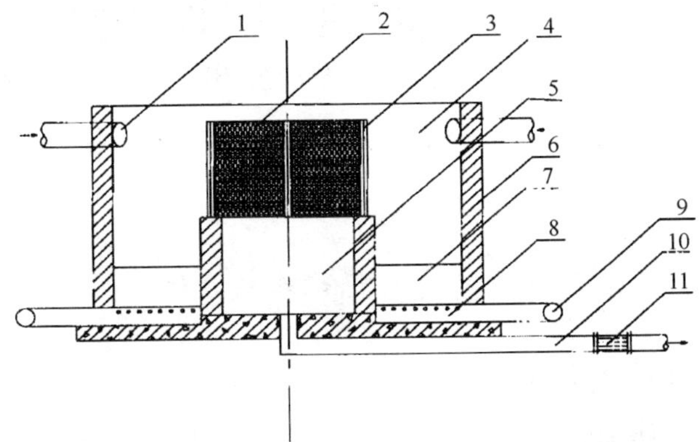

图 10-5 环流式养殖水固液分离装置剖视测视示意图

1. 进水管；2. 滤网；3. 立柱；4. 环流水道；5. 内水池；6. 环流水道外池壁；7. 排污槽；8. 排污管；9. 排污环管；10. 出水管；11. 抽水泵

（六）海水鱼类工厂化循环水养殖系统多功能回水装置

专利号：ZL201210091105.3

授权日期：2013.07.31

专利权人：中国水产科学研究院黄海水产研究所

发明人：朱建新，曲克明，刘慧，洪磊，王彦怀，孙德强

一种海水鱼类工厂化循环水养殖系统多功能回水装置，它包括油膜收集花管、摇臂、油膜排出管、立管、高水位连接管、插接阀管、低水位连接管、下行出水管、内套管和池底排污水管。油膜收集花管、摇臂、油膜排出管和下行出水管构成油膜与漂浮物的排出管路。池底排污水管、立管、高水位连接管、低水位连接管、内套管和下行出水管构成高低水位养殖循环水的排出系统。本发明具有排出养殖池水与污物、排除池底和池底排污管道内沉积的大颗粒污物、排除水面表层油膜与漂浮物、调节养殖池水位等功能，是一种海水鱼类工厂化循环水养殖系统多功能的回水装置（图10-6）。

（七）高效粪便分离循环水养殖装置

专利号：ZL201510006334.4

授权日期：2016.10.12

专利权人：浙江大学

发明人：朱松明，史明明，阮贇杰，沈加正，邓亚乐，林素丽

本发明公开了一种循环水粪便分离养殖装置，该装置包括玻璃钢水池、中心立管、泡沫分离管和粪便分离管；泡沫分离管用于吸收浮于液面上的废弃物，如密度较低的粪便、泡沫等；粪便分离管用于吸收沉积于环形槽内的粪便。本发明结构简单，能有效地将池内水产动物粪便及其他杂物及时排出，大大降低粪便等杂物在池内停留时间，能有效地解决池内氨氮积累，影响水产动物正常生长，甚至致其死亡的问题（图10-7）。

（八）一种带排污处理设施的海水循环养殖系统

专利号：ZL201510734197.6

授权日期：2017.04.19

专利权人：滨州市海洋与渔业研究所

发明人：郑述河，孙同秋，张凯，王玉清，王冲

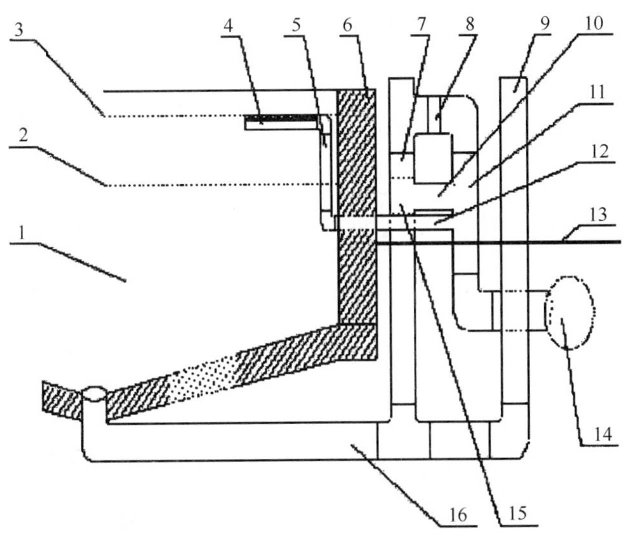

图 10-6　多功能回水装置结构示意图

1. 养殖池；2. 低水位控制线；3. 高水位控制线；4. 油膜收集花管；5. 摇臂；6. 养殖池壁；7. 立管；8. 高水位连接管；9. 插接阀管；10. 低水位连接管；11. 下行出水管；12. 油膜排出管；13. 室内地坪面；14. 主回水管；15. 内套管；16. 池底排污水管

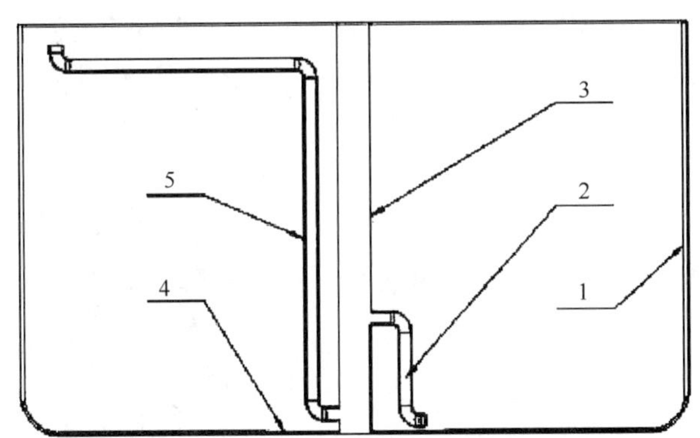

图 10-7　粪便分离循环水养殖装置的结构示意图

1. 玻璃钢水池；2. 粪便分离管；3. 中心立管；4. 环形槽；5. 泡沫分离管

本发明公开了一种带排污处理设施的海水循环养殖系统，包括养殖池、排污口、排污管，所述养殖池底部设排污口，排污口连接排污管，其特征在于，还包括污物排放设施和循环水排放设施，所述的排污管通过三通分别与污物排放设施和循环水排放设施相连接，所述的污物排放设施连接污物处理设施，所述的污物处理设施包括依次连接的污物沉淀池和生物净化池，本发明创造性的采用单独排放污物汇集到一个回收池，再排放养殖水到另一个回收池，方便了对污物的回收利用和无害化处理，避免池塘污物对养殖用水的二次污染，具有成本低、简操作、易推广、效率高等优点，对于保护海洋环境、水产品安全生产具有重要的意义（图 10-8）。

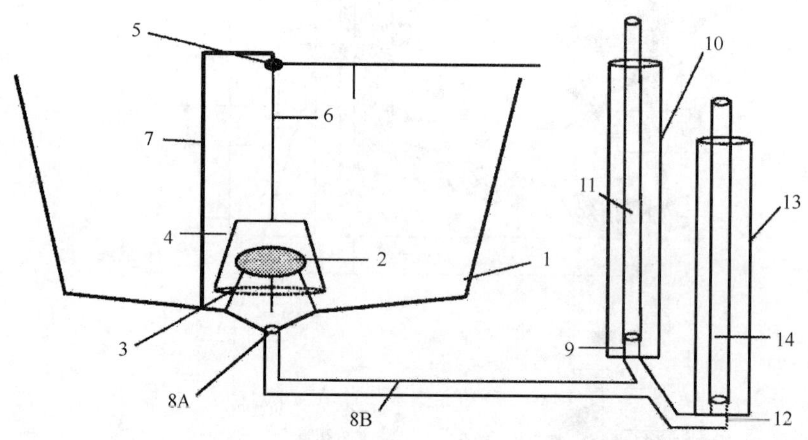

图 10-8　排污系统整体结构示意图

1. 养殖池；2. 增排罩；3. 钢筋支架；4. 防逃罩；5. 定滑轮；6. 拉绳；7. 支点固定杆；8A. 排污口；8B. 排污管；9. 污物排放管；10. 污物排放井；11. 污物排放管开关；12. 循环水排放管；13. 循环水排放井；14. 循环水排放管开关

二、重金属去除技术

（一）一种地下海水超标铁锰的去除方法与装置

专利号：ZL200810021420. 2

授权日期：2010. 08. 04

专利权人：中国科学院海洋研究所；江苏榆城集团有限公司

发明人：刘鹰，程波，宋世敏，宋世峰，王朝夕，张延青，宋奔奔，杨红生，张涛，周毅，刘保忠，张福绥

本发明一种地下海水超标铁锰的去除方法，其特征在于，通过水泵抽取的地下海水，首先流经泡沫分离器处理，处理时通臭氧 O_3 曝气，利用臭氧的强氧化性将水中难于氧化的二价锰离子与/或二价铁离子氧化成难溶于水的沉淀物，所形成沉淀物经过砂滤器拦截吸附过滤去除；处理完的水再经过熟质锰砂吸附过滤，从而完成对地下海水中超标铁、锰的去除。本发明还公开了上述去除方法所适用的

一种地下海水超标铁锰的去除装置。本发明是一种处理迅速、经济适用、占地面积少、操作管理方便的地下海水超标铁、锰去除分离的方法与装置，它能有效地去除地下海水中的铁、锰等重金属，突破了长期影响和限制养殖正常生产的技术瓶颈（图 10-9）。

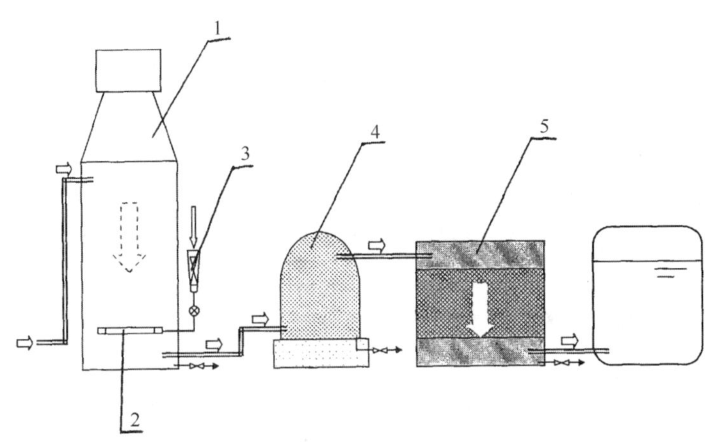

图 10-9　地下海水超标铁锰去除装置的结构示意图

1. 泡沫分离器；2. 曝气盘；3. 文丘里式气液混合装置；4. 砂滤器；5. 装有熟质锰砂的过滤装置

（二）养殖循环海水中重金属的电化学去除方法

专利号：ZL201210121928.6

授权日期：2013.05.08

专利权人：中国水产科学研究院黄海水产研究所

发明人：张旭志，曲克明，马绍赛，赵俊，陈聚法

一种养殖循环海水中重金属的电化学去除方法，属于水处理技术领域，首先调节待处理海水的 pH 值 1.0~2.4，然后利用三电极系统使用电化学方法除去海水中的重金属；同时利用三电极系统通过阳极溶出伏安法测定已处理海水中剩余重金属浓度，表征去除效果，最后加入氢氧化钠调整处理完毕海水 pH 值，加淡水调节至实际养殖需要的盐度。本发明操作简单易学，无须特殊培训，应用电流效率高，工作电极不怕中毒（被污染），耗材廉价，运行成本低；同时去除海水中 5 种重金属，高效快捷，本发明重金属去除效果可以由同一套设备表征，无需任何其他辅助材料与条件（图 10-10）。

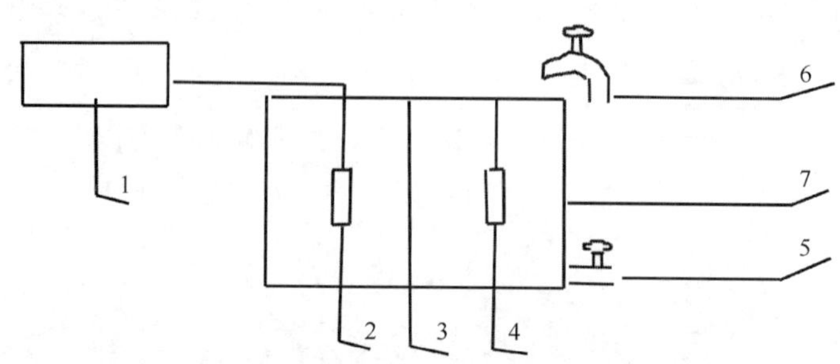

图 10-10　海水中重金属电化学去除系统示意图

1. 电化学工作站；2. 工作电极；3. 参比电极；4. 对电极；5. 出水管；6. 进水管；7. 循环水处理池

（三）一种水产养殖用地下海水中无机砷的去除装置和方法

专利号：ZL201310331450.4

授权日期：2015.01.21

专利权人：中国水产科学研究院黄海水产研究所

发明人：张旭志，曲克明，朱建新，赵俊，陈聚法，陈碧鹃，马绍赛，谷孝磊

一种水产养殖用地下海水中无机砷的去除装置和方法，属于水处理技术领域，去除装置包括电源、反应池、阴极电极板、阳极电极板、进水口、出水口、阳极固定杆、阴极固定杆和去沉淀装置。本发明原理是通过电解天然地下海水产生氧自由基、次氯酸根和氢氧根；氧自由基和次氯酸根将 Fe（II）、Mn（II）和 As（III）氧化成高价态 Fe（III）、Mn（IV）和 As（V）；Fe（III）和 Mn（IV）生成氢氧化物沉淀；沉淀强烈吸附 As（V）形成共沉淀，然后过滤即可去除地下海水中无机砷，本发明装置和方法在去除地下海水中无机砷的同时也去除了 Fe（II）和 Mn（II），使地下海水符合养殖用水标准，同时增加了水中的溶氧量（图 10-11）。

三、氮磷碳去除技术

（一）去除高密度鱼类养殖循环水中氮元素的方法

专利号：ZL201510509732.8

授权日期：2017.03.08

专利权人：福建省农业科学院农业生态研究所

发明人：陈敏，翁伯琦，杨有泉，邓素芳，刘晖

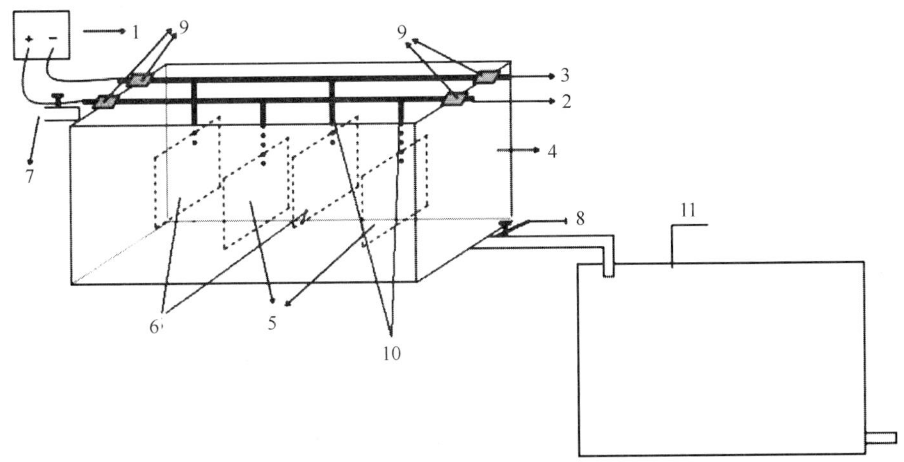

图 10-11　地下海水中无机砷去除装置

1. 电源；2. 阳极固定杆；3. 阴极固定杆；4. 反应池；5. 阳极电极板；6. 阴极电极板；7. 进水口；8. 出水口；9. 绝缘套；10. 支杆；11. 去沉淀装置

本发明涉及一种去除高密度鱼类养殖循环水中氮元素的方法，包括养殖池、植物种植结构、初步过滤装置、调节水池、电迁移装置、前端膜浓缩装置、末端膜浓缩装置、植物培养液贮池以及污泥池，所述电迁移装置包含 MBR 超滤装置和双极膜电渗析装置，还包括以下步骤：初步过滤、电迁移、膜浓缩以及形成养殖循环水对鱼类进行供水。本发明将带着鱼粪和残饵的污水经过电迁移和膜浓缩工艺，得到能够满足植物营养需求的高氮水，同时得到能够用于鱼类养殖池的循环水，大大提高植物和鱼类的产量（图 10-12）。

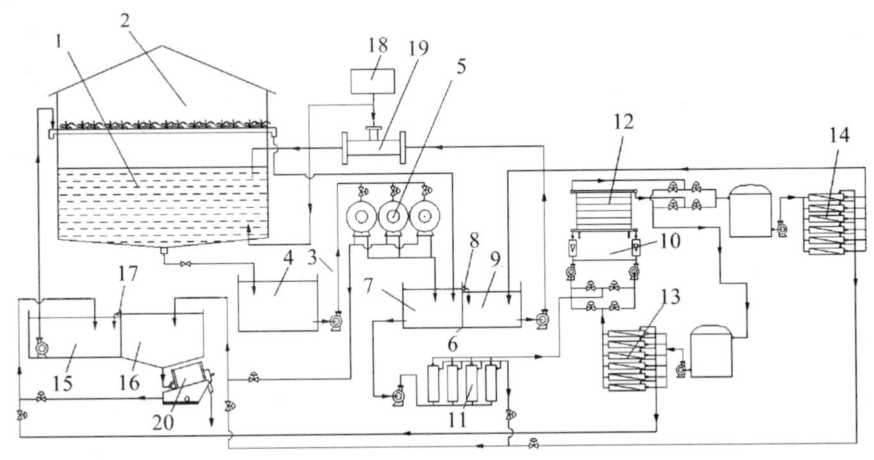

图 10-12　本发明实施例的构造示意图

1. 养殖池；2. 植物；3. 初步过滤装置；4. 集水池；5. 石英砂过滤器；6. 调节水池；7. 处理前端；8. 溢流口；9. 处理后端；10. 电迁移装置；11. MBR 超滤装置；12. 双极膜电渗析装置；13. 前端膜浓缩装置；14. 末端膜浓缩装置；15. 植物培养液贮池；16. 污泥池；17. 溢流口；18. 管道混合器；19. 纯氧机；20. 污泥脱水机

（二）工厂化循环水鱼类养殖脱氮零排放系统

专利号：ZL201510509381.0

授权日期：2017.05.31

专利权人：福建省农业科学院科技干部培训中心

发明人：郑回勇，蔡淑芳，陈敏，雷锦桂，刘善文

本发明涉及一种工厂化循环水鱼类养殖脱氮零排放系统，包括养殖池，所述养殖池上方搭建有植物种植结构，所述养殖池连接至初步过滤装置，所述初步过滤装置一路连接至调节水池、另一路连接至污泥池，所述调节水池的处理前端连接至电迁移装置，所述电迁移装置的碱性端连接至前端膜浓缩装置，所述前端膜浓缩装置的高浓度端连接至植物培养液贮池、低浓度端返回至电迁移装置的酸性端，所述电迁移装置的酸性端连接至末端膜浓缩装置，所述末端膜浓缩装置的低浓度端连接至调节水池的处理后端、高浓度端连接至污泥池，所述调节水池的处理后端连接至养殖池。本发明植物培养液贮池中的高氮水利于植物吸收，养殖池中的循环水利于鱼类养殖，大大提高两者产量（图10-13）。

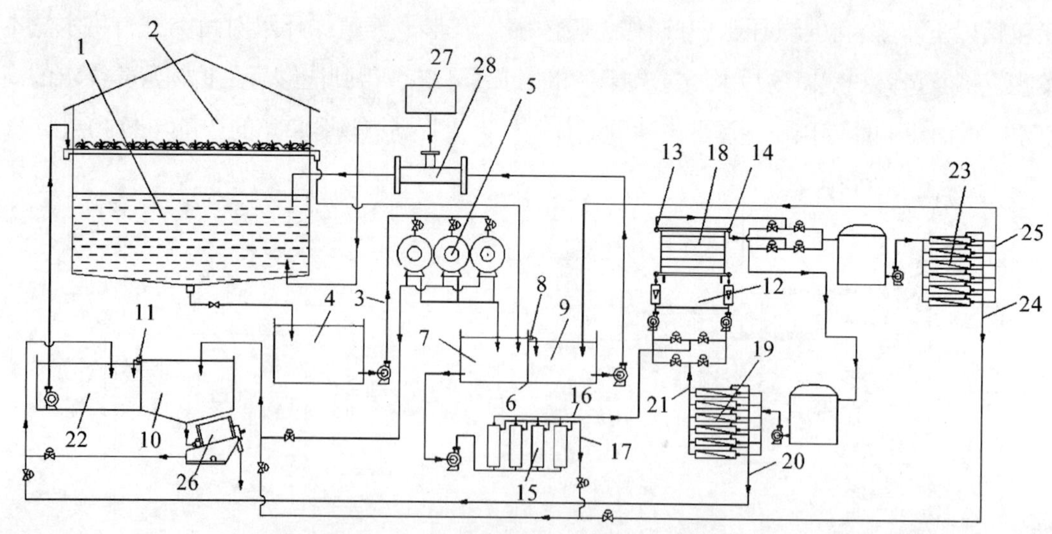

图 10-13　本发明实施例的构造示意图

1. 养殖池；2. 植物；3. 初步过滤装置；4. 集水池；5. 石英砂过滤器；6. 调节水池；7. 处理前端；8. 溢流口；9. 处理后端；10. 污泥池；11. 溢流口；12. 电迁移装置；13. 碱性端；14. 酸性端；15. MBR 超滤装置；16. 清水端；17. 污水端；18. 双极膜电渗析装置；19. 前端膜浓缩装置；20. 高浓度端；21. 低浓度端；22. 植物培养液贮池；23. 末端膜浓缩装置；24. 高浓度端；25. 低浓度端；26. 污泥脱水机；27. 纯氧机；28. 管道混合器

四、杀菌消毒技术

（一）养鱼池循环水模块式紫外线杀菌装置

专利号：ZL200810014131. X

授权日期：2010. 09. 29

专利权人：中国水产科学研究院黄海水产研究所

发明人：曲克明，桑大贺，马绍赛，赵俊，徐勇

一种养鱼池循环水模块式紫外线杀菌装置，由电控系统、镇流器、支架、灯管、气反冲洗管组成；支架是一个方形框架结构，两端为方形平面板，两面板之间由 PVC 管构成框架；两端板面上各均布配装设有从上至下 8 排每排 4 根灯管和从上至下 7 排每排 4 根气反冲洗管；排污管位于支架一端面内，两端设有吸污口和排污口；电控系统位于固定在支架另一端面板外面，经镇流器接向灯管；气反冲洗管路固定在支架另一端面板外面，接向各排气反冲洗管；本发明具有设计结构简单，成本低，杀菌效果高达 99%，降低了生产投资，便于生产管理和维护；该装置实用于养鱼池循环水工厂化养殖，可清除养殖循环水中的各种菌类，以保持循环水的水质清洁、使循环水可重复使用（图 10-14）。

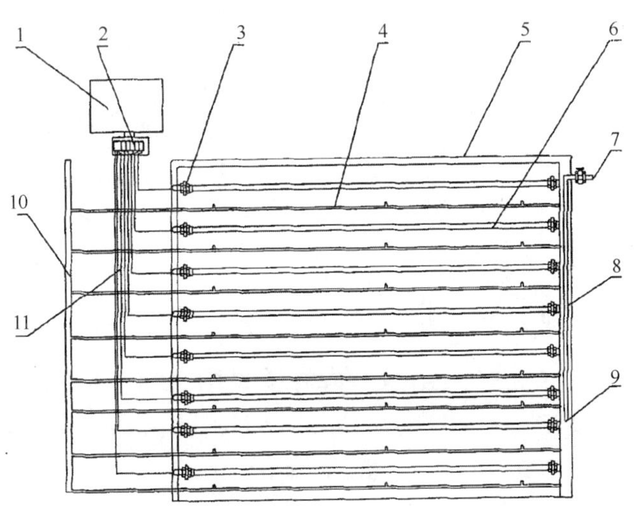

图 10-14　模块式紫外线杀菌装置的结构示意图

1. 电控系统；2. 镇流器；3. 密封圈；4. 气反冲洗管；5. 支架；6. 灯管；7. 排污口；8. 排污管；9. 吸污口；10. 气反冲洗管管路；11. 灯管电路

（二）用于海水养殖的混合杀菌增氧装置

专利号：ZL201410690961. X

授权日期：2016. 01. 20

专利权人：中国水产科学研究院渔业机械仪器研究所

发明人：倪琦，顾川川，吴凡

本发明涉及一种用于海水养殖的混合杀菌增氧装置，属于水产养殖技术领域。一种用于海水养殖的混合杀菌增氧装置，包括从上往下依次连通的布水腔、混合腔和存储腔，以及在混合腔的前方设有与之相通的集泡腔；海水通过布水腔底部的布水板均匀滴落至混合腔中，滴落产生的泡沫集中至集泡腔中，并通过排泡口排出；纯氧和臭氧通过混合腔上的进气口进入混合腔中，对混合腔中的各个小腔体中的海水进行增氧和净化；处理后的海水最终经混合腔底部的排泡板滴落至存储腔内，并通过存储腔底部的出水口进入下一装置中。本装置可作为海水循环水养殖系统的增氧环节，结构简单，体积紧凑，可同时对海水进行增氧和净化，且能在不影响系统运作的情况下排出泡沫（图 10-15）。

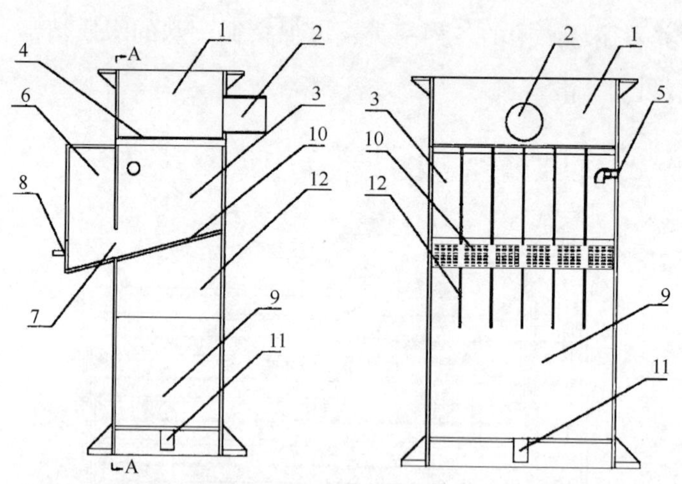

图 10-15　混合杀菌增氧装置的侧视内部结构示意图和 A-A 向内部结构示意图

1. 布水腔；2. 进水口；3. 混合腔；4. 布水板；5. 进气口；6. 集泡腔；7. 过泡口；8. 排泡口；9. 存储腔；10. 排泡板；11. 出水口；12. 分隔板

（三）一种电解-紫外联合处理养殖循环水的系统

专利号：ZL201610007775. 0

授权日期：2017. 11. 14

专利权人：浙江大学

发明人：叶章颖，王朔，林孝昶，赵建，高薇珊，李海军，裴洛伟，朱松明

本发明公开了一种电解紫外联合处理养殖循环水的系统，该系统包括养殖池、涡旋分离器、电解槽、缓冲槽、活性炭处理器；养殖池的出水经涡旋分离器固液分离后一部分出水进入电解槽进行电解和紫外联合处理，另一部分出水直接进入缓冲槽，缓冲槽中的水经循环水泵后进入活性炭处理器，最后活性炭处理器出水回流到养殖池。本发明中所设计的电解紫外联合水处理设备能够提高氨氮和COD的去除速率，降低水体余氯浓度，杀菌彻底，不受水体浊度的影响，以期在循环水养殖中提供新的水处理技术（图10-16）。

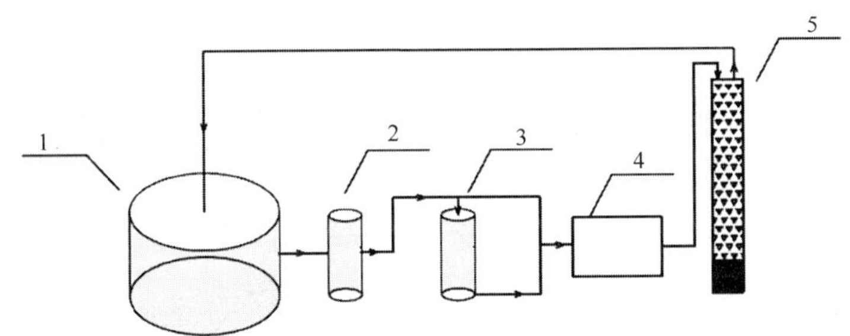

图10-16　电解-紫外联合处理系统的结构示意图

1. 养殖池；2. 涡旋分离器；3. 电解槽；4. 缓冲槽；5. 活性炭处理器

五、养殖用水综合处理技术

（一）工厂化循环水养鱼水处理方法

专利号：ZL200310114410. 0

授权日期：2006. 01. 25

专利权人：中国水产科学研究院黄海水产研究所

发明人：曲克明，宋德敬，马绍赛，薛正锐，杜守恩，王秉心

本发明提出的一种海水的工厂化循环水养鱼水处理方法，包括对养鱼池流出的海水过滤、增氧、消毒，并由循环泵将处理过的海水送至养鱼池内循环使用，其特点是：先将养鱼池流出的海水经全自动管道过滤器去除残饵和排泄物，再通过循环泵进入泡沫分离池去除部分悬浮物和蛋白质，然后，进入生物净化池去除氨氮，将净化过的海

水进行水温和 pH 值调节，接着通过紫外线消毒，再进入高效溶氧装置内增氧后进入自动水质监测系统，经过检测后的水又重新进入养鱼池内，完成一个循环。其工艺流程合理，运行管理方便，处理过的海水水质好，并具有适宜养殖鱼生长的较佳条件，既能保证鱼的高产、稳产，又能实现节水、节能、保护海洋环境的目的（图 10-17）。

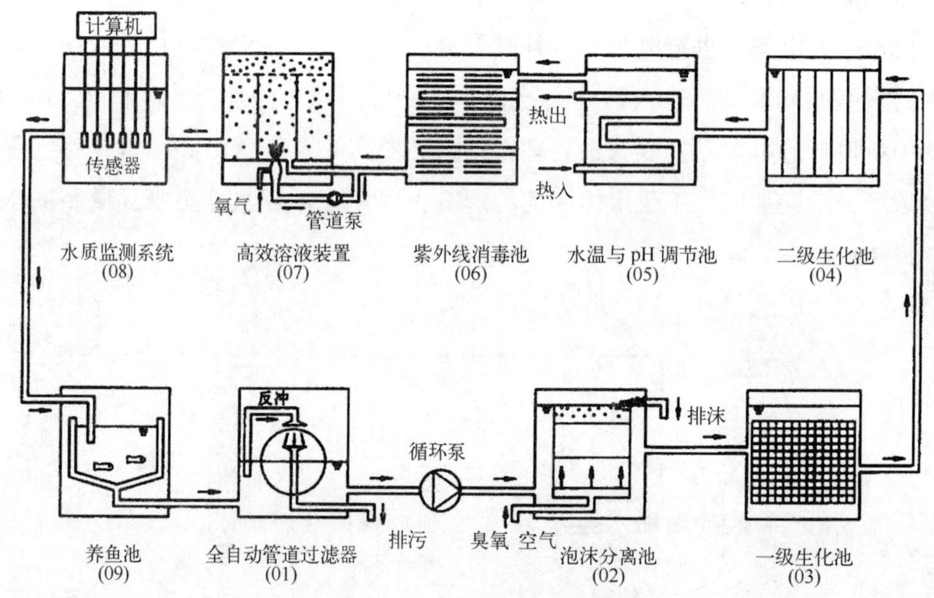

图 10-17　海水养鱼处理系统工艺流程图

（二）一种水产养殖循环水处理系统

专利号：ZL200910015889. X

授权日期：2011. 08. 10

专利权人：烟台泰华海珍品有限公司

发明人：赵学政，江声海，王秉心，吕建国

本发明涉及一种水产养殖循环水处理系统，特别是适用于亲鱼和名贵鱼类的养殖循环水处理系统，属于循环水处理系统技术领域。水产养殖循环水处理系统，其特征：采用养殖池与循环水处理池一体化结构，养殖池内的养殖池中心排水管连有排污插管和清排水兼拦沫管，养殖池通过清排水兼拦沫管与循环水处理池连通，循环水处理池包括循序贯通的生化处理池、调温消毒池与循环水泵池，循环水泵通过出水管与养殖池连通。本发明采用养殖池、生化处理、控温和消毒于一体的方法，大大降低了循环水泵的功耗，达到了节能的目的；达到了养殖不同种类和不同生长期的鱼类可以分别调控水流量、水温等运行参数和避免病害交叉感染的问题（图 10-18）。

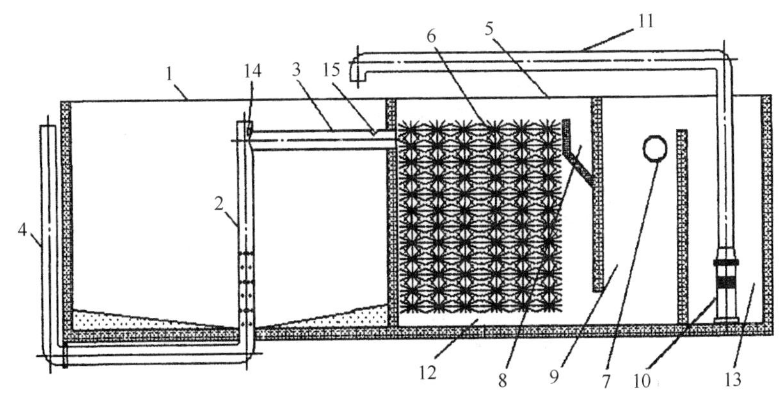

图 10-18　水产养殖循环水处理系统结构示意图

1. 养殖池；2. 养殖池中心排水管；3. 清排水兼拦沫管；4. 排污插管（排污时拔掉，循环时插上）；5. 循环水处理池；6. 生物滤料；7. 进水管；8. 集沫集渣槽；9. 调温消毒池；10. 循环水泵；11. 循环水泵出水管（养殖池进水管）；12. 生化处理池；13. 循环水泵池；14. 浮沫排出口；15. 排气孔

（三）水产品养殖循环水系统流量控制方法及其循环水系统

专利号：ZL201010291355.2

授权日期：2012.06.13

专利权人：大连汇新钛设备开发有限公司

发明人：孙建明，吴垠，吴斌，黄磊

水产品养殖循环水系统流量控制方法及其循环水系统，养殖循环水系统包括养殖池、循环水泵、微滤机、其他水处理装置和循环水控制系统，循环水控制系统由微滤机反冲频率判定模块和循环水泵控制模块组成，水产品养殖池循环水系统流量控制方法是用养殖池循环水系统中的微滤机反冲频率控制养殖池循环水系统流量，当微滤机反冲频率高过设定高限值时，加大循环水流量，当微滤机反冲频率低于设定低限值时，减小流量。与现有技术相比本发明的优点是：节省电能；流量的控制科学、可靠；系统简单，实施方便，投资小，效果显著（图 10-19）。

（四）工厂化养殖循环水处理装置

专利号：ZL201210539944.7

授权日期：2014.08.20

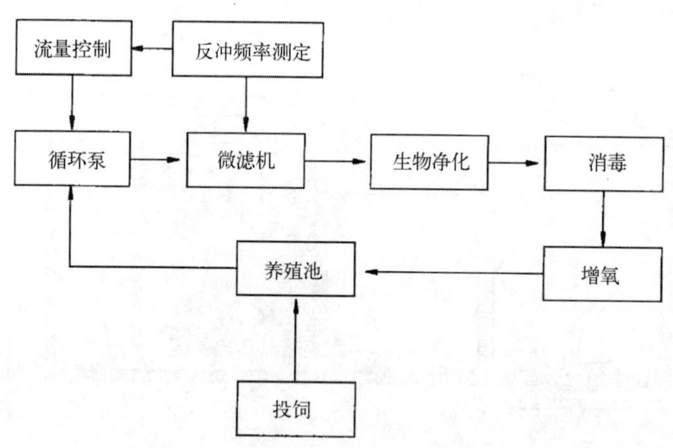

图 10-19 水产品养殖池循环水系统示意图

专利权人：浙江海洋学院

发明人：郭宝英，徐佳晶，尚晓明

本发明公开了工厂化养殖循环水处理装置，包括依次相连形成回路的固液分离池、氨氮处理池、泡沫分离池、紫外线杀菌装置和养殖池，其中：固液分离池的固液分离池体的池底向一侧倾斜并在底部附近设有排污管；固液分离池体的池底还均布有曝气盘；曝气盘上方设有间隙排布并斜向设置的固液分离盘；固液分离盘的下侧均布有密孔，并且固液分离盘还连接有固液分离出水管。本发明具有换水量小、水处理效果好、运行成本低廉、造价低、稳定性好、养殖密度大、可按需控制氨氮处理规模、病害控制效果好的优点（图 10-20）。

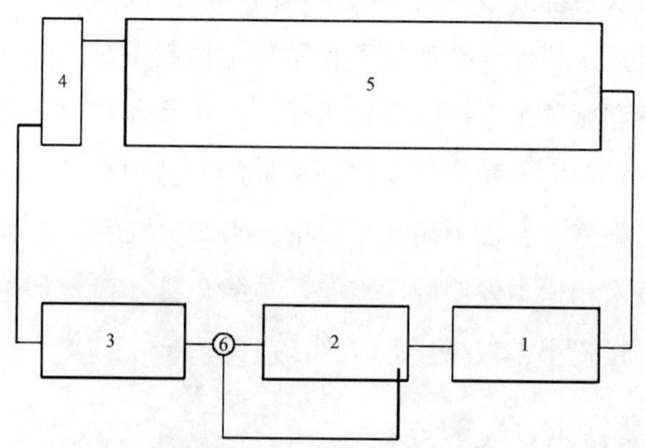

图 10-20 工厂化养殖循环水处理装置概念示意图

1. 固液分离池；2. 氨氮处理池；3. 泡沫分离池；4. 紫外线杀菌装置；5. 养殖池；6. 三通阀

（五）基于人工湿地的工厂化海水养殖外排水循环利用系统与方法

专利号：ZL201110268749.0

授权日期：2014.10.15

专利权人：中国水产科学研究院黄海水产研究所

发明人：崔正国，陈聚法，曲克明，马绍赛，徐宝莹，张海耿

本发明公开了一种基于人工湿地的工厂化海水养殖外排水循环利用的系统与方法，该系统与方法将两级人工湿地串联起来处理海水养殖外排水，并将污水、污泥无害化处理后进行循环利用。养殖外排水首先经沉淀池预处理后进入一级表面流、二级上行垂直流人工湿地，经净化处理后进入蓄水池并进行回用。污泥由沉淀池进入污泥收集池，经生物堆肥处理后用来种植耐盐蔬菜。同时利用反冲洗原理不定时对人工湿地的基质堵塞进行恢复。与现有的海水养殖外排水处理方法相比，本发明加强了脱氮除磷的效果，且投资与运行费用低，具有高效、生态、环保、经济的特点，便于推广应用（图 10-21）。

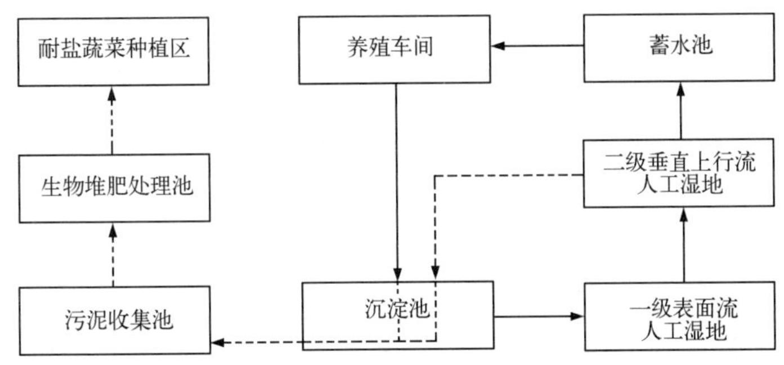

图 10-21　基于人工湿地的工厂化海水养殖外排水循环利用工艺流程图

（六）一种自净式循环水养殖系统

专利号：ZL201510190558.5

授权日期：2017.04.19

专利权人：武汉中科水生环境工程股份有限公司

发明人：刘志军，夏艳阳，黄小龙，严倩倩，陈媛媛，朱小丽

本发明公开了一种自净式循环水养殖系统，包括养殖塘以及与养殖塘相连的水平潜流人工湿地；所述养殖塘池体通过潜水泵以及人工湿地进水管接入水平潜流人工湿地；所述水平潜流人工湿地通过人工湿地出水管接入养殖塘池体；养殖用水由养殖塘通

过人工湿地进水管接入人工湿地，经人工湿地处理后经人工湿地出水管回流至养殖塘池体，形成循环。本发明提供自净式循环水养殖系统造流、曝气效果好，自净能力强，建造运行成本低，运行稳定简便（图 10-22）。

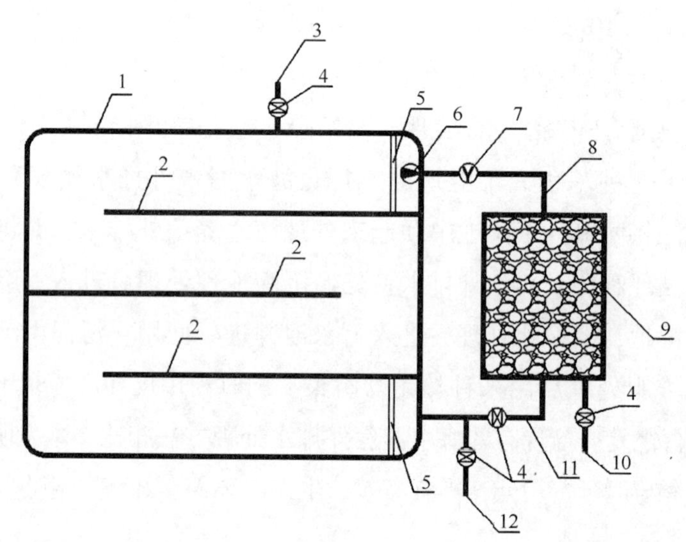

图 10-22　自净式循环水养殖系统的结构示意图

1. 养殖塘；2. 导流墙；3. 养殖塘放空管；4. 阀门；5. 拦鱼网；6：潜水泵；
7. Y 型过滤器；8. 人工湿地进水管；9. 水平潜流人工湿地；10. 人工湿地放空管；
11. 人工湿地出水管；12. 补水管

（七）养殖循环水处理系统及其工艺方法

专利号：ZL201510867681. 6

授权日期：2017. 09. 01

专利权人：中国水产科学研究院渔业机械仪器研究所

发明人：杨菁，宋红桥，管崇武

本发明涉及一种养殖循环水处理系统，包括组合式沉淀设施，三相内循环流化床，臭氧净化装置；组合式沉淀设施内由第一、第二内隔板分隔为三个腔体；前腔通过连接管道与养殖池连通，连接管道上端承插移动竖管，下端连接堵塞，堵塞接受第一步沉淀；自移动竖管上端溢出的养殖水在前腔内自由沉降，前腔接受第二步沉淀；前腔底部通过布水水管与中间腔连通，中间腔分为上层的滤料层和下层的布水结构层，中间腔接受第三步沉淀；后腔通过潜水泵进行一次提水，分别进入三相内循环流化床与臭氧净化装置；三相内循环流化床内置导流筒，导流筒下方设有布气均匀管道组件；圆柱罐体内还置有滤料；经出液口排出的净水流回至养殖池；经臭氧净化装置排出的净水流回至养殖池（图 10-23）。

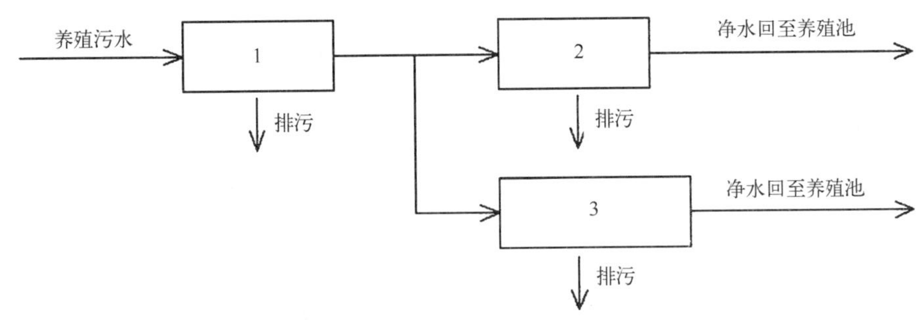

图 10-23　养殖循环水处理系统工艺流程图

1. 组合式沉淀设施；2. 三相内循环流化床；3. 臭氧净化装置

（八）循环水净化养殖系统

专利号：ZL201510649417. 5

授权日期：2017. 10. 24

专利权人：宜都市茂源生态农业有限公司

发明人：梁智博，梁皓钦，朱春燕，彭甜，朱春伟

一种循环水净化养殖系统，养殖区通过管路与梯级塘连接，梯级塘与净化调温系统连接，净化调温系统通过泵和管路与养殖区连接。所述的净化调温系统中，沉淀池与过滤井连接，在沉淀池与过滤井之间设有至少一个溢流槽，过滤井与调温井连接，过滤井除与调温井连接的部分为过滤壁之外，其余部分为阻水壁，调温井的上沿高于过滤井的上沿，调温井的深度大于过滤井的深度。在沉淀池中种植有挺水植物。本发明提供的一种循环水净化养殖系统，通过采用梯级塘湿地、净化调温系统和养殖区的组合，实现了养殖循环水的自然净化，净化过程中不会对环境形成负担，且水质满足养殖高水质要求水产品的标准（图 10-24）。

（九）一种池塘养殖的循环水处理系统

专利号：ZL201610061519. X

授权日期：2018. 03. 09

专利权人：泉州市明盛通讯技术有限公司

发明人：陈培安，曾丽琴，谢成忠

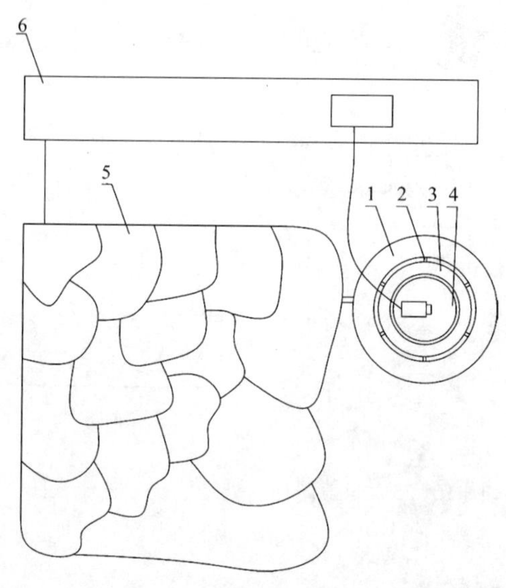

图 10-24　循环水净化养殖系统的整体结构俯视示意图

1. 沉淀池；2. 溢流槽；3. 过滤井；4. 调温；5. 梯级塘；6. 养殖池

本发明公开了一种池塘养殖的循环水处理系统，包括底座，所述底座的上表面安装有水槽，且水槽的一端与进水泵通过软管相连接，所述进水泵安装在进水泵座的上表面，所述底座的上表面安装有进水泵座，所述进水泵与第二进水管的一端相连接。该池塘养殖的循环水处理系统，采用自动检测水中含氧量、抽水、过滤、杀菌充氧及高压喷射循环系统，采用微过滤板对残饵、粪便、大颗粒悬浮物进行分离，同时水循环过程中利用臭氧的强氧化性，氧化破坏和分解细胞内酶而迅速使各种病源菌致死，采用高压水桶结构，让喷射出的高速水与空气充分接触，增加水中的含氧量，整个装置操作简单，循环效率高，效果好（图 10-25）。

六、增氧技术

（一）养鱼池循环水高效溶氧器

专利号：ZL200810014132. 4

授权日期：2010. 11. 17

专利权人：中国水产科学研究院黄海水产研究所

发明人：曲克明，桑大贺，俊赵，马绍赛，赵俊，徐勇

一种养鱼池循环水高效溶氧器，由管体、氧气流量计、水泵、注入器和管路构成；管体两端设有进、排水口，一端的上方设有贮气罐，贮气罐由回收气管接向氧

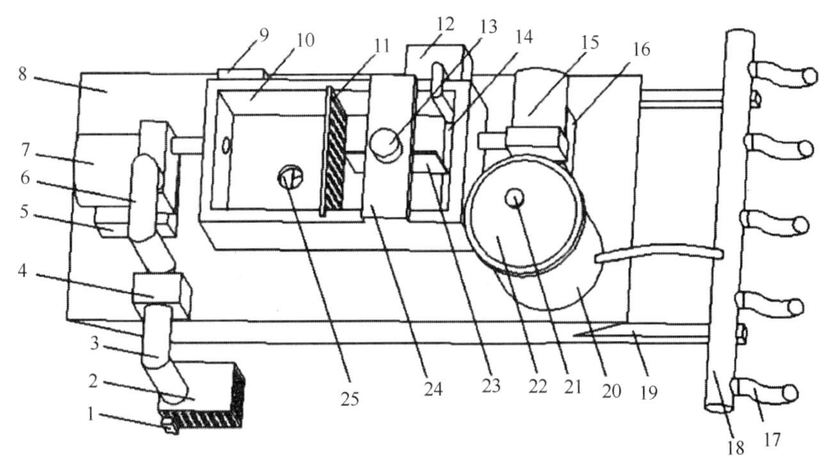

图 10-25　一种池塘养殖的循环水处理系统结构示意图

1. 氧气浓度检测装置；2. 保护罩；3. 第一进水管；4. 过滤器；5. 进水泵座；6. 第二进水管；7. 进水泵；8. 底座；9. 控制器；10. 水槽；11. 微过滤板；12. 臭氧发生器；13. 电机；14. 臭氧消毒管；15. 出水泵；16. 出水泵座；17. 高压喷头；18. 分流管；19. 支架；20. 高压水桶；21. 压力继电器；22. 水桶盖；23. 搅拌头；24. 电机支撑板；25. 电动挡片

气流量计的进气管；管体内设有接触混合器叶片；氧气流量计位于管体的上部，一端接有送气管；另一端接有进气管，进气管和出水管共同接向注入器；注入器下接出气-水管，其出气-水管的管口位于管体内部；水泵位于管体的上部，设有吸水管和出水管，吸水管管口位于管体内部，出水管与进气管相接；吸水管和出水管均有阀门进行控制。本发明设计简单、能耗小、成本低，氧气利用率高，氧气利用率>99%，便于生产管理和维护；是工厂化养殖实用的一种养鱼池循环水高效溶氧设备（图 10-26）。

（二）一种海水养殖水体一体化充氧净化方法

专利号：ZL201410252157. 3

授权日期：2016. 03. 09

专利权人：谢宇恒

发明人：谢宇恒

本发明属于海产品养殖水体处理技术领域，涉及一种海水养殖水体一体化充氧净化方法，先通过循环水泵将充氧与净化一体式装置与待处理的海水养殖水体连通，使水体沿进水管进入预旋筒中并快速旋转下行，同时形成初步负压区以吸入空气；吸入的空气与水体在缓冲腔中充分混合后沿加压溶气管下泄至底端，再经反射板上的齿状

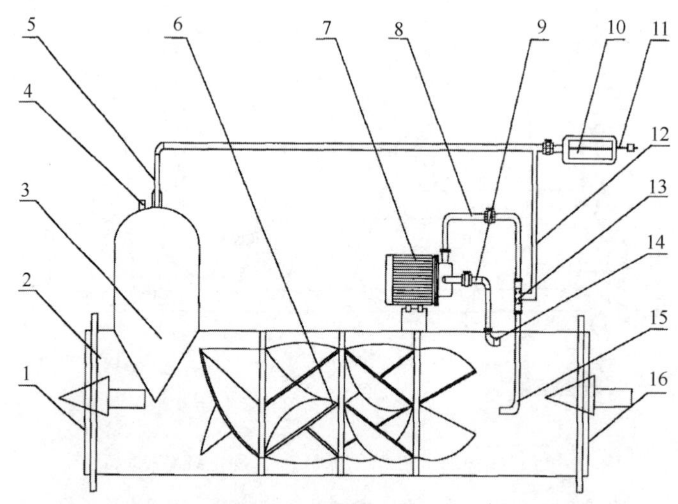

图 10-26　高效溶氧器结构示意图

1. 排水口；2. 管体；3. 贮气罐；4. 减压阀；5. 回收气管；6. 接触混合器叶片；7. 水泵；8. 出水管；9. 吸水管；10. 氧气流量计；11. 送气管；12. 进气管；13. 注入器；14. 吸水管口；15. 出气-水管；16. 进水口

突起对气泡进行切割；溶气后的水气混合液在生物净化箱体中逐渐渗透、浸漫生物滤料层以实现对水气混合液的净化；净化后的水体通过出水管排出以实现循环利用；其方法自动化水平高，适用范围广，处理效率高，处理时间短，涉及的装置结构简单，设计巧妙，原理科学，效率高，耗能低，环境友好（图 10-27）。

七、调光调温技术

（一）一种利用地下水加热的养鱼池装置

专利号：ZL201210361664. 1

授权日期：2013. 10. 02

专利权人：中国海洋大学

发明人：宋协法，董登攀

本发明涉及一种利用地下水加热的养鱼池装置。包括养鱼池、进水管、排水管、自动恒温混水阀，受自动控制装置控制的温度传感器、电动阀、深水泵，其特征是还包括与深水泵相连通的作为供热热源的深水井，和提供低温水的高位池。养鱼池的池底自下而上各层的结构分别为：绝热层、固定在钢丝网上的加热盘管、填埋加热盘管的

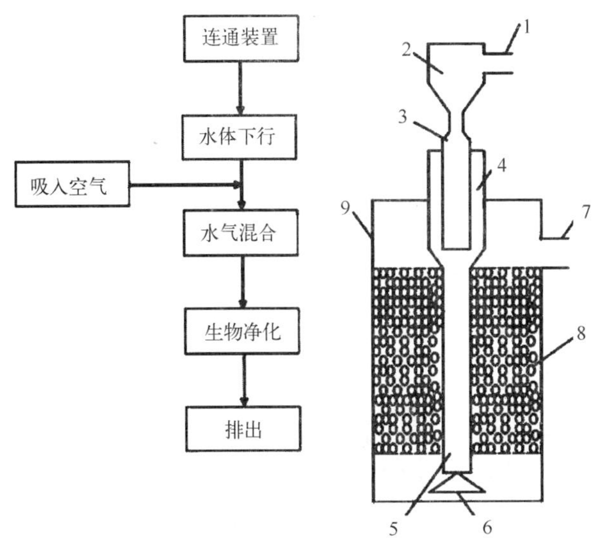

图 10-27 一体化充氧净化的步骤流程框图和装置的剖面主体结构原理示意图

1. 进水管；2. 预旋筒；3. 经喉管；4. 缓冲腔；5. 加压溶气管；6. 反射板；
7. 出水管；8. 生物滤料层；9. 生物净化箱体

填充层以及找平层和面层。上述深水井高温地下水和高位池低温水的管路交汇处皆设置有一个自动恒温混水阀。上述养鱼池池壁侧设置有多口多向的进水管。显然本发明可以实现单独控制每个养鱼池中的水体温度，满足养殖不同适温鱼类的需求。大大减少了能源的消耗和环境污染，有利于节能减排，而且拓展了地下水的利用形式（图 10-28）。

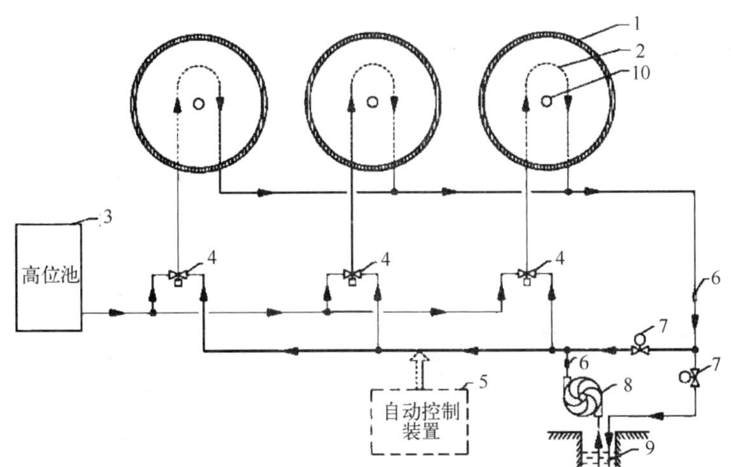

图 10-28 本发明的总体结构示意图

1. 养鱼池；2. 加热盘管；3. 高位池；4. 自动恒温混水阀；5. 自动控制装置；
6. 温度传感器；7. 电动阀；8. 深水泵；9. 深水井；10. 排水管

（二）一种促进大西洋鲑性腺发育成熟的光环境调控方法

专利号：ZL201410038031.6

授权日期：2016.02.03

专利权人：中国科学院海洋研究所

发明人：刘鹰，仇登高，迟良，徐世宏，宋昌斌，邱天龙，李贤，杜以帅

本发明属于水产养殖领域，是一种促进大西洋鲑性腺发育成熟的光环境调控方法。通过对繁殖季节或非繁殖季节的雌、雄大西洋鲑生活环境中的光色、光周期和光强的综合调控，经3~6个月的养殖，实现大西洋鲑卵巢和精巢的快速、同步成熟。本发明减少了传统的催产注射激素等方法所带来的应激性胁迫、提高了培育亲鱼的成活率，促进了性腺的同步发育（图10-29）。

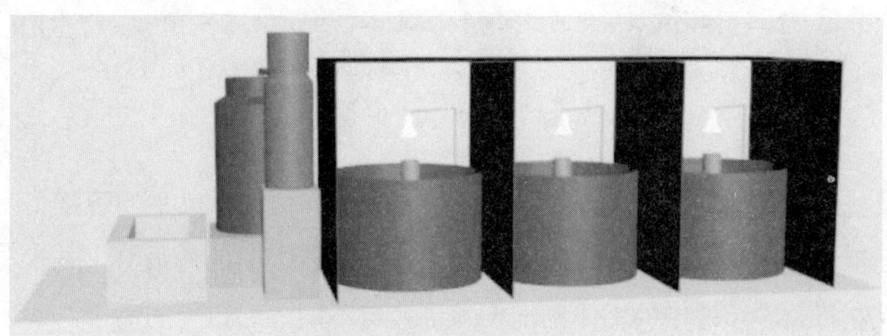

图10-29　光环境调控装置图

八、循环水养殖专用饲料与营养技术

（一）点带石斑鱼用复合预混料

专利号：ZL201310276262.6

授权日期：2014.11.19

专利权人：天津农学院

发明人：邢克智，陈成勋，王庆奎，郭永军，白东清，徐大为，于雯雯，徐赟霞，孙学亮，孙蓬

本发明公开了一种点带石斑鱼用复合预混料，由复合维生素和复合矿物质组成。每千克复合维生素包含：VA：7 000IU、VD_3：2 500IU、VE：7.8g、VK_3：1.0mg、VB_1：0.08g、VB_2：0.04g、VB_6：0.08g、泛酸钙：6.1g、烟酰胺：6.25g、叶酸：

0.02g、包膜VC：6.2g、肌醇：3.80g；其余为次粉；每千克复合矿物质包含：Na_2HPO_4：220g、KCl：80g、$MgSO_4$：14g、氨基酸螯合铁（12%）：43.7g、氨基酸螯合锌（10%）：2.0g、氨基酸螯合铜（10%）：2.4g、KI：0.10g、$CoCl_2$：0.20g、氨基酸螯合锰（8%）：3.6g；其余为轻质碳酸钙粉。本发明添加了氨基酸螯合态的铁、锌、铜、锰元素以及包膜VC，使本预混料使用效果更好。本品可使工厂化养殖模式下点带石斑鱼单位水体产量提高20%以上，饵料系数降低到1.3以下，大大提高饵料利用率。

（二）点带石斑鱼专用饲料

专利号：ZL201310276108.9

授权日期：2014.11.19

专利权人：天津农学院

发明人：邢克智，王庆奎，陈成勋，白东清，郭永军，于雯雯，孙学亮

本发明公开了一种点带石斑鱼专用饲料，由以下重量比的原料制成，鱼粉：40~50；豆粕：10~15；小肽6~10；虾粉：4~8；酵母粉：4~8；高筋面粉：12~16；鱼油：2~4；豆油：1~2；质量百分比为50%氯化胆碱：1；复合维生素：1；复合矿物质：4。本发明添加小肽后，可使每立方水体产量提高15%左右，饵料系数降低到1.5以下，从而大大提高饵料利用率。研究表明，小肽可直接被动物吸收并在细胞内作为合成蛋白质的底物，在氨基酸消化、吸收和代谢中起着重要作用；同时小肽还可提高饲料中微量元素的利用率，促进鱼体生长，增强鱼体免疫力。不仅丰富和发展了水产动物营养与饲料学的理论，而且可使养殖者获得更大的经济效益和社会效益。

九、循环水养殖系统病害防治技术

（一）鳗利斯顿氏菌亚单位疫苗抗原蛋白与应用

专利号：ZL200910020085.9

授权日期：2011.08.03

专利权人：中国科学院海洋研究所

发明人：肖鹏，莫照兰，王波，李杰

本发明涉及免疫学领域，是一种鳗利斯顿氏菌亚单位疫苗抗原蛋白与应用。鳗利斯顿氏菌LAHCP基因核酸碱基序列如序列表SEQ IDNO：1所示，其编码的蛋白即为鳗利斯顿氏菌亚单位疫苗抗原蛋白氨基酸序列表SEQ ID NO：2所示。所述鳗利斯顿氏菌

亚单位疫苗抗原蛋白具有激发鱼体对鳗利斯顿氏菌病的免疫力。本发明表达蛋白可激发鱼体产生特异性抗体，抵抗鳗利斯顿氏菌的感染，可用于水产鱼类养殖中鳗利斯顿氏菌引起疾病的预防中。该蛋白制备方法简单，可应用于大规模工业化生产。

（二）养殖鲆鱼腹水病二联灭活菌苗及制备方法

专利号：ZL200810153805.4

授权日期：2011.08.17

专利权人：天津市水产养殖病害防治中心

发明人：孙金生，耿绪云，王雪惠，薛淑霞，李翔，董学旺

本发明公开了一种养殖鲆鱼腹水病二联灭活菌苗及制备方法，养殖鲆鱼腹水病二联灭活菌苗用下述方法制成：①制备迟缓爱德华氏菌灭活菌苗；②制备溶藻弧菌灭活菌苗；③用生理盐水或pH=7.2、0.1M的无菌磷酸盐缓冲液分别将所述迟缓爱德华氏菌灭活菌苗和所述溶藻弧菌灭活菌苗调整浓度为108~1 012CFU/mL，再按迟缓爱德华氏菌：溶藻弧菌数量比为1∶0.1~3的比例混合均匀，即制成一种养殖鲆鱼腹水病二联灭活菌苗。本发明的菌苗能有效地防治养殖鲆鱼腹水病的发生和流行，避免了因大量使用抗生素而在鱼体内残留对人体造成的危害，提高养殖产品安全度，同时也不会对环境造成污染。

（三）一种迟缓爱德华氏菌弱毒活疫苗

专利号：ZL200710015285.6

授权日期：2012.08.22

专利权人：中国科学院海洋研究所

发明人：莫照兰，茅云翔，肖鹏，李杰，王波，杨佳银

本发明为水产养殖动物病害防治技术，涉及水产养殖细菌性疾病的弱毒疫苗，是一种迟缓爱德华氏菌弱毒活疫苗。迟缓爱德华氏菌毒株LSE40的esrB基因缺失弱毒突变株，所述迟缓爱德华氏菌突变株为MZLSE40esrB，其保存于中国微生物菌种保藏管理委员会普通微生物中心CGMCC，保藏编号为：CGMCC No.2087，其突变株MZLSE40esrB中不含外源抗生素筛选标记和外源基因片段。本发明弱毒疫苗相对于野生型迟缓爱德华氏菌具有明显的低毒性和免疫保护率，且不含任何外源的抗生素抗性标记和外源基因片段。经试验证明，本发明弱毒活疫苗可有效地保护易感鱼类免受致病性迟缓爱德华氏菌的感染。

（四）一种用于检测牙鲆感染β诺达病毒的特异性引物及其检测方法

专利号：ZL201110407736.7

授权日期：2012.11.28

专利权人：天津师范大学

发明人：孙金生，张亦陈，刘逸尘，耿绪云，顾中华，杜宏薇

本发明涉及用于检测牙鲆感染β诺达病毒的特异性引物及其检测方法。本发明针对靶基因序列的6个关联区域，设计4条特异性引物，确保检测的特异性和准确性；采用具有逆转录效力的方案，使整个检测可在一只PCR管中完成，只需一次加样，减少人为操作干扰，90min可完成检测，且不需昂贵设备；反应结束后加入SYBRGREENI染料即可通过肉眼快速辨识阳性结果，紫外辅助观察可进一步提高检测灵敏度，该方法的检出限与操作繁琐的RT-PCR相当；本发明检测样品可以是病灶组织的粗提液或是由其抽提的RNA，还可以是反转录获得的cDNA，因此非常适合用于现场定性和定量检测，在水产养殖病害防治中有着较高的推广应用价值。

（五）循环水养殖系统生物滤池自维护免接种方法及专用装置

专利号：ZL201110319978.0

授权日期：2013.03.20

专利权人：莱州明波水产有限公司

发明人：翟介明，李波，王秉心，杨景峰，李文升，庞尊方，贾祥龙，王晓梅

本发明是循环水养殖系统生物滤池自维护免接种方法及专用装置，在运行过程中净水微生物无需接种，生物滤池内的净水微生物通过回流手段不断得到繁殖与更新，将水中游离的各种净水微生物回流到前端来起到净水微生物接种的作用，保持和增强了生物滤池生物净化的能力，从而达到了生物滤池自维护免接种的目的，主要应用于工厂化循环水养殖水处理生物净化系统中（图10-30）。

十、养殖装置与养殖系统

（一）一种工厂化循环水养鱼系统及其使用方法

专利号：ZL201110075230.0

授权日期：2012.07.25

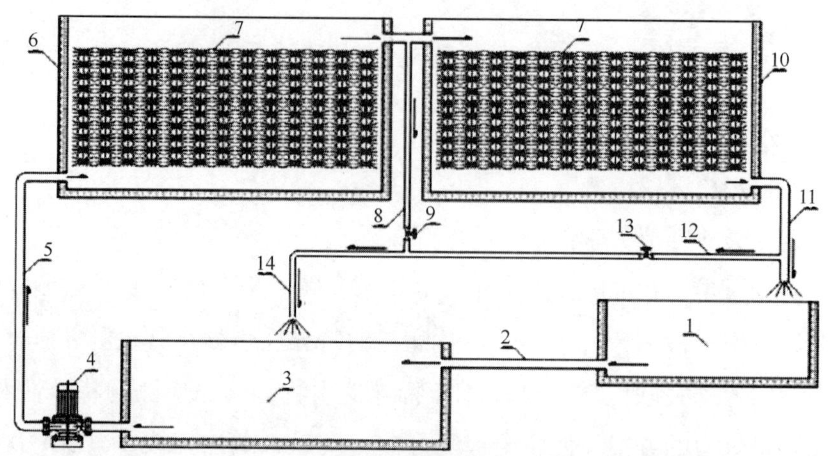

图 10-30　生物滤池自维护免接种工作原理示意图。

1. 养殖池；2. 水管；3. 缓冲调节池；4. 循环泵；5. 供水管；6. 前级生物滤池；7. 净水微生物的填料；8. 中段回流管；9. 第一流量阀；10. 后级生物滤池；11. 出水管；12. 末端回流管；13. 第二流量阀；14. 回流总管

专利权人：中国水产科学研究院渔业机械仪器研究所

发明人：张宇雷，宋奔奔，王健，胡伯成

本发明涉及水产养殖技术领域，一种工厂化循环水养鱼系统及其方法，包括鱼、沉淀截留池、生物移动床、网状滤料过滤池、调节池及回水增氧管。鱼池长方形，每个单元中水可成一个方向旋流，相邻单元旋向相反；沉淀截留池前半部分设多斗集污槽和排污穿空管，后半部分设立体弹性填料；生物移动床为前后两组串联，中间隔墙下部为若干大通孔结构，每组中间设置隔板，腔体内放置悬浮性滤料，横向布置曝气穿孔管；网状滤料过滤池和调节池并联设置下部相通，取用网状滤料，上覆滤网片；调节池为补充水、pH 浓度调节、加温、设置气提管。本发明投资低、效率高、节能省电、运行成本低，极大促进我国工厂化循环水养鱼事业发展（图 10-31）。

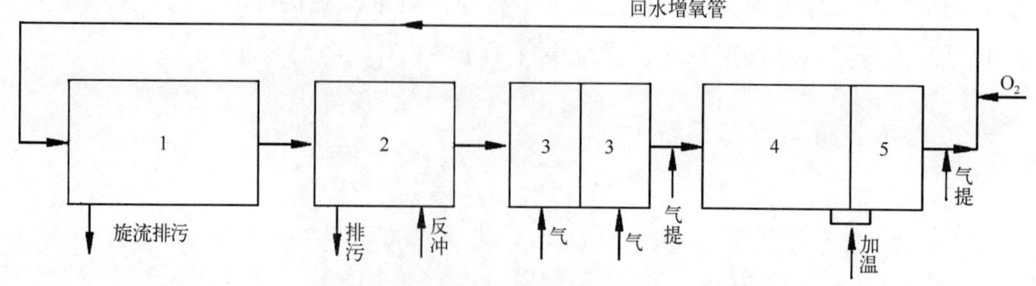

图 10-31　工厂化循环水养鱼系统的组成流程示意图

1. 鱼池；2. 沉淀截留池；3. 生物移动床；4. 网状滤料过滤池；5. 调节池

（二）一种养殖池

专利号：ZL201010189584.3

授权日期：2012.11.21

专利权人：广州中国科学院工业技术研究院

发明人：王晓铮，王小刚

本发明（图 10-32）公开了一种养殖池，包括池体，在所述池体内铺设有内外两层防渗膜，并且两层防渗膜之间留有间隙，由该两层防渗膜围成一个供循环水流过的循环水腔，在外层防渗膜上设有与该循环水腔相通的循环水入孔和循环水出孔。本发明采用循环水调节养殖池中水的温度，可以使养殖环境更适合生物的生长，提高养殖密度和成活率；本发明可以增加换热效率，降低海水对材料的腐蚀，从而提高海水养殖效益。

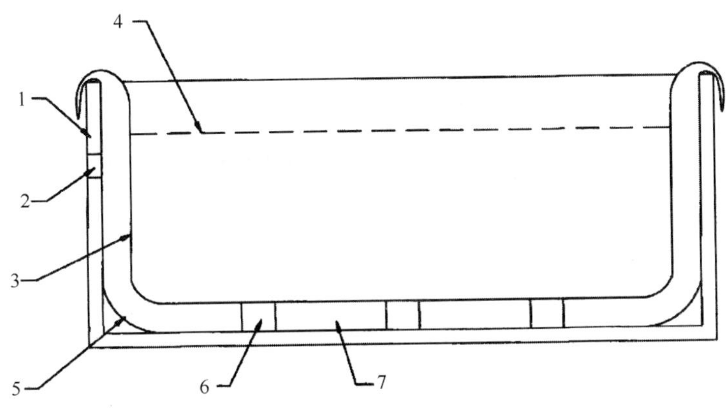

图 10-32　一种养殖池的结构示意图

1. 池体；2. 溢流口；3. 内层防渗膜；4. 水位线；

5. 外层防渗膜；6. 支撑件 7. 循环水腔

（三）节能型工厂化全封闭海水循环养殖工艺方法及其专用装置

专利号：ZL201110319496.5

授权日期：2013.03.27

专利权人：莱州明波水产有限公司

发明人：翟介明，李波，王秉心，杨景峰，李文升，庞尊方，贾祥龙，王晓梅

本发明是一种节能型工厂化全封闭海水循环养殖工艺方法及其专用装置。养殖池

的水进行涡流式分离、固液分离后进入缓冲调节池；经气浮反应净化后进入前后两级生物净化池，进行生物滤池自维护免接种，从两级生物净化池的出水端分别引出回流水进入循环系统。从后级生物滤池流出的其余的水进行第三级级生物过滤，然后进行消毒处理，并进入水质终端优化池，最终流到养殖池中，形成全封闭的循环水养殖系统。采用的循环水养殖在很大程度上避免了热量流失，因此可加大换水（循环）量，提高水的新鲜度，且比传统的流水养殖工艺节水、节能，减少了废水、废气排放量（图10-33）。

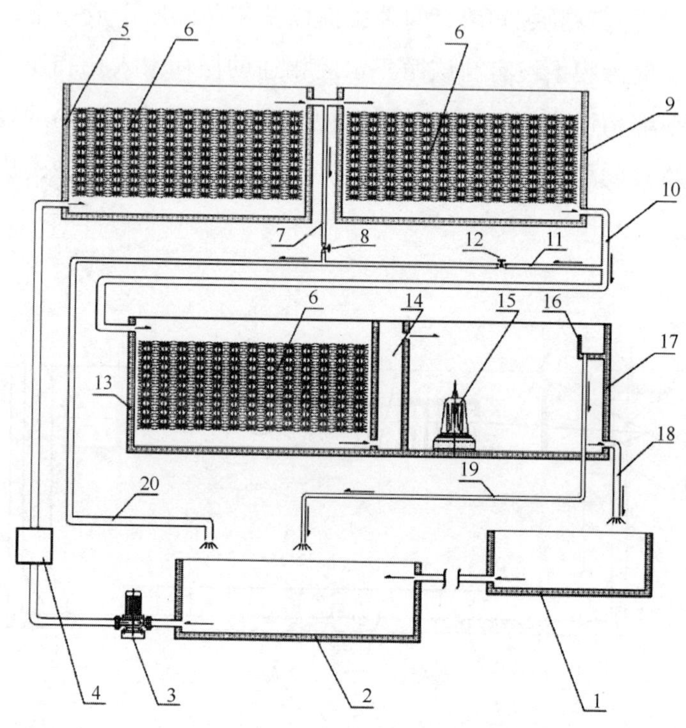

图 10-33　全封闭海水循环养殖专用装置的结构示意图

1. 养殖池；2. 缓冲调节池；3. 循环泵；4. 气浮反应净化装置；5. 前级生物滤池；6. 净水微生物的填料；7. 中段回流管；8. 第一流量阀；9. 后级生物滤池；10. 第一出水管；11. 末端回流管；12. 第二流量阀；13. 负压式脱气生物滤池；14. 紫外线消毒装置；15. 溶气气浮装置；16. 集沫槽；17. 水质终端优化池；18. 第二出水管；19. 回流管；20. 回流总管

（四）一种内陆地区养殖海水鱼的水循环系统及养殖方法

专利号：ZL201010261292. 6

授权日期：2013. 04. 03

专利权人：刘青华，须藤直美

发明人：刘青华，须藤直美

本发明涉及一种内陆地区养殖海水鱼的水循环系统及养殖方法，主要解决目前海水鱼在淡水和低盐度咸水养殖中工艺复杂、投资大、运行成本高、养殖品种的局限性大，成活率低，生长缓慢等技术难题。技术方案包括以下步骤：①循环水养殖系统的建立；②海水鱼幼鱼的低盐度梯度驯化：将海水培育的幼鱼通过半咸水暂养，制定逐级降低盐度驯化策略，经过半咸水阶段、低盐度阶段和超低盐度的三个梯度驯化；③生理盐制剂的添加：在养殖水中或饲料中添加对渗透压调节起关键作用的金属离子；④养殖管理：提供适宜温度、光照强度和日光照周期。本发明主要用于海水鱼在内陆地区的养殖（图 10-34）。

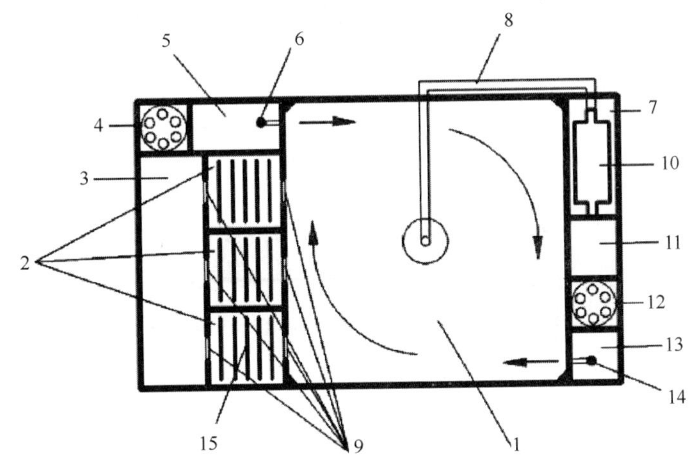

图 10-34　内陆地区养殖海水鱼的循环水养殖系统流程图

1. 养殖池；2. 过滤池；3. 生物净化池；4. 紫外线消毒器；5. 储水槽Ⅰ；6. 气提泵Ⅰ；7. 底层水过滤池；8. 底层水排水管；9. 过滤网；10. 固液分离器；11. 生物净化池Ⅱ；12. 紫外线消毒器Ⅱ；13. 储水槽Ⅱ；14. 气提泵Ⅱ；15. 斜板过滤器

（五）一种节能型工厂化循环水养殖系统及其操作方法

专利号：ZL201110332346. 8

授权日期：2013. 05. 01

专利权人：中国水产科学研究院渔业机械仪器研究所

发明人：王振华，管崇武，吴凡

本发明涉及一种工厂化养殖系统及其操作方法，一种节能型工厂化循环水养殖系统：鱼池经管路并联A循环和B循环再流回鱼池；所述A循环为：所述鱼池由管路依次经调节池、小流量变频水泵和生物滤塔再流回鱼池；所述B循环为：所述鱼池由管路依次经水力分离器、转鼓式微滤机、大流量变频水泵、移动床、脱气塔和多枪头喷淋增氧装置再流回鱼池。本发明达到了能产生和提高节能效果的一种工厂化循环水养殖系统及其操作方法的目的（图10-35）。

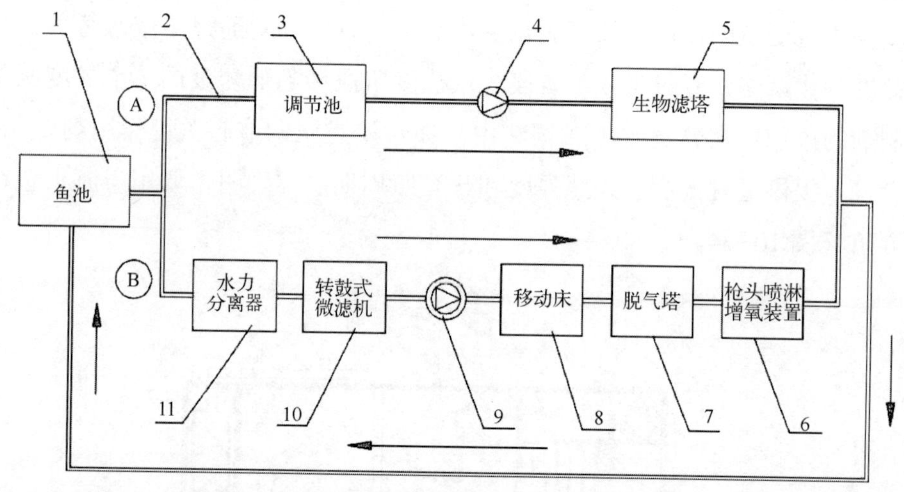

图10-35　节能型工厂化循环水养殖系统总体配置图

1. 鱼池；2. 管路；3. 调节池；4. 小流量变频水泵；5. 生物滤塔；6. 多枪头喷淋增氧装置；7. 脱气塔；8. 移动床；9. 大流量变频水泵；10. 转鼓式微滤机；11. 水力分离器

（六）棕点石斑鱼与鞍带石斑鱼的一种工厂化杂交育种方法

专利号：ZL201310001580.1

授权日期：2014.03.12

专利权人：莱州明波水产有限公司

发明人：翟介明，李波，武鹏飞，李文升，庞尊方，马文辉，刘江春，孙礼娟

本发明是棕点石斑鱼与鞍带石斑鱼的一种工厂化杂交育种方法，选择鞍带石斑鱼亲鱼和棕点石斑鱼亲鱼进行亲鱼培育，人工调控鞍带石斑鱼培育水温从23℃到20℃再到30℃，棕点石斑鱼亲鱼培育水温从23℃到20℃再到28℃，翌年5—6月份取鞍带石斑鱼成熟精液备用。挑选腹部明显膨胀，卵巢发育至Ⅳ期的雌鱼，注射催产剂，36h效应期后，捞取棕点石斑雌鱼进行人工挤卵，然后将收集的棕点石斑鱼卵与采集好的鞍带石斑精液按照体积比1 000∶1混合，加入海水完成受精，将受精卵放在孵化槽内，经过20h左右，收集上浮发眼卵，采用浓度0.3~0.5mg/L的臭氧进行消毒。实现

了棕点石斑鱼和鞍带石斑鱼杂交育种。

（七）一种一体化循环水养殖系统

专利号：ZL201110104168.3

授权日期：2014.05.21

专利权人：上海海洋大学

发明人：谭洪新，罗国芝，李平，梁洋洋，鲁璐

一种一体化循环水养殖系统，由养殖水槽、泡沫分离与脱气室、生物活性炭硝化反应室、低压式溶气室构成，其特征是养殖水槽排水结构，一路在养殖水槽底部排出引入生物絮凝体培养池，另一路在养殖水槽上部通过溢流孔流入泡沫分离与脱气室；养殖水中的悬浮颗粒物被泡沫分离与脱气室微细气泡吸附并上升至泡沫分离与脱气室顶部排出；养殖水通过泡沫分离与脱气室流入生物活性炭硝化反应室，再通过生物活性炭硝化反应室的硝化生物膜净化处理，从生物活性炭硝化反应室底部被抽出，抽出的养殖水 90%被直接送入低压式溶气室，10%被送入管道混合器进行纯氧、臭氧混合后，也被送入低压式溶气室，经处理后的养殖水从低压式溶气室底部排水孔流回养殖水槽（图 10-36）。

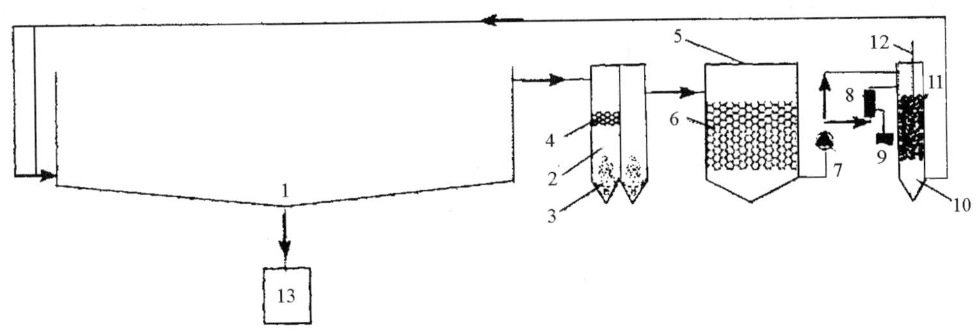

图 10-36　一体化循环水养殖系统的示意图

1. 养殖水槽；2. 泡沫分离与脱气室；3. 膜片式微孔曝气器；4. 直管式蜂窝填料；5. 生物活性炭硝化反应室；6. 直管式蜂窝填料；7. 提水泵；8. 管道混合器；9. 纯氧和臭氧发生器与控制组件；10. 低压式溶气室；11. PVC 生物球；12. 竖管；13. 生物絮凝体培养池

（八）一种双齿围沙蚕室内循环水蓄养方法

专利号：ZL201210577849.6

授权日期：2014.07.30

专利权人：山东省海水养殖研究所

发明人：王其翔，刘洪军，周健，田雨露，魏知军

本发明涉及一种双齿围沙蚕室内循环水蓄养方法，采用如下步骤：①蓄养准备；②循环蓄养水、供氧；③放养；④投饵；⑤培养环境控制；⑥蓄养过程中及时清理病、残、弱的双齿围沙蚕。本发明所述的一种双齿围沙蚕室内循环水蓄养方法是以双齿围沙蚕海水蓄养为基础，经用循环水蓄养方式改良而成。在保证蓄养沙蚕体活力的前提下，延长了蓄养双齿围沙蚕的存活时间，提高了蓄养密度。

（九）一种海水工厂化循环水养殖系统

专利号：ZL201210176143.9

授权日期：2014.10.22

专利权人：山东省海洋水产研究所

发明人：张利民，王际英，李宝山，黄炳山，陈玮

本发明涉及一种海水循环养殖系统，具体说是一种工厂化的海水循环水养殖系统，属海产品养殖技术领域。其包括养殖池、与养殖池通过管路顺序连接的残饵粪便分离系统、对水体内固体微颗粒残余物进一步分离的气浮系统、去除水体中有机污染物的地埋式生物水处理系统、对水体进行调温的地源热泵系统、对水体进行消毒处理的高位池和对养殖池内水体补充气体的充气增氧系统。本发明可大幅降低海水工厂化循环水养殖的投入成本和养殖过程中的能源消耗，提高海水资源的利用率，无 CO_2、SO_2等气体排出，节能环保；养殖废物得到回收，变废为宝；并具有工艺流程简单、所需水处理设备少等优点（图 10-37）。

（十）一种节能高效的循环水养殖方法

专利号：ZL201310233993.2

授权日期：2015.03.11

专利权人：中国水产科学研究院南海水产研究所中山衍生水产养殖有限公司

发明人：董宏标，张家松，罗愉城，李卓佳，梁柱华，揭亮

本发明涉及一种节能高效的循环水养殖方法，包括养殖池和水质净化区，养殖池中的污水经过水质净化区处理后循环利用，水质净化区处理污水包括以下步骤：过滤沉淀污水中的大颗粒物质；沉淀吸附污水悬浮颗粒；微生物硝化作用吸收分解污水中溶解性污染物质；沉淀吸附污水中悬浮颗粒物质；厌氧反硝化吸附分解污水中溶解性污

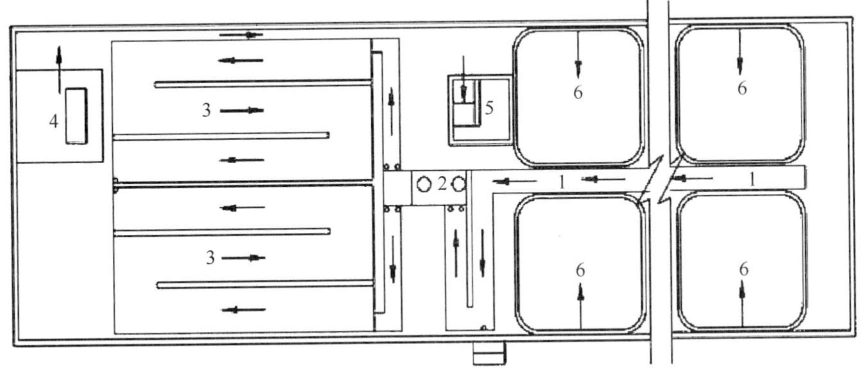

图 10-37　本发明平面结构示意图

1. 中间集水沟；2. 气浮系统；3. 地埋式生物水处理系统；4. 地源热泵系统；5. 高位池；6. 养殖池

染物质；去除污水中微生物因代谢所产生的废气并增氧。本发明在水质净化区内对养殖池产生的污水进行处理再循环返回养殖池，其中在水质净化区主要是利用物理方法和微生物多次过滤吸附悬浮颗粒和吸附分解溶解性污染物质，并在循环水入养殖池前进行曝气和增氧处理，通过上述的步骤，从而达到高效处理的目的。本发明可应用于水产养殖（图 10-38）。

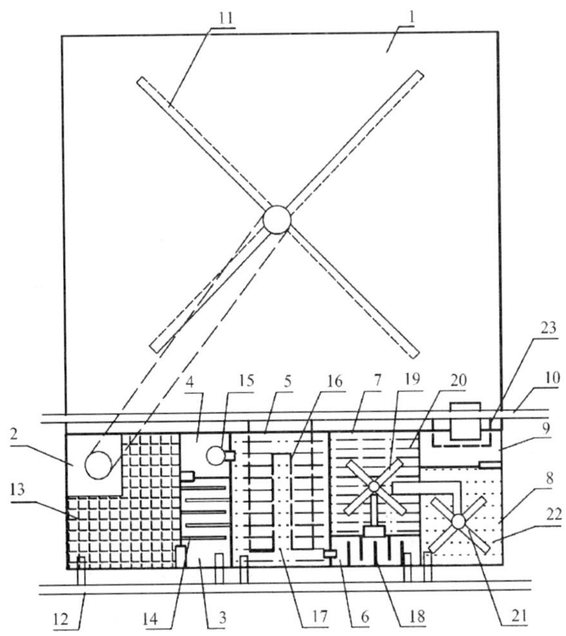

图 10-38　运用本发明的养殖方法进行养殖的系统的结构示意图

1. 养殖池；2. 初沉池；3. 二沉池；4. 蓄水提水池；5. 曝气过滤池；6. 悬浮颗粒沉淀池；7. 滤棉过滤池；8. 过滤平衡池；9. 出水蓄水池；10. 进气管；11. 吸污管；12. 排污管；13. 立体弹性填料；14. 第一筛绢网组；15. 提升泵；16. 曝气管；17：悬浮滤料；18：第二筛绢网组；19. 顶部布水管；20. 过滤棉框；21. 底部布水管；22. 珊瑚沙框；23. 微孔曝气管

（十一）变流式循环水养殖方法

专利号：ZL200910187576.2

授权日期：2015.06.24

专利权人：大连汇新钛设备开发有限公司

发明人：孙建明，吴垠，吴斌

变流式循环水养殖方法，是通过间隔式调节水泵的流量来间隔式调节养殖池内的循环养殖水的流速。本发明的优点是：养殖池内的水能得到更好的净化，从而增加养殖容量；使水体对养殖的鱼类刺激加强，从而刺激了养殖鱼类的运动强度和摄食强度，进而可提高鱼品的质量；可以提高水处理装置的运行效率，使水处理装置的整体能耗降低；可减少水处理装置整体投资强度（图 10-39）。

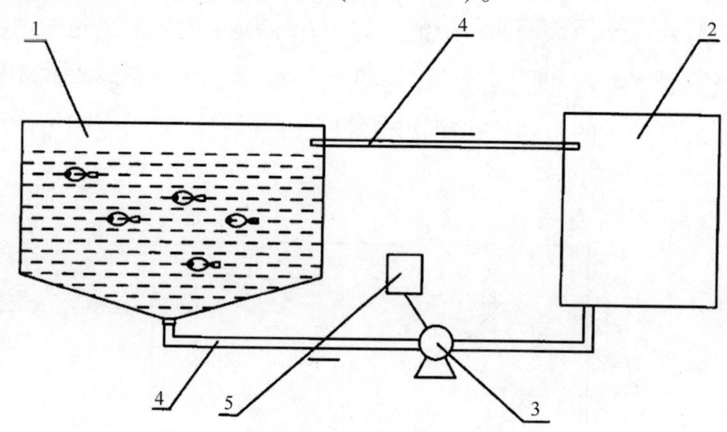

图 10-39　循环养殖方法设施示意图

1. 养殖池；2. 水处理装置；3. 水泵；4. 连接管路；5. 污染物浓度探头

（十二）可调式三通道圆形循环水养殖池

专利号：ZL201210488661.4

授权日期：2015.06.24

专利权人：广东海洋大学

发明人：俞国燕，魏武，王筱珍，鄢奉林，何真

本发明公开了一种可调式三通道圆形循环水养殖池。可调式三通道圆形循环水养殖池，包括圆形池体，所述圆形池体设有底流排污管、池中心排水管、边流排水管、进水管，所述底流排污管的入口设置在圆形池体中央的底部，池中心排水管的入口设置在圆形池体的中央的中上位置，边流排水管设置在圆形池体的边沿，边流排水管的

入口低于池中心排水管的入口且高于底流排污管的入口，所述进水管设置在圆形池体的侧壁处，且其出水方向相对于圆形池体可调。本发明可解决传统养殖池耗水量大、池底需人工定期清洗、水质环境不均匀等技术难题（图 10-40）。

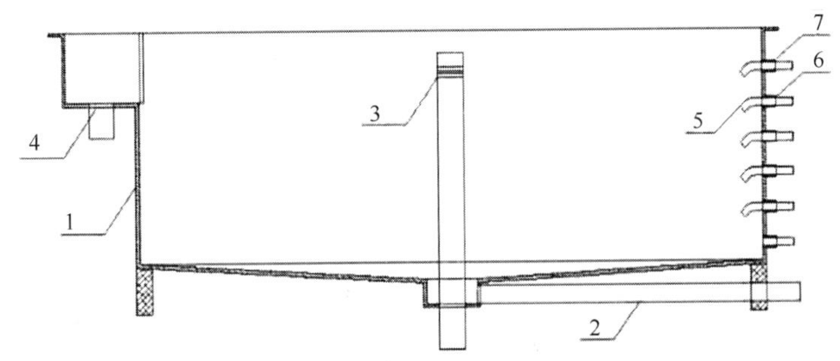

图 10-40　可调式三通道圆形循环水养殖池剖视图

1. 池体；2. 底流排污；3. 池中心排水管；4. 边流排水管；5. 进水管；6. 密封圈；7. 套管

（十三）珍珠龙胆石斑鱼和斑石鲷工厂化循环水混合养殖方法

专利号：ZL201410804607. 5

授权日期：2015. 07. 29

专利权人：中国水产科学研究院黄海水产研究所

发明人：刘宝良，赵奎峰，王国文，雷霁霖，高淳仁，贾瑞，韩岑

珍珠龙胆石斑鱼和斑石鲷工厂化循环水混合养殖方法，本发明属于水产养殖技术领域，选取珍珠龙胆石斑鱼体重为 30~40g，斑石鲷体重为珍珠龙胆石斑鱼 1. 5~2. 0 倍，调整珍珠龙胆石斑鱼养殖密度为 80~120 尾/m^3，斑石鲷放养密度为珍珠龙胆石斑鱼 1/6~1/5。本发明将珍珠龙胆石斑鱼和斑石鲷幼鱼混合放养于循环水养殖系统，通过调整两种海水鱼放养规格、放养顺序、养殖密度比、管理策略和水质条件，降低或避免种间竞争，实现珍珠龙胆石斑鱼和斑石鲷混合养殖，提高单位水体养殖效率。

（十四）斑石鲷和半滑舌鳎工厂化循环水混合养殖方法

专利号：ZL201410801888. 9

授权日期：2015. 07. 29

专利权人：中国水产科学研究院黄海水产研究所

发明人：刘宝良，雷霁霖，高淳仁，赵奎峰，王国文，贾瑞，韩岑

一种斑石鲷和半滑舌鳎的工厂化循环水混合养殖方法。属于水产养殖技术领域，

本发明将斑石鲷幼鱼和半滑舌鳎混合放养于循环水养殖系统，通过调整两种海水鱼放养规格、放养顺序、养殖密度比、管理策略和水质条件，降低或避免种间竞争，实现斑石鲷和半滑舌鳎混合养殖，提高单位水体养殖效率。本发明可有效避免两种鱼类种间竞争、高效利用养殖水体空间，降低养殖水体控温成本，显著提高单位水体养殖效率，增加养殖池内水流速度，提高养殖池内粪便等颗粒物排除效率，降低循环水养殖系统水处理压力，显著提高养殖系统养殖生物承载量。本发明为海水鱼类工厂化循环水养殖提供了一种新思路和新方法。

（十五）藻相水系虾贝连体循环水养殖系统

专利号：ZL201310504048.1

授权日期：2015.09.09

专利权人：浙江海洋学院

发明人：张学舒

本发明涉及水产品养殖技术领域，具体涉及一种藻相水系虾贝连体循环水养殖系统。该系统包括：位于中心的贝类养殖池、环绕贝类养殖池的环形结构的对虾养殖池和外部的水处理装置，贝类养殖池的水位高于对虾养殖池的水位，贝类养殖池设有通向对虾养殖池内的溢流式出水口，对虾养殖池内设有排水口，排水口通过管路与水处理装置相连，水处理装置通过管路与设于贝类养殖池的贝类池布水管相连。该系统具有成本低、能耗低、自体净化、高产出等特点，可取代开放式集约化对虾养殖、全封闭式循环水对虾养殖及贝类围塘养殖，广泛应用于集约化水产养殖行业（图 10-41）。

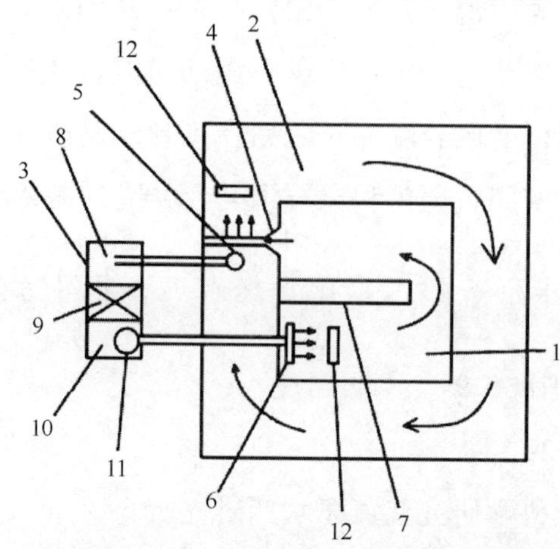

图 10-41　本发明的结构示意图

1. 贝类养殖池；2. 对虾养殖池；3. 水处理装置；4. 溢流式出水口；5. 排水口；6. 贝类池布水管；7. 半留式分隔墙；8. 出水井；9. 过滤井；10. 回水井；11. 循环水泵；12. 高溶氧散气设备

（十六）循环水高密度生态养殖系统

专利号：ZL201310249172. 8

授权日期：2015. 12. 23

专利权人：江苏福瑞水产养殖有限公司

发明人：郑强，郑荣宁

本发明是一种循环水高密度生态养殖系统，设有集中饲养区和循环水质净化区，集中饲养区的出水端设置有废物沉淀池，在进水端和出水端之间通过隔墙分隔成若干间独立的养殖通道，每个养殖通道的进水端至出水端倾斜的坡度为 1. 5%～3%，每个养殖通道的前后端都装有挡鱼网，在每个养殖通道的进水端均设有独立的推水装置。本发明通过循环水养殖可以进行高密度养殖，同时可以在各个养殖通道中投放品种不一、不能一起饲养的鱼类，这样一个养殖池塘就可以养殖多品种鱼，并且管理面积小，便于捕捞，投料集中，并且给鱼治病也方便，集中饲养区由水泥制成，因此一次建成反复使用，使用成本低，维修简单（图 10-42）。

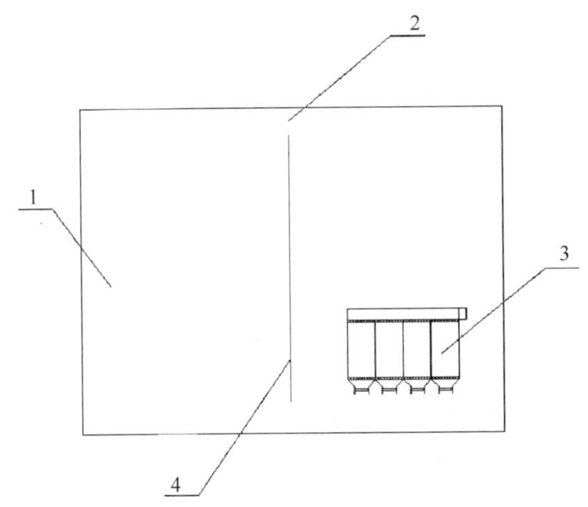

图 10-42　本发明的结构示意图

1. 循环水质净化区；2. 水循环口；3. 集中饲养区；4. 隔水坝

（十七）平位三渠道循环水养鱼方法

专利号：ZL201410319081. 1

授权日期：2016. 01. 13

专利权人：秦皇岛粮丰海洋生态科技开发股份有限公司

发明人：王志敏

本发明公开了一种平位三渠道循环水养鱼方法。主要利用天然海水、地下咸水、地下淡水和地热水调配并循环净化再利用，建造生产无公害健康海鲜食品工业化养殖基地。特点是采用给水渠道向养鱼池供水，使养鱼池、水泵槽、分水池、生物滤池、紫外线消毒池、给水池和给水渠道等设施的上部都建在同一平面上不形成水位差，降低循环水泵的扬程；一个养鱼车间两排养鱼池共用一套循环水净化设施，实现了节能和高效，降低成本（图 10-43）。

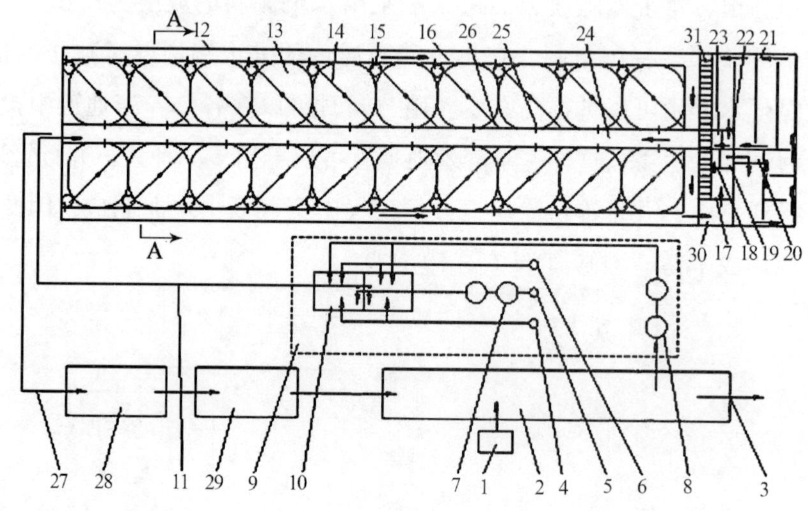

图 10-43　一种平位三渠道循环水养鱼方法的系统配置

1. 沿海扬水站；2. 蓄水沉淀池；3. 排水闸；4. 地热井；5. 咸水井；6. 淡水井；7. 第一砂滤池；8. 第二砂滤池；9. 配水车间；10. 配水池；11. 给水管道；12. 养鱼车间；13. 养鱼池；14. 回水管道；15. 旋流沉淀池；16. 回水渠道；17. 微滤机过滤池；18. 水泵槽；19. 末端分水池；20. 泡沫分离池；21. 生物滤池；22. 紫外线消毒池；23. 水池；24. 给水渠道；25. 输水管；26. 排污管道；27. 地沟；28. 一级污水处理池塘；29. 二级污水净化池塘；30. 前端分水池；31. 过道

（十八）藻菌水系对虾循环水养殖系统

专利号：ZL201310504060. 2

授权日期：2016. 03. 02

专利权人：浙江海洋学院

发明人：张学舒

本发明涉及水产品养殖技术领域，具体涉及一种藻菌水系对虾循环水养殖系统，包括：养殖池，养殖池上方设置有附带可调光照强度设施且覆盖养殖池上方的屋顶，养殖池的池底由四周向中央逐渐倾斜且池底中央设有排水口，养殖池的养殖面积为400~1 000m^2，养殖池为圆形或倒角的正方形；水处理装置，依次由出水井、过滤机槽、回水井、循环水泵和泡沫气浮塔组成，排水口通过管路与出水井相连，出水井依次与过滤机槽、回水井及循环水泵相连，循环水泵通过管路与泡沫气浮塔相连，泡沫气浮塔通过管路与设于养殖池周边的切线布水管相连。本发明具有成本低、能耗低、自体净化、高产出等特点，可广泛应用于集约化水产养殖行业（图 10-44）。

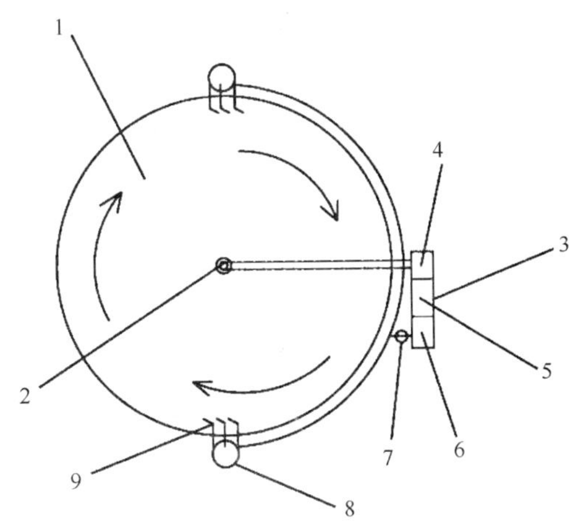

图 10-44　本发明的结构示意图

1. 养殖池；2. 排水口；3. 水处理装置；4. 出水井；5. 过滤机槽；
6. 回水井；7. 循环水泵；8. 泡沫气浮塔；9. 切线布水管

（十九）一种水蛭养殖管道循环水系统

专利号：ZL201410319681. 8

授权日期：2016. 03. 16

专利权人：靖江市明星水蛭养殖专业合作社

发明人：陶桂庆，王建国，熊良伟，侯君

一种水蛭养殖管道循环水系统，包括主水管、水泵、喷水管；在养殖池塘的池堤上方设置有主水管，主水管设置成 U 形，U 形的底端与水泵连接，U 形的内侧两边对称设置有若干根喷水管，喷水管的下方设置有支持桩，使喷水管高出池塘水位高度

20~30cm；U形口相对的养殖池塘的下部设置有排水口，排水口与出水管相通，出水管的另一端与出水控制管相连，并设置在排水渠中。本发明结构简单、成本低，为池塘补充新鲜洁净的水；在池塘中形成微水流，底部污物能及时被分解，减少了水蛭疾病的发生。同时在夏季高温时节，持续水流能起到降温作用，减少水蛭高温疾病的发生率，使水蛭养殖的成活率达到80%以上（图10-45）。

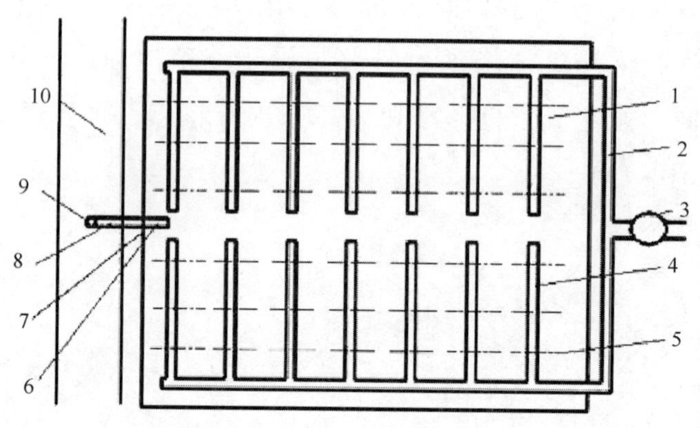

图10-45　本发明平面图

1. 养殖池塘；2. 主水管；3. 水泵；4. 喷水管；5. 水流呈弧形；6. 排水口；7. 池堤；8出水管；9. 出水控制管；10. 排水渠

（二十）一种规模化牡蛎苗种高密度培育系统

专利号：ZL201410355641. 9

授权日期：2016. 03. 16

专利权人：中国科学院海洋研究所

发明人：邱天龙，刘鹰，郑纪盟，曾志南，祁剑飞，张校民

本发明属于水产养殖工程领域，是一种规模化牡蛎苗种高密度培育系统，海水经源水处理装置净化后进入生物净化池，经水泵增压流经饵料滴流泵注料口，携带高浓度饵料的海水经环形喷淋式进水管进入高密度养殖容器，水流辐聚到养殖容器锥形体底部经气提式导流管提升，通过组合式滤鼓流出养殖容器再次进入净化池。净化池设有多孔纤维滤棉、生物填料以及微藻活力恢复装置；气提式导流管内部连接空气曝气管。本发明饵料利用率显著提高，培育用水实现封闭循环利用，有效克服了传统贝类育苗占地面积大、用水量多、饵料利用率低、劳动操作量繁重等缺点（图10-46）。

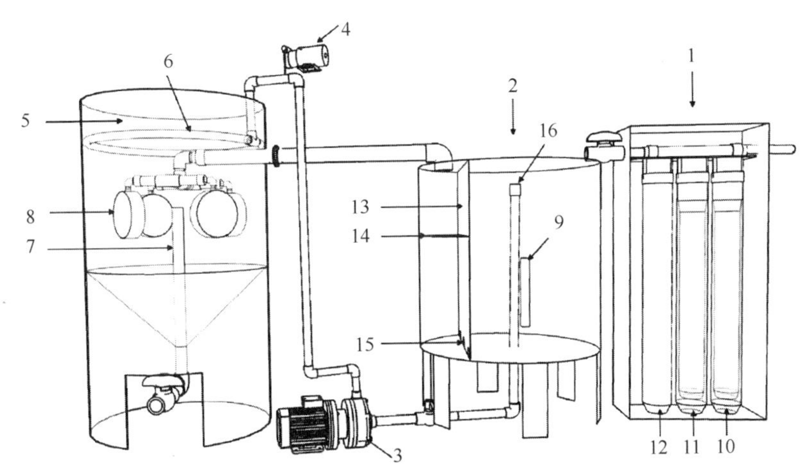

图 10-46 本发明的整体结构示意图

1. 源水处理装置；2. 生物净化池；3. 水泵；4. 饵料滴流泵；5. 高密度养殖容器；6. 环形喷淋式进水管；7. 气提式导流管；8. 组合式滤鼓；9. 微藻活力恢复装置；10. 超微滤膜；11. 活性炭滤芯；12. 紫外灭菌灯；13. 中央隔板；14. 网格状隔层；15. 孔；16. 汇水口

（二十一）货柜模组生态循环水产养殖系统

专利号：ZL201310050547.8

授权日期：2016.05.11

专利权人：李锡达

发明人：李锡达

本货柜模组生态循环水产养殖系统包括养殖单元、生物过滤单元和物理过滤单元共三个单元。养殖单元的水位保持为较物理过滤单元的水位高；还包括第一直向水管，其连通养殖单元底部和物理过滤单元底部，养殖单元的水根据底部相通的连通器内液面相平的原理，自动经第一直向水管导流至物理过滤单元；第二直向水管，其连通物理过滤单元上部和生物过滤单元上部。物理过滤单元的水经第二直向水管溢流至生物过滤单元；第三纵向水管，其底部连通生物过滤单元底部，顶部连通养殖单元上部。生物过滤单元的水根据底部相通的连通器内液面相平的原理自动导流至第三纵向水管；以及设于第三纵向水管的曝气装置，使第三纵向水管上部的水连同曝气形成的气泡溢出至养殖单元（图 10-47）。

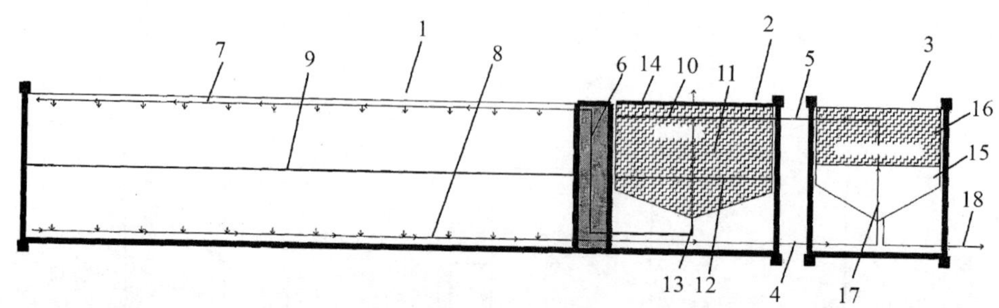

图 10-47　本货柜模组生态循环水产养殖系统实施例的结构示意图

1. 养殖单元；2. 生物过滤单元；3. 物理过滤单元；4. 第一直向水；5. 第二直向水管；
6. 第三纵向水管；7. 养殖单元进水管；8. 养殖单元排水管；9. 养殖单元曝气管；10. 进水管；
11. 硝化细菌；12. 曝气管；13. 排水口；14. 顶盖；15. 沉淀池；16. 多层过滤层；
17. 物理过滤单元排水管；18. 物理过滤单元排污管

（二十二）一种鲆鲽鱼类工程化池塘循环水养殖系统

专利号：ZL201410468716.4

授权日期：2016.05.11

专利权人：中国水产科学研究院黄海水产研究所

发明人：柳学周，徐永江，史宝，刘新富，孙中之，孟振

一种鲆鲽鱼类工程化池塘循环水养殖系统，属海水养殖技术领域，它包括蓄水池塘、回水处理池塘、粗滤池塘、联体组合养殖池塘、进排水系统、增氧设备和水质监测系统。本发明系统一方面延用传统的土池养殖模式，养殖鲆鲽鱼类在类似野生的环境下生长，提高养殖鲆鲽鱼类的品质；同时本发明对室外养殖土池进行工程化和系统化设置和布局，实现了鲆鲽鱼类池塘养殖的工厂化和信息化管理，养殖牙鲆等鲆鲽鱼类产量可达 1 000~2 000kg/亩，较传统大型单体池塘养殖提高 5~10 倍，养殖效率和经济生态效益大大提高（图 10-48）。

（二十三）一种室内循环水立体养殖红沙蚕的方法

专利号：ZL201410182514.3

授权日期：2016.06.15

专利权人：王连成

发明人：王连成

一种室内循环水立体养殖红沙蚕的方法属于水产品养殖领域，它包括水产品生态

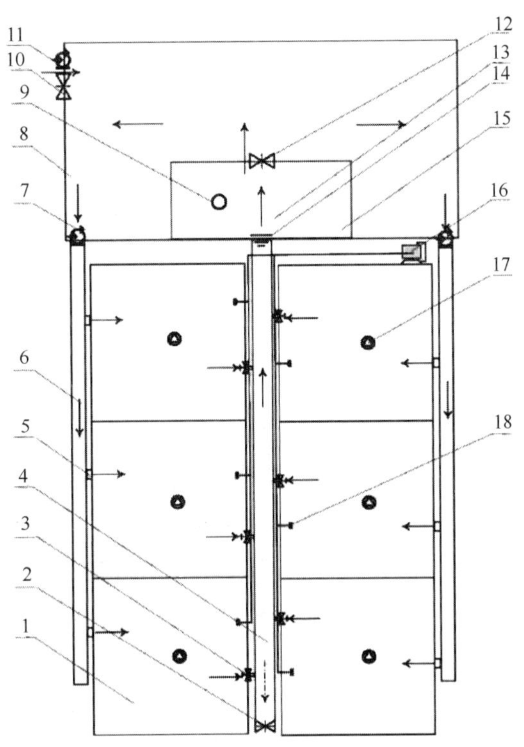

图 10-48　鲟鳇鱼类工程化池塘循环水养殖系统平面结构示意图

1. 单体养殖池塘；2. 系统总排水闸门；3. 排水闸门；4. 排水管道；5. 进水口；6. 进水渠道；
7. 进水渠道水泵；8. 蓄水池塘；9. 曝气机；10. 蓄水池塘进水闸门；11. 蓄水池塘提水泵；
12. 上下双层溢水闸门；13. 粗滤池塘；14. 粗滤池塘进水口；15. 回水处理池塘；
16. 水质数据分析终端；17. 增氧机；18. 水质监测传感器

养殖装置和养殖方法。室内循环水恒温立体养殖，可使养殖厂房的利用率达到 130%~160%；可以随意安排全年四季生产；适宜的水温加饱和的溶氧供给，可提高养殖密度、成活率、减少养殖生产周期；全方位的保温处理，可以降低养殖成本；饵料荤素搭配更有营养；用浒苔作为沙蚕的附着培养基，蚕体长得健壮肥大、成活率更高，系统的自净能力增强，养殖箱的水质、底质得以改善，可以大大提高养殖水体的养殖容量，获得高产稳产；同样付出，养殖经济价值高的红沙蚕，可获更高的收益；室内循环水立体养殖沙蚕被认为投资较大，但长期看可获得比其他养殖方式高数倍的效益。

（二十四）土基大棚网箱的循环水养殖黄鳝的方法

专利号：ZL201410468047.0

授权日期：2016.08.17

专利权人：华中农业大学

发明人：李大鹏，亓成龙

本发明公开了一种土基大棚网箱的循环水养殖黄鳝的方法，包括以下步骤：①养殖区域的选址；②建造养殖大棚和蓄水池；③架设网箱。本发明通过遮阳保温棚、网箱、养殖大棚和蓄水池来实现对黄鳝养殖条件的控制，进而达到稳定增产的目的。本发明较于单纯的池塘网箱养殖有着养殖条件可控、养殖周期长、病害少、易管理的优点，又不需要工厂化养殖黄鳝那样巨大的前期投入，是一种低成本高收益的黄鳝养殖设施，具备黄鳝养殖周期增长，产量较高且稳定，病害少、易管理的优点（图 10-49）。

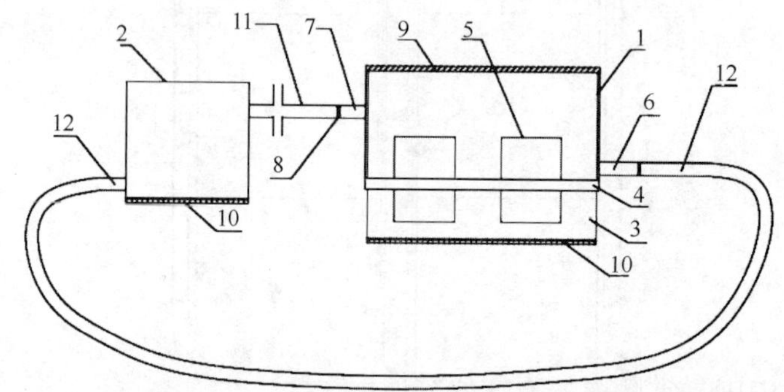

图 10-49　土基大棚网箱的循环水养殖黄鳝的设备整体结构示意图

1. 养殖大棚；2. 蓄水池；3. 养殖池；4. 围堰；5. 网箱；6. 排水管；7. 进水管；8. 滤网；9. 遮阳保温棚；10. 防渗布；11. 进水沟渠；12. 排水沟渠

（二十五）一种层叠货架式立体水产养殖装置

专利号：ZL201410576812. 0

授权日期：2016. 10. 05

专利权人：中国水产科学研究院渔业机械仪器研究所

发明人：张宇雷，陈翔，单建军

本发明涉及一种层叠货架式立体水产养殖装置，包括支架，支架上设置多层支撑结构，多层支撑结构上分别设置水平的导轨，导轨上设置鱼池，鱼池呈长条形，导轨的方向为鱼池的宽度方向；所述鱼池内的一端为进水端，并设置推流板，推流板由电机进行驱动；鱼池的另一端设置落水孔，落水孔上部设置溢流管；每层鱼池与落水孔对应的下方设有导水槽，导水槽侧面设有出水孔；每层支撑结构与导轨对应位置处设置气缸，气缸推动/拉动鱼池沿导轨滑动，滑动时，落水孔的运动轨迹位于导水槽的范围之内（图 10-50）。

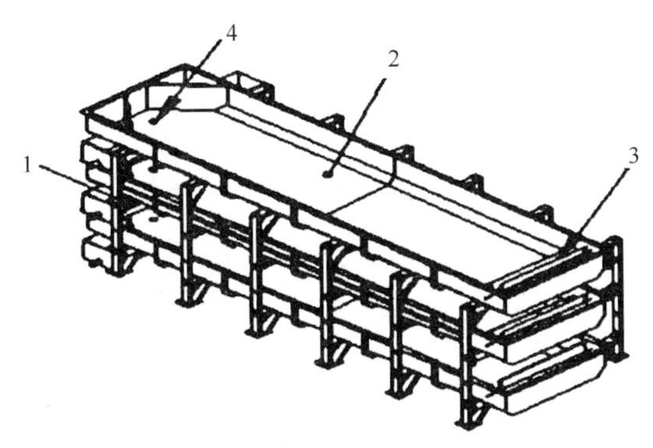

图 10-50　层叠货架式立体水产养殖装置立体示意图

1. 气缸；2. 鱼池；3. 推流板；4. 落水孔

(二十六) 一种生态型海水名贵鱼类工厂化循环水养殖系统

专利号：ZL201210258211.6

授权日期：2016.10.12

专利权人：中国科学院南海海洋研究所

发明人：罗鹏，胡超群，张吕平，夏建军，钟鸣，江海英

本发明公开了生态型海水名贵鱼类工厂化循环水养殖系统，包括养殖池、初级过滤塔、蛋白分离器、一级生物滤塔、二级生物滤塔、三级生物滤塔、藻类处理池、源水过滤池、紫外消毒器、调温池、弧形筛、一级沉淀池、二级沉淀池。该养殖池采用双向排水系统，将含有较少、较小颗粒的池内中下部水体和含有较多、较大颗粒的池内底层水体分别排出并输入到不同的处理单元再回收。该系统将贝类、海参和藻类引入到养殖废物、废水处置和资源化利用中，使系统有明显的生态型特征。本发明养殖废水、废物的处理效率高；设备更为简单、能耗低、反冲洗效率高；可对养殖废水、废物资源化利用；循环补充水量少；水体的无机营养盐类处理效率高；经济附加产值高（图 10-51）。

(二十七) 室外循环水养殖系统

专利号：ZL201410370214.8

授权日期：2017.01.04

专利权人：武汉康立斯科技发展有限公司

发明人：刘汉勤，张建军

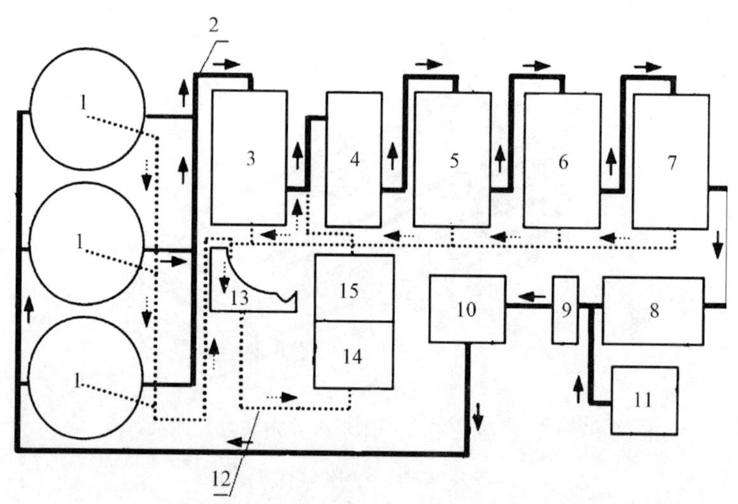

图 10-51　生态型海水名贵鱼类工厂化循环水养殖系统结构图

1. 养殖池；2. 进水管；3. 初级过滤塔；4. 蛋白分离器；5. 一级生物滤塔；6. 二级生物滤塔；7. 三级生物滤塔；8. 藻类处理池；9. 紫外消毒器；10. 调温池；11. 源水过滤器；12. 充氧管；13. 弧形筛；14. 一级沉淀池；15. 二级沉淀池

本发明涉及一种室外循环水养殖系统，包括塑料大棚，塑料大棚内设有养殖池，养殖池通过地下管道连接一集水井，集水井连接一级物理沉淀池，一级物理沉淀池连接二级栅栏过滤池，二级栅栏过滤池内设有多个倾斜设置的滤板，二级栅栏过滤池连接一级生物滤池，一级生物滤池连接二级生物滤池，二级生物滤池连接至清水池，清水池连接至养殖池。养殖池内的养殖水则依次通过一级物理沉淀池、二级栅栏过滤池、一级生物滤池以及二级生物滤池进行净化，最后得到清水，并为养殖池提供新的养殖水，因此室外循环水养殖系统可循环充分利用资源，减少环境污染；并且将养殖池设于室外的塑料大棚内，既具有保温、控温的功能，又降低了室外循环水养殖系统构建的成本（图 10-52）。

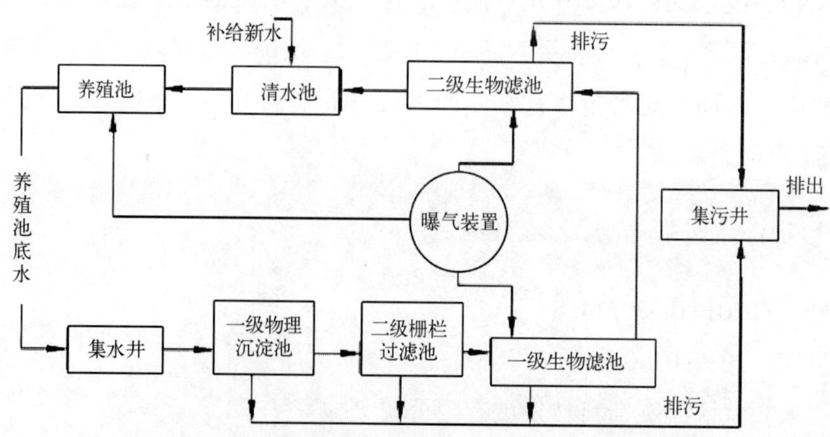

图 10-52　室外循环水养殖系统的工艺流程示意图

（二十八）一种高效节能节地的工厂化循环水高密度养殖系统

专利号：ZL201410707607.3

授权日期：2017.01.04

专利权人：金贝尔（福建）水环境工程有限公司

发明人：颜阔秋，向坤，魏伏增，沈加正，汤裕柿

本发明公开了一种高效节能节地的工厂化循环水高密度养殖系统，包括循环水养殖池、全自动反冲洗滚筒机械过滤机、固定生物滤床、紫外消毒装置、调节池、上层的移动生物滤床、高效纯氧混合器、生物滤池内循环保安自维护免接种系统、旁路管道循环系统；双层生物滤床既可以提高净化效率，又节约占地面积；中置紫外消毒装置既可以有效杀菌，又为循环水养殖池创造一个有益微生物的稳定水环境；生物滤池内循环保安自维护免接种系统，可以维持稳定的活性生物菌群，保持高效的净化效率；旁路管道循环系统可以克服循环水养殖中鱼类得病使用药物的问题。本发明适用于淡水、海水优质品种的高密度养殖，是一种工厂化高效、节能、节地的工厂化循环水养殖系统（图10-53）。

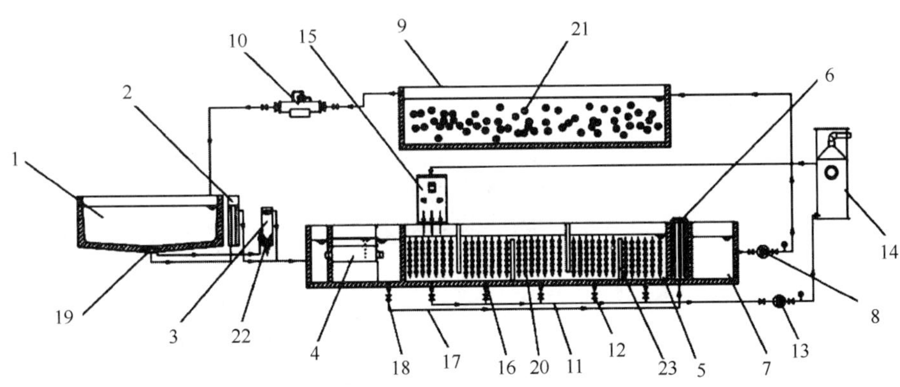

图10-53　本发明结构示意图

1. 循环水养殖池；2. 水位调节器；3. 涡旋固液分离器；4. 全自动反冲洗滚筒机械过滤机；5. 固定生物滤床；6. 紫外消毒装置；7. 调节池；8. 循环水泵；9. 上层的移动生物滤床；10. 高效纯氧混合器；11. 排污管道；12. 控制球阀；13. 内循环水泵；14. 内循环保安自维护装置；15. 二氧化碳脱气生物滤器；16. 排污口；17. 旁路管道；18. 球阀；19. 双管路排污底盘；20. 毛刷式生物填料；21. 悬浮颗粒生物填料；22. 球阀；23. 墙体

（二十九）日本囊对虾循环水多层养殖方法

专利号：ZL201410182345.3

授权日期：2017.01.11

专利权人：中国水产科学研究院南海水产研究所中山衍生水产养殖有限公司

发明人：董宏标，张家松，段亚飞，罗愉城，李卓佳，梁柱华

本发明涉及一种日本囊对虾循环水多层养殖方法，包括养殖系统设置、养殖水体前处理、养殖池内益生菌接种、水环境调节和养殖过程日常管理五个步骤。其中，水流可以在养殖池和水质净化区内循环流动，构成循环水系统，养殖池的循环水出口位于池底中央，且在循环水出口上方设有多层底质框，多层底质框上设置有稻壳作为埋栖底质。本发明的多层底质框提供了对虾的埋栖空间，而且由于是悬空多层结构，养殖过程中的污物不容易沉积在埋栖底质上，为对虾的生存提供了良好的环境，提高对虾的成活率，也方便清池捞虾，同时，养殖废水在养殖池和水质净化区中不断循环利用，减少了养殖成本，更能响应国家环保的要求。本发明可应用于对虾养殖（图10-54）。

（三十）一种海参工厂化全封闭循环水养殖系统

专利号：ZL201410629575.X

授权日期：2017.01.11

专利权人：中国水产科学研究院黄海水产研究所

发明人：朱建新，刘寿堂，曲克明，刘慧，薛致勇，杨志，曲江波

一种海参工厂化全封闭循环水养殖系统，属于水产养殖技术领域，它包括专用养殖池和水处理系统；所述的专用养殖池为底部锅底形的圆角池，排水口位于池中心最低处，池底水平铺设3~5圈多孔底冲洗管；水处理系统包括缓流沉淀池、泵池、提水泵、蛋白质泡沫分离器、一级截污生物净化池、二级脱气生物净化池、汽水对流增氧池和管道式紫外消毒器。本发明根据海参的生物学特性和养殖水循环利用技术，设计了一种适合海参工厂化全封闭循环水养殖的养殖系统，使用本发明系统养殖日补充新水小于5%，跟传统换水或流水养殖比较，节水量达到95%以上；更重要的是大大减少了养殖过程中的控温能耗，节能70%以上（图10-55）。

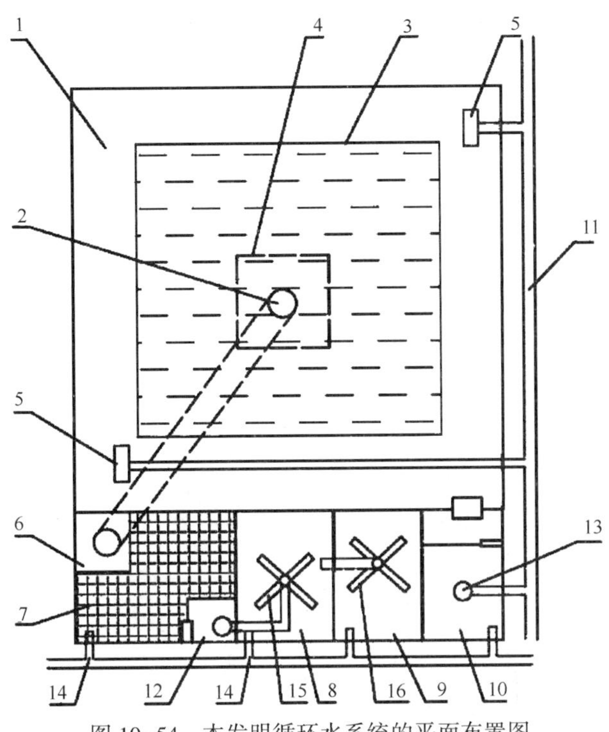

图 10-54　本发明循环水系统的平面布置图

1. 养殖池；2. 排污口；3. 多层底质框；4. 稻壳；5. 隔离网框；6. 一级过滤池；7. 沉淀池；8. 弹性填料；9. 一级过滤池；10. 二级过滤池；11. 出水蓄水池；12. 进气管；13. 提水蓄水池；14. 微孔曝气盘；15. 污物排出口

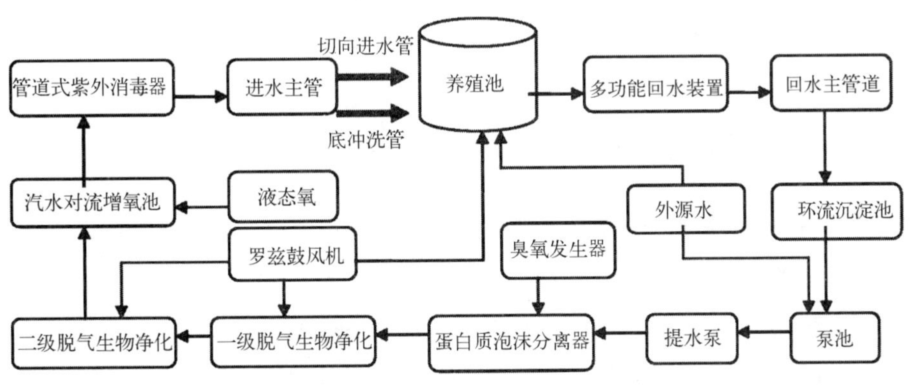

图 10-55　本发明系统的流程工艺图

（三十一）一种循环水刺参养殖装置及其养殖方法

专利号：ZL201410150800. 1

授权日期：2017. 01. 18

专利权人：大连天正实业有限公司

发明人：张涛，陈金，刘圣聪，刘忠强，于德强，徐建政，林亚东，毕成隆，孟雪松

本发明涉及一种循环水刺参养殖装置及其养殖方法，属于水产养殖技术领域，所述装置包括若干个养殖池、过滤池、附着基，所述养殖池池底设有四个养殖池进水管，所述四个养殖池进水管流出的水成顺时针方向旋转，所述四个养殖池进水管与过滤池的出水口连接，所述养殖池排水管与过滤池进水管连接，所述养殖池内还设有附着基，本发明有益效果为提高了刺参养殖效率和质量、增加了经济效益、改善了养殖环境、降低了废水排放对环境的潜在影响、节约了养殖用水和能源、促进了北方海洋水产养殖的升级转型（图 10-56）。

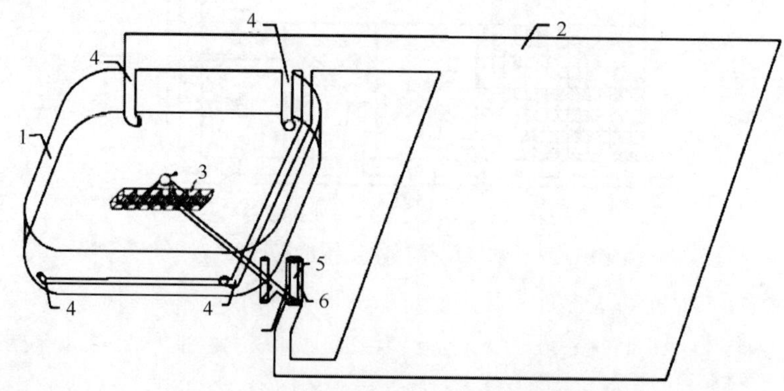

图 10-56　循环水刺参养殖装置结构简图

1. 养殖池；2. 过滤池；3. 附着基；4. 养殖池进水管；5. 养殖池排水管；6. 过滤池进水管

（三十二）一种新型工厂化循环水养殖系统

专利号：ZL201410634997.6

授权日期：2017.02.15

专利权人：中国水产科学研究院渔业机械仪器研究所

发明人：陈翔，陈石，邓棚文，李月，宋红桥，单建军

本发明涉及一种新型工厂化循环水养殖系统，包括鱼池，所述鱼池设有出水口，所述出水口与竖流沉淀装置连通，所述竖流沉淀器与蛋白分离器连通，所述蛋白分离器与调节池连通，所述调节池的第一出水口通过循环泵与鱼池上端的进水口连通；还包括发酵罐，所述发酵罐内培养有益于鱼类生长的菌类，其上部出液口通过计量泵与调节池连通，调节池的第二出水口通过紫外杀菌装置、补水泵与发酵罐的下部进液口连通；发酵罐内设置液位传感器，液位传感器反馈液位信号控制补水泵的开启/关闭；

定时补充适合菌落生长的营养物质进入发酵罐（图 10-57）。

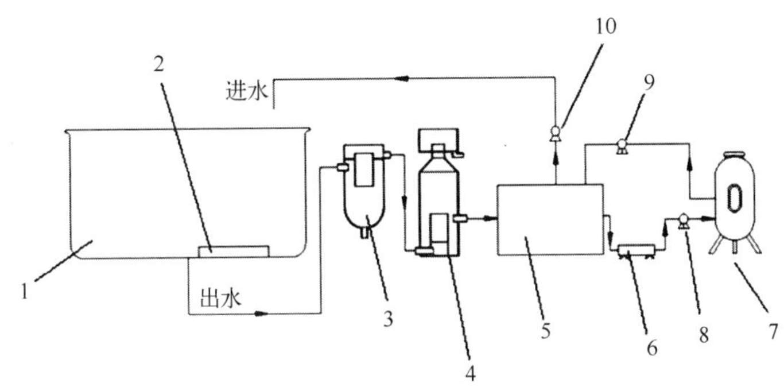

图 10-57　本发明新型工厂化循环水养殖系统结构示意图

1. 鱼池；2. 曝气盘；3. 竖流沉淀装置；4. 蛋白分离器；5. 调节池；6. 紫外杀菌装置；7. 发酵罐；8. 补水泵；9. 计量泵；10. 循环泵

（三十三）一种循环式水产养殖装置及方法

专利号：ZL201510053469. 6

授权日期：2017. 03. 01

专利权人：青岛中科海水处理有限公司

发明人：徐权汉，花勃，马晓静

本发明属于水产养殖技术领域，涉及一种循环式水产养殖装置及方法，自净循环水养殖池底部排污口通过排污管与生态生物净水池连通，生态生物净水池中盛装的水体上设置有种植水生生物的人工浮岛，生态生物净水池的底部铺设有沙子，沙子下方的地下土层形成土层微生物滤床，生态生物净水池的中央设有敞口竖井，敞口竖井的下端设置有多孔滤水管和潜水泵，潜水泵与进水装置对接连通，进水装置上套接有文丘里增氧管；该方法通过养殖水体自身特点和土层中微生物菌群特性的相互配合实现水体循环利用、净化、再利用，其投入和运行成本低，操作方式简便，废物排放量几乎为零，养殖效果好、密度高，环境友好，安全无害（图 10-58）。

（三十四）一种适于鲍多层立体培育的封闭循环水养殖系统

专利号：ZL201510334050. 8

授权日期：2017. 03. 22

专利权人：中国科学院海洋研究所

发明人：刘鹰，高霄龙，邱天龙，李贤，王朝夕，郑纪盟

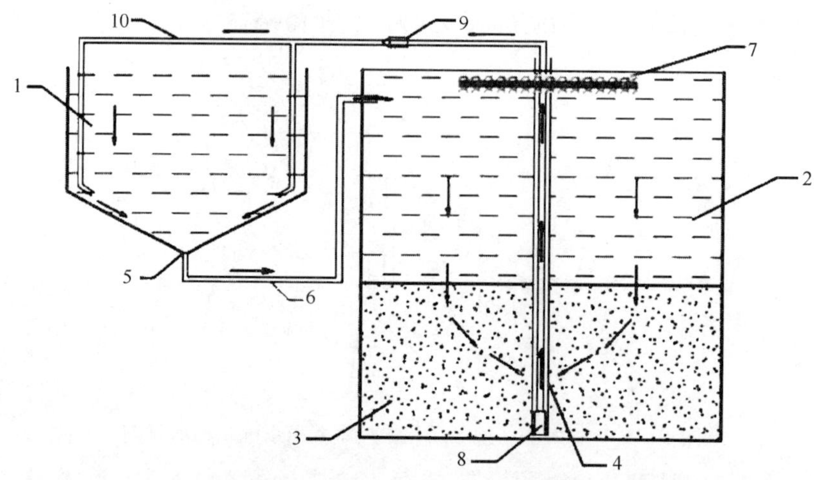

图 10-58　本发明涉及的循环式水产养殖装置的主体结构原理示意图

1. 自净循环水养殖池；2. 生态生物净水池；3. 土层微生物滤床；4. 敞口竖井；5. 排污口；6. 排污管；7. 人工浮岛；8. 潜水泵；9. 文丘里增氧管；10. 进水装置

本发明属于水产养殖工程领域，具体地说是一种适于鲍多层立体培育的封闭循环水养殖系统，支架上安装有多个养殖槽，每个养殖槽的上方均设有多个铰接在支架上的造浪斗；每个养殖槽内部均分为多个相连通的槽体，每个养殖槽出水的一侧均连通有过滤箱，过滤箱的下部为集污槽，上部设有过滤装置；各过滤箱分别与内部装有换热器的调温箱相连通，换热器连通有制冷机，通过制冷机及换热器控制海水温度；水泵、泡沫分离器、生物罐及氧气锥依次连通于调温箱，泡沫分离器连通有射流泵，生物罐内设有与气泵连通的曝气盘。本发明具有养殖水体连续循环使用，温度可控，人工造浪，水体净化处理迅速彻底，操作方便和节能环保等特点（图 10-59）。

（三十五）循环水珍珠养殖系统

专利号：ZL201510426327. X

授权日期：2017. 06. 06

专利权人：郑波明

发明人：郑波明

本发明公开了一种循环水珍珠养殖系统，包括：养殖池本体；净水装置，其包括一壳体，壳体内形成一容置空间，壳体的一端设置有第一进水口，另一端设置有第一出水口，壳体内的两块隔板将容置空间分割成第一腔室、第二腔室和第三腔室；第一水管，其上设置有第一水泵；第一虹吸管；第二虹吸管；第二水管，其一端与第一出水口

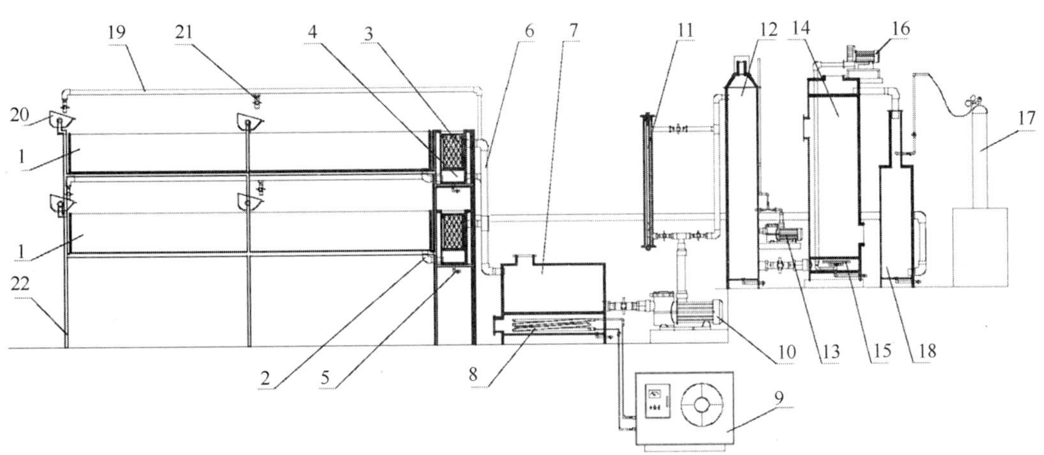

图 10-59　本发明的整体结构示意图

1. 养殖槽；2. 排水口；3. 过滤箱；4. 集污槽；5. 排污阀；6. 排水管；
7. 调温箱；8. 换热器；9. 制冷机；10. 水泵；11. 紫外线消毒装置；12. 泡沫分离器；13. 射流泵；
14. 生物罐；15. 曝气盘；16. 气泵；17. 氧气瓶；18. 氧气锥；19. 进水管；20. 造浪斗；21. 水嘴；22. 支架

联通，另一端设置在养殖池本体的上部，第二水管上设置有第二水泵。本发明改善了养殖池内的水质，为蚌的生长提供了良好的环境，有利于提高珍珠的产量（图 10-60）。

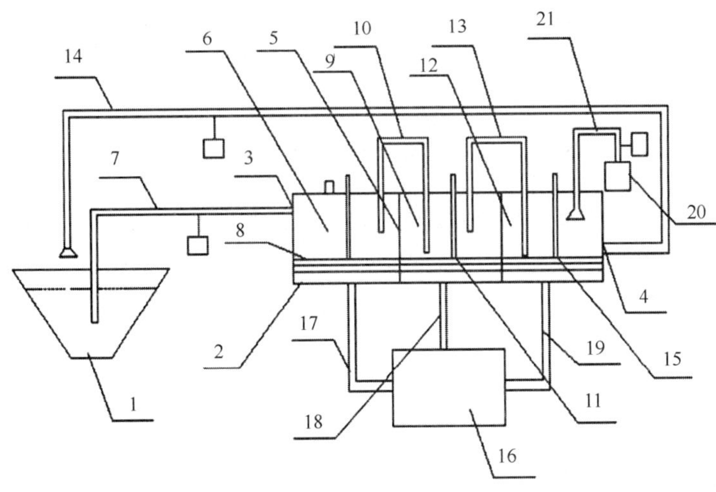

图 10-60　本发明所述的循环水珍珠养殖系统结构示意图

1. 养殖池本体；2. 净水装置；3. 第一进水口；4. 第一出水口；5. 隔板；
6. 第一腔室；7. 第一水管；8. 第四封盖；9. 第二腔室；10. 第一虹吸管；
11. 第五封盖；12. 第三腔室；13. 第二虹吸管；14. 第二水管；15. 第六封盖；16. 发酵罐；
17. 第三水管；18. 第四水管；19. 第五水管；20. 储水箱；21. 第六水管

（三十六）一种池塘鱼类水槽式集约化循环水养殖模式

专利号：ZL201510365328.8

授权日期：2017.09.26

专利权人：宁德市鼎诚水产有限公司

发明人：黄伟卿，张艺，谢伟铭，陈仕玺，刘家富，阮少江

本发明公开了一种池塘鱼类水槽式集约化循环水养殖模式，涉及水产养殖技术领域。本发明所述养殖池塘中设有若干独立的平行设置的养殖水槽，养殖水槽的前后两侧面是30cm厚墙体、高2~3m，养殖水槽左右两端各安装双层栏鱼网，养殖水槽的进水口端设有微孔增氧设备、出水口端设有一道30cm高矮墙；养殖池塘中按2亩/台的密度安装叶轮式增氧机，养殖池塘中部设有挡水墙。本发明可以将养殖产量提高30%~50%，提高饵料利用率，减少鱼病的发生，提高成活率，减少用药成本，还能防止池塘老化，减少清塘成本（图10-61）。

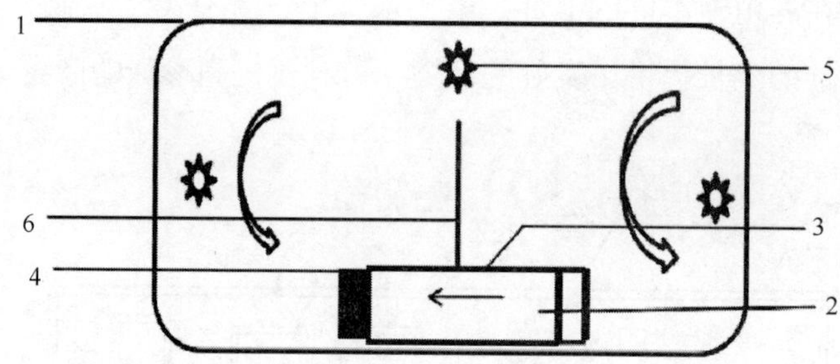

图10-61　池塘鱼类水槽式集约化循环水养殖池塘俯视图（图中箭头示水流方向）

1. 养殖池塘；2. 养殖水槽；3. 养殖水槽2的前后两侧面；

4. 微孔增氧设备；5. 叶轮式增氧机；6. 挡水墙

（三十七）循环水梯级式水产品综合养殖方法与装置

专利号：ZL201510191111.X

授权日期：2017.10.27

专利权人：镇江水中仙渔业发展有限公司

发明人：孙爱义，张荣标，杨宁，解旭东

本发明公开一种循环水梯级式水产品综合养殖方法与装置，由控制器控制水井补水系统工作，对温室名贵鱼养殖区和室外普通鱼养殖区的精确补水，较好的水质实现

了珍贵鱼的温室养殖，中档鱼养殖槽中养殖产出的水污混合物经过的水污分离器的水污分离处理和集污渠的配合使用将较好的水源分配给普通鱼外塘养殖，而污泥收集加工成为肥料，此外普通鱼外塘养殖的水源经过水体净化塘的生态净化处理及进水预处理池与除氨氮水体净化装置的配合使用使得水源成为优质水源在此进入综合养殖装置，整个综合养殖装置实现了从优质水源到普通水源的梯级分配以及室内优质鱼种到室外普通鱼种的梯级养殖，建立了由室内到室外的梯级生态养殖新型模式（图 10-62）。

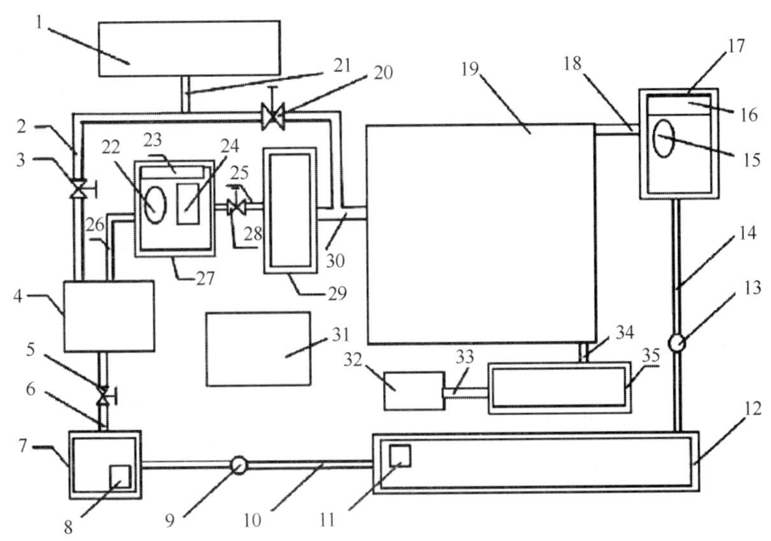

图 10-62　一种循环水梯级式水产品综合养殖装置

1. 水井补水系统；2. 分进水管；3. 第一阀门；4. 除氨氮水体净化装置；5. 第四阀门；6. 第八输出管道；7. 进水预处理池；8. 第一液位传感器；9. 第二水泵；10. 第七输出管道；11. 第二液位传感器；12. 水体净化塘；13. 第一水泵；14. 第六输出管道；15. 第二鱼塘增氧机；16. 第三水质及水量监测传感器阵列；17. 外塘养殖池；18. 排水管道；19. 室内养殖区与外塘养殖区接口；20. 第二阀门；21. 主进水管；22. 第一鱼塘增氧机；23. 第二水质及水量监测传感器阵列；24. 加温装置；25. 第三输出管道；26. 第二输出管道；27. 温室名贵鱼养殖区；28. 第三阀门；29. 初滤池；30. 第一输出管道；31. 控制器；34. 第五输出管道；35. 污泥池

（三十八）一种循环水海水养鱼装置

专利号：ZL201510268123. 8

授权日期：2018. 01. 02

专利权人：李成启

发明人：李成启

本发明涉及一种循环水海水养鱼网箱，包括：养鱼池；过滤池；蛋白质分解池；紫外线消毒灯，其设置在所述蛋白质分解池上方；增氧池；调节池，其通过管路与所述增氧池连通，通过管路与所述养鱼池连通，用于调节海水的盐度及温度；水质监测器，其设置在所述养鱼池内，用于监测所述养鱼池的水质；氧气浓度感测器；盐度传感器；温度传感器；控制器，其与所述电磁阀、紫外线消毒灯、曝气增氧机、水质监测器、氧气浓度感测器、盐度传感器、温度传感器连接。本发明循环水海水养鱼网箱，可大幅降低海水循环水养殖的投入成本和养殖过程中的能源消耗，提高海水资源的利用率，节能环保，并具有工艺流程简单，所需水处理设备少等优点（图 10-63）。

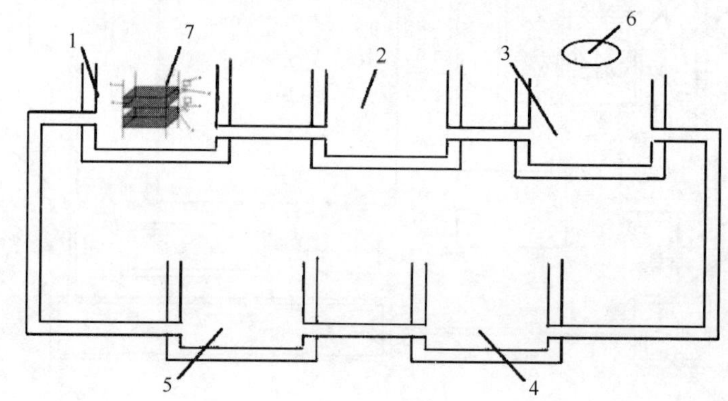

图 10-63　本发明的结构示意图

1. 养鱼池；2. 过滤池；3. 蛋白质分解池；4. 增氧池；
5. 调节池；6. 紫外线消毒灯；7. 养鱼网箱

（三十九）一种用于循环水养殖系统的收集死鱼装置

专利号：ZL201510555308. 7

授权日期：2018. 02. 23

专利权人：中国水产科学研究院渔业机械仪器研究所

发明人：张成林，单建军，周游，张业韡

本发明涉及一种用于循环水养殖系统的收集死鱼装置，属于水产养殖技术领域。一种用于循环水养殖系统的收集死鱼装置，其特征在于：在鱼池底部出水口处设置拦鱼网罩，拦鱼网罩下方设置气动装置；所述气动装置为连通拦鱼网罩与外部的一条气动管路，所述气动管路靠近拦鱼网罩的一端设有第一气缸，其内设有第一活塞，靠近外部一端设有第二气缸，其内设有第二活塞，所述第一活塞与拦鱼网罩固定连接，推/拉动所述第二活塞可带动第一活塞将拦鱼网罩向上顶起/向下复位；所述拦鱼网罩被向上顶起时，死鱼从拦鱼网罩下方的循环水通道流出（图 10-64）。

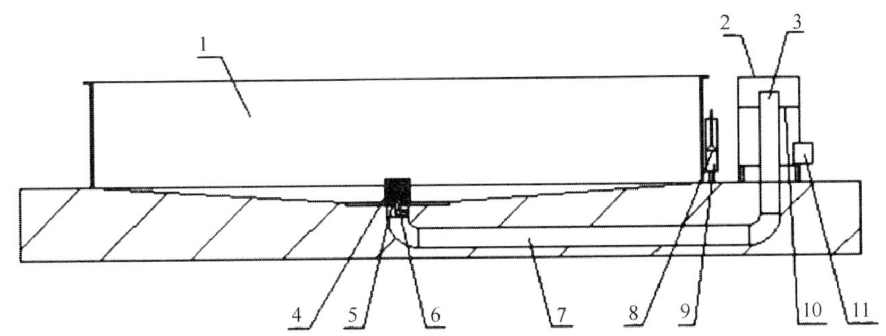

图 10-64　本发明用于循环水养殖系统的收集死鱼装置俯视图

1. 鱼池；2. 竖流沉淀器；3. 水位保持管；4. 拦鱼网罩；5. 第一气缸；6. 第一活塞；7. 回水管；8. 第二活塞；9. 第二气缸；10. 拦鱼网板；11. 出水口

第二节　国外专利

一、氮磷碳去除技术

（一）Aquaculture Nitrogen Waste Removal（水产养殖中的氮污染物去除）

专利号：US7082893

授权日期：2006. 08. 01

专利权人：University Of Maryland Biotechnology Institute

发明人：Schreier, Harold J. , Tal, Yossi, Zohar, Yonathan Schreier, Harold J. , Tal, Yossi, Zohar, Yonathan

本发明涉及一种两级生物滤池反应器系统，用于从再循环水产养殖系统中除去氮化合物。该系统包括一个好氧硝化单元和一个下游的厌氧脱氮单元，其中两个单元都包括具有悬浮介质的移动床，细菌在悬浮介质上生长并降低循环水产养殖系统中硝酸盐和/或氨的含量。两级系统的使用，在处理含盐废水时能够降低水的交换率以及含盐量（图 10-65）。

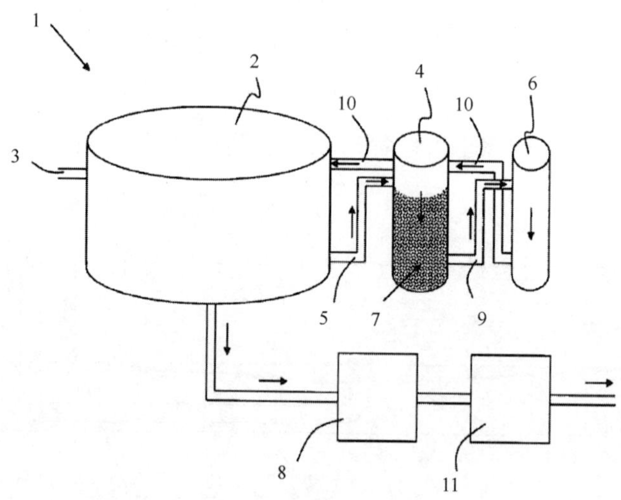

图 10-65 再循环水产养殖系统

1. 再循环水产养殖；2. 系统水产养殖池；3. 养分供应端；4. 好氧生物过滤反应器；5. 装有阀的导管；6. 厌氧生物过滤反应器；7. 生物运载结构；8. 过滤单元；9. 排放导管；10. 回用导管；11. 废水池

（二）Method And Device For Removal Of Ammonia And Other Contam-inants From Recirculating Aquaculture Tanks（一种从循环水养殖池中去除氨和其他物质的方法和装置）

专利号：CA2560657A1/ US7624703

授权日期：2007. 03. 22/2009. 12. 01

专利权人：Vago Robert Edward

发明人：Vago Robert Edward

一种用于降低水体中氨浓度的方法。氨是由鱼的鳃/尿液排出物、粪便、或者未吃完的有机鱼饲料产生，氨对于循环水养殖池会产生影响。生活在养殖池的鱼通过分子转变装置被远程转移或者部分隔离。养殖池水无鱼区域产生了短暂的气浊现象，产生了大量微小气泡，这个过程完成了氨气的硝化作用、矿化作用以及反硝化作用(图 10-66)。

（三）Arrangement Of Denitrification Reactors In A Recirculating Aquaculture System（一种循环水养殖系统中安装反硝化反应器的方法）

专利号：US7910001

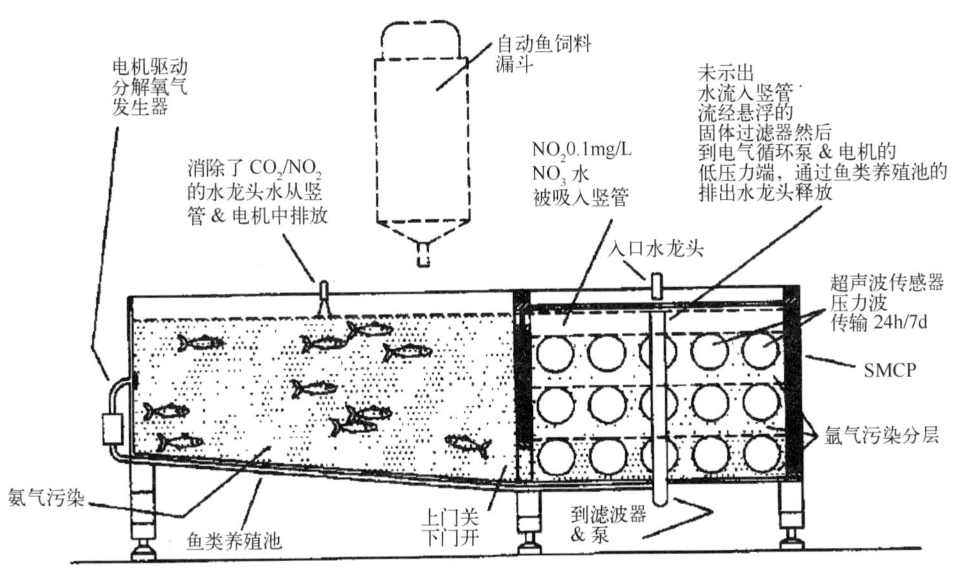

图 10-66　从循环水产养殖池中去除氨和其他物质的原理

授权日期：2011. 03. 22

专利权人：Mote Marine Laboratory

发明人：Michaels, Ii, James T. , Hamlin, Heather J. , Dutt, William H. , Graham, William, Steinbach, Peter, Babbitt, Brian, Richards, Ii, Brian A. Michaels, Ii, James T. , Hamlin, Heather J. , Dutt, William H. , Graham, William, Steinbach, Peter, Babbitt, Brian, Richards, Ii, Brian A.

本发明涉及在循环水产养殖系统中安装反硝化反应器来去除硝酸盐化合物。本发明的水产养殖系统包括设置一个或多个厌氧反硝化反应器，厌氧反硝化反应器前级是好氧硝化作用和去瓦斯步骤。本发明一方面包括水流从水生物养殖池流出到一个或者多个反硝化反应器。另一方面包括水流从养殖池流出到固体过滤器或者机械过滤器，用以在水流向一个或多个反硝化反应器之前先清除固体废物或者生物。各个组件依次组成了本发明的系统，经过一个或多个反硝化反应器处理的水体在固体过滤器中与未处理的水体混合。混合后的未处理水体与反硝化处理的水体再经过固体过滤器后流向一个好氧硝化单元。水体经过好氧硝化单元后被去瓦斯和氧化，再被回流到养殖池。本发明的系统采用设置在好氧硝化作用上游的反硝化反应器，相比于现有仅仅采用反硝化作用来降低硝酸盐浓度的养殖系统具有很多优势。本发明极大的缓解了水中化学物质和复合物对水生物种的危害，并且更加高效，保护了水资源（图 10-67）。

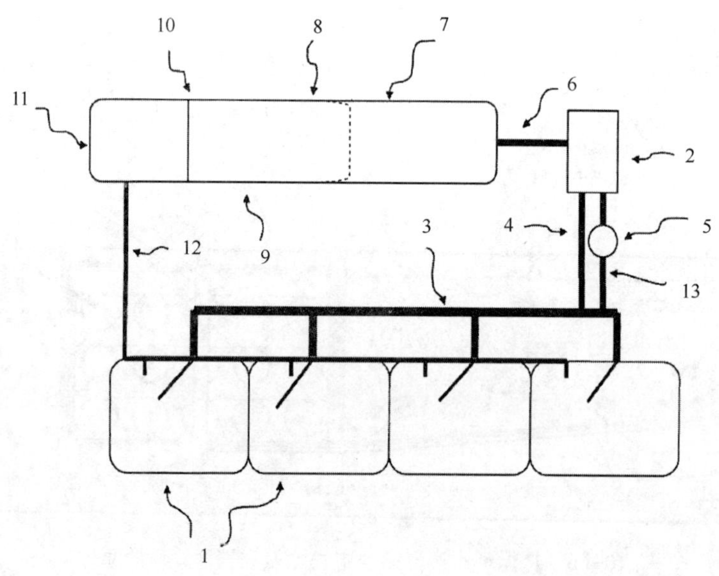

图 10-67 水产养殖系统中反硝化反应器位置示意图

1. 生物养殖池；2. 固体过滤器；3. PVC 管；4. 入口端；5. 反硝化反应器；
6. 出口端；7. 好氧硝化反应器；8. 外壳；9. 去瓦斯室；10. 分配器；
11. 氧化室；12. 出口端；13. 入口端

（四）Microbial Mediated Chemical Sequestering Of Phosphate In A Closed-Loop Recirculating Aquaculture System（一种在封闭循环水产养殖系统中通过微生物介质化学螯合磷酸盐的方法）

专利号：EP2448872A4/ US8997694

授权日期：2013. 01. 02/2015. 04. 07

专利权人：University Of Maryland

发明人：Sowers Kevin R. , Saito Keiko, Schreier Harold J. Sowers Kevin R. , Saito Keiko, Schreier Harold J.

一种去除河口或海洋封闭循环水养殖系统中磷酸盐的系统和方法，涉及在介质存在下的反硝化作用：①厌氧硝酸盐、亚硝酸盐和氨，②螯合循环水养殖系统中多余的磷酸盐。含有磷酸盐晶体的介质可以从循环水养殖系统中去除，进而去除磷酸盐。基质和磷酸盐都可以循环再利用（图 10-68）。

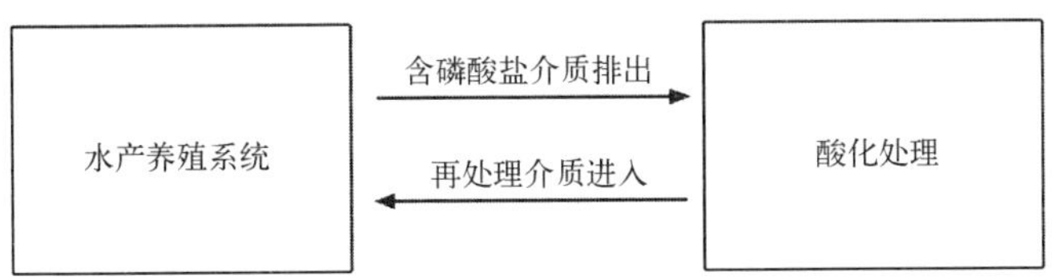

图 10-68 水产养殖系统中磷酸盐循环原理图

（五）Ammonia Control System For Aquaculture（水产养殖中氨的控制系统）

专利号：US20140311974A1/EP2967010A4

授权日期：2014. 10. 23/2016. 10. 19

专利权人：Stiles, Jr. , Robert W. , Delong, Dennis P. , Losordo, Thomas/Pentair Water Pool And Spa Inc.

发明人：Stiles, Jr. , Robert W. , Delong, Dennis P. , Losordo, ThomasStiles, Jr. , Robert W. , Delong, Dennis P. , Losordo, Thomas

该系统提供了一种循环水养殖系统中氨的控制系统与方法。包括养殖池，来测量当前养殖池氨浓度的第一传感器，与养殖池水体相连通的生物滤器连通，保证水从养殖池到生物滤器之间循环的变速泵，以及与第一传感器和变速泵通信的控制器。控制器被配置为接收最大氨浓度，接收从第一传感器发送的当前氨浓度，并且将实时氨浓度与最大氨浓度进行比较。控制器还被用来当实时氨浓度大于最大氨浓度时控制变速泵增大系统的水流速率（图 10-69）。

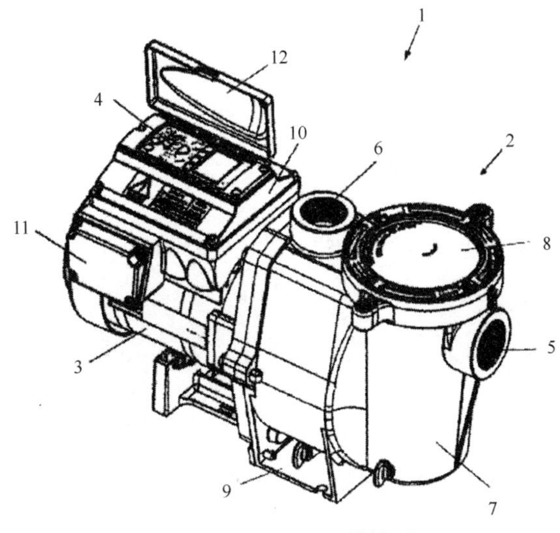

图 10-69 变速泵结构图

1. 变速泵；2. 外壳；3. 电机；4. 控制器；5. 入口；6. 出口；7. 篮；8. 盖子；9. 平台；10. 容器；11. 励磁绕组间隔；12. 盖子

（六）A Physico-Chemical Process For Removal Of Nitrogen Species From Recirculated Aquaculture Systems（一种从循环水产养殖系统中去除含氮物质的物理化学方法）

专利号：EP2640668B1/ EP2902368B1/ US20170029299A1/ US9560839

授权日期：2015. 04. 01/2016. 08. 31/2017. 02. 02/2017. 02. 07

专利权人：Technion Research And Development Foundation Ltd.

发明人：Lahav，Ori，Gendel，Youri，Mozes，Noam，Benet Perlberg，Ayana，Hanin，YuriLahav，Ori，Gendel，Youri，Mozes，Noam，Benet Perlberg，Ayana，Hanin，Yuri

本发明提供了一种从海水循环养殖系统除氮的工艺。该工艺是基于在常温和低 pH 值下进行的物理化学处理，从而使总氨氮浓度低于一个保证养殖的鱼类/虾的生长或存活的值（图 10-70）。

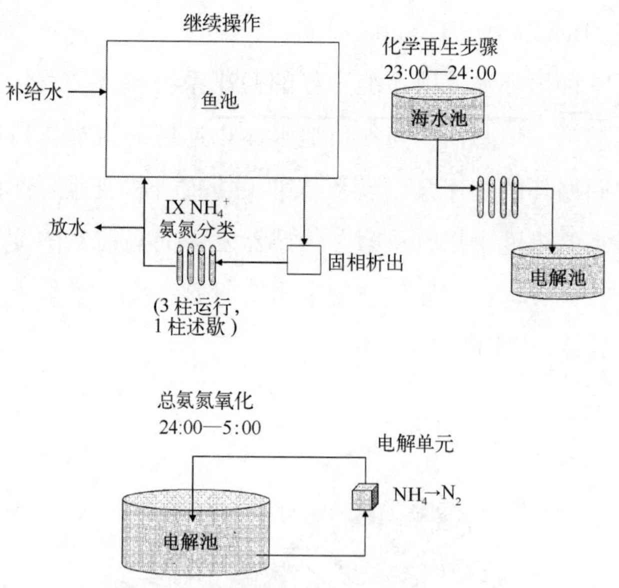

图 10-70　用物理化学方法除氮原理

（七）Carbon Dioxide Control System For Aquaculture（水产养殖中二氧化碳的控制系统）

专利号：EP2969158A4/ US9693538

授权日期：2016. 12. 21/2017. 07. 04

专利权人：Pentair Water Pool And Spa Inc.

发明人：Stiles Robert W. Jr.，Delong Dennis P.，Losordo ThomasStiles Robert W. Jr.，Delong Dennis P.，Losordo Thomas

提供了一种循环水养殖系统中二氧化碳的控制系统与方法。该系统包括一个养殖池，一个用来测量二氧化碳浓度的传感器，为养殖池中的水进行循环而配置的变速泵，以及与传感器和变速泵通信的控制器。控制器被用来接收最大二氧化碳浓度，接收实时二氧化碳浓度，并且将实时二氧化碳浓度与最大二氧化碳浓度进行比较。当实时二氧化碳浓度大于最大二氧化碳浓度时，控制器被用来通过自动增加实时水流流速或者自动增加实时空气流速来控制系统的气水比（图 10-71）。

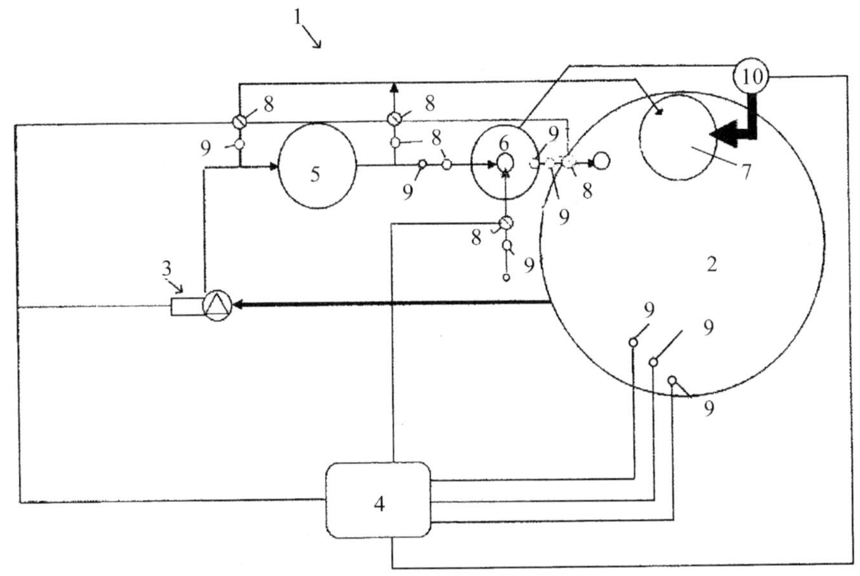

图 10-71　水产养殖系统中二氧化碳控制原理图

1. 水产养殖系统；2. 养殖池；3. 变速泵；4. 控制器；5. 生物过滤器；6. 氧气舱；7. 排气口；8. 控制阀；9. 传感器；10. 风扇

（八）Method Of Converting Marine Fish Waste To Biomethane（一种将海水鱼类养殖废物转化成生物甲烷的方法）

专利号：US20170166929A1

授权日期：2017. 06. 15

专利权人：University Of Maryland Baltimore County

发明人：Sowers，Kevin R. Sowers，Kevin R.

本发明公开了一种方法，用于发现、富集、以及特征化一个具有发酵和产烷能力的海洋微生物群落，该微生物用于消化一个陆基海水循环水养殖系统产生的固体废弃物。产烷微生物群里能够减少超过90%的海水养殖鱼类废物，使其变成生物沼气和二氧化碳。本发明同时公开了利用产烷海洋群落来处理水产养殖鱼类废物的系统和方法。

二、养殖用水综合处理技术

（一）A Water Filtration System And Its Use（一个水过滤系统和它的使用）

专利号：EP1680366A1/ US7527730

授权日期：2006. 07. 19/2009. 05. 05

专利权人：Idntaeknistofnun Islands

发明人：Johannsson, Ragnar, Timmons, James E., Holder, John L., Timmons, Michael B. Johannsson, Ragnar, Timmons, James E., Holder, John L., Timmons, Michael B.

本发明涉及一种用于净化水的过滤系统，特别是水产养殖用水。此外，本发明涉及一种净化水的方法，其中水供给一个过滤系统，该过滤系统具有用于过滤水的过滤介质和防窜水的网格，其中该网格包括允许上述过滤介质通过的通道和一个水循环系统，该水循环系统用于净化水产养殖污染的水并将净化水重新循环到水产养殖中（图10-72）。

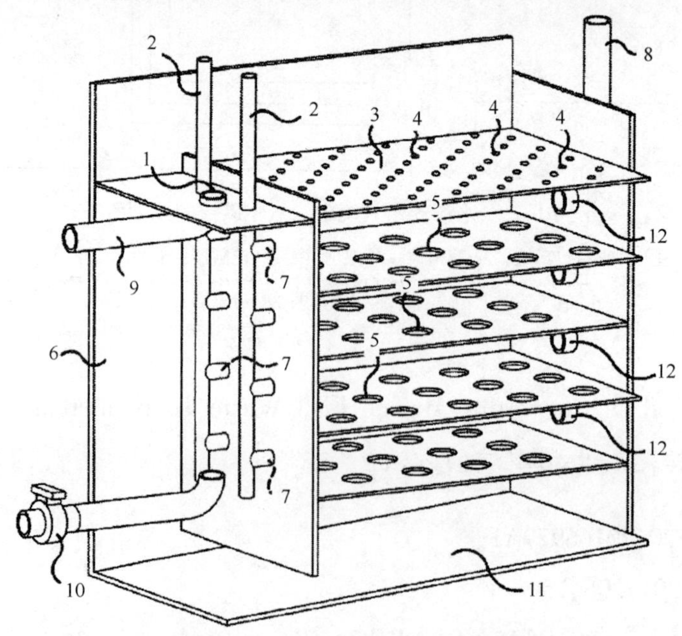

图10-72　过滤内腔结构示意图

1. 入水口；2. 进气管；3. 打孔盘；4. 一系列小孔；5. 孔；6. 主体；
7. 混合气体入口；8. 出气管；9. 进水管；10. 阀门；11. 底盘；12. 混合开口

（二）Treating Aqueous Effluent For Extracting Carbon Dioxide And Nitrogen Gaseous Compound Useful In Aquaculture In Recirculated Aqueous Environment, Comprises Separating The Compound From The Effluent For Obtaining The Treated Aqueous Phase（循环水养殖环境中治理废水从中去除二氧化碳和氮气复合物的方法，包括从废水中分离出化合物以获得处理的水相）

专利号：FR2914296B1

授权日期：2009. 08. 07

专利权人：Institut Francais De Recherche Pour L´Exploitation De La Mer - Ifremer Etablissement Public A Caract, Institut National Des Sciences Appliquees

发明人：Rene, Francois, Lemarie, Gilles, Champagne, Jean, Yves, Morel, RobertRene, Francois, Lemarie, Gilles, Champagne, Jean, Yves, Morel, Robert

处理废水从中去除二氧化碳和氮气化合物的方法对于水产养殖以及循环利用非常有益处。该方法包括从废水中分离出化合物来实现处理废弃的水相，在上升的废水水柱中以气泡形式注入并分配一个空气/氧气气相，并且分离混合的液/气，构成经过处理的水相和富含气体化合物的废气。空气/氧气气相在复合物中的含量低于废水。混合的液/气流体在降压条件下通过在液体和气体之间建立一个气态层而被分离。从气体流体中分离出的液体构成了向下的液体柱，上述液体是通过将混合液/气置于高于极点条件流体而获取。向下的液体柱和上升的气体柱相对于其他是同轴的，上升的液体柱位于处理装置的内部，而向下的液体柱位于处理装置的外部，或者反之。废水在上升液体柱的作用下被引进，在向下液体柱的作用下被排出。在上升液体柱中氧气被注入并分配，在向下的液体柱中臭氧被注入并分配。气体柱以气泡的形式被分离到渗出液中。独立权利要求包括：①循环水产养殖池；②处理废水的装置（图 10-73）。

（三）Water Treatment Equipment For Recirculating Aquaculture（循环水养殖水处理设备）

专利号：US20150373954A1/ US20160362322A1

授权日期：2015. 12. 31/2016. 12. 15

专利权人：Kuo, Chi-Tse

发明人：Kuo, Chi-Tse

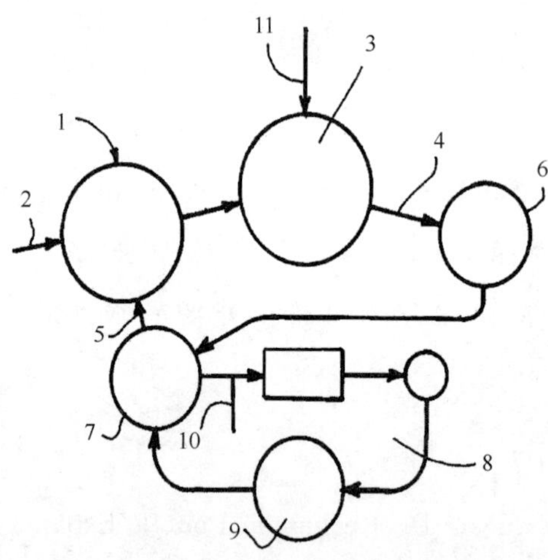

图 10-73　循环水养殖系统气液分配原理

1. 处理装置；2. 气相；3. 水产养殖池；4、5. 废水；6. 过滤装置；7. 缓冲区；8. 循环系统；9. 生物过滤；10. 完成；11. 饲料

用于循环水养殖的水处理设备包括：至少一个水产养殖池，一个增氧单元，至少一个水循环池，多个薄膜过滤单元和回水单元。每个水产养殖池包括多个连接板单元和流杯；所述增氧单元包括多个空气供应管。每个水循环池包括硝化反应室和容纳室，硝化反应室具有向外延伸到流杯的流管和固定在其中的硝化细菌层。每个薄膜过滤单元为圆形平面膜，包括水管和多个盘状薄膜袋，每个薄膜袋具有两个与水管连通的过滤膜；所述回水单元固定在每个水产养殖池外，还包括一个泵和一个回水管（图 10-74）。

（四）Recirculating Aquaculture System And Treatment Method For Aquatic Species（水产生物的循环水养殖系统及处理方法）

专利号：US20170150701A1

授权日期：2017. 06. 01

专利权人：F&T Water Solutions Llc, Naturalshrimp, Inc.

发明人：Gilmore, F. William, Petkov, Ilia, Czarniecki, Michael, Easterling, GeraldGilmore, F. William, Petkov, Ilia, Czarniecki, Michael, Easterling, Gerald

一个循环水养殖系统自动控制氨、细菌、固体和饲料的量，为一个封闭水产养殖池中的生物提供合适环境。多个功能独立的控制环路在循环水流上并行运行，来分别控制氨、细菌、固体和饲料。相同或者相似的组成部分，例如电解池，可以为一个或者多个功能的控制环路使用（图 10-75）。

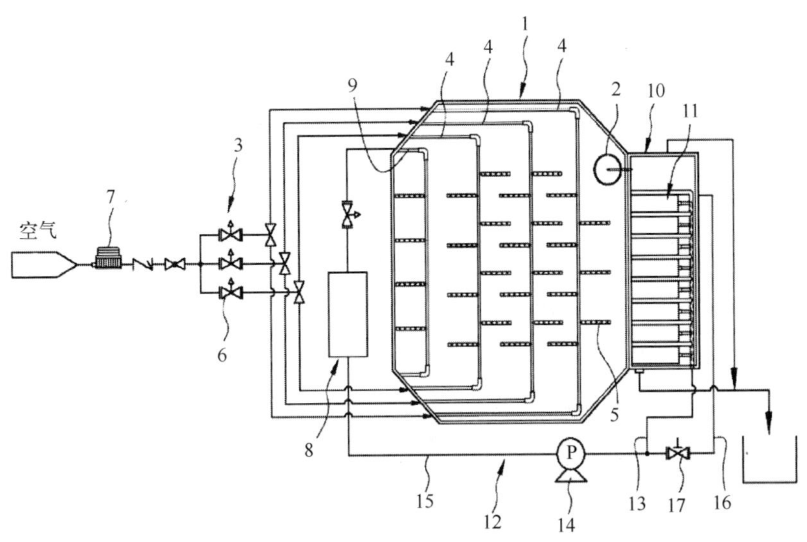

图 10-74　用于循环水产养殖的水处理设备的原理图

1. 水产养殖池；2. 流杯；3. 增氧单元；4. 空气供应管；5. 支管；6. 空气控制阀；7. 风箱；8. 杀菌单元；9. 臭氧供应管；10. 水循环池；11. 薄膜过滤单元；12. 回水单元；13. 收集管；14. 泵；15. 回水管；16. 回流管；17. 控制阀

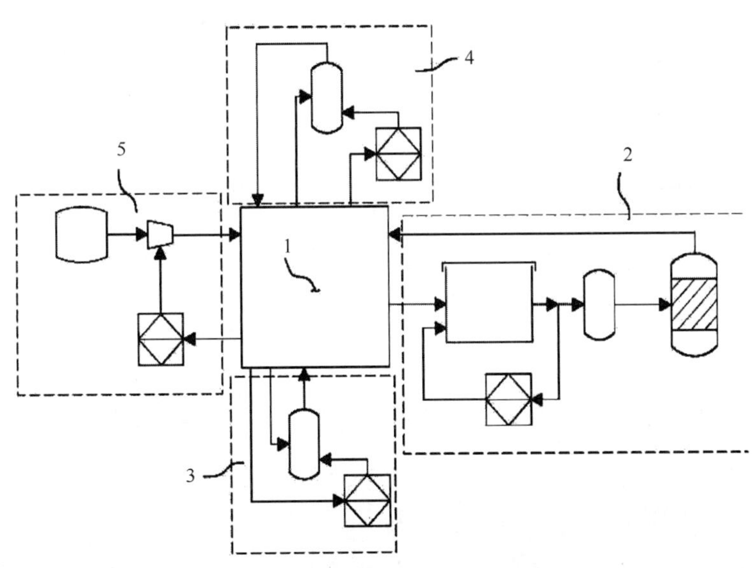

图 10-75　循环水养殖系统原理图

1. 养殖池；2. 氨控制环路 ；3. 细菌控制环路；4. 固体控制环路；5. 饲料控制环路

三、增氧技术

Dissolved Oxygen Control System For Aquaculture（水产养殖中的溶解氧控制系统）

专利号：US20140311416A1/ EP2967008A4

授权日期：2014. 10. 23/2016. 11. 23

专利权人：Stiles，Jr.，Robert W.，Delong，Dennis P.，Losordo，Thomas

发明人：Stiles，Jr.，Robert W.，Delong，Dennis P.，Losordo，ThomasStiles，Jr.，Robert W.，Delong，Dennis P.，Losordo，Thomas

提供了一种适用于水生生物的循环水养殖系统。该系统包括一个养殖池，一个传感器被配置为测量养殖池中当前溶解氧水平，为养殖池中的水进行循环而配置的变速泵，以及与传感器和变速泵通信的控制器。控制器被配置为接收养殖池中的溶解氧阈值和最大气体液体比例，接收实时溶解氧水平，并且将实时溶解氧水平与溶解氧阈值进行比较，当实时溶解氧水平低于溶解氧阈值时，控制器被配置为自动增加通过系统的实时水流流速或者实时氧气气流流速。

四、调光调温技术

Method For Regulating Energy Consumption In Aquaculture Systems（水产养殖系统中调节能量消耗的方法）

专利号：US20140311417A1/ EP2967006A4

授权日期：2014. 10. 23/2016. 12. 28

专利权人：Stiles，Jr.，Robert W.，Delong，Dennis P.，Losordo，Thomas

发明人：Stiles，Jr.，Robert W.，Delong，Dennis P.，Losordo，ThomasStiles，Jr.，Robert W.，Delong，Dennis P.，Losordo，Thomas

提供了一种适用于水生生物的循环水养殖系统。该系统包括一个养殖池，为系统中控制参数而配置的多个传感器，为养殖池中的水进行循环而配置的变速泵，以及与多个传感器和变速泵通信的控制器。控制器被配置为基于优先级列表来优先处理多个控制参数，选择最高优先级的控制参数，为多个控制参数中的每一个参数确定潜在动作，并且基于优先级列表中的至少一个选择为最高优先级动作，最高优先级控制参数，变速泵的当前功率消耗，一天中的时间，水生生物的进食周期和水生生物的静息周期。控制器还被配置为执行最高优先级动作。

五、循环水养殖专用饲料与营养技术

Zeolite Additive For Animal Feed And Method Of Using Same（沸石添加剂动物饲料及其使用方法）

专利号：CA2429392A1

授权日期：2002. 05. 30

专利权人：Taplow Ventures Ltd.

发明人：Hicks，Brad，Florian，Michael，Groves，DavidHicks，Brad，Florian，Michael，Groves，David

用于降低水生环境中含氨量的方法，以获得捕鱼量，并增加商业价值。鱼饲料包括常用材料结合沸石添加剂。上述混合物被喂养给鱼类，同时降低了非循环水养殖系统以及循环水产养殖系统中鱼类生长环境中的含氨量。去除氨具有诸多优点，如增加产量，特别是对于循环水养殖系统（图 10-76）。

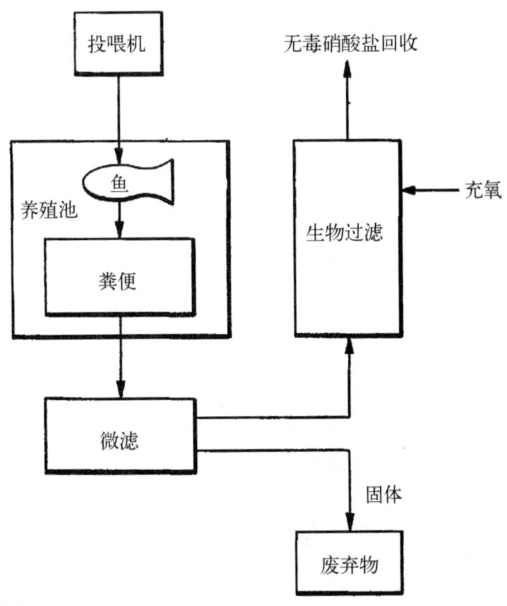

图 10-76　循环水产养殖系统示意图

六、养殖装置与养殖系统

（一）Recirculating Marine Aquaculture Process（循环海水水产养殖方法）

专利号：US6443097/ CA2441002C

授权日期：2002. 09. 03/2002. 09. 26

专利权人：Universityof Maryland Biotechnology Institute

发明人：Zohar，Yonathan，Serfling，Stanley，Stubblefield，John，Place，Alan，Harrel，MordechaiZohar，Yonathan，Serfling，Stanley，Stubblefield，John，Place，Alan，Harrel，Mordechai

一种高效海水循环水养殖方法，养殖池的产鱼量高达60kg/m^3，养殖的鱼类包括在短光周期下产卵的鱼，如金头鲷（sparus aurata）以及在长光周期下产卵的鱼，如条纹鲈鱼（Morone saxatilis）。该方法涉及产卵，产卵/繁殖，幼苗生长，成鱼成长等操作。该方法的特征在于，在最佳工艺条件下，每日水交换量低于10%，从而以高速率生长，使得从系统流出的废物能够在消毒处理之后被排放到市政管网，这使得水产养殖设备能够建立在城市/郊区，而这在以前是不可行的。

（二）Indoor Automatic Aquaculture System（室内自动水产养殖系统）

专利号：US6499431

授权日期：2002. 12. 31

专利权人：Formosa High-Tech Aquaculture，Inc.

发明人：Lin，Nan-Ho，Chen，ShimneLin，Nan-Ho，Chen，Shimne

室内自动水产养殖系统具有室内孵化产卵池，以阶梯形式建造，用于孵化水生或海洋生物，以阶段养殖方法来增加产卵密度并减少需求的空间。用于孵化的水预先被水循环处理系统所处理，水质被水质监控器所持续监控，控制系统保持产卵水体在最佳条件。一个移动的饲料分配控制系统设置在孵化产卵池上方，均匀地分配饲料，来提高孵化存活率，提高孵化产量并且更好的控制孵化产品质量（图10-77）。

（三）Process For Culturing Crabs In Recirculating Marine Aquaculture Systems（利用海水循环水养殖系统进行螃蟹养殖的方法）

专利号：US6584935

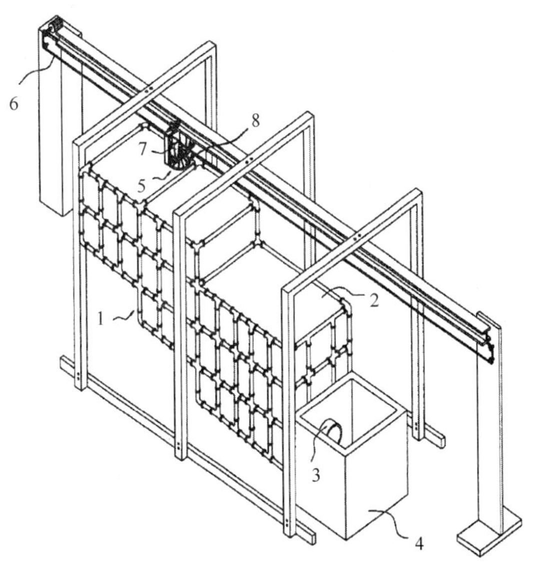

图 10-77　孵化池和饲料分配装置原理图

1. 孵化池；2. 孵化区；3. 排出管道；4. 排出池；5. 饲料分配装置；6. 工具链；
7. 饲料槽；8. 旋转盘

授权日期：2003.07.01

专利权人：University Of Maryland Biotechnology Institute

发明人：Zohar，Yonathan，Zmora，Oded，Hines，AnsonZohar，Yonathan，Zmora，Oded，Hines，Anson

本发明涉及循环海水养殖螃蟹的生产工艺，包括（i）产卵训练，（ii）产卵，（iii）孵卵，（iv）幼体，（v）幼蟹生长和（vi）成蟹到最终产品的重量，在（i）-（vi）每个阶段涉及到水体操作，上述水体操作包括水体中废物成分的移除以及净化后水体重新投入到外界环境。上述工艺涉及到的操作是在一个封闭循环水产养殖系统中，该封闭循环水养殖系统中的光周期、水温、水质和饲喂是经过优化，然后持续监测和控制，以在生命周期（i）-（vi）的每个阶段获得最优的产量。

（四）Aquaculture System（水产养殖系统）

专利号：CA2571439A1/ EP1781092A1/ US7717065

授权日期：2006.01.05/2007.05.09/2010.05.18

专利权人：Mcrobert，Ian

发明人：Mcrobert IanMcrobert Ian

水产养殖系统 包括一个或多个养殖池，养殖池设置在水域中，如池塘 。网状系统 使水从池塘 到一个或多个养殖池循环。固体废弃物包括未吃的食物从养殖池 中提取出来并存放在一个与池塘 隔绝的地点（图 10-78）。

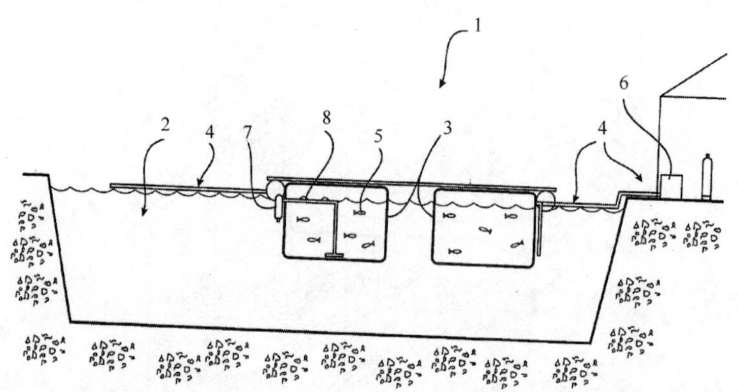

图 10-78　水产养殖系统原理图

1. 水产养殖系统；2. 池塘；3. 养殖池；4. 网状系统；5. 鱼；6. 空气风扇；7. 重力沉降分离器；8. 废物管

（五）Mega Flow System（巨型流系统）

专利号：EP1781576A2/ EP1473986A4/ US7381326

授权日期：2007. 05. 09/2008. 03. 12/2008. 06. 03

专利权人：Haddas，Israel

发明人：Haddas，IsraelHaddas，Israel

一个换气的循环水产养殖系统包括一个养殖池和一个换气循环系统。养殖池中养殖水生生物。养殖池设置第一流路。换气循环系统包括一个换气设备来对水换气。换气设备设置第二流路。第一流路和第二流路使得养殖池和换气设备之间形成了一个封闭流路。换气循环系统用来使水在上述封闭流路中环流（图 10-79）。

（六）Domestic Aquaponic Recreation System Dars 2007（国内 AQUAPONIC 娱乐系统 DARS2007）

专利号：US20090211958A1

授权日期：2009. 08. 27

专利权人：Orsillo Thomas Edward

发明人：Orsillo，Thomas EdwardOrsillo，Thomas Edward

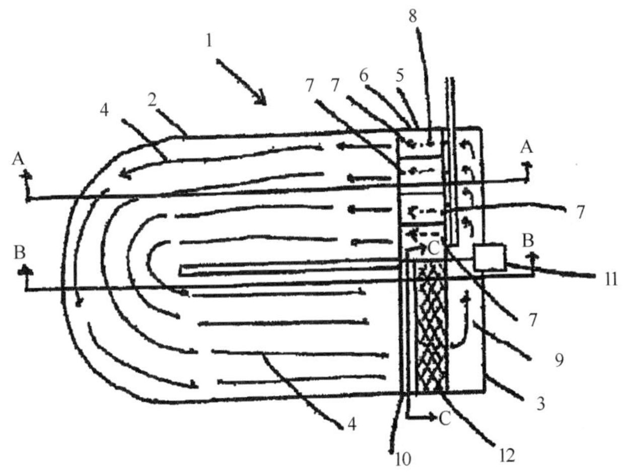

图 10-79 换气再循环水产养殖系统平面图

1. 换气再循环水产养殖系统；2. 养殖池；3. 换气池；4. 流路；5. 换气循环系统；
6. 换气设备；7. 压缩空气扬水泵；8、9. 流路；10. 底部收集器；11. 检测盘；12. 隔离板

图中所描述的 Domestic Aquaponic Recreation System（DARS）结构，包括所有组件以及从属组件，显示出了一个简单的循环水产养殖系统或鱼类养殖场，具有如下有益效果：能够提高或存储可食种类的鱼到一定市场规模，能够提高或者存储活鱼品种用于研究，能够运输活鱼到当地市场，生产高达 200L 富含养料的培养液来养殖陆生绿色农作物（图 10-80）。

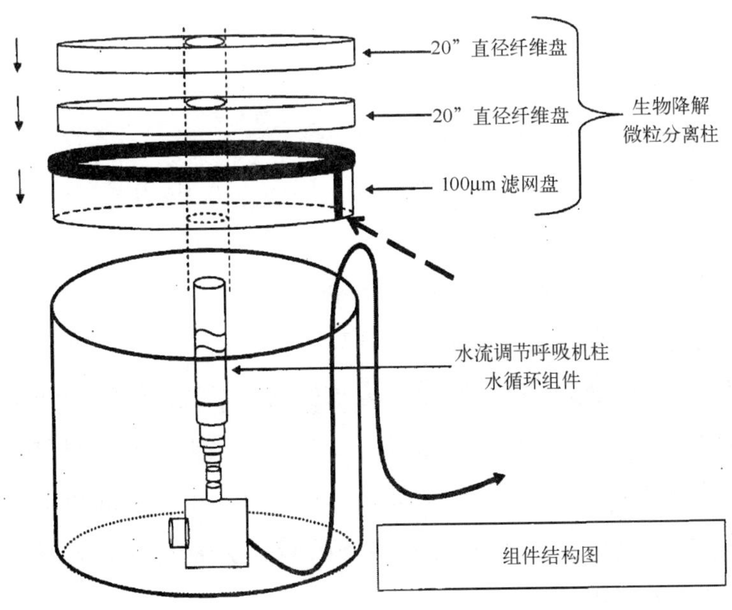

图 10-80 DARS 结构图

（七）System For Growing Crustaceans And Other Fish（养殖甲壳类生物和鱼类其他的系统）

专利号：US7682504

授权日期：2010. 03. 23

专利权人：Aqua Manna，LLC

发明人：Bradley，James E.，Bradley，Jeremy L. Bradley，James E.，Bradley，Jeremy L.

一种水域中生长的甲壳类动物体的循环海水养殖系统包括完全淹没在水下的室，该室具有连接到室的板面和顶的过滤墙，用来阻止排除微小物质时水从水域流进第一室。第二室设置在第一室上方，具有一系列水出口，一系列水出口低于水域水面，并且第二室的顶部具有高于水域表面的空气入口。竖管的较低端开口，开口位于第一室内，竖管还具有进入到第二室顶部的一系列横向开口。竖管中联结的叶轮使过滤后的水从第一室穿过横向开口进入到第二室临近空气入口的地方，水与空气入口输入的空气混合后通过一系列水出口从第二室移出到水域中（图 10-81）。

（八）Process And System For Growing Crustaceans And Other Fish（养殖甲壳纲生物和鱼类的方法和系统）

专利号：US8506811

授权日期：2013. 08. 13

专利权人：Bradley Innovation Group，LLC

发明人：Bradley，James E.，Bradley，Jeremy L. Bradley，James E.，Bradley，Jeremy L.

一种海水循环养殖系统和在水域中养殖甲壳类海洋生物或者鱼类的方法。水域中的水经过去二氧化碳处理、去生物副产品处理以及氧化处理。水处理单元用来处理水以及为水域提供流动的动力。水处理单元为水提供了气浊，同时辅助了二氧化碳和生物副产品的移除。水也可以被循环，通过一个抗絮凝池来降低水域中的絮状细菌，为水域中的甲壳类海洋生物或者鱼类的最优化生长提供一个适宜的环境。使用该系统以及抗絮凝池具有如下优点：显著降低换水率和废水，并且还为壳类海洋生物或者鱼类的生长提供了适宜的水质。

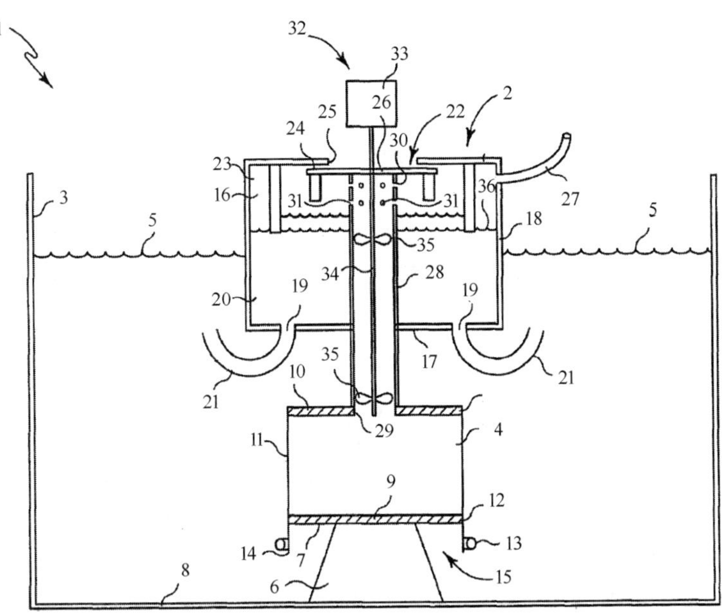

图 10-81　包含水处理单元的循环水产养殖系统原理图

1. 循环水产养殖系统；2. 水处理单元；3. 养殖池；4. 第一室；5. 水面；6. 台；7. 底面；8. 底；9. 板面；10. 室顶；11. 过滤墙；12. 板面；13. 气泡源；14. 过滤墙 30 的较低边；15. 保护区域；16. 第二室；17. 基座；18. 侧壁；19. 水出口；20. 第二室较低部分；21. 方向可调管；22. 空气入口；23. 第二室较高部分；24. 侧面槽；25. 中央开口；26. 盘；27. 出口；28. 竖管；29. 竖管较低端；30. 较高开口；31. 一系列开口；32. 叶轮；33. 电机；34. 轴；35. 叶轮；36. 水面

（九）Aquaculture Pump System And Method（水产养殖泵系统和方法）

专利号：US20160174531A1

授权日期：2016. 06. 23

专利权人：Pentair Water Pool And Spa, Inc.

发明人：Boothe, Brian J. , Losordo, Thomas, Stiles, Jr. , Robert W. Boothe, Brian J. , Losordo, Thomas, Stiles, Jr. , Robert W.

本发明提供了在循环养殖系统中使用的一种恒流变速泵。该泵包括一个壳体，壳体具有入口和出口，一个叶轮设置于所述壳体内，一个马达连接到所述叶轮并且驱动叶轮在壳体中旋转，使得水在循环水养殖系统中流动。所述泵还包括与马达通信的控制器，并驱动该马达。所述控制器被配置为调整所述马达的速度，使得该马达依据第一用户定义时间表，在第一开始时间和第一停止时间之间以第一流量通过循环养殖系统，依据第二用户定义时间表，在第二开始时间和第二停止时间之间以第二流量通过循环养殖系统（图 10-82）。

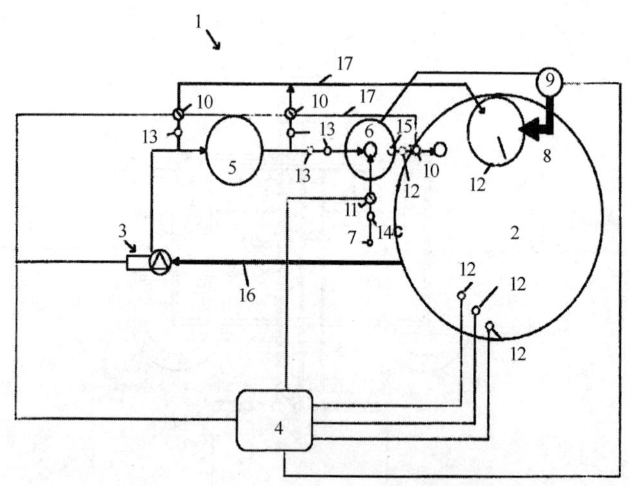

图 10-82　水产养殖系统中泵控制原理图

1. 水产养殖系统；2. 养殖池；3. 变速泵；4. 控制器；5. 生物过滤器；6. 氧气舱；7. 氧气入口；8. 排气口；9. 空气风扇；10. 水比例控制阀；11. 氧气比例控制阀；12. 水质探头；13. 水流量传感器；14. 氧气流量及压力传感器；15. 水压传感器；16. 排水线；17. 回水线

（十）Aquaculture System（水产养殖系统）

专利号：US9380766

授权日期：2016. 07. 05

专利权人：Limcaco，Christopher A.

发明人：Limcaco，Christopher A. Limcaco，Christopher A.

一个循环水产养殖系统，该系统包括一个入口管道，一个养殖池，一个水处理单元，一个澄清器和一个出口管道。该养殖池与所述入口导管流体连接用于接收来自入口管道的替换水。该养殖池还含有水和水生动物。水处理单元被布置在所述养殖池中，并包括能够将养殖池中水生动物的废物清除的藻类。澄清器与养殖池流体连通，以从养殖池中接收替换水。澄清器还配置成从所述替换水中去除固体废物。出口管道是在澄清器和入口管道之间流体连通（图 10-83）。

（十一）Multi-Phasic Integrated Super-Intensive Shrimp Production System（多阶段同步超集约对虾生产系统）

专利号：CA2973601A1/ EP3277081A1

授权日期：2016. 10. 06/2018. 02. 07

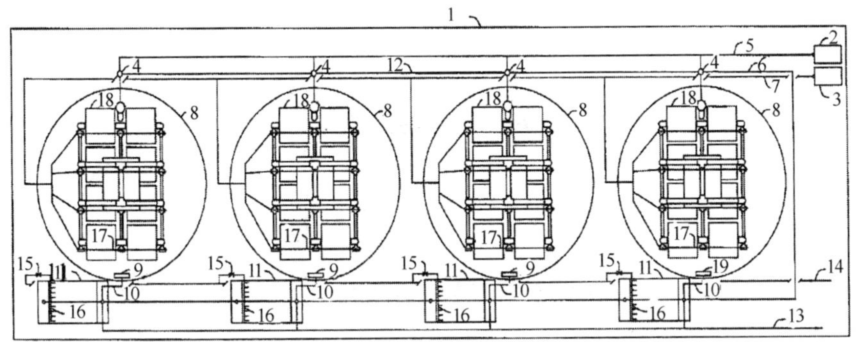

图 10-83　水生生物共生设备原理图

1. 设备；2. 风扇；3. 空气供应风扇；4. 膜式泵；5. 空气供应线路；6. 回水线路；
7. 水处理单元空气供应线路；8. 养殖池；9. 出口屏；10. 流体出口线路；11. 澄清器；
12. 回水线路；13. 固体排出线路；14. 水供应线路；15. 水供应线路阀；16. 喷雾管；17. 媒介轮

专利权人：Royal Caridea Llc

发明人：Kemp Maurice，Brand Anthony P. Kemp Maurice，Brand Anthony P.

一种对虾养殖方法，将所有生长阶段和基本操作模块化、集成化，形成一个由定制设计的网络物理平台控制的多阶段同步超集约对虾生产系统。模块组件包括：前期幼苗模块（S），成长阶段生产模块（S），循环水产养殖系统（RAS）模块（S），饲料分配模块（S）和调控元件，调控元件由可编程逻辑控制器（PLC）与人机界面模块（HIMS）集成而成（图 10-84）。

（十二）Aquaculture System（水产养殖系统）

专利号：US20170362103A1

授权日期：2017. 12. 21

专利权人：Yuan Ze University

发明人：Jung，Guo-Bin，Yeh，Chia-Chen，Yu，Jyun-Wei，Ma，Chia-Ching，Hsieh，Chung-Wei，Lin，Cheng-LungJung，Guo-Bin，Yeh，Chia-Chen，Yu，Jyun-Wei，Ma，Chia-Ching，Hsieh，Chung-Wei，Lin，Cheng-Lung

提供了一种水产养殖系统。该水产养殖系统包括养殖池、水循环单元、水质检测器和水处理模块。储存养殖用水的养殖池有再循环入口和再循环出口。所述的水循环单元与养殖池流体连通，使养殖池中的养殖水通过水循环单元进行循环。水质检测器用于检测水质以获取水质信息。所述水处理模块包括电解气体发生器和控制单元，以改善水质。控制单元接收水质信息，并根据水质信息调节电解气体发生器的施加电压，以控制电解气体发生器产生的气体的种类和气体的比例（图 10-85）。

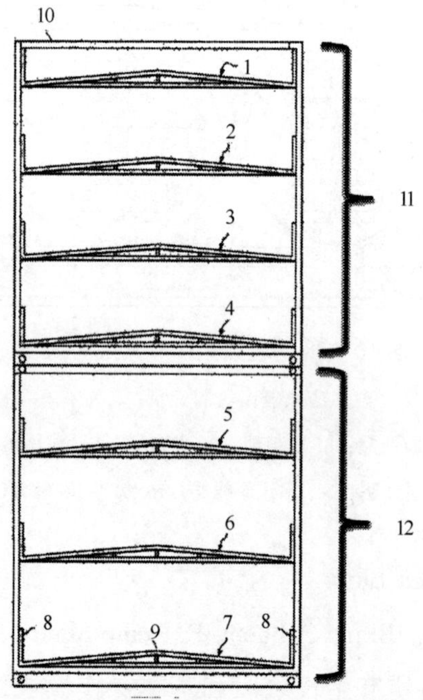

图 10-84　两个联合运输容器堆积的截面图

1~7. 生产组件；8. 壁；9. 中心点；10. Conex 容器；11. 第二联合运输容器；12. 第一联合运输容器；

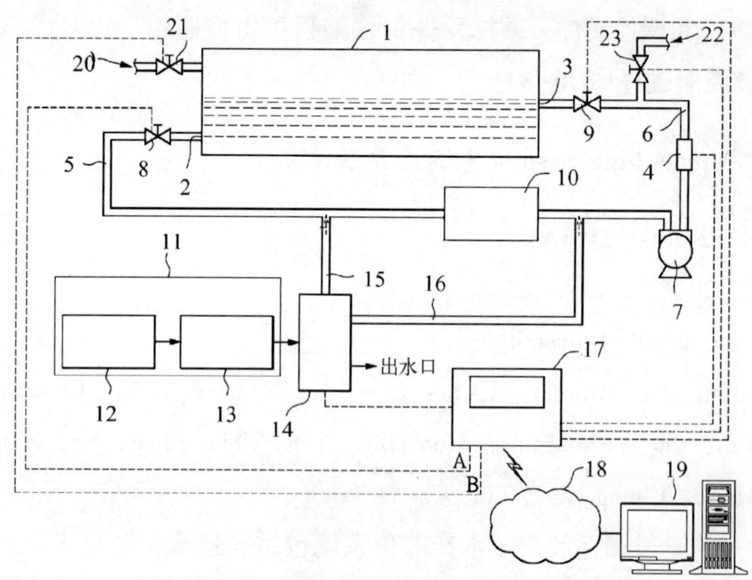

图 10-85　水产养殖系统一个实施例的原理图

1. 养殖池；2. 再循环出口；3. 再循环入口；4. 水质检测器；5. 出水管线；6. 入水管线；7. 泵；8. 第一控制阀；9. 第二控制阀；10. 过滤单元；11. 干净水供应系统；12. 水供应系统；13. 离子交换树脂；14. 电解气体发生器；15. 第一出气管；16. 第二出气管；17. 控制单元；18. 云主机；19. 远程监控设备；20. 水供应口；21. 进水阀；22. 放水口；23. 放水阀

第十一章
工厂化循环水养殖展望

第一节　国内外技术分析与对比

一、养殖与水处理效果

目前，我国的工厂化循环水养殖技术有了较大的发展，并在悬浮物、氮磷、重金属净化，杀菌消毒，增氧脱气，调温调光，饲料营养与病害防治等关键技术方面形成了一系列具有自主知识产权的成果（见附录）。目前鲆鲽类单位产量达到 $40kg/m^2$，游泳鱼类达到 $40kg/m^3$，个别养殖品种达到 $100kg/m^3$。总体上，在养殖密度上要略低于北美和欧洲等国家的循环水养殖系统。在水处理效果上，我国自主研发的工厂化循环水水循环率在95%以上；饵料系数低于1.2，成活率99%；各项水质指标DO>5.6mg/L，TAN<0.4mg/L，NO2-N<0.1mg/L，SS<8mg/L，COD<6mg/L，与国外系统相差不大（表11-1）。

表 11-1　国内外工厂化循环水养殖技术比较

序号	国家	典型系统与容量	养殖模式与品种	养殖密度/kg/m^3	水处理效果	养殖效果
1	美国	$12m^3$/养殖池	海水养殖，金头鲷	50	水循环率99%，氨氮降解速率 $300g/m^3/d$，氨氮0.8mg/L、亚硝酸盐氮0.2mg/L	成活率99%
2	加拿大	$150m^3$	淡水养殖，红点鲑	100～130	水循环率93%，水的循环速度4800L/min，总氨氮≤1.0mg/L、亚硝氮≤0.3mg/L	6月收获一次
3	丹麦	Billund 系统	鳗鲡	60～250	水循环速率1～2次/h，30%的循环水体进行紫外处理	/

续表

序号	国家	典型系统与容量	养殖模式与品种	养殖密度 /kg/m³	水处理效果	养殖效果
4	瑞典	Wallenius Water 系统，1 100m³/系统	鱼、虾等	对虾 500 尾/m³	进行过滤、微生物处理、CO_2去除、杀菌、加氧、温控等处理，HRT 3~4h	5 茬虾/年
5	以色列	/	尖齿胡鲶	最高达 267.8	溶解氧保持在 5mg/L 以上，氨氮、亚硝氮均<0.1mg/L	饵料系数 1.47，成活率 95%
6	日本	流量 2.1m³/h	半咸水，银汉鱼	27	SS<45μm，氨氮约 0.18mg/L	/
7	韩国	IBK 系统，3 500m²	淡水养殖，罗非鱼	67	高效去除溶解有机物和颗粒悬浮物，同时实现增氧和二氧化碳的去除	/
8	中国	节能环保型循环水系统	鱼、虾等	鲆鲽类 40kg/m²；游泳鱼类 40kg/m³	水循环用率 95%；DO > 5.6mg/L，TAN < 0.4mg/L，NO_2-N<0.1mg/L，SS<8mg/L，COD<6mg/L	饵料系数低于 1.2，成活率 99%

二、投资运行费用

与国外的循环水养殖系统相比，我国自主研发的节能环保型循环水养殖系统通过以弧形筛替代微滤机、以多向射流潜水式气浮泵替代蛋白质泡沫分离器、以纳米增氧板替代了高效溶氧器、以微孔曝气池替代脱气塔等，优化了生物滤池结构，强化了生物滤池排污，以悬垂式紫外消毒器替代管道式紫外消毒器，把臭氧添加与气浮泵紧密结合在一起，车间保温和补充新水来调节养殖水温等措施使系统造价大大降低，系统造价是“十二五”以前所建系统的 1/4，是国外同类产品的 1/10（表 11-2）。

表 11-2　几种循环水养殖系统设备配置与造价比较

功能＼系统造价	节能环保型循环水养殖系统		“十二五”以前的循环水系统		瑞典 Wallenius Water 的循环水系统	
	设备配置	造价/万元	设备配置	造价/万元	设备配置	造价/万元
固体颗粒物去除	弧形筛	0.8	微滤机	13.0	微滤机	15.0
泡沫分离	多向射流潜水式气浮泵	0.6	蛋白质泡沫分离器	12.0	蛋白质泡沫分离器	8.0
生物净化	以立体弹性填料为附着基的固定床	4.0	以 pvc 压缩板为附着基的固定床	8.0	以多空塑料环为附着基的移动床	46.00
脱气	罗兹鼓风机，微孔曝气池	0.4	空气压缩机	0.6	罗兹鼓风机	2.0
增氧	液氧罐、气水对流增氧	1.3	制氧机、管式溶氧器	7.8	液氧罐、锥式溶氧器	15.0
消毒杀菌	臭氧发生器，悬垂式紫外消毒器	4.6	管式紫外消毒器	3.0	高级氧化反应器	30.0
水动力设备	低扬程离心泵	0.6	低扬程离心泵	1.2	低扬程离心泵	8.0
其他	-	-	-	-	水质在线监测系统	20.0
合计	12.3		45.6		144.0	

三、能耗

与国外的循环水养殖系统相比，我国自主研发的节能环保型循环水养殖系统在节能改造方面有了较大提升，通过设施型代替设备型系统，对关键水处理设施设备的节能优化，使单位能耗只有 35W/m^3，是“十二五”以前所建循环水养殖系统能耗的 1/2，是国外同类养殖系统能耗的 2/5，能耗大大降低。经过国内多家养殖企业多年的生产性运行，节能环保型循环水养殖系统虽然在系统造价与运行能耗上高于传统流水养殖，但由于养殖密度的提高和养殖周期的缩短，实际单位运行成本比传统流水养殖降低了 14.05%~25.02%，并且，随着水处理工艺的不断完善和系统管理水平的提高，养殖密度具有进一步提升的空间，这意味着系统的单位运行成本还具有大幅降低的潜力（表 11-3）。

表 11-3　几种循环水养殖系统的设备配置与功率

系统能耗 / 功能	节能环保型循环水养殖系统		“十二五”以前的循环水系统		瑞典 Wallenius Water 的循环水系统	
	设备配置	功率/kW	设备配置	功率/kW	设备配置	功率/kW
固体颗粒物去除	弧形筛	-	微滤机	2.2	微滤机	2.2
泡沫分离	多向射流潜水式气浮泵	2.2	蛋白质泡沫分离器	1.5	蛋白质泡沫分离器	1.5
生物净化	以立体弹性填料为附着基的固定床	-	以 pvc 压缩板为附着基的固定床	-	以多空塑料环为附着基的移动床	-
脱气	罗兹鼓风机，微孔曝气池	1.25	空气压缩机	5.5	罗兹鼓风机	5.5
增氧	液氧罐、气水对流增氧	-	制氧机、管式溶氧器	5.35	液氧罐、锥式溶氧器	-
消毒杀菌	臭氧发生器，悬垂式紫外消毒器	3.0	管式紫外消毒器	4.0	高级氧化反应器	2.4
水动力设备	低扬程变频离心泵	7.5	低扬程离心泵	8.0	低扬程离心泵	21.0
其他	-	-	-	-	水质在线监测系统	0.2
合计	13.95		26.55		32.8	

第二节　研究进展与展望

一、研究进展

国外循环水养殖技术开始于 20 世纪 60 年代初期，主要以欧洲及日本等发达国家为代表。根据发展进程和养殖水平，经历了准工厂化、工厂化、现代工厂化养殖阶段。国外工厂化养殖通过采用现代工程技术、水处理技术、生物技术、自动化信息化技术等前沿高新技术成果，实现了机械化、自动化、电子化、信息化和经营管理现代化。20 世纪 90 年代末，我国的循环水养殖技术研究逐步得到重视。自“九五”开始，在国家 863 计划和科技支撑（攻关）计划的支持下，我国循环水养殖有了较大的发展，尤其是在海水养殖技术领域。“九五”期间，主要解决了工厂化养殖设施设备的三项关键技术（微滤机、快速过滤、高效增氧）。“十五”期间，在借鉴国外发达国家海水设施养殖先进经验的基础上，研发了包括微滤机、蛋白分离器、生物净化池、紫外线消毒在内的一批具有自主知识产权的循环水养殖重大水处理装备，主要解决了工厂化养殖的工程优化技术，有力提升了工厂化养殖技术水平。“十一五”期间，研发了海水工厂化养殖成套设备和高效养殖生产体系构建技术，基本建立海水工厂化养殖高效生产体系。“十二五”期间，针对海水工厂化循环水高效养殖的关键技术和工程装备，围绕节能减排与环境质量安全控制，通过自主创新、集成创新与示范推广，研发、集成了循环水处理关键技术与设施设备，优化了循环水高效养殖工艺，创建了新型养殖排放水资源化、无害化利用技术，初步建立了工厂化养殖标准化技术体系，有利提升了工厂化循环水养殖的规模和水平。

北美、欧洲和日本等国家的循环水养殖的技术体系已日趋成熟，养殖对象研究已从鱼类苗种孵化和繁育扩展到虾、贝、藻、软体动物等经济品种的养殖。与国外发达国家相比，目前我国的工厂化循环养殖还存在水处理设施、设备标准化程度不高；过度依赖矿物燃料和地下水等能源，能源供给体系不完善；缺乏专用的配合饲料，自动化、信息化和智能化水平较低等不足。

二、展望

未来研究将针对我国工厂化循环水养殖系统构建成本高、运行能耗高、系统运行不稳定、效率得不到充分发挥、对不可再生资源依赖性强和自动化、智能化水平低等制约产业深化发展等突出问题。在集成、优化水处理装备和水处理工艺的基础上，通过对新能源、智能监控与管理及养殖环境控制技术的研究与开发，建立节能、高效、环境友好、资源节约、符合工业化养殖构想并具有较广推广前景的现代工厂化循环水养殖新模式，主要研究内容包括：

①环境精准调控技术。研究循环水养殖系统内和水处理综合利用系统中的生物净化机理与碳、氮、磷等迁移转化规律，构建养殖环境精准调控技术。

②关键养殖工程装备与新能源。研发模块式和一体化循环水养殖工程装备，集成循环水养殖颗粒物过滤、水质净化、脱气与增氧为一体化和可组装式模块化的养殖系统；研发适用于水产养殖的水源热泵、太阳能、风能等新能源利用技术与设施；集成优化海水循环水养殖工艺。

③高效养殖与质量安全控制技术。研发工厂化高密度养殖条件下的高效饲喂、无

药物疾病防控、风味提升、产品质量安全保障等技术，研发工厂化养殖专用饲料，建立精确的养殖生产管理和可追溯质量安全控制技术体系。

④标准化高效生产技术体系。针对鱼类、对虾和海参等主要工厂化养殖品种，研究其循环水养殖与水处理车间建造、水处理设施设备与工艺、高密度健康养殖工艺与模式的标准化，形成鱼虾参标准化的工厂化养殖高效养殖生产技术体系。

⑤外排水资源化、无害化利用新技术。集成人工湿地、贝藻综合养殖、微生态制剂，研发生态、环保、经济的养殖排放水（泥）综合利用技术。

⑥数字化和智能化控制技术。基于物联网技术，研发、集成自动化、智能化的循环水养殖环境调控、饲喂与疾病控制系统和数据库，构建数字化的循环水养殖与管理系统。

⑦工厂化健康养殖技术集成与示范。建立陆基工厂化规模化示范推广管理和技术体系。针对名特优养殖新品种，不断扩大养殖规模，努力提升工厂化循环水养殖技术水平。

附　录

一、国内专利

（一）悬浮去除与排污技术

序号	名称	专利号	发明人	专利权人	专利申请日	授权公告日	备注
1	海水苗种培育用水超细悬浮物去除工艺及其设备	ZL200510104236. 0	刘鹰，杨红生，张涛，刘石林，周毅，刘保忠，张福绥	中国科学院海洋研究所	2005. 10. 12	2007. 11. 28	发明授权
2	一种工厂化鱼类养殖双管排污装置	ZL200710015759. 7	刘鹰，杨红生，王朝夕，刘光辉，程波，刘石林，张明珠，周毅，张涛，张福绥	中国科学院海洋研究所	2007. 05. 18	2009. 05. 27	发明授权
3	养鱼池循环水多功能固体污物分离器	ZL200810014133. 9	曲克明，桑大贺，赵俊，马绍赛，徐勇，王印庚	中国水产科学研究院黄海水产研究所	2008. 01. 28	2009. 12. 23	发明授权

续表

序号	名称	专利号	发明人	专利权人	专利申请日	授权公告日	备注
4	循环水水产养殖池固液分离装置	ZL200910015888. 5	赵学政，江声海，王秉心，吕建国	烟台泰华海珍品有限公司	2009. 06. 16	2011. 10. 05	发明授权
5	环流式养殖水固液分离装置	ZL201010157908. 5	朱建新，黄滨，曲克明，刘慧，王印庚	中国水产科学研究院黄海水产研究所	2010. 04. 22	2011. 11. 16	发明授权
6	海水鱼类工厂化循环水养殖系统多功能回水装置	ZL201210091105. 3	朱建新，曲克明，刘慧，洪磊，王彦怀，孙德强	中国水产科学研究院黄海水产研究所	2012. 03. 31	2013. 07. 31	发明授权
7	高效粪便分离循环水养殖装置	ZL201510006334. 4	朱松明，史明明，阮赟杰，沈加正，邓亚乐，林素丽	浙江大学	2015. 01. 07	2016. 10. 12	发明授权
8	一种带排污处理设施的海水循环养殖系统	ZL201510734197. 6	郑述河，孙同秋，张凯，王玉清，王冲	滨州市海洋与渔业研究所	2015. 11. 02	2017. 04. 19	发明授权
9	养鱼池循环水固体颗粒清除装置	ZL200720019725. 0	曲克明，姜辉，薛正锐，马绍赛	中国水产科学研究院黄海水产研究所	2007. 03. 20	2008. 01. 23	实用新型
10	循环水养殖系统生物净化池套管式排污装置	ZL201020525755. 0	王印庚，管敏，葛岩，曲江波，高淳仁，梁友，张正	中国水产科学研究院黄海水产研究所	2010. 09. 13	2011. 07. 06	实用新型

续表

序号	名称	专利号	发明人	专利权人	专利申请日	授权公告日	备注
11	无需动力的颗粒物分离装置	ZL201120079871. 9	辛乃宏，杨永海，朋礼全，张树森	天津市海发珍品实业发展有限公司	2011. 03. 23	2011. 10. 19	实用新型
12	抗沉降易清洗的养殖池	ZL201120139721. 2	朋礼全，辛乃宏，杨永海，张树森	天津市海发珍品实业发展有限公司	2011. 05. 05	2011. 12. 21	实用新型
13	一种循环水养殖池排污系统	ZL201720406988. 0	杨成胜，王桂红	王桂红	2017. 04. 18	2017. 12. 01	实用新型

（二）重金属去除技术

序号	名称	专利号	发明人	专利权人	专利申请日	授权公告日	备注
1	一种地下海水超标铁锰的去除方法与装置	ZL200810021420. 2	刘鹰，程波，宋世敏，宋世峰，王朝夕，张延青，宋奔奔，杨红生，张涛，周毅，刘保忠，张福绥	中国科学院海洋研究所；江苏榆城集团有限公司	2008. 07. 29	2010. 08. 04	发明授权

续表

序号	名称	专利号	发明人	专利权人	专利申请日	授权公告日	备注
2	养殖循环海水中重金属的电化学去除方法	ZL201210121928. 6	张旭志，曲克明，马绍赛，赵俊，陈聚法	中国水产科学研究院黄海水产研究所	2012. 04. 24	2013. 05. 08	发明授权
3	一种海水中重金属铜、锌、铅、镉的现场快速检测方法	ZL201210321728. 5	张旭志，曲克明，陈碧鹃，马绍赛，崔毅，赵俊，陈聚法	中国水产科学研究院黄海水产研究所	2012. 09. 04	2014. 07. 02	发明授权
4	一种水产养殖用地下海水中无机砷的去除装置和方法	ZL201310331450. 4	张旭志，曲克明，朱建新，赵俊，陈聚法，陈碧鹃，马绍赛，谷孝磊	中国水产科学研究院黄海水产研究所	2013. 08. 01	2015. 01. 21	发明授权

（三）氮磷碳去除技术

序号	名称	专利号	发明人	专利权人	专利申请日	授权公告日	备注
1	去除高密度鱼类养殖循环水中氮元素的方法	ZL201510509732. 8	陈敏，翁伯琦，杨有泉，邓素芳，刘晖	福建省农业科学院农业生态研究所	2015. 08. 19	2017. 03. 08	发明授权

续表

序号	名称	专利号	发明人	专利权人	专利申请日	授权公告日	备注
2	工厂化循环水鱼类养殖脱氮零排放系统	ZL201510509381.0	郑回勇，蔡淑芳，陈敏，雷锦桂，刘善文	福建省农业科学院科技干部培训中心	2015.08.19	2017.05.31	发明授权

（四）杀菌消毒技术

序号	名称	专利号	发明人	专利权人	专利申请日	授权公告日	备注
1	养鱼池循环水模块式紫外线杀菌装置	ZL200810014131.X	曲克明，桑大贺，马绍赛，赵俊，徐勇	中国水产科学研究院黄海水产研究所	2008.01.28	2010.09.29	发明授权
2	用于海水养殖的混合杀菌增氧装置	ZL201410690961.X	倪琦，顾川川，吴凡	中国水产科学研究院渔业机械仪器研究所	2014.11.25	2016.1.20	发明授权
3	一种电解-紫外联合处理养殖循环水的系统	ZL201610007775.0	叶章颖，王朔，林孝昶，赵建，高薇珊，李海军，裴洛伟，朱松明	浙江大学	2016.01.05	2017.11.14	发明授权

续表

序号	名称	专利号	发明人	专利权人	专利申请日	授权公告日	备注
4	用于循环水养殖的中压紫外线处理装置	ZL201120399202. X	李波，翟介明，王秉心，杨景峰，李文升，庞尊方，贾祥龙，王晓梅	莱州明波水产有限公司	2011. 10. 19	2012. 05. 30	实用新型

（五）增氧技术

序号	名称	专利号	发明人	专利权人	专利申请日	授权公告日	备注
1	养鱼池循环水高效溶氧器	ZL200810014132. 4	曲克明，桑大贺，俊赵，马绍赛，赵俊，徐勇	中国水产科学研究院黄海水产研究所	2008. 01. 28	2010. 11. 17	发明授权
2	一种海水养殖水体一体化充氧净化方法	ZL201410252157. 3	谢宇恒	谢宇恒	2014. 06. 09	2016. 03. 09	发明授权
3	养鱼虾池微气泡增氧机	ZL201020169758. 5	曲克明，桑大贺，徐宝荣，徐勇，朱建新	中国水产科学研究院黄海水产研究所	2010. 04. 20	2011. 02. 02	实用新型

续表

序号	名称	专利号	发明人	专利权人	专利申请日	授权公告日	备注
4	无动力充气式纯氧高效添加装置	ZL201120079185.1	辛乃宏，杨永海，朋礼全，张树森	天津市海发珍品实业发展有限公司	2011.03.23	2011.10.19	实用新型
5	一种工厂化海水高密度循环水养殖的高效纯氧混合装置	ZL201420595947.7	颜阔秋，向坤，魏伏增，汤裕柿，吴杰，裴洛伟，裴雷	金贝尔（福建）水环境工程有限公司	2014.10.15	2015.02.18	实用新型
6	一种曝气循环水养殖系统	ZL201420368709.2	饶秋华，涂杰峰，罗钦，林虬，陈红珊，黄敏敏，姚建武，罗土炎	福建省农业科学院中心实验室	2014.07.04	2015.04.01	实用新型
7	一种养殖循环水淋水装置	ZL201720376499.5	杨成胜，朱思海	杨成胜	2017.04.12	2017.12.05	实用新型
8	基于气动原理的水循环水蛭养殖池塘	ZL201720448550.9	王建国，熊良伟，王权，宋欣芮，黄鑫，吴娟	江苏农牧科技职业学院	2017.04.26	2018.01.16	实用新型

（六）调光调温技术

序号	名称	专利号	发明人	专利权人	专利申请日	授权公告日	备注
1	一种利用地下水加热的养鱼池装置	ZL201210361664.1	宋协法，董登攀	中国海洋大学	2012.09.26	2013.10.02	发明授权
2	一种促进大西洋鲑性腺发育成熟的光环境调控方法	ZL201410038031.6	刘鹰，仇登高，迟良，徐世宏，宋昌斌，邱天龙，李贤，杜以帅	中国科学院海洋研究所	2014.01.26	2016.02.03	发明授权
3	一种用于海水养殖的毛细管海水源热泵系统	ZL201320782671.9	刘国丹，施志钢，常忠，胡松涛，王刚，李绪泉，王海英，于慧俐	青岛理工大学	2013.11.28	2014.05.28	实用新型
4	海水源热泵生态养殖系统	ZL201520039827.3	王金柱，张盛杰，李娟，葛丽君，王喆	山东富特能源管理股份有限公司	2015.01.21	2015.06.24	实用新型
5	循环水养殖保温棚	ZL201620460695.6	庞尊方，李文升，马文辉，张淞琳，王国栋，王清滨，侯云霞，吴彦甫，肖娜，张克俭，毛东亮，李波，翟介明	莱州明波水产有限公司	2016.05.19	2016.10.05	实用新型

（七）水处理综合技术

序号	名称	专利号	发明人	专利权人	专利申请日	授权公告日	备注
1	工厂化循环水养鱼水处理方法	ZL200310114410.0	曲克明，宋德敬，马绍赛，薛正锐，杜守恩，王秉心	中国水产科学研究院黄海水产研究所	2003.12.03	2006.01.25	发明授权
2	一种水产养殖循环水处理系统	ZL200910015889.X	赵学政，江声海，王秉心，吕建国	烟台泰华海珍品有限公司	2009.06.16	2011.08.10	发明授权
3	水产品养殖循环水系统流量控制方法及其循环水系统	ZL201010291355.2	孙建明，吴垠，吴斌，黄磊	大连汇新钛设备开发有限公司	2010.09.21	2012.06.13	发明授权
4	环介导等温基因扩增结果分析方法	ZL201010579195.1	张旭志，陈碧鹃，马绍赛，李秋芬，崔正国，张艳	中国水产科学研究院黄海水产研究所	2010.11.26	2013.01.02	发明授权
5	一种石墨烯制备方法	ZL201210249137.1	张旭志，曲克明，赵俊，陈聚法，马绍赛	中国水产科学研究院黄海水产研究所	2012.07.18	2014.03.26	发明授权
6	工厂化养殖循环水处理装置	ZL201210539944.7	郭宝英，徐佳晶，尚晓明	浙江海洋学院	2012.12.14	2014.08.20	发明授权

续表

序号	名称	专利号	发明人	专利权人	专利申请日	授权公告日	备注
7	基于人工湿地的工厂化海水养殖外排水循环利用系统与方法	ZL201110268749.0	崔正国，陈聚法，曲克明，马绍赛，徐宝莹，张海耿	中国水产科学研究院黄海水产研究所	2011.09.13	2014.10.15	发明授权
8	一种自净式循环水养殖系统	ZL201510190558.5	刘志军，夏艳阳，黄小龙，严倩倩，陈媛媛，朱小丽	武汉中科水生环境工程股份有限公司	2015.4.21	2017.04.19	发明授权
9	养殖循环水处理系统及其工艺方法	ZL201510867681.6	杨菁，宋红桥，管崇武	中国水产科学研究院渔业机械仪器研究所	2015.12.01	2017.09.01	发明授权
10	循环水净化养殖系统	ZL201510649417.5	梁智博，梁皓钦，朱春燕，彭甜，朱春伟	宜都市茂源生态农业有限公司	2015.10.10	2017.10.24	发明授权
11	一种池塘养殖的循环水处理系统	ZL201610061519.X	陈培安，曾丽琴，谢成忠	泉州市明盛通讯技术有限公司	2016.01.29	2018.03.09	发明授权
12	一种全封闭循环水养殖用生物流化床过滤装置	ZL201020554450.2	袁三平，马红庆	青岛森淼实业有限公司	2010.10.09	2011.05.11	实用新型

续表

序号	名称	专利号	发明人	专利权人	专利申请日	授权公告日	备注
13	多功能高效生物滤池	ZL201120079855. X	辛乃宏，杨永海，朋礼全，张树森	天津市海发珍品实业发展有限公司	2011. 03. 23	2011. 10. 19	实用新型
14	循环水养殖系统水质终端优化专用装置	ZL201120399305. 6	李波，翟介明，王秉心，杨景峰，李文升，庞尊方，贾祥龙，王晓梅	莱州明波水产有限公司	2011. 10. 19	2012. 05. 30	实用新型
15	一种鱼藻共生养殖废水处理装置	ZL201520301665. 6	吴志昊，尤锋，刘鹰	中国科学院海洋研究所	2015. 05. 12	2015. 09. 09	实用新型
16	一种水产养殖循环水回用净化装置	ZL201620493917. 4	徐耕舵	徐耕舵	2016. 05. 27	2016. 11. 09	实用新型
17	基于纳米光电催化技术的循环海水养殖水处理系统	ZL201621232127. 7	郑乐云，徐静，姜双城，王福利，吴立锋，郑盛华，吴水清，陈宇锋，席英玉，仇登高，杨妙峰，林娇	福建省水产研究所（福建水产病害防治中心）厦门斯特福科技有限公司	2016. 11. 17	2017. 05. 24	实用新型

续表

序号	名称	专利号	发明人	专利权人	专利申请日	授权公告日	备注
18	一种水产养殖的循环水设备	ZL201720166527.0	周文礼，柴英辉，高金伟，窦勇，贾旭颖，孙朦朦，于宏，刘胜男，宋虹，谢云丹，汤荣成，薄香兰，刘斌	天津农学院	2017.02.23	2017.10.03	实用新型
19	一种循环水养殖池环形进水装置	ZL201720399929.5	杨成胜，王桂红	王桂红	2017.04.17	2017.11.28	实用新型
20	一种基于生物絮团和生物膜技术的水产循环水养殖系统	ZL201720844831.6	董宏标，张家松，段亚飞，李华，刘青松	中国水产科学研究院南海水产研究所	2017.07.12	2018.03.02	实用新型
21	一种池塘生态工业化循环水养殖与净化系统	ZL201720481822.5	林海，夏爱军，薛晖，王明华，赵彦华，陈校辉，张云贵，潘建林	江苏省淡水水产研究所	2017.05.03	2018.03.06	实用新型

（八）饲料营养技术

序号	名称	专利号	发明人	专利权人	专利申请日	授权公告日	备注
1	点带石斑鱼用复合预混料	ZL201310276262. 6	邢克智，陈成勋，王庆奎，郭永军，白东清，徐大为，于雯雯，徐赟霞，孙学亮，孙蓬	天津农学院	2013. 07. 03	2014. 11. 19	发明授权
2	点带石斑鱼专用饲料	ZL201310276108. 9	邢克智，王庆奎，陈成勋，白东清，郭永军，于雯雯，孙学亮	天津农学院	2013. 07. 03	2014. 11. 19	发明授权
3	一种循环水养殖用饲料搅拌器	ZL201220019271. 8	颉晓勇，钟金香，张汉华，朱长波，陈利雄，陈素文	中国水产科学研究院南海水产研究所	2012. 01. 13	2012. 09. 12	实用新型

（九）病害防治技术

序号	名称	专利号	发明人	专利权人	专利申请日	授权公告日	备注
1	鳗利斯顿氏菌亚单位疫苗抗原蛋白与应用	ZL200910020085.9	肖鹏，莫照兰，王波，李杰	中国科学院海洋研究所	2009.03.28	2011.08.03	发明授权
2	养殖鲆鱼腹水病二联灭活菌苗及制备方法	ZL200810153805.4	孙金生，耿绪云，王雪惠，薛淑霞，李翔，董学旺	天津市水产养殖病害防治中心	2008.12.05	2011.08.17	发明授权
3	一种迟缓爱德华氏菌弱毒活疫苗	ZL200710015285.6	莫照兰，茅云翔，肖鹏，李杰，王波，杨佳银	中国科学院海洋研究所	2007.07.11	2012.08.22	发明授权
4	一种用于检测牙鲆感染β诺达病毒的特异性引物及其检测方法	ZL201110407736.7	孙金生，张亦陈，刘逸尘，耿绪云，顾中华，杜宏薇	天津师范大学	2011.12.09	2012.11.28	发明授权
5	循环水养殖系统生物滤池自维护免接种方法及专用装置	ZL201110319978.0	翟介明，李波，王秉心，杨景峰，李文升，庞尊方，贾祥龙，王晓梅	莱州明波水产有限公司	2011.10.20	2013.03.20	发明授权

续表

序号	名称	专利号	发明人	专利权人	专利申请日	授权公告日	备注
6	一种检测迟缓爱德华氏菌、鲇鱼爱德华氏菌或致病性迟缓爱德华氏菌的引物序列及其检测方法和应用	ZL201010620648.0	莫照兰，李贵阳，肖鹏，李杰	中国科学院海洋研究所	2010.12.24	2013.04.10	发明授权
7	一种用于水产动物养殖及用药评估的循环水养殖装置	ZL201620180249.X	张元兴，刘晓红，王蓬勃，刘琴，王启要，肖婧凡，张华，张阳	华东理工大学 上海纬胜海洋生物科技有限公司	2016.03.09	2016.08.3	实用新型

（十）循环水养殖装置与系统

序号	名称	专利号	发明人	专利权人	专利申请日	授权公告日	备注
1	一种用于配合测量水生动物呼吸排泄的装置	ZL200810015448.5	程波，刘鹰，杨红生，王朝夕，宋奔奔，李贤，张涛，刘保忠，周毅，张福绥	中国科学院海洋研究所	2008.03.21	2009.07.29	发明授权

续表

序号	名称	专利号	发明人	专利权人	专利申请日	授权公告日	备注
2	分割式网箱刺参养殖装置	ZL200710013833. 1	曲克明，刘立波，韩德山，胡振峨，郭学政，侯正大，徐勇，马德林	中国水产科学研究院黄海水产研究所	2007. 03. 20	2010. 05. 19	发明授权
3	一种工厂化循环水养鱼系统及其使用方法	ZL201110075230. 0	张宇雷，宋奔奔，王健，胡伯成	中国水产科学研究院渔业机械仪器研究所	2011. 03. 28	2012. 07. 25	发明授权
4	一种养殖池	ZL201010189584. 3	王晓铮，王小刚	广州中国科学院工业技术研究院	2010. 05. 26	2012. 11. 21	发明授权
5	一种养殖鱼池的防跳网保温罩支架	ZL201110134761. 2	庄保陆，顾川川，宋奔奔，张宇雷	中国水产科学研究院渔业机械仪器研究所	2011. 05. 24	2013. 02. 27	发明授权
6	节能型工厂化全封闭海水循环养殖工艺方法及其专用装置	ZL201110319496. 5	翟介明，李波，王秉心，杨景峰，李文升，庞尊方，贾祥龙，王晓梅	莱州明波水产有限公司	2011. 10. 20	2013. 03. 27	发明授权

续表

序号	名称	专利号	发明人	专利权人	专利申请日	授权公告日	备注
7	一种内陆地区养殖海水鱼的水循环系统及养殖方法	ZL201010261292.6	刘青华，须藤直美	刘青华，须藤直美	2010.08.24	2013.04.03	发明授权
8	一种节能型工厂化循环水养殖系统及其操作方法	ZL201110332346.8	王振华，管崇武，吴凡	中国水产科学研究院渔业机械仪器研究所	2011.10.27	2013.05.01	发明授权
9	绿鳍马面鲀的大规模苗种培育方法	ZL201210433972.0	张天时，刘寿堂，梁兴明，薛致勇，孙德强，毛成全，崔恒全	海阳市黄海水产有限公司	2012.11.02	2013.11.13	发明授权
10	棕点石斑鱼与鞍带石斑鱼的一种工厂化杂交育种方法	ZL201310001580.1	翟介明，李波，武鹏飞，李文升，庞尊方，马文辉，刘江春，孙礼娟	莱州明波水产有限公司	2013.01.04	2014.03.12	发明授权
11	一种一体化循环水养殖系统	ZL201110104168.3	谭洪新，罗国芝，李平，梁洋洋，鲁璐	上海海洋大学	2011.04.25	2014.05.21	发明授权

续表

序号	名称	专利号	发明人	专利权人	专利申请日	授权公告日	备注
12	一种双齿围沙蚕室内循环水蓄养方法	ZL201210577849. 6	王其翔，刘洪军，周健，田雨露，魏知军	山东省海水养殖研究所	2012. 12. 27	2014. 07. 30	发明授权
13	一种海水工厂化循环水养殖系统	ZL201210176143. 9	张利民，王际英，李宝山，黄炳山，陈玮	山东省海洋水产研究所	2012. 05. 31	2014. 10. 22	发明授权
14	一种鲜活大西洋鲑运输前暂养方法	ZL201310002340. 3	刘宝良，刘鹰，江鑫，王顺奎，于凯松，刘子毅，李贤	中国科学院海洋研究所	2013. 01. 04	2014. 12. 03	发明授权
15	一种节能高效的循环水养殖方法	ZL201310233993. 2	董宏标，张家松，罗愉城，李卓佳，梁柱华，揭亮	中国水产科学研究院南海水产研究所中山衍生水产养殖有限公司	2013. 06. 13	2015. 03. 11	发明授权
16	变流式循环水养殖方法	ZL200910187576. 2	孙建明，吴垠，吴斌	大连汇新钛设备开发有限公司	2009. 09. 22	2015. 06. 24	发明授权
17	可调式三通道圆形循环水养殖池	ZL201210488661. 4	俞国燕，魏武，王筱珍，鄢奉林，何真	广东海洋大学	2012. 11. 27	2015. 06. 24	发明授权

续表

序号	名称	专利号	发明人	专利权人	专利申请日	授权公告日	备注
18	珍珠龙胆石斑鱼和斑石鲷工厂化循环水混合养殖方法	ZL201410804607.5	刘宝良，赵奎峰，王国文，雷霁霖，高淳仁，贾瑞，韩岑	中国水产科学研究院黄海水产研究所	2014.12.20	2015.07.29	发明授权
19	斑石鲷和半滑舌鳎工厂化循环水混合养殖方法	ZL201410801888.9	刘宝良，雷霁霖，高淳仁，赵奎峰，王国文，贾瑞，韩岑	中国水产科学研究院黄海水产研究所	2014.12.20	2015.07.29	发明授权
20	一种基于计算机视觉的鱼肉自动分级装置和方法	ZL201210573966.5	刘子毅，刘鹰，范良忠，刘力，李贤，刘宝良，孙国祥，仇登高，陈珠	中国科学院海洋研究所	2012.12.26	2015.08.26	发明授权
21	藻相水系虾贝连体循环水养殖系统	ZL201310504048.1	张学舒	浙江海洋学院	2013.10.23	2015.09.09	发明授权
22	循环水高密度生态养殖系统	ZL201310249172.8	郑强，郑荣宁	江苏福瑞水产养殖有限公司	2013.06.21	2015.12.23	发明授权
23	一种鱼类游泳行为观测装置	ZL201410239691.0	刘鹰，衣萌萌，李贤，杜以帅，刘宝良，孙国祥，迟良，邱天龙	中国科学院海洋研究所	2014.05.30	2015.12.30	发明授权

续表

序号	名称	专利号	发明人	专利权人	专利申请日	授权公告日	备注
24	平位三渠道循环水养鱼方法	ZL201410319081.1	王志敏	秦皇岛粮丰海洋生态科技开发股份有限公司	2014.07.07	2016.01.13	发明授权
25	藻菌水系对虾循环水养殖系统	ZL201310504060.2	张学舒	浙江海洋学院	2013.10.23	2016.03.02	发明授权
26	一种水蛭养殖管道循环水系统	ZL201410319681.8	陶桂庆，王建国，熊良伟，侯君	靖江市明星水蛭养殖专业合作社	2014.07.08	2016.03.16	发明授权
27	一种规模化牡蛎苗种高密度培育系统	ZL201410355641.9	邱天龙，刘鹰，郑纪盟，曾志南，祁剑飞，张校民	中国科学院海洋研究所	2014.07.24	2016.03.16	发明授权
28	一种生产牡蛎单体苗种的附着基质及其配套采苗装置	ZL201410537776.7	邱天龙，刘鹰，张涛，郑纪盟，李贤，杜以帅，孙国祥	中国科学院海洋研究所	2014.10.13	2016.05.04	发明授权
29	货柜模组生态循环水产养殖系统	ZL201310050547.8	李锡达	李锡达	2013.02.06	2016.05.11	发明授权
30	一种鲆鲽鱼类工程化池塘循环水养殖系统	ZL201410468716.4	柳学周，徐永江，史宝，刘新富，孙中之，孟振	中国水产科学研究院黄海水产研究所	2014.09.15	2016.05.11	发明授权

续表

序号	名称	专利号	发明人	专利权人	专利申请日	授权公告日	备注
31	一种室内循环水立体养殖红沙蚕的方法	ZL201410182514.3	王连成	王连成	2014.04.24	2016.06.15	发明授权
32	一种利于观测鱼群自主选择喜好背景颜色的监控系统	ZL201310289368.X	李贤，刘鹰，刘子毅，罗荣强，仇登高，刘宝良，孙国祥	中国科学院海洋研究所	2013.07.10	2016.06.22	发明授权
33	土基大棚网箱的循环水养殖黄鳝的方法	ZL201410468047.0	李大鹏，亓成龙	华中农业大学	2014.09.15	2016.08.17	发明授权
34	一种层叠货架式立体水产养殖装置	ZL201410576812.0	张宇雷，陈翔，单建军	中国水产科学研究院渔业机械仪器研究所	2014.10.24	2016.10.05	发明授权
35	一种生态型海水名贵鱼类工厂化循环水养殖系统	ZL201210258211.6	罗鹏，胡超群，张吕平，夏建军，钟鸣，江海英	中国科学院南海海洋研究所	2012.07.24	2016.10.12	发明授权
36	室外循环水养殖系统	ZL201410370214.8	刘汉勤，张建军	武汉康立斯科技发展有限公司	2014.07.31	2017.01.04	发明授权
37	一种高效节能节地的工厂化循环水高密度养殖系统	ZL201410707607.3	颜阔秋，向坤，魏伏增，沈加正，汤裕柿	金贝尔（福建）水环境工程有限公司	2014.11.28	2017.01.04	发明授权

续表

序号	名称	专利号	发明人	专利权人	专利申请日	授权公告日	备注
38	日本囊对虾循环水多层养殖方法	ZL201410182345. 3	董宏标，张家松，段亚飞，罗愉城，李卓佳，梁柱华	中国水产科学研究院南海水产研究所中山衍生水产养殖有限公司	2014. 04. 30	2017. 01. 11	发明授权
39	一种海参工厂化全封闭循环水养殖系统	ZL201410629575. X	朱建新，刘寿堂，曲克明，刘慧，薛致勇，杨志，曲江波.	中国水产科学研究院黄海水产研究所	2014. 11. 10	2017. 01. 11	发明授权
40	一种循环水刺参养殖装置及其养殖方法	ZL201410150800. 1	张涛，陈金，刘圣聪，刘忠强，于德强，徐建政，林亚东，毕成隆，孟雪松	大连天正实业有限公司	2014. 04. 15	2017. 01. 18	发明授权
41	一种新型工厂化循环水养殖系统	ZL201410634997. 6	陈翔，陈石，邓棚文，李月，宋红桥，单建军	中国水产科学研究院渔业机械仪器研究所	2014. 11. 12	2017. 02. 15	发明授权
42	一种循环式水产养殖装置及方法	ZL201510053469. 6	徐权汉，花勃，马晓静	青岛中科海水处理有限公司	2015. 02. 02	2017. 03. 01	发明授权

续表

序号	名称	专利号	发明人	专利权人	专利申请日	授权公告日	备注
43	一种适于鲍多层立体培育的封闭循环水养殖系统	ZL201510334050. 8	刘鹰，高霄龙，邱天龙，李贤，王朝夕，郑纪盟	中国科学院海洋研究所	2015. 06. 16	2017. 03. 22	发明授权
44	循环水珍珠养殖系统	ZL201510426327. X	郑波明	郑波明	2015. 07. 20	2017. 06. 06	发明授权
45	一种池塘鱼类水槽式集约化循环水养殖模式	ZL201510365328. 8	黄伟卿，张艺，谢伟铭，陈仕玺，刘家富，阮少江	宁德市鼎诚水产有限公司	2015. 06. 29	2017. 09. 26	发明授权
46	循环水梯级式水产品综合养殖方法与装置	ZL201510191111. X	孙爱义，张荣标，杨宁，解旭东	镇江水中仙渔业发展有限公司	2015. 04. 22	2017. 10. 27	发明授权
47	一种循环水海水养鱼装置	ZL201510268123. 8	李成启	李成启	2015. 05. 22	2018. 01. 02	发明授权
48	一种用于循环水养殖系统的收集死鱼装置	ZL201510555308. 7	张成林，单建军，周游，张业韡	中国水产科学研究院渔业机械仪器研究所	2015. 09. 01	2018. 02. 23	发明授权
49	循环水养殖在线水质自动监测装置	ZL201020657697. 7	牟春晓，曲克明，朱建新	烟台大学	2010. 12. 01	2011. 08. 03	实用新型

续表

序号	名称	专利号	发明人	专利权人	专利申请日	授权公告日	备注
50	海水鱼类工厂化循环水养殖系统多功能回水装置	ZL201220132581.0	朱建新，曲克明，刘慧，洪磊，王彦怀，孙德强	中国水产科学研究院黄海水产研究所	2012.03.31	2012.12.19	实用新型
51	一种循环式工厂化海水鱼养殖系统	ZL201220253285.6	王际英，张利民，黄炳山，陈玮，李宝山	山东省海洋水产研究所	2012.05.31	2012.12.19	实用新型
52	用海水调节循环水养殖系统盐度提高淡水鱼品质的系统	ZL201220216130.5	孙建明，吴垠，吴斌，黄磊	大连汇新钛设备开发有限公司	2012.05.14	2013.01.16	实用新型
53	移动全封闭循环水养殖试验装置	ZL201420154885.6	李夏，李纯厚，梁福权	中国水产科学研究院南海水产研究所	2014.03.31	2014.09.24	实用新型
54	循环水高密度养殖系统装备	ZL201420469635.1	花勃	青岛中科海水处理有限公司	2014.08.20	2014.12.10	实用新型
55	室外循环水养殖系统	ZL201420426074.7	刘汉勤，张建军	武汉柯斯维渔业科技有限公司	2014.07.31	2014.12.17	实用新型
56	一种循环水养殖装置	ZL201420518474.0	齐国山，王文娟，袁观同，黄劲松	湛江国联饲料有限公司	2014.09.11	2014.12.24	实用新型

续表

序号	名称	专利号	发明人	专利权人	专利申请日	授权公告日	备注
57	一种循环水玻璃钢水族箱系统	ZL201420496482. X	邓正华，喻达辉，张东玲，姜松，张博，孟子豪，黄桂菊	中国水产科学研究院南海水产研究所集美大学	2014. 09. 01	2015. 01. 07	实用新型
58	多层式循环水鱼类养殖系统	ZL201420514749. 3	顾向前，华纳高斯	顾向前，华纳高斯	2014. 09. 9	2015. 01. 21	实用新型
59	一种对虾循环水养殖系统	ZL201420315852. 5	杨敬辉	天津和正美科技发展有限公司	2014. 06. 12	2015. 05. 06	实用新型
60	一种高效节能节地的工厂化循环水高密度养殖系统	ZL201420736752. X	颜阔秋，向坤，魏伏增，沈加正，汤裕柿	金贝尔（福建）水环境工程有限公司	2014. 11. 28	2015. 05. 06	实用新型
61	一种工业化循环水立体养殖系统	ZL201520117498. X	赵军铭，赵学政，焦金菊，苗英武，吕建国	烟台泰华海洋科技有限公司	2015. 02. 27	2015. 07. 22	实用新型
62	一种循环水养殖池	ZL201420869440. 6	叶勤，苏炜	广州德港水产设备科技有限公司	2014. 12. 26	2015. 07. 29	实用新型

续表

序号	名称	专利号	发明人	专利权人	专利申请日	授权公告日	备注
63	一种海水鱼类工厂化循环水养殖系统多功能回水装置	ZL201520402895.1	朱会杰，张修成，许中文，王军，李侃	天津立达海水资源开发有限公司	2015.06.12	2015.12.16	实用新型
64	一种循环水水产养殖实验系统	ZL201520653235.0	杨波	青岛海兴智能装备有限公司	2015.08.27	2015.12.23	实用新型
65	一种循环水养殖系统	ZL201520539206.1	李纯厚，揭亮，张家松，董宏标，刘志军，肖建彬，段亚飞，颉晓勇	太阳高新技术（深圳）有限公司	2015.07.23	2015.12.30	实用新型
66	一种鱼类养殖循环水养殖装置	ZL201520367969.2	舒锐	广东英锐生物科技有限公司	2015.06.01	2016.02.10	实用新型
67	一种循环水养殖池	ZL201520789422.1	迟永斌，侯明华，韩厚伟，王顺奎，于凯松，曲红卫，孟祥科，刘石强，吕洪超，李建波，赵正方，孙林平	山东东方海洋科技股份有限公司	2015.10.14	2016.02.24	实用新型

续表

序号	名称	专利号	发明人	专利权人	专利申请日	授权公告日	备注
68	循环水分隔式水产养殖系统	ZL201520874706. 0	巫金春	永春云河白番鸭保种繁育有限责任公司	2015. 11. 04	2016. 03. 09	实用新型
69	循环水净化养殖系统	ZL201520779642. 6	梁智博，梁皓钦，朱春燕，彭甜，朱春伟	宜都市茂源生态农业有限公司	2015. 10. 10	2016. 03. 16	实用新型
70	一种集装箱循环水养殖系统	ZL201520964767. 6	舒锐	广州华大锐护科技有限公司	2015. 11. 26	2016. 4. 20	实用新型
71	一种工厂化循环水水产养殖系统	ZL201520459264. 3	史和平，薛维	江苏鱼之乐生态渔业股份有限公司	2015. 06. 29	2016. 05. 04	实用新型
72	一种高密度循环水鱼类养殖系统	ZL201520458622. 9	史和平，薛维	江苏嘉成轨道交通安全保障系统有限公司	2015. 06. 29	2016. 05. 04	实用新型
73	室内循环水养殖系统	ZL201620009392. 2	唐成婷，常伟，任秀芳，熊银林，周春艳，刘玉莺，张海敏，赵跃春	通威股份有限公司	2016. 01. 06	2016. 06. 15	实用新型

续表

序号	名称	专利号	发明人	专利权人	专利申请日	授权公告日	备注
74	银鲑循环水养殖池	ZL201620009388.6	唐成婷，常伟，周春艳，熊银林，任秀芳，刘玉莺，张海敬，赵跃春	通威股份有限公司	2016.01.04	2016.06.15	实用新型
75	室内凡纳滨对虾循环水养殖系统	ZL201620132260.9	曹宝祥，孔杰，孟宪红，栾生，卢霞，罗坤，陈宝龙	中国水产科学研究院黄海水产研究所	2016.02.22	2016.08.10	实用新型
76	一种独立的循环水养殖系统	ZL201620284699.3	张天时，梁友，黄滨，王印庚，孔祥科，薄万军，刘健	中国水产科学研究院黄海水产研究所	2016.04.07	2016.08.24	实用新型
77	斑石鲷工厂化循环水养殖系统	ZL201620460747.X	马文辉，李文升，庞尊方，刘江春，孙礼娟，邵光彬，孙芳芳，林好蔚，张君华，姜燕，王晓梅，翟介明，李波	莱州明波水产有限公司	2016.05.19	2016.10.05	实用新型
78	一种海鲜养殖设备	ZL201620315008.1	朱明	南京龙源生物科技有限公司	2016.04.15	2016.10.12	实用新型

续表

序号	名称	专利号	发明人	专利权人	专利申请日	授权公告日	备注
79	一种开放式池塘循环水养殖系统	ZL201620468535. 6	牛江波，唐成婷，吴海庆，崔永德，苏艳秋，罗国强	通威股份有限公司	2016. 05. 20	2016. 11. 09	实用新型
80	锦鲤循环水养殖系统	ZL201620440536. X	谯守平	重庆新陆农业开发有限公司	2016. 05. 16	2016. 11. 30	实用新型
81	高效循环水养殖系统	ZL201620526296. 5	张燕发	惠州市海燕水产养殖科技有限公司	2016. 05. 27	2016. 12. 07	实用新型
82	鱼类循环水养殖水处理池	ZL201620825179. 9	马建忠，吴洪喜，张涛，蔡景波，胡园，单乐州，邵兴斌	浙江省海洋水产养殖研究所	2016. 07. 29	2017. 01. 04	实用新型
83	一种渔光一体池塘循环水养殖系统	ZL201620680832. 7	罗国强，苏艳秋，牛江波，景艳侠，吴海庆	通威股份有限公司成都通威水产科技有限公司	2016. 06. 29	2017. 01. 11	实用新型
84	一种肉食性鱼类池塘循环水养殖系统	ZL201620817768. 2	余德光，王广军，谢骏，张凯，李志斐，郁二蒙	中国水产科学研究院珠江水产研究所	2016. 07. 29	2017. 01. 11	实用新型

续表

序号	名称	专利号	发明人	专利权人	专利申请日	授权公告日	备注
85	一种循环水养殖装置	ZL201620818319. X	郑华坤，王亚军，杜丽红，胡佳宝，郑昊	宁波大学	2016. 07. 28	2017. 01. 18	实用新型
86	一种小龙虾循环水养殖系统	ZL201620891830. 2	彭金球，杨国兴，魏海军，陶美林，陈新民	湖南金欧农业科技有限公司	2016. 08. 16	2017. 03. 22	实用新型
87	一种跑道式循环水养殖系统	ZL201621014568. X	柴慈民，刘彦峰，何家瑞	天津海友佳音生物科技股份有限公司	2016. 08. 31	2017. 03. 22	实用新型
88	一种气体循环水养殖装置	ZL201621014128. 4	牛泓博，何家瑞，樊昕宇，蒋淼淼	天津海友佳音生物科技股份有限公司	2016. 08. 31	2017. 03. 22	实用新型
89	循环水养殖系统	ZL201621130287. 0	陈生熬，姚娜，宋勇，任道全，王智超，王帅	塔里木大学	2016. 10. 18	2017. 04. 19	实用新型
90	室内循环水养殖系统	ZL201621226823. 7	陈伟忠，刘兆君，罗健福，杨联炯，杨联周，黄立湖，庄伟春，陈允权	中山一力农业发展有限公司	2016. 11. 15	2017. 06. 06	实用新型

续表

序号	名称	专利号	发明人	专利权人	专利申请日	授权公告日	备注
91	一种水产养殖循环水系统	ZL201621396589.2	郑仕伟	郑仕伟	2016.12.19	2017.06.20	实用新型
92	高效循环水养殖系统	ZL201621011247.4	潘失飞	天津沃能达实业有限公司	2016.08.31	2017.07.11	实用新型
93	亚冷水性鱼类工厂化循环水养殖系统	ZL201621467565.1	曲疆奇，张清靖，贾成霞，刘盼，杨慕	北京市水产科学研究所	2016.12.29	2017.07.14	实用新型
94	一种智能循环水养殖系统	ZL201621473185.9	马秀芬，兰传春，陈莎莎	青岛罗博飞海洋技术有限公司	2016.12.30	2017.08.11	实用新型
95	一种观赏鱼循环水养殖水族箱	ZL201720046821.8	李永娟，黄进强	甘肃农业大学	2017.01.16	2017.08.11	实用新型
96	一种循环水单体养殖装置	ZL201720031006.4	李良健，谭振辉	莱州金生水环保科技有限公司	2017.01.12	2017.09.01	实用新型
97	一种 U 型循环水养殖池	ZL201720360305.2	杨成胜	杨成胜	2017.04.07	2017.11.28	实用新型
98	一种跑道式循环水养殖池	ZL201720430512.0	李林春	厦门海葡萄生物科技有限公司 厦门海洋职业技术学院	2017.04.24	2017.12.05	实用新型

续表

序号	名称	专利号	发明人	专利权人	专利申请日	授权公告日	备注
99	循环水立体生态养殖系统	ZL201720502299. X	范明君，许带平，王招，胡灿灿，徐军民	深圳华大海洋科技有限公司	2017. 05. 08	2017. 12. 12	实用新型
100	一种循环水产养殖系统	ZL201720764812. 2	张天柱，薛晓莉，吴娜，张慧娟，杨文华，张志立，宁欣欣，赵跃钢，任强	北京中农天陆微纳米气泡水科技有限公司	2017. 06. 28	2018. 01. 05	实用新型
101	循环水养殖池	ZL201720671202. 8	马建忠，林少珍，蔡景波，邵鑫斌，桑大贺，杨海清	浙江省海洋水产养殖研究所	2017. 06. 09	2018. 01. 19	实用新型
102	水蛭上升流循环水养殖系统	ZL201720790605. 4	牟长军，王亚，刘士旗，李广信	微山县南四湖渔业有限公司 浙江北冥有渔环境科技有限公司	2017. 07. 03	2018. 01. 30	实用新型
103	一种循环水养殖装置	ZL201720144534. 0	马准，刘瑞聪，于德强，赵凤美，王云钟，徐凯	青岛蓝谷化学有限公司	2017. 02. 17	2018. 02. 23	实用新型
104	循环水养殖系统	ZL201720276022. X	王国伟，吴昊	阳光电源股份有限公司	2017. 03. 20	2018. 02. 23	实用新型

二、国外专利

（一）氮磷碳去除技术

序号	名称	国家	专利号	发明人	专利权人	专利申请日	授权公告日	备注（数据库）
1	Aquaculture Nitrogen Waste Removal（水产养殖中的氮气废物清除）	United States	US7082893	Schreier, Harold J., Tal, Yossi, Zohar, Yonathan	University Of Maryland Biotechnology Institute	2004. 04. 05	2006. 08. 01	US丨USB丨DOCDB
2	Method And Device For Removal Of Ammonia And Other Contaminants From Recirculating（用于从循环水产养殖池中清除氨和其他物质的方法和装置）Aquaculture Tanks	Canada United States	CA2560657A1 US7624703	Vago, Robert Edward	Vago, Robert Edward	2006. 09. 21 2006. 09. 21	2007. 03. 22 2009. 12. 01	CA丨CAB丨DOCDB US丨USB丨DOCDB

续表

序号	名称	国家	专利号	发明人	专利权人	专利 申请日	授权 公告日	备注 （数据库）
3	Arrangement Of Denitrification Reactors In A Recirculating Aquaculture System（循环水产养殖系统中反硝化反应器的设置方法）	United States	US7910001	Michaels, Ii, James T., Hamlin, Heather J., Dutt, William H., Graham, William, Steinbach, Peter, Babbitt, Brian, Richards, Ii, Brian A.	Mote Marine Laboratory	2008. 12. 12	2011. 03. 22	US丨USB丨DOCDB
4	Microbial Mediated Chemical Sequestering Of Phosphate In A Closed-Loop Recirculating Aquaculture System（在闭环循环水产养殖系统中通过微生物媒介化学隔离磷酸盐）	European United States	EP2448872A4 US8997694	Sowers Kevin R., Saito Keiko, Schreier Harold J.	University Of Maryland	2010. 07. 02 2010. 07. 02	2013. 01. 02 2015. 04. 07	EP丨EPA丨DOCDB US丨USB丨DOCDB

续表

序号	名称	国家	专利号	发明人	专利权人	专利申请日	授权公告日	备注（数据库）
5	Ammonia Control System For Aquaculture（水产养殖中的氨气控制系统）	United States	US20140311974A1	Stiles, Jr., Robert W., Delong, Dennis P., Losordo, Thomas	Stiles, Jr., Robert W., Delong, Dennis P., Losordo, Thomas	2014.03.17	2014.10.23	US丨USA丨DOCDB
6	A Physico－Chemical Process For Removal Of Nitrogen Species From Recirculated Aquaculture Systems（一种从循环水产养殖系统中清除含氮物质的物理化学方法）	European European United States United States	EP2640668B1 EP2902368B1 US20170029299A1 US9560839	Lahav, Ori, Gendel, Youri, Mozes, Noam, Benet Perlberg, Ayana, Hanin, Yuri	Technion Research And Development Foundation Ltd.	2011.11.17 2011.11.17 2016.10.13 2011.11.17	2015.04.01 2016.08.31 2017.02.02 2017.02.07	EP丨EPB丨DOCDB EP丨EPB丨DOCDB US丨USB丨DOCDB US丨USB丨DOCDB
7	Ammonia Control System For Aquaculture（水产养殖中的氨元素控制系统）	European	EP2967010A4	Stiles Robert W., Delong Dennis P., Losordo Thomas	Pentair Water Pool And Spa Inc.	2014.03.17	2016.10.19	EP丨EPA丨DOCDB

续表

序号	名称	国家	专利号	发明人	专利权人	专利申请日	授权公告日	备注（数据库）
8	Carbon Dioxide Control System For Aquaculture（水产养殖中的二氧化碳控制系统）	European United States	EP2969158A4 US9693538	Stiles Robert W. Jr.，Delong Dennis P.，Losordo Thomas	Pentair Water Pool And Spa Inc.	2014.03.14 2014.03.14	2016.12.21 2017.07.04	EP丨EPA丨DOCDB US丨USA丨DOCDB
9	Method Of Converting Marine Fish Waste To Biomethane（将海洋鱼类废物转化成生物甲烷的方法）	United States	US20170166929A1	Sowers，Kevin R.	University Of Maryland Baltimore County	2016.12.14	2017.06.15	US丨USA丨DOCDB

（二）增氧技术

序号	名称	国家	专利号	发明人	专利权人	专利申请日	授权公告日	备注（数据库）
1	Dissolved Oxygen Control System For Aquaculture（水产养殖中的溶解氧控制系统）	United States European	US20140311416A1 EP2967008A4	Stiles, Jr., Robert W., Delong, Dennis P., Losordo, Thomas	Stiles, Jr., Robert W., Delong, Dennis P., Losordo, Thomas	2014. 03. 17 2014. 03. 17	2014. 10. 23 2016. 11. 23	US丨USA丨DOCDB EP丨EPA丨DOCDB

（三）调光调温技术

序号	名称	国家	专利号	发明人	专利权人	专利申请日	授权公告日	备注（数据库）
1	Method For Regulating Energy Consumption In Aquaculture Systems（水产养殖系统中调节能量消耗的方法）	United States European	US20140311417A1 EP2967006A4	Stiles, Jr., Robert W., Delong, Dennis P., Losordo, Thomas	Stiles, Jr., Robert W., Delong, Dennis P., Losordo, Thomas	2014. 03. 17 2014. 03. 17	2014. 10. 23 2016. 11. 23	US丨USA丨DOCDB EP丨EPA丨DOCDB

（四）水处理综合技术

序号	名称	国家	专利号	发明人	专利权人	专利申请日	授权公告日	备注（数据库）
1	A Water Filtration System And Its Use（一种水过滤系统和它的使用）	European United States	EP1680366A1 US7527730	Johannsson, Ragnar, Timmons, James E., Holder, John L., Timmons, Michael B.	Idntaeknistofnun Islands	2004. 10. 04 2004. 10. 04	2006. 07. 19 2009. 05. 05	EP ǀ EPA ǀ DOCDB US ǀ USB ǀ DOCDB
2	Treating Aqueous Effluent For Extracting Carbon Dioxide And Nitrogen Gaseous Compound Useful In Aquaculture In Recirculated Aqueous Environment, Comprises Separating The Compound From The Effluent For Obtaining The Treated Aqueous Phase（循环水产养殖环境中治理废水从中去除二氧化碳和氮气复合物的方法，该方法包括从废水中分离出复合物来实现处理水相）	French	FR2914296B1	Rene, Francois, Lemarie, Gilles, Champagne, Jean, Yves, Morel, Robert	Institut Francais De Recherche Pour L' Exploi-tation De La Mer – Ifremer Etablissement Public A Caract, Institut National Des Sciences Appliquees	2007. 03. 29	2009. 08. 07	FR ǀ FRB ǀ DOCDB

续表

序号	名称	国家	专利号	发明人	专利权人	专利申请日	授权公告日	备注（数据库）
3	Water Treatment Equipment For Recircu-lating Aquaculture（循环水产养殖水处理设备）	United States United States	US20150373954A1 US20160362322A1	Kuo，Chi-Tse	Kuo，Chi-Tse	2014.06.27 2016.08.25	2015.12.31 2016.12.15	US | USA | DOCDB US | USA | DOCDB
4	Recirculating Aquaculture System And Treatment Method For Aquatic Species（水产生物的循环水产养殖系统及处理方法）	United States	US20170150701A1	Gilmore，F. William，Petkov，Ilia，Czarniecki，Michael，Easterling，Gerald	F&T Water Solutions Llc，Naturalshrimp，Inc.	2016.11.28	2017.06.01	US | USA | DOCDB

（五）饲料营养技术

序号	名称	国家	专利号	发明人	专利权人	专利申请日	授权公告日	备注（数据库）
1	Zeolite Additive For Animal Feed And Method Of Using Same（沸石添加剂动物饲料及其使用方法）	Canada	CA2429392A1	Hicks，Brad，Florian，Michael，Groves，David	Taplow Ventures Ltd.	2001.11.22	2002.05.30	CA | CAA | DOCDB

（六）循环水养殖装置与系统

序号	名称	国家	专利号	发明人	专利权人	专利申请日	授权公告日	备注（数据库）
1	Recirculating Marine Aquaculture Process（循环海水水产养殖方法）	United States Canada	US6443097 CA2441002C	Zohar, Yonathan, Serfling, Stanley, Stubblefield, John, Place, Alan, Harrel, Mordechai	University Of Maryland Biotechnology Institute	2001.03.16 2002.03.14	2002.09.03 2002.09.26	US丨USB丨DOCDB CA丨CAB丨
2	Indoor Automatic Aquaculture System（室内自动水产养殖系统）	United States	US6499431	Lin, Nan-Ho, Chen, Shimne	Formosa High-Tech Aquaculture, Inc.	2001.12.21	2002.12.31	US丨USB丨DOCDB
3	Process For Culturing Crabs In Recirculating Marine Aquaculture Systems（在循环海水养殖系统中养殖螃蟹的方法）	United States	US6584935	Zohar, Yonathan, Zmora, Oded, Hines, Anson	University Of Maryland Biotechnology Institute	2002.08.19	2003.07.01	US丨USB丨DOCDB

续表

序号	名称	国家	专利号	发明人	专利权人	专利 申请日	授权 公告日	备注 （数据库）
4	Aquaculture System（水产养殖系统）	Canada European United States	CA2571439A1 EP1781092A1 US7717065	Mcrobert Ian	Mcrobert, Ian	2005. 06. 24 2005. 06. 24 2005. 06. 24	2006. 01. 05 2007. 05. 09 2010. 05. 18	CA︱CAA︱ EP︱EPA︱DOCDB US︱USB︱DOCDB
5	Mega Flow System（巨型流系统）	European European United States	EP1781576A2 EP1473986A4 US7381326	Haddas, Israel	Haddas, Israel	2005. 08. 04 2003. 02. 13 2004. 08. 06	2007. 05. 09 2008. 03. 12 2008. 06. 03	EP︱EPA︱DOCDB EP︱EPA︱DOCDB US︱USB︱DOCDB
6	Domestic Aquaponic Recreation System Dars2007（国内 AQUAPONIC 娱乐系统 DARS2007）	United States	US20090211958A1	Orsillo, Thomas Edward	Orsillo Thomas Edward	2008. 02. 26	2009. 08. 27	US︱USA︱DOCDB
7	System For Growing Crustaceans And Other Fish（养殖甲壳纲生物和鱼类的方法和系统）	United States	US7682504	Bradley, James E., Bradley, Jeremy L.	Aqua Manna, Llc	2008. 02. 08	2010. 03. 23	US︱USB︱DOCDB

续表

序号	名称	国家	专利号	发明人	专利权人	专利申请日	授权公告日	备注（数据库）
8	Process And System For Growing Crustaceans And Other Fish（养殖甲壳纲生物和鱼类的方法和系统）	United States	US8506811	Bradley, James E., Bradley, Jeremy L.	Bradley Innovation Group, Llc	2010. 03. 16	2013. 08. 13	US丨USB丨DOCDB
9	Aquaculture Pump System And Method（水产养殖泵系统和方法）	United States	US20160174531A1	Boothe, Brian J., Losordo, Thomas, Stiles, Jr., Robert W.	Pentair Water Pool And Spa, Inc.	2014. 12. 18	2016. 06. 23	US丨USA丨DOCDB
10	Aquaculture System（水产养殖系统）	United States	US9380766	Limcaco, Christopher A.	Limcaco, Christopher A.	2015. 03. 20	2016. 07. 05	US丨USB丨DOCDB
11	Apparatus For Recycling Of Protein Waste And Fuel Production（回收蛋白质废物和生产燃料的装置）	United States	US9404073	Darling, Jonathan Scott, Darling, Don Scott	Naturally Recycle Proteins	2012. 07. 31	2016. 08. 02	US丨USB丨DOCDB

续表

序号	名称	国家	专利号	发明人	专利权人	专利申请日	授权公告日	备注（数据库）
12	Multi-Phasic Integrated Super-Intensive Shrimp Production System（多阶段同步超集约对虾生产系统）	Canada European	CA2973601A1 EP3277081A1	Kemp Maurice，Brand Anthony P.	Royal Caridea Llc	2016.02.11 2016.02.11	2016.10.06 2018.02.07	CA丨CAA丨 EP丨EPA丨DOCDB
13	Aquaculture System（水产养殖系统）	United States	US20170362103A1	Jung，Guo-Bin，Yeh，Chia-Chen，Yu，Jyun-Wei，Ma，Chia-Ching，Hsieh，Chung-Wei，Lin，Cheng-Lung	Yuan Ze University	2016.09.08	2017.12.21	US丨USA丨DOCDB

参考文献

陈朝东 . 2006. 废水生物处理 . 北京：化学工业出版社 .

成水平，吴振斌，况琪军 . 2002. 人工湿地植物研究 . 湖泊科学，14（2）：179 – 184.

丁启圣，王维一，等 . 2000. 新型实用过滤技术 . 北京：冶金工业出版社 .

丁亚兰 . 2000. 国内外废水处理工程设计实例 . 北京：化学工业出版社 .

丁永良 . 1998. 工业化养鱼技术改造刍议 . 水产科技情报，25（2）：34–36.

杜守恩 . 1995. 水产养殖工程技术 . 青岛：青岛海洋大学出版社 .

杜守恩，曲克明，桑大贺 . 2007. 海水循环水养殖系统工程优化设计 . 渔业现代化，（3）：7–10.

杜守恩，赵芬芳 . 1998. 海水养殖场设计与施工技术 . 青岛：青岛海洋大学出版社 .

[法] 德格雷蒙公司 . 1990. 水处理手册 . 北京：中国建筑工业出版社 .

范薇，周景成，等 . 2006. 海参工厂化循环水养殖技术 . 渔业现代化，（5）：15–16.

高凤仙，钟元春 . 2006. 构建功能性人工湿地处理养殖场废水 . 农业工程学报，22（增）：264 – 266.

葛长字 . 2006. 大型海藻在海水养殖系统中的生物净化作用 . 渔业现代化，（4）：21–23.

管敏，李莎，张建明，等 . 2015. 循环水养殖系统生物滤池自然挂膜启动及效果研究 . 中国给水排水，31：80 – 83.

郭明，陈红军. 2000. 四种农药对土壤脱氢酶活性的影响. 环境化学，19（6）：523 – 527.

国家鲆鲽类产业技术体系装备与工程研究室 . 2011. 中国水产科学研究院渔业机械仪器研究所编 . 工业化水产养殖系统模式国内外资料选编.

何洁，张立勇，郑莉，等 . 2007. 循环水养殖中牙鲆生长及营养盐状况研究 . 渔业现代化，（1）：9，12–15.

胡海燕，卢继武，杨红生 . 2003. 大型藻类对海水鱼类养殖水体的生态调控 . 海洋科学，27（2）：19–21.

胡家骏，周群英 . 1988. 环境工程微生物学 . 北京：高等教育出版社 .

胡金城，杨永海，张树森，等 . 2006. 循环水养殖系统水处理设备的应用技术研究 . 渔业现代化，（3）：16–17，19.

胡燕海，卢继武，杨红生 . 2003. 大型藻类对海水鱼类养殖水体的生态调控 . 海洋科学，27（2）：19–21.

黄宗国 . 2004. 海洋河口湿地生物多样性 . 北京：海洋出版社.

姜国良，刘云等 . 2001. 用臭氧处理海水对鱼虾的急性毒性效应研究 . 海洋科学，25（3）：12–14.

李志勇，郭祀远，等 . 1988. 微藻养殖中的新型光生物反应器系统 . 生物技术，8（3），1–4.

李智，杨在娟，岳春雷 . 2005. 人工湿地基质微生物和酶活性的空间分布 . 浙江林业科技，25（3）：1–5.

梁炽强，张进，梁文海 . 2016. 鳜鲮循环水养殖系统的构建与效果初探 . 海洋与渔业，271：54-55.

梁威，胡洪营. 2003. 人工湿地净化污水过程中的生物作用. 中国给水排水，19（10）：28-31.

刘晃，倪琦，顾川川 . 2008. 海水对虾工厂化循环水养殖系统模式分析，渔业现代化，35（1）：15-19.

刘鹰，杨红生，刘石林，等 . 2005. 封闭循环系统对虾合理养殖密度的试验研究 . 农业工程学报，21（6）：122-125.

陆健健 . 1990. 中国湿地 . 上海：华东师范大学出版社 .

马文漪，杨柳燕 . 1998. 环境生物工程 . 南京：南京大学出版社 .

毛玉泽，杨红生，王如才 . 2005. 大型藻类在综合海水养殖系统中的生物修复作用 . 中国水产科学，12（2）：225-231.

［美］Bruce E rittmann，Perry L McCarty. 2004. 文湘华，王建龙，等译 . 环境生物技术 . 北京：清华大学出版社 .

［美］F. W. 惠顿 . 1988. 东海水产研究所译 . 水产养殖工程 . 北京：农业出版社 .

倪琦，雷霁霖，张和森，等 . 2010. 我国鲆鲽类循环水养殖系统的研制和运行现状 . 渔业现代化，37（4）：1-9.

潘厚军 . 2001. 水处理技术在水产养殖中的应用 . 水产科技情报，28（2）：20-22，24.

［日］佐野和生 . 2001. 循环水工程关键技术 . 东京：水产出版社 .

沈万斌，赵涛，刘鹏，等 . 2005. 人工湿地环境经济价值评价及实例研究 . 环境科学研究，18（2）：70-73.

沈耀良，王宝贞 . 1999. 废水生物处理新技术 . 北京：中国环境科学技术出版社 .

宋奔奔，吴凡，倪琦 . 2012. 国外封闭循环水养殖系统工艺流程设计现状与展望 . 渔业现代化，39（3）：13-18.

宋德敬，薛正锐，张剑成，等 . 2005. 三种不同模式的工厂化循环水养殖设施. 渔业现代化，（2）：28-31.

宿墨，宋奔奔，吴凡 . 2013. 鲆鲽类半封闭循环水养殖系统运行效果评价 . 水产科技情报，40（1），27-31.

王清印 . 2004. 海水设施养殖 . 北京：海洋出版社 .

王世和 . 2007. 人工湿地污水处理理论与技术 . 北京：科学出版社 .

王威 . 2012. 海水循环水养殖系统中生物滤料的微生物挂膜与水处理效果研究 . 青岛：中国海洋大学 .

王卫红，季民 . 2007. 9 种沉水植物的耐盐性比较 . 农业环境科学学报，26（4）：1259-1263.

王艳艳 . 2017. 复合垂直流海水人工湿地脱氮效果及基质酶活性、微生物信息的探究 . 青岛：中国海洋大学 .

王占生，刘文君 . 1999. 微污染水源的水处理 . 北京：中国建筑工业出版社 .

王振华，刘晃 . 2011. 循环水养殖罗非鱼氮收支及对水质影响的初步研究 . 渔业现代化，38（5）：12-16.

王志敏，于学权 . 2006. 工厂化内循环海水鱼类养殖水质净化技术 . 渔业现代化，（4）：14-16.

吴垠，孙建明，柴雨，等 . 2012. 多层抽屉式循环水幼鲍养殖系统及养殖效果 . 农业工程学报，28（13）：

185-190.

吴振斌，詹德昊，张晟，等.2003. 复合垂直流构建湿地的设计方法及净化效果. 武汉大学学报（工学版），36（1）：12-16.

夏汉平.2002. 人工湿地处理污水的机理与效率. 生态学杂志，21（4）：52-59.

夏宏生，汤兵.2005. 人工湿地除磷技术. 四川环境，24（1）：83-86.

徐皓，倪琦，刘晃.2007. 我国水产养殖设施模式发展研究. 渔业现代化，（6）：4-9，13.

徐姗楠，李祯，何培民.2006. 大型海藻在近海水域中的生态修复作用及其发展策略. 渔业现代化，（6）：12-14.

许保玖，安鼎年.1992. 给水处理理论与设计. 北京：中国建筑工业出版社.

薛正锐，姜辉，陈庆生.2006. 工厂化循环水养鱼工程技术研究与开发. 海洋水产研究，27（4）：79-83.

阎斌伦，等.2006. 海水鱼虾蟹贝健康养殖技术. 北京：海洋出版社.

杨红生，毛玉泽，周毅，等.2003. 龙须菜在桑沟湾滤食性贝类养殖海区的生态作用. 海洋与湖沼，（“973”专辑）：121-127.

姚善成，丛娇日.1998. 海水鱼类养殖技术. 青岛：青岛海洋大学出版社.

姚志通.2007. 人工湿地及其在水产养殖废水处理中的应用. 河北渔业，167（11）：51-53.

于尔捷，张杰.1996. 给水排水工程设计手册. 北京：中国建筑工业出版社.

岳维忠，黄小平，等.2004. 大型藻类净化养殖水体的初步研究. 海洋环境科学，23（1）：14-16，41.

张鸿，吴振斌.1999. 两种人工湿地中氮磷净化率与细菌分布关系的初步研究. 华中师范大学学报（自然科学版），33（4）：575-578.

张莉平，习晋.2006. 特殊水质处理技术. 北京：化学工业出版社.

张明华，杨青，等.2003. 海水工厂化养殖水处理系统的装备技术研究. 海洋水产研究，24（2）：32-36.

张庆文，田景波，黄滨，等.2002. 对虾封闭循环式综合养殖系统的规划设计. 海洋水产研究，23（4）：30-35.

张群乐，刘永宏.1998. 海参海胆增养殖技术. 青岛：青岛海洋大学出版社.

张翔凌.2007. 不同基质对垂直流人工湿地处理效果及堵塞影响研究. 中国科学院研究生院（水生生物研究所）.

赵桂瑜，秦琴，周琪.2006. 几种人工湿地基质对磷素的吸附作用研究. 环境科学与技术，29（6）：84-85.

赵倩.2013. 水质调控对生物滤器生物膜培养的影响研究. 青岛：中国海洋大学.

郑婷婷，季俊杰，纪荣平，等.2011. 人工湿地脱氮效果的研究进展. 环境科技，24（S1）：111-115.

周强.2014. 海水人工湿地净化海水养殖外排水脱氮研究. 上海：上海海洋大学.

Alcantara L B，Calumpong H P，Martinez-Goss M R，et al. 1999. Comparison of the performance ofthe agarophyte，Gracilariopsis bailinae，and the milkfish，Chanos chanos，in mono-and biculture. Hydrobiologia，398-399（3）：443-453.

Barak Y, Cytryn E, Gelfand I, et al. 2003. Phosphorus removal in a marine prototype, recirculating aquaculture system. Aquaculture, 220 (1/2/3/4): 313-326.

Ben-Asher R, Lahav O. 2016. Electrooxidation for simultaneous ammonia control and disinfection in seawater recirculating aquaculture systems. Aquacultural Engineering, 72-73: 77-87.

Buschmann A H, Mora O A, Gómez P, et al. 1994. Gracilaria chilensis outdoor tank cultivation in Chile: use of land-based salmon culture effluents. Aquacultural Engineering, 13 (4): 283-300.

Chang J, Fan X, Sun H, et al. 2014. Plant species richness enhances nitrous oxide emissions in microcosms of constructed wetlands. Ecological Engineering, 64 (3): 108-115.

Chopin T, Yarish C, Wilkes R, et al. 1999. Developing Porphyra/salmon integrated aquaculture for bioremediation and diversification of the aquaculture industry. Journal of Applied Phycology, 11 (5): 463-472.

Chow F, Macciavello J, Santa Cruz S, et al. 2001. Utilization of Gracilaria chilensis (Rhodophyta: Gracilariaceae) as biofilters in the depuration of effluents from tank cultures of fish, oyster, and sea urchins. Journal of the World Aquaculture Society, 32 (2): 215-220.

Cirino P, Ciaravolo M, Paglialonga A, et al. 2017. Long-term maintenance of the sea urchin Paracentrotus lividus in culture. Aquaculture Reports, 7: 27-33.

Cohen I, Neori A. 1991. Ulva-Lactuca biofilters for marine fishpond effluents: 1. Ammonia uptake kinetics and nitrogen content. Botanica Marina, 34: 475-482.

Davidson J, Good C, Barrows F T, et al. 2013. Comparing the effects of feeding a grain-or a fish meal-based diet on water quality, waste production, and rainbow trout Oncorhynchus mykiss performance within low exchange water recirculating aquaculture systems. Aquacultural Engineering, 52: 45-57.

Díaz V, Ibáñez R, Gómez P, et al. 2012. Kinetics of nitrogen compounds in a commercial marine Recirculating Aquaculture System. Aquacultural Engineering, 50 (9): 20-27.

Demet ropoulos C L, Langdon C J. 2004. Enhanced production of Paci ficdulse (Palmaria mollis) for co-culture with abalone in a landbasedsystem: nitrogen, phosphorus, and trace metal nutrition. Aquaculture, 235: 433-455.

Evans F, Langdon C J. 2000. Co-culture of dulse Palmaria mollis and red abalone Haliotis rufescens under limited flow conditions. Aquaculture, 185 (1): 137-158.

Good C, Davidson J, Terjesen B F, et al. 2018. The effects of long-term 20mg/L carbon dioxide exposure on the health and performance of Atlantic salmon Salmo salar post-smolts in water recirculation aquaculture systems. Aquacultural Engineering, 81: 1-9.

Gopal B. 1999. Natural and constructed wetlands for wastewater treatment: Potentials and problems. Water Science and Technology, 40 (40): 27-35.

Hambly A C, Arvin E, Pedersen L F, et al. 2015. Characterising organic matter in recirculating aquaculture systems with fluorescence EEM spectroscopy. Water Research，83：112-120.

Huang Z，Song X，Zheng Y，et al. 2013. Design and evaluation of a commercial recirculating system for half-smooth tongue sole（Cynoglossus semilaevis）production. Aquacultural Engineering，54：104-109.

Iván A S O，Matsumoto T. 2012. Hydrodynamic characterization and performance evaluation of an aerobic three phase airlift fluidized bed reactor in a recirculation aquaculture system for Nile Tilapia production. Aquacultural Engineering，47：16-26.

Jones A B，Dennison W C，Preston N P. 2001. Integrated treatment of shrimp effluent by sedimentation，oyster filtration and macroalgal absorption：a laboratory scale study. Aquaculture，193（1）：155-178.

Krom M D. 1995. Nitrogen and phosphorus cycling and transformations in a prototype ‘non-polluting’ integrated mariculture system，Eilat，Israel. Mar. Ecol. - Prog. Ser.，118（1/2/3）：25-36.

Liu W，Luo G，Tan H，et al. 2016. Effects of sludge retention time on water quality and bioflocs yield，nutritional composition，apparent digestibility coefficients treatingrecirculating aquaculture system effluent in sequencing batch reactor. Aquacultural Engineering，s72-73：58-64.

Martins C I M，Eding E H，Verdegem M C J，et al. 2010. New developments in recirculating aquaculture systems in Europe：A perspective on environmental sustainability. Aquacultural Engineering，43（3）：83-93.

Meriac A，Eding E H，Schrama J，et al. 2014. Dietary carbohydrate composition can change waste production and biofilter load in recirculating aquaculture systems. Aquaculture，s420 - 421：254-261.

Nelson G S，Glenn E P，Conn J，et al. 2001. Cultivation of Gracilaria parvispora，（Rhodophyta）in shrimp-farm effluent ditches and floating cages in Hawaii：a two-phase polyculture system. Aquaculture，193（3）：239-248.

Neori A，Krom M D，Ellner S P，et al. 1996. Seaweed biofilters as regulators of water quality in integrated fish-seaweed culture units. Aquaculture，141（3/4）：183-199.

Neori A，Ragg N L C，Shpige M. 1998. The integrated culture of seaweed，abalone，fish and clams in modular intensive land-based systems：II. Performance and nitrogen partitioning within an abalone（Haliotis tuberculata）and macroalgae culture system. Aquacultural Engineering，17（4）：215-239.

Neori A，Shpigel M，Ben - Ezra D. 2000. A sustainable integrated system for culture of fish，seaweed and abalone. Aquaculture，186（3）：279-291.

Park J，Kim P K，Lim T，et al. 2013. Ozonation in seawater recirculating systems for black seabream Acanthopagrus schlegelii（Bleeker）：Effects on solids，bacteria，water clarity，and color. Aquacultural Engineering，55（1）：1-8.

Qian P Y，Wu C Y，Wu M，et al. 1996. Integrated cultivation of the red alga Kappaphycus alvarezii and the pearl oyster Pinctada martensi. Aquaculture，147（1/2）：21-35.

Reddy K R，D′Angelo EM. 1997. Biogeochemical indicators to evaluate pollution removal efficiency in constructed wetlands. Water Science and Technology，35（5）：1-10.

Ryther J H , Goldman J C , Giff ord C E , et al. 1975. Physical models of int egrated waste recycling-marine polyculture systems. Aquaculture, 5: 163-177.

Shpigel M, Lee J, Soohoo B, et al. 2008. The use ofeffluent water from fish ponds as a source for the Pacific oyster Crassos-trea gigas Thunberg. Aquaculture Research, 24 (4): 529-543.

Stenivar S, Steinar S, Bjørnsteinar S. 2009. Comparative growth study of wild-and hatchery-produced Arctic charr (Salvelinus alpinus L.) in a coldwater recirculation system. Aquacultural Engineering, 41 (2): 122-126.

Suhr K I, Pedersen L F, Nielsen J L. 2014. End-of-pipe single-sludge denitrification in pilot-scale recirculating aquaculture systems. Aquacultural Engineering, 62: 28-35.

Summerfelt R C, Penne C R. 2005. Solids removal in a recirculating aquaculture system where the majority of flow bypasses the microscreen filter. Aquacultural Engineering, 33: 214-224.

Summerfelt S T, Wilton G, Roberts D, et al. 2004. Developments in recirculating systems for Arctic char culture in North America. Aquacultural Engineering, 30 (1/2): 31-71.

Summerfelt S T, Zühlke A, Kolarevic J, et al. 2015. Effects of alkalinity on ammonia removal, carbon dioxide stripping, and system pH in semi-commercial scale water recirculating aquaculture systems operated with moving bed bioreactors. Aquacultural Engineering, 65: 46-54.

Suzuki Y, Maruyama T, Numata H, et al. 2003. Performance of a closed recirculating system with foam separation, nitrification and denitrification units for intensive culture of eel: towards zero emission. Aquacultural Engineering, 29 (3): 165-182.

Tal Y, Schreier H J, Sowers K R, et al. 2009. Environmentally sustainable land-based marine aquaculture. Aquaculture, 286 (1/2): 28-35.

Tilley D R, Badrinarayanan H, Rosati R, et al. 2002. Constructed wetlands as recirculation filters in large-scale shrimp aquaculture. Aquacultural Engineering, 26 (2): 81-109.

Troell M, Halling C, Nilsson A. 1997. Integratedmarine cultivation of Gracilaria chilensis (Gracilariales, Rhodophyta) and salmon cages for reduced environmental impact and increased economic output. Aquaculture, 156 (1/2): 45-61.

Yogev U, Sowers K R, Mozes N, et al. 2017. Nitrogen and carbon balance in a novel near-zero water exchange saline recirculating aquaculture system. Aquaculture, 467: 118-126.

Zhang S, Ban Y, Xu Z, et al. 2016. Comparative evaluation of influencing factors on aquaculture wastewater treatment by various constructed wetlands. Ecological Engineering, 93: 221-225.

Zhu S M, Shi M M, Yun J R, et al. 2016. Applications of computational fluid dynamics to modeling hydrodynamics in tilapia rearing tank of Recirculating Biofloc Technology system. Aquacultural Engineering, 74: 120-130.

Zhu T, Sikora F. J. 1995. Ammonium and nitrate removal in vegetated and unvegetated gravel bed microcosm wetlands. Water Science and Technology, 32 (3): 219-228.